计算机"十三五"规划教材

中文版 CorelDRAW X6
平面设计实例教程

主　编　冯雨果　赵　倩
副主编　徐尉羚

航空工业出版社
北京

内 容 提 要

中文版 CorelDRAW X6 是目前流行的图形图像制作软件之一。它集图形图像设计、印刷排版、文字编辑处理和高品质图形输出于一体，广泛应用于专业绘图、产品包装、工业造型设计、文字效果创意、网页设计和 CI 企业形象识别设计等领域。本书共 9 章，主要包括 CorelDRAW X6 概述、对象的操作与管理、图形的绘制与编辑、色彩填充与轮廓线编辑、文本的处理、图形的特殊效果、位图编辑与处理、滤镜和综合实例。本书从教学实际需求出发，合理安排知识结构，从零开始、由浅入深、循序渐进地讲解 CorelDRAW X6 的基本知识和使用方法。

本书既可作为应用型本科、职业院校的教材，也适合从事平面设计、网页设计、包装设计、插画设计、动画设计的人员学习使用。

图书在版编目（CIP）数据

中文版 CorelDRAW X6 平面设计实例教程 / 冯雨果，赵倩主编. —北京：航空工业出版社，2017.2

ISBN 978-7-5165-1179-4

I. ①中… II.①冯… ②赵… III. ①平面设计—图像处理软件—教材 IV.①TP391.413

中国版本图书馆 CIP 数据核字（2017）第 033000 号

中文版 CorelDRAW X6 平面设计实例教程
Zhongwenban CorelDRAW X6 Pingmian Sheji Shili Jiaocheng

航空工业出版社出版发行
（北京市安定门外小关东里 14 号　100029）
发行部电话：010-64815615　　010-64978486

三河市悦鑫印务有限公司印刷	全国各地新华书店经售
2017 年 2 月第 1 版	2022 年 8 月第 2 次印刷
开本：787×1092　　1/16	印张：22　　字数：560 千字
印数：3001－6000	定价：45.00 元

前　言

CorelDRAW 是目前使用最普遍的矢量图形绘制及图像处理软件之一，该软件集图形绘制、平面设计、网页制作、图像处理功能于一体，在广告设计、制作等领域有广泛的应用。本书是一本优秀的平面制作与广告设计教程。书中实例来自于作者的设计和教学实践，紧密结合市场需求。

为帮助广大读者快速掌握 CorelDRAW X6 的应用技能，我们精心策划并编写了《中文版 CorelDRAW X6 平面设计实例教程》一书。本书具有以下几个特点：

（1）本书从教学实际需求出发，合理安排知识结构，从零开始、由浅入深、循序渐进地讲解 CorelDRAW X6 的基本知识和使用方法。

（2）本书图文并茂、条理清晰、通俗易懂、内容丰富，在讲解每个知识点时都配有相应的实例，方便读者上机实践。

（3）本书将传统教材偏重知识的传授转为培养学生实际操作技能，将传统教材的以知识点为主线，改为以"应用＋知识点"为主线，让知识点为应用服务，从而增强学生的学习兴趣。

（4）本书用实例去讲解软件的相关应用和知识点，边练边学，从而避开枯燥的讲解，让学生能轻松学习，教师也教得愉快。

（5）本书在难于理解和掌握的部分内容上给出相关提示，让读者能够快速地提高操作技能。

另外，本书还配有课后练习和综合实例。

本书共 9 章，主要包括 CorelDRAW X6 概述、对象的操作与管理、图形的绘制与编辑、色彩填充与轮廓线编辑、文本的处理、图形的特殊效果、位图编辑与处理、滤镜和综合实例。

本书由西华大学的冯雨果、赵倩担任主编，由西华大学的徐尉羚担任副主编。其中冯雨果编写了第 2、3、5 和 6 章；赵倩编写了第 4、7 和 8 章；徐尉羚编写了第 1 和 9 章。全书由冯雨果进行审阅和修改。本书的相关资料和售后服务可扫本书封底的微信二维码或与登录www.bjzzwh.com下载获得。

本书基本包含了 CorelDRAW X6 的重要功能和主要应用领域，既可作为应用型本科、职业院校的教材，也可作为从事平面设计、网页设计、包装设计、插画设计、动画设计人员学习的参考书。

由于作者水平所限，本书难免有不足之处，欢迎广大读者批评指正。

编　者

目 录

CONTENTS

第1章

CoreIDRAW X6概述

 本章要点

在学习CorelDRAW X6软件之前，应对这个软件有一个整体的认识，通过本章学习应掌握以下内容：

- 熟悉CorelDRAW X6的工作界面。
- 掌握新建文件和页面设置的方法。
- 掌握显示视图的方法。
- 掌握设置工具选项的方法。

1.1　CorelDRAW X6的工作界面

CorelDRAW X6工作界面的各组成部分如图1-1所示。

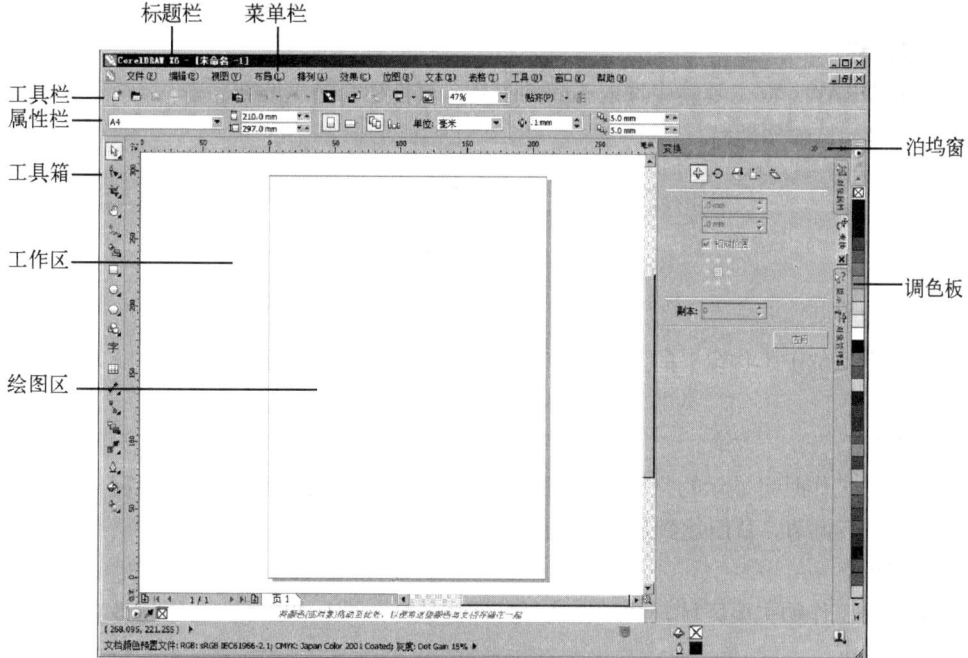

图1-1　CorelDRAW X6的工作界面

1．标题栏

标题栏位于工作界面的顶部，用于显示CorelDRAW X6的应用程序名和当前编辑图形的文档名称。标题栏的左侧是应用程序图标，单击该按钮可以在弹出图1-2所示的快捷菜单中进行还原、移动、大小、最小化、最大化、关闭和下一个操作。标题栏的右侧为 （最小化）、 （关闭）、 （向下还原）或 （最大化）图标按钮，单击它们可以对程序窗口进行最小化、关闭、向下还原或最大化操作。

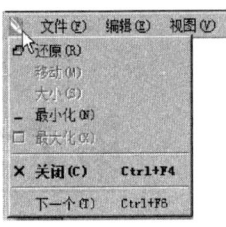

图1-2 快捷菜单

2．菜单栏

菜单栏中包括提供了12个菜单项，如图1-3所示。利用这些菜单可以进行图形编辑、视图管理、页面控制、对象管理、特效处理、位图编辑等操作。

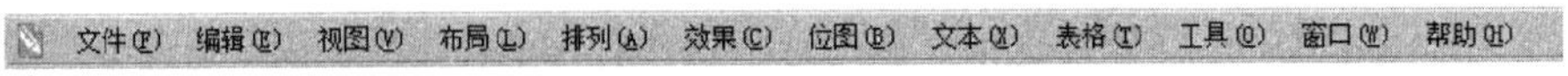

图1-3 菜单栏

3．工具栏

工具栏如图1-4所示。它包括在CorelDRAW X6中最常用的 （新建）、 （打开）、 （保存）、 （打印）、 （剪切）、 （复制）、 （粘贴）、 （撤销）、 （重做）、 （搜索内容）、 （导入）、 （导出）、 （应用程序启动器）和 （欢迎屏幕）命令按钮，利用这些工具可以快速完成相关操作。

图1-4 工具栏

4．属性栏

在CorelDRAW X6工具箱中选取不同的工具，属性栏会随之改变。图1-5为选择工具箱中的 （选择工具）后的属性栏。

图1-5 属性栏

5．工具箱

工具箱默认位于工作窗口的左侧，如图1-6所示。利用工具箱中的工具可以方便地绘制和编辑图形。

6．工作区

工作区是工作时可显示的空间，如图1-7所示。当显示内容较多或进行多窗口显示时，可以通过滚动条进行调节，从而达到最佳效果。

7．绘图区

绘图区是工作的主要区域，同时也是可打印区域，如图1-8所示。当建立多页面时，可以通过导航器来翻页。

图1-6　工具箱　　　　　　　　图1-7　工作区　　　　　　　　　　图1-8　绘图区

8．泊坞窗

泊坞窗位于工作窗口的右侧。执行菜单中的"窗口|泊坞窗"命令，可以显示出CorelDRAW X6中所有泊坞窗的名称，如图1-9所示。选中相关泊坞窗，即可在工作区的右侧进行显示。

多个泊坞窗可以拼合在一起，如图1-10所示。单击相应的泊坞窗选项卡，即可在左侧显示与之相对应的泊坞窗；单击泊坞窗上方的 ✕ 按钮，即可关闭泊坞窗组；单击泊坞窗上方的 » 或 ◂ 按钮，可以隐藏泊坞窗。双击泊坞窗上方区域，可以将泊坞窗切换为浮动面板，如图1-11所示；再次双击泊坞窗上方区域，即可回到泊坞窗拼合状态。

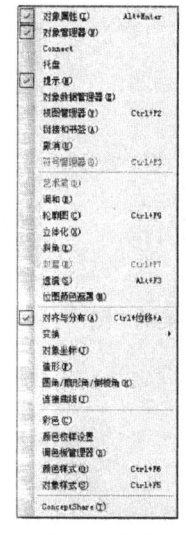

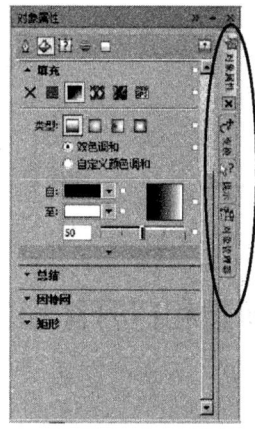

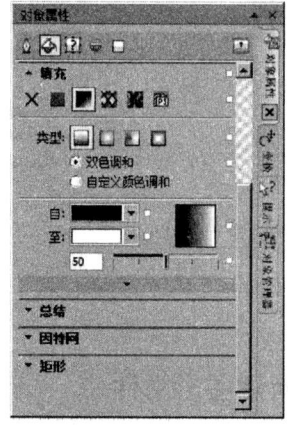

图1-9　所有泊坞窗的名称　　　图1-10　拼合泊坞窗　　　　图1-11　泊坞窗浮动面板

9.调色板

调色板位于工作窗口的最右侧。单击调色板中的颜色块可以方便地为对象设置填充色；右击调色板中的颜色块可以方便地为对象设置轮廓色。

CorelDRAW X6包含10多种调色板，默认状态下使用的是CMYK调色板，如图1-12所示。执行菜单中的"窗口|调色板"命令，可以显示出CorelDRAW X6中所有调色板的名称，如图1-13所示。选中相关的调色板，即可在工作区的最右侧显示出选中的调色板。

单击调色板上方的 ⊡ 按钮，在弹出的图1-14所示的快捷菜单中可以切换设置轮廓色或填充色等操作。单击调色板下方的 ◖ 按钮，可以展开调色板，如图1-15所示。在展开的调色板空白处双击，即可使其回到原状态。

图1-12　CMYK调色板　　图1-13　所有调色板的名称　　图1-14　调色板快捷菜单　　图1-15　展开调色板

1.2　新建和打开图形文件

1.2.1　新建图形文件

新建图形文件的具体操作步骤如下：

（1）执行菜单中的"文件|新建"命令（快捷键<Ctrl+N>），或单击工具栏中的 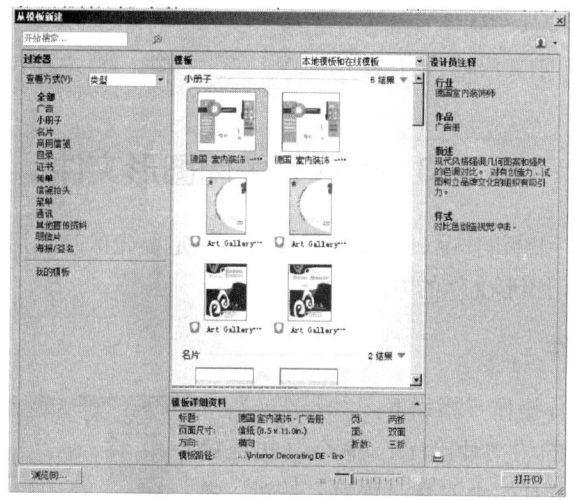 （新建）按钮，即可在工作区中新建一张空白的绘图纸，如图1-7所示。

（2）在图1-5所示的属性栏 A4 （纸张类型/大小）下拉列表框中可以选择纸张的类型；也可以在 210.0 mm 297.0 mm （纸张宽度和高度）数值框中自定义纸张的大小。单击 （横向）或 （纵向）按钮，可以将页面设置为横向或纵向。在"单位"下拉列表框中可以选择绘图时使用的单位，如毫米、厘米、点、像素等。

1.2.2　应用预置模板新建图形文件

应用预置模板新建图形文件就是将CoreIDRAW　X6自带的模板样式新建为一个新的图形文件，这样模板中已经具有的图形或其他对象就无须再设置，用户可以直接在模板上添加或建立新的图形对象，还可以对预置好的模板文件进行编辑，从而得到所需效果。

应用预置模板新建文件的具体操作步骤如下：

（1）执行菜单中的"文件|从模板新建"命令，弹出图1-16所示的"从模板新建"对话框。

图1-16　"从模板新建"对话框

（2）单击对话框右侧选择一种模板样式，也可以单击"浏览"按钮，载入其他模板。

（3）单击"打开"按钮，即可根据模板新建图形文件。

1.2.3　打开已有的图形文件

打开已有的图形文件的具体操作步骤如下：

（1）执行菜单中的"文件|打开"命令（快捷键<Ctrl+O>），或单击工具栏中的 （打开）按钮，弹出图1-17所示的"打开绘图"对话框。

（2）在"文件类型"下拉列表框中可以选择CDR、PAT、CLK、AI、EPS、PPT、PCT、SVG等30多种格式。选中"预览"复选框，可以在预览窗口中预览到选取的图形。

（3）在"查找范围"下拉列表框中选择文件夹，然后选择好要打开的文件。

（4）在"排序类型"中有"默认""扩展""描述""最近用过"和"向量"5个选项可供

选择，如图1-18所示。如果选中"提取嵌入的ICC预置文件"复选框，将嵌入ICC描述文件到打开图形中；如果选中"保持图层和页面"复选框，将保持原文件中多图层和多个页面的特性。

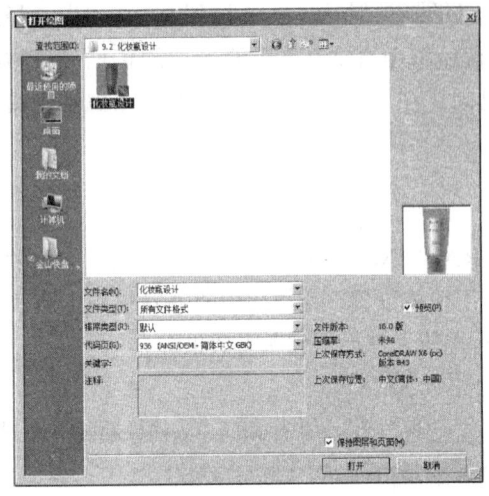

图1-17 "打开绘图"对话框

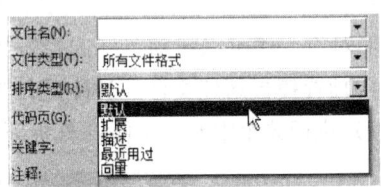

图1-18 "排序类型"下拉列表

1.3 保存和关闭图形文件

为了以后能够打印和编辑作品，在设计好作品后一定要先保存然后再关闭图形文件。下面就来具体讲解保存和关闭图形文件的方法。

1.3.1 保存图形文件

保存图形文件的具体操作步骤如下：

（1）执行菜单中的"文件|保存"命令（快捷键〈Ctrl+S〉），或单击工具栏中的 ￼（保存）按钮，弹出图1-19所示的"保存绘图"对话框。

（2）在"保存在"下拉列表框中选择文件所要保存的位置，并在"文件名"下拉列表框中输入要保存的文件名称。

（3）在"保存类型"下拉列表框中可以选择不同的文件保存类型，系统默认的是CDR，也可以选择其他文件类型，如AI。

（4）在"版本"下拉列表框中选择一种存储版本，单击"保存"按钮，即可保存当前工作区中的文件。

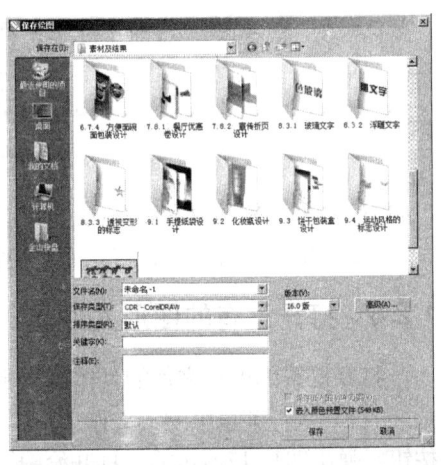

图1-19 "保存绘图"对话框

提示

这里需要注意的是，如果用CorelDRAW X6.0版本保存文件，则此版本之前的软件打不开该图形文件。也就是说高版本的CorelDRAW软件可以打开低版本的图形文件，而低版本的CorelDRAW软件打不开高版本的图形文件。

1.3.2　另存为其他文件

"另存为"也是保存文件的一种方式，即在保存文件后，再将其以另一个文件名进行保存，从而起到备份作用。执行菜单中的"文件|另保存"命令，即可完成此操作。

1.3.3　关闭图形文件

关闭文件分为关闭单个文件和关闭全部文件两种情况。单击⊠（关闭）按钮，即可关闭单个图形文件；执行菜单中的"文件|全部关闭"命令，可以关闭打开的全部图形文件。

1.4　导入和导出文件

在使用CorelDRAW X6设计作品时，除了可以自己绘制图形外，还可以导入用其他绘图软件制作的图形图像文件，也可以将绘制好的文件导出到其他软件中进行处理。

1.4.1　导入文件

导入文件就是将CorelDRAW X6中不能直接打开的图形或图像文件，通过"导入"命令导入到工作区中。导入文件的具体操作步骤如下：

（1）执行菜单中的"文件|导入"命令（快捷键〈Ctrl+I〉），或单击工具栏中的 按钮，弹出图1-20所示的"导入"对话框。

（2）在"查找范围"下拉列表框中选择导入文件所在的位置，在"文件类型"下拉列表框中选择要导入的文件类型，并选择要导入的图形或图像文件。

（3）单击"导入"按钮，回到绘图页面，此时鼠标变为┏形状。然后将鼠标移动到页面的适当位置单击，即可导入图像。

图1-20　"导入"对话框

1.4.2　导出文件

在CorelDRAW X6中绘制好图形后，可以根据需要将此图形导出，在其他软件中进行处理。导出文件的具体操作步骤如下：

（1）执行菜单中的"文件|导出"命令（快捷键〈Ctrl+E〉），或单击工具栏中的 （导出）按钮，弹出图1-21所示的"导出"对话框。

（2）在"保存在"下拉列表框中选择文件需要存储的位置，在"文件名"下拉列表框中输入所要保存的文件名称，然后在"保存类型"下拉列表框中选择一种导出文件的类型，如"TIF-TIFF Bitmap"。

（3）单击"导出"按钮，在弹出的图1-22所示的"转换为位图"对话框中设置导出文件的"图像大小""分辨率"和"颜色模式"，设置完成后单击"确定"按钮，即可导出文件。

 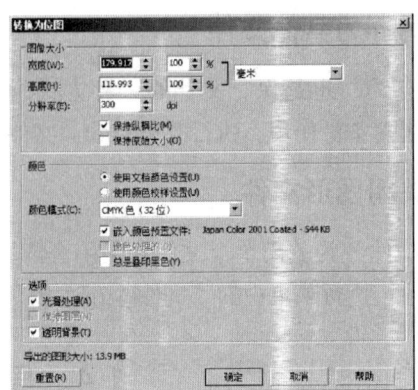

图1-21 "导出"对话框   图1-22 "转换为位图"对话框

1.5 版面设置

设置版面包括设置页面大小、版式和背景等。CorelDRAW X6默认页面为A4、纵向、单一页面。用户可以根据需要增加页面，为每一页面设置大小不同的版式，这样可以将不同大小或类型的图形组合在同一编辑文件中。

1.5.1 设置页面尺寸

通过"选项"对话框设置页面尺寸的具体操作步骤如下：

（1）执行菜单中的"工具|选项"命令，然后在左侧选择"文档|页面尺寸"选项，此时右侧会显示出页面大小相关属性，如图1-23所示。

（2）单击"普通纸"按钮，可将当前页面设置为普通文档；单击"标签"按钮，可将当前页面设置为标签。

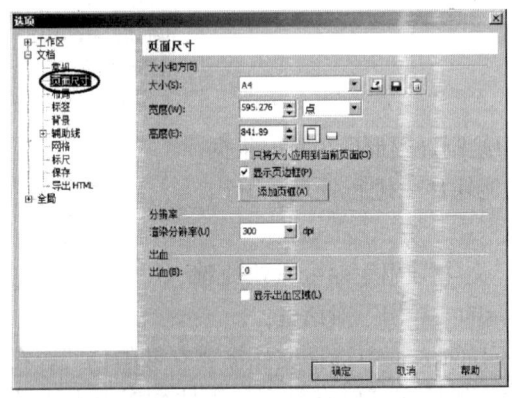

图1-23 "页面大小"属性

（3）单击"纵向"或"横向"单选按钮，可将页面方向设置为纵向或横向。

（4）在"大小"下拉列表框中可以选择页面类型，"宽度"和"高度"数值框中将显示出所选纸张的宽度和高度值。

（5）若选中"只将大小应用到当前页面"复选框，则页面设置只对本页有效，否则将应用于文档的所有页，在右侧的预览窗口中可以预览设置的效果。

（6）在"出血"数值框中设置页面出血的宽度，设置完成后单击"确定"按钮，即可按设定的页面大小调整页面。

 提示

在平面设计中，绘制页面中靠边界的矩形或其他对象时，要留出3 mm"出血位置"。所谓"出血"，是指在画面的周围预留出印刷完毕之后裁切的余量，以免露出白边。

 提示

执行菜单中的"布局|页面设置"命令，也可以设置页面大小。

1.5.2　设置页面布局

通过"选项"对话框设置版面样式的具体操作步骤如下：

（1）执行菜单中的"工具|选项"命令，打开"选项"对话框，然后在左侧选择"文档|布局"选项，此时在右侧会显示出版面相关属性，如图1-24所示。

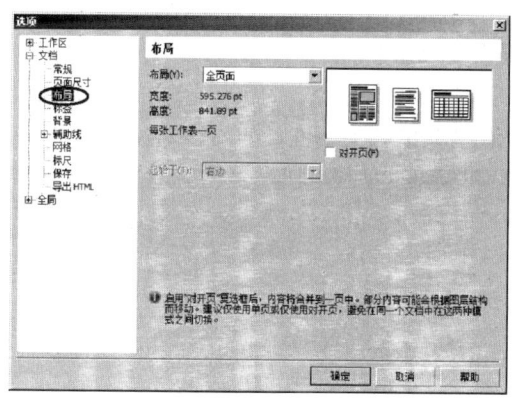

图1-24　"布局"属性

（2）在"布局"下拉列表框中选取一种版面样式。

（3）如果选中"对开页"复选框，单击"确定"按钮，即可同时进行双页编辑，从而方便进行书、宣传册等的设计。

1.5.3　使用标签设置绘图页面

CorelDRAW X6提供了37类共计800多种标签样式，用户可以根据需要选择适合的标签，也可以对标签进行编辑，从而获得符合自己需要的标签。

使用标签设置绘图页面的具体操作步骤如下：

（1）执行菜单中的"工具|选项"命令，打开"选项"对话框，然后在左侧选择"文档|标签"选项，此时右侧会显示出标签相关属性，如图1-25所示。

（2）单击"标签"单选按钮，然后在左下方选择一种标签，此时右侧会显示出所选标签的预览效果。

（3）如果单击"自定义标签"按钮，在弹出的图1-26所示的"自定义标签"对话框中可以对标签进行进一步编辑，从而定制出符合自己需要的标签。

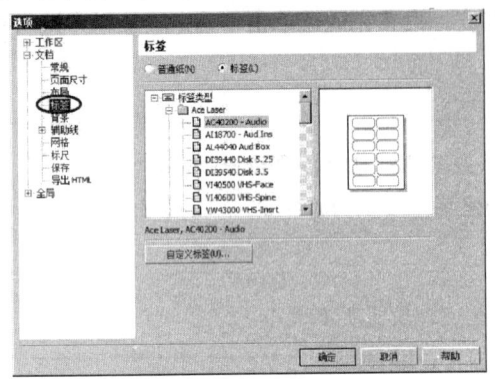

图1-25 "选项"属性

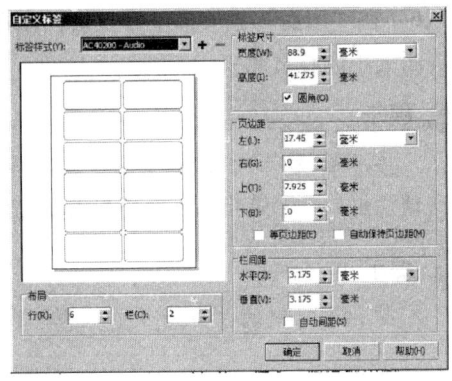

图1-26 "自定义标签"对话框

（4）设置完成后单击"确定"按钮，即可使用标签创建绘图页面。

1.5.4 设置页面背景

通过页面背景的设置，可以得到不同的页面背景效果，如纯色、位图等。通过"选项"对话框设置页面背景的具体操作步骤如下：

（1）执行菜单中的"工具|选项"命令，打开"选项"对话框，然后在左侧选择"文档|背景"选项，此时右侧会显示出背景的相关属性，如图1-27所示。

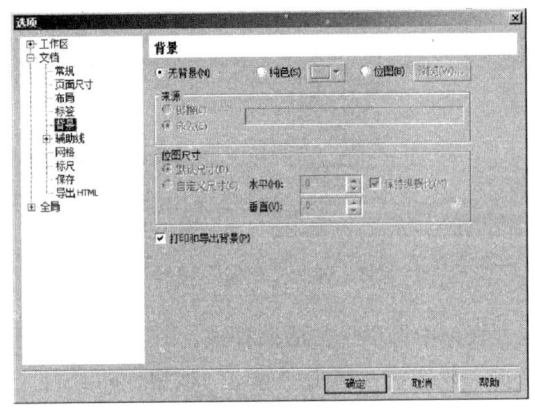

图1-27 "背景"属性

（2）如果单击"无背景"单选按钮，将取消页面背景；如果单击"纯色"单选按钮，可以为背景选择一种颜色；如果单击"位图"单选按钮，可以通过单击右侧的"浏览"按钮，选择一幅图片作为背景。

（3）在选择一幅图片作为背景后，在"来源"选项组中单击"链接"单选按钮，将以链接的方式导入图片，此时对源图片进行修改可以在图形编辑区中实时进行更新；如果单击"嵌入"单选按钮，导入图片将直接嵌入到文档中。

（4）在"位图尺寸"选项组中，如果单击"默认尺寸"单选按钮，将使用位图来匹配页面的相同尺寸；如果单击"自定义尺寸"单选按钮，可以自定义图像的大小。

（5）如果选中"打印和导出背景"复选框，可以在导出或打印时包括背景图像。

（6）设置完成后，单击"确定"按钮，即可看到设置后的背景效果。

 **提示**

执行菜单中的"版面|页面背景"命令，也可以设置页面背景。

1.6 设置多页文档

CorelDRAW X6具有创建多页文档的功能，这一功能使其能够胜任设置多页面的宣传手册和说明书等设计任务，下面就来具体讲解相关操作。

1.6.1 添加页面

如果一个页面不够用，可以通过"插入页"命令来增加一个或多个新页面。添加页面的具体操作步骤如下：

（1）执行菜单中的"布局|插入页面"命令，弹出图1-28所示的"插入页面"对话框。

（2）在"页码数"数值框中输入要增加的页数。

（3）单击"之前"或"之后"单选按钮，从而确定新页面相对于当前页面的位置。

（4）在"现存页面"数值框中输入新的页面编号，可以改变相对应的页面编号。另外，还可以利用该对话框中的其他选项改变页面的方向和大小。

（5）单击"确定"按钮，即可增加页面。增加页面前后的导航器显示效果如图1-29所示。

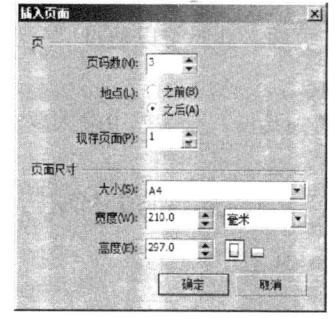

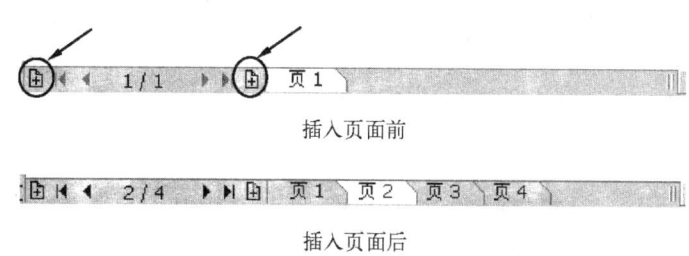

图1-28 "插入页面"对话框

图1-29 增加页面前后的导航器显示效果

 提示

在页面计数器中单击圆按钮，可以快速插入新页面。

1.6.2 重命名页面

重命名页面就是给页面重新定义一个名字，重命名后可以更加轻松地找到所需的页面。重命名页面的具体操作步骤如下：

（1）选择需要重命名的页面，执行菜单中的"布局|重命名页面"命令，然后在弹出的"重命名页面"对话框中输入页面名称，如图1-30所示。

（2）单击"确定"按钮，即可重命名页面，如图1-31所示。

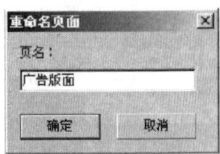

图1-30　输入名称　　　　　　　　　　　　　　图1-31　重命名页面

1.6.3　删除页面

删除页面就是将一些不需要的页面从工作区中删除。删除页面的具体操作步骤如下：

（1）执行菜单中的"布局|删除某面"命令，然后在弹出的"删除页面"对话框中输入要删除页面的页码，如图1-32所示。

（2）单击"确定"按钮，即可删除该页面。删除页面前后的导航器显示效果如图1-33所示。

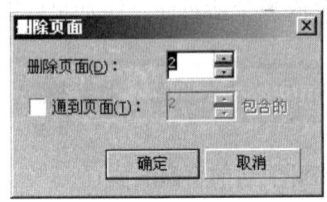

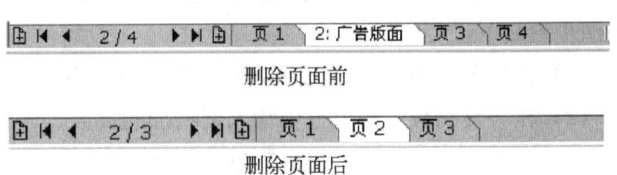

图1-32　输入要删除页面的页码　　　　　图1-33　删除页面前后的导航器显示效果

1.6.4　定位页面

如果一个文件中包括有多个页面，而又无法直接选择所需要的页面，此时可以通过"转到某页"命令来准确定位到所要的页面。定位页面的具体操作步骤如下：

（1）执行菜单中的"布局|转到某面"命令，然后在弹出的"转到某页"对话框中输入要定位页面的页码，如图1-34所示。

（2）单击"确定"按钮，即可定位到该页面。定位页面前后的导航器显示效果，如图1-35所示。

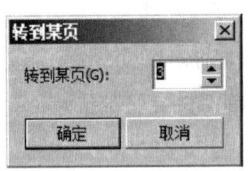

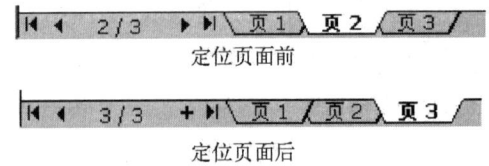

图1-34　输入要定位页面的页码　　　　　图1-35　定位页面前后的导航器显示效果

1.7　显　示　视　图

1.7.1　视图的显示模式

在绘图窗口中，通过改变视图的显示模式可以改变图形或图像的外观，配合绘图的步骤选择相应的视图模式，可以更好地完成相应的操作。CorelDRAW X6提供了下列6种视图显示模式。

●简单线框：通过隐藏填充、立体模型、轮廓图、阴影以及中间调和形状来显示绘图的轮廓，以单色显示位图。使用此模式可以快速预览绘图的基本元素，如图1-36所示。

●线框：在简单的线框模式下显示绘图及中间调和形状，如图1-37所示。

●草稿：显示绘图填充和低分辨率下的位图。使用此模式可以消除某些细节，使用户能够关注绘图中的颜色均衡问题，如图1-38所示。

●正常：显示绘图时不显示 PostScript 填充或高分辨率位图。使用此模式时，刷新及打开速度比"增强"模式稍快，如图1-39所示。

图1-36　简单线框　　　　　　图1-37　线框　　　　　　图1-38　草稿

●增强：显示绘图时显示 PostScript 填充、高分辨率位图及光滑处理的矢量图形，如图1-40所示。

图1-39　正常　　　　　　　　　图1-40　增强

●像素：模拟像素图的显示。选择该显示模式，然后把图像放大到一定程度后可以看到图像的像素点效果。

1.7.2　使用缩放工具查看对象

使用CorelDRAW X6中的 🔍（缩放工具）可以按指定的百分比改变对象在屏幕上显示的大小，而不改变图像的真实大小。使用缩放工具🔍（缩放工具）查看对象的具体操作步骤如下：

（1）执行菜单中的"文件|导入"命令[或者单击工具栏中的 📥（导入）按钮]，导入配套光盘中的"素材及结果\夏天的花朵.jpg"图片，如图1-41所示。

（2）选择工具箱中的🔍（缩放工具），然后将鼠标移动到要缩放的对象上单击，即可放大对象，如图1-42所示。接着右击则可以缩小对象，如图1-43所示。

> **提示**
>
> 　　双击 🔍（缩放工具）可以满屏显示对象；选择 🔍（缩放工具），然后单击可以放大对象；右击可以缩小对象。

图1-41　导入图片　　　　　图1-42　放大图像　　　　　图1-43　缩小图像

1.7.3　使用"视图管理器"显示对象

　　使用"视图管理器"能够准确地定位视图的中心位置及缩放比例，当用户绘制较复杂的图形，并需要以不同位置为中心点进行局部观察时，"视图管理器"能够帮助用户将视图精确缩放至已经定位好的位置和比例。使用"视图管理器"放大或缩小对象的具体操作步骤如下：

　　（1）在绘图区中绘制或导入一幅图形或图像对象。

　　（2）执行菜单中的"工具|视图管理器"命令，弹出图1-44所示的"视图管理器"泊坞窗。

　　（3）在泊坞窗中单击 🔍（缩放一次）按钮，然后回到绘图区中单击，即可放大或缩小对象一次。

　　（4）在泊坞窗中单击 🔍（放大）或 🔍（缩小）按钮，即可放大或缩小对象一次。

　　（5）在泊坞窗中单击 🔍（缩放选定范围）按钮，可以将选定对象缩放到选定范围；单击 🔍（缩放全部对象）按钮，可以将全部对象缩放到选定范围。

　　（6）在泊坞窗中单击 ➕（添加当前视图）按钮可以将当前视图添加到"视图管理器"泊坞窗中，如图1-45所示，这样可以通过单击"视图管理器"泊坞窗中已添加的视图快速得到用户所需的缩放视图；单击 ➖（删除当前视图）按钮可以将当前视图从"视图管理器"泊坞窗中进行删除。

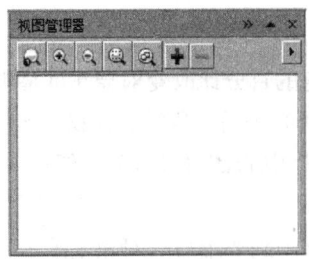
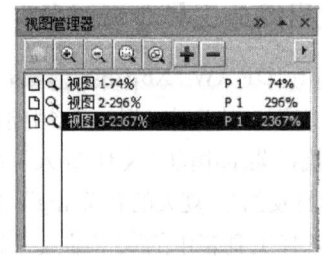

图1-44　"视图管理器"泊坞窗　　　　图1-45　将当前视图添加到"视图管理器"泊坞窗中

1.7.4 打印预览显示绘图

打印预览是指在打印预览窗口中显示图形对象的可打印区域，同时也是图形对象的一种显示方法。打印预览显示绘图的具体操作步骤如下：

（1）在绘图区中绘制或者打开一幅图像。

（2）执行菜单中的"文件|打印预览"命令，弹出图1-46所示的打印预览窗口。

图1-46　打印预览窗口

（3）利用工具箱中的 🔍 （缩放工具）按钮可以放大或缩小图形或图像分辨率。

（4）单击工具栏中的 🗗 （关闭打印预览）按钮，即可退出打印预览窗口。

课后习题

1．填空题

（1）CorelDRAW X6提供了6种视图的显示模式，它们分别是＿＿＿＿、＿＿＿＿、＿＿＿＿、
＿＿＿＿、＿＿＿＿和＿＿＿＿。

（2）所谓"出血"，是指＿＿＿＿。

（3）CorelDRAW X6默认页面为＿＿＿＿。

2．选择题

（1）打开已有文件的快捷键是（　　）。

A．Ctrl+O　　　　B．Alt+O　　　　C．Ctrl+N　　　　D．Alt+O

（2）导入文件就是将CorelDRAW　X6中不能直接打开的图形或图像文件，通过"导入"命令导入到工作区中。导入文件的快捷键是（　　）。

A．Ctrl+S　　　　B．Ctrl+D　　　　C．Ctrl+I　　　　D．Ctrl+O

3．问答题/上机练习

（1）简述导入和导出文件的方法。

（2）简述设置页面背景的方法。

（3）简述添加、删除、重命名和定位页面的方法。

第2章

对象的操作与管理

本章要点

通过第1章的学习，了解了CorelDRAW X6软件，但要使用该软件进行绘图操作，必须掌握对象的操作和管理方法。通过本章学习应掌握以下内容：

- 掌握选择与复制对象的方法。
- 掌握变换对象的方法。
- 掌握控制对象的方法。
- 掌握对齐与分布对象的方法。

2.1　选择与复制对象

在CorelDRAW X6中选择与复制对象是最基本的操作，下面就来具体讲解选择与复制对象的方法。

2.1.1　选择对象

在CorelDRAW X6中新建一个图形对象时，一般图形对象呈选择状态，在对象周围会出现一个由8个控制点组成的圈选框，对象中心有一个 × 形的中心标记，如图2-1所示。当同时选择多个图形对象时，多个图形对象会共有一个圈选框，如图2-2所示。如果要取消图形对象的选择状态，在绘图页面的其他位置单击或按键盘上的〈Esc〉键即可。

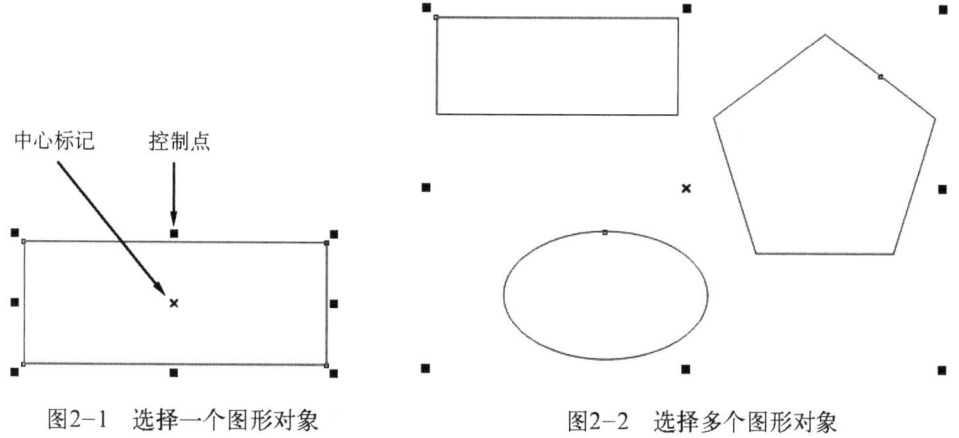

图2-1　选择一个图形对象　　　　　图2-2　选择多个图形对象

CorelDRAW X6提供了多种选择对象的方法，下面就来进行具体讲解。

1．利用 ▵ (选择工具) 选择对象

利用 ▵ (选择工具) 选择对象的具体操作步骤如下：

（1）选择工具箱中的 ▵ (选择工具)，在要选取的图形对象上单击，即可选取该对象。

（2）如果要选取多个对象，可以选择工具箱中的 ▵ (选择工具)，按住键盘上的〈Shift〉键，然后依次单击要选择的对象即可。

（3）此外利用工具箱中的 ▵ (选择工具)，在要选取的图形对象外围单击并拖动鼠标，此时会出现一个蓝色的虚线框，如图2-3所示。当圈选框完全圈选住对象后松开鼠标，即可选中圈选范围内的图形对象，如图2-4所示。

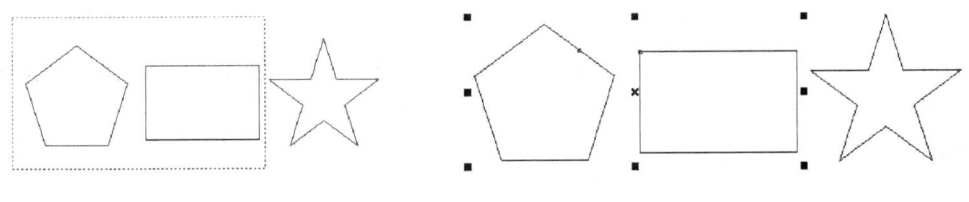

图2-3　圈选对象　　　　　　　　　　　　　图2-4　选中对象

2．使用菜单命令选择对象

执行菜单中的"编辑|全选"下的子菜单命令，如图2-5所示，可以一次性选择当前绘图页面中的所有对象、文本、辅助线或图形中的所有节点。

3．利用绘图工具选择对象

利用工具箱中的 ▭ (矩形工具)、◯ (椭圆形工具)、⬡ (多边形工具)、◉ (螺纹工具)、▦ (图纸工具)、↖ (形状工具) 在要选取的对象上单击，也可选择对象。

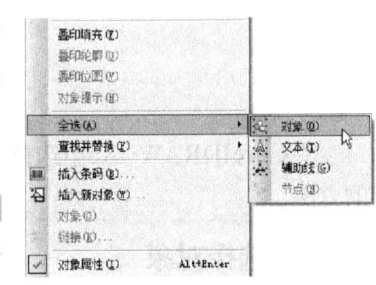

图2-5　"全选"子菜单

4．使用键盘选择对象

当绘图页面中有多个对象时，按键盘上的空格键切换到 ▵ (选择工具)，然后连续按键盘上的〈Tab〉键，可以依次选择下一个对象。

2.1.2　复制、再制和删除对象

CorelDRAW X6提供了多种复制对象的方法，此外还可以删除不需要的对象。下面就来进行具体讲解。

1．使用 ▵ (选择工具) 复制对象

利用工具箱中的 ▵ (选择工具) 复制对象的具体操作步骤如下：

（1）利用 ▵ (选择工具) 选取对象。

（2）将其拖动到适当位置后单击鼠标右键，此时光标变为 ▵ 形状，松开鼠标即可复制对象。

2．使用"再制"命令复制对象

使用"再制"命令复制对象的具体操作步骤如下：

（1）利用工具箱中的 ▵ (选择工具) 选取对象。

（2）执行菜单中的"编辑|再制"（快捷键〈Ctrl+D〉）命令，即可再制对象，此时再制的对象会出现在原对象的右上方，如图2-6所示。

 提示

　　选中要复制的对象，按小键盘上的〈+〉键，即可原地复制一个对象。

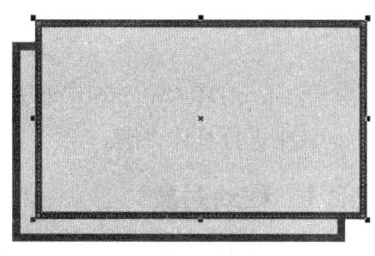

图2-6　再制效果

3．使用剪贴板复制对象

使用剪贴板复制对象的具体操作步骤如下：

（1）利用工具箱中的 🔲（选择工具）选取对象。

（2）执行菜单中的"编辑|复制"（快捷键〈Ctrl+C〉）命令，将对象复制到剪贴板。然后执行菜单中的"编辑|粘贴"（快捷键〈Ctrl+V〉）命令，将剪贴板中的对象原地粘贴到绘图区中。

4．复制对象属性

复制对象属性是将一个对象的属性复制到另外一个对象上。可以复制的对象属性包括填充和轮廓线等。复制对象属性的具体操作步骤如下：

（1）利用 🔲（选择工具）选取要复制属性的对象（此时选择的是五边形），如图2-7所示。

（2）执行菜单中的"编辑|复制属性"命令，然后在弹出的对话框中选中"轮廓笔""轮廓色"和"填充"复选框，如图2-8所示，单击"确定"按钮。

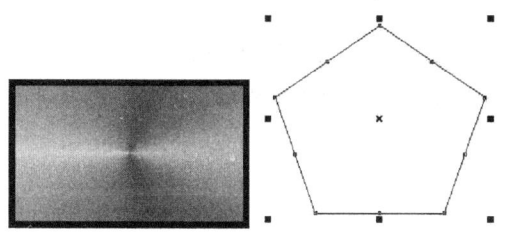 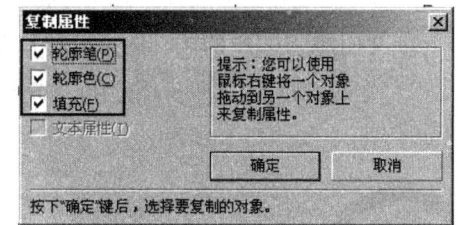

图2-7　选取要复制属性的对象　　　　　图2-8　设置复制属性参数

（3）此时鼠标变为 ➡ 形状。然后将鼠标移动到要得到复制属性的对象上（此时选择的是矩形），如图2-9所示，接着单击即可复制属性，结果如图2-10所示。

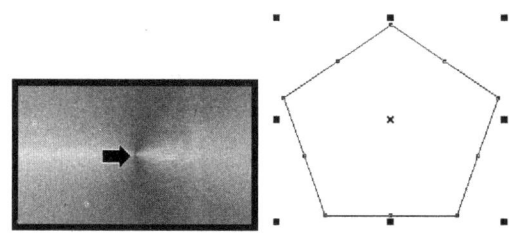 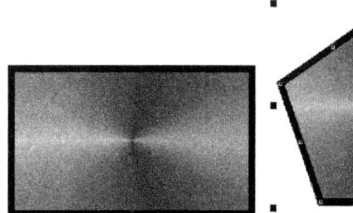

图2-9　将鼠标移动到要得到复制属性的对象上　　　图2-10　复制属性

2.2 变换对象

在CorelDRAW X6中可以对选择的对象进行移动、旋转、缩放、镜像及倾斜等变换操作。下面就来进行具体讲解。

2.2.1 移动对象

在CorelDRAW X6中可以通过以下3种方法来移动对象。

1. 利用 🖰 (选择工具) 和键盘移动对象

利用 🖰 (选择工具) 和键盘移动对象的具体操作步骤如下：

（1）利用 🖰 (选择工具) 直接进行移动。方法是利用工具箱中的 🖰 (选择工具) 选中要移动的对象，此时鼠标变为 ✛ 形状，然后即可将对象移动到适当位置。

（2）利用键盘移动对象。方法是选择工具箱中的 🖰 (选择工具) 后不选取任何对象，此时属性栏如图2-11所示，然后在 框中设置每次微调移动的距离，接着选择要移动的对象，利用键盘上的方向键，即可按设置的微调值移动对象。

图2-11　属性栏

2. 利用属性栏移动对象

利用属性栏移动对象的具体操作步骤如下：

（1）利用工具箱中的 🖰 (选择工具) 选择要移动的对象，如图2-12所示。

（2）在属性栏的 框中，"X"代表对象所在位置的横坐标，"Y"代表对象所在位置的纵坐标，如图2-13所示。

图2-12　选择要移动的对象

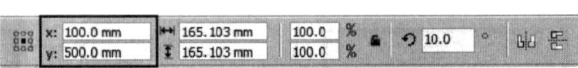

图2-13　所选对象的属性

（3）调整"X"和"Y"的坐标值，如图2-14所示。结果如图2-15所示。

3. 利用"变换"泊坞窗移动对象

利用"变换"泊坞窗移动对象的具体操作步骤如下：

（1）利用工具箱中的 🖰 (选择工具)

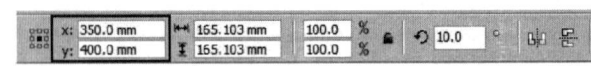

图2-14　调整"X"和"Y"的坐标值

选择要移动的对象。

（2）执行菜单中的"窗口|泊坞窗|变换|位置"命令，进入"变换"泊坞窗的 ⊕（位置）选项卡，如图2-16所示。

图2-15 调整坐标后的效果   图2-16 "变换"泊坞窗的"位置"选项卡

（3）选中"相对位置"复选框，然后在"水平"和"垂直"数值框中设置对象在水平和垂直方向上要移动的距离，单击"应用"按钮，即可将对象移动到指定位置。

提示

　　如果未选中"相对位置"复选框，"水平"和"垂直"数值框中将显示所选对象的横坐标和纵坐标。

2.2.2 旋转对象

在CorelDRAW X6中可以通过以下3种方法来旋转对象，并调整旋转中心的位置。

1．利用(选择工具) 旋转对象

利用 （选择工具）旋转对象的具体操作步骤如下：

（1）在绘图页面中，利用工具箱中的 （选择工具）双击要旋转的对象，进入旋转状态，如图2-17所示。

（2）移动 ⊙ 点可以改变旋转中心点的位置。将鼠标移动到要旋转的对象的4个角的任意一个旋转控制点上，此时光标变为 ↻ 形状，然后即可旋转对象。此时将出现一个虚线框来指示旋转的角度，如图2-18所示。

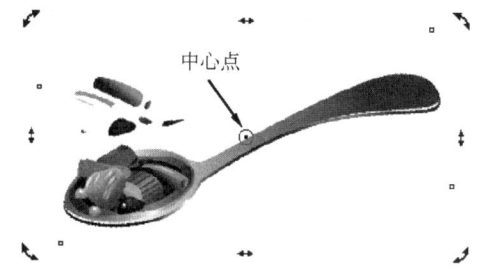

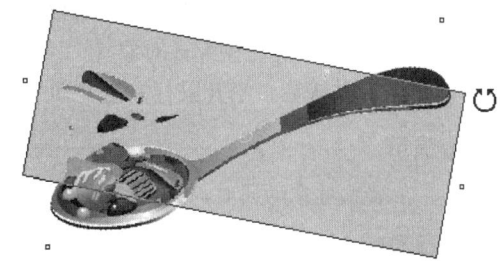

图2-17 进入旋转状态   图2-18 出现一个虚线框来指示旋转的角度

（3）旋转完毕后，松开鼠标左键，即可完成旋转，如图2-19所示。

2．利用属性栏旋转对象

利用属性栏旋转对象的具体操作步骤如下：

（1）利用工具箱中的 📐（选择工具）选择要旋转的对象。

（2）在属性栏的 ⟳ .0 框中输入要旋转的角度，然后按〈Enter〉键即可。

3．利用"变换"泊坞窗旋转对象

利用"变换"泊坞窗旋转对象的具体操作步骤如下：

（1）利用工具箱中的 📐（选择工具）选择要移动的对象。

（2）执行菜单中的"窗口|泊坞窗|变换|旋转"命令，进入"变换"泊坞窗的 ⟳（旋转）选项卡，如图2-20所示。

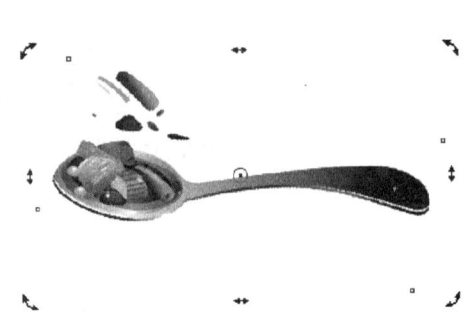
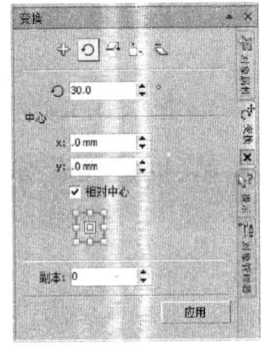

图2-19　旋转后效果　　　　　图2-20　"变换"泊坞窗的"旋转"选项卡

（3）选中"相对位置"复选框，然后在该复选框下面的旋转基准点设置区中设定旋转时固定不动的基准点，此时对象将以选取的旋转中心进行旋转，接着在"角度"右侧的数值框中输入要旋转的角度，单击"应用"按钮，即可旋转对象。

2.2.3　缩放对象

在CorelDRAW X6中可以通过以下3种方法来缩放对象。

1．利用 📐（选择工具）缩放对象

利用 📐（选择工具）缩放对象的具体操作步骤如下：

（1）在绘图页面中，利用工具箱中的 📐（选择工具）选中要进行缩放的对象，如图2-21所示。

（2）将鼠标移动到要缩放的对象的任意一个角的控制点上，此时光标变为双向箭头形状，然后拖动鼠标，即可等比例缩放对象。

（3）缩放完毕后，松开鼠标左键，即可完成缩放，如图2-22所示。

 提示

在缩放对象的同时，按住键盘上的〈Alt〉键，可非等比例缩放对象。

2．利用属性栏缩放对象

利用属性栏缩放对象的具体操作步骤如下：

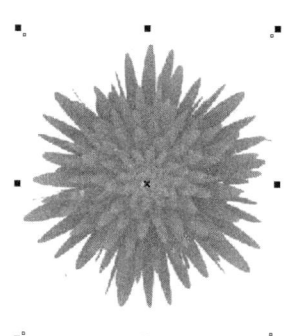
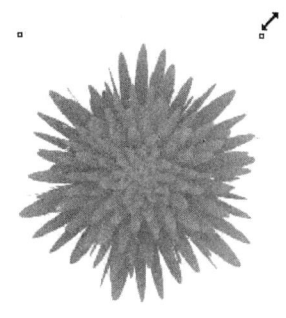

图2-21 选中对象　　　　　　　图2-22 等比例缩放对象

（1）利用工具箱中的 选择要缩放的对象。此时属性栏如图2-23所示。

（2）在属性栏的 框中输入要调整的对象的宽度和高度，然后激活 后的 按钮，则只要改变宽度和高度中的一个值，另一个值就会自动按比例调整。

3．利用"变换"泊坞窗缩放对象

利用"变换"泊坞窗缩放对象的具体操作步骤如下：

（1）利用工具箱中的 选择要移动的对象。

（2）执行菜单中的"窗口|泊坞窗|变换|大小"命令，进入"变换"泊坞窗的 （大小）选项卡，如图2-24所示。

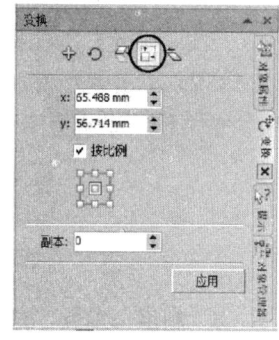

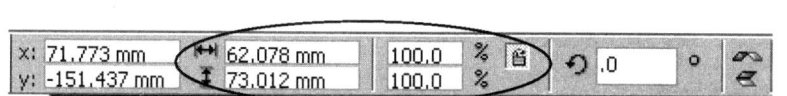

图2-23 设置缩放参数

图2-24 "变换"泊坞窗
的"大小"选项卡

（3）取消选中"按比例"复选框，然后在该复选框下面的缩放基准点设置区中设定缩放时固定不动的基准点，接着在"x:"和"y:"数值框中分别输入数值后，单击"应用"按钮，即可非等比例缩放对象。

 提示

　　如果选中"按比例"复选框，则将等比例缩放对象。

2.2.4 镜像对象

在CorelDRAW X6中可以通过以下3种方法来镜像对象。

1．利用 ▧(选择工具) 镜像对象

利用▧(选择工具)镜像对象的具体操作步骤如下：

(1) 在绘图页面中，利用工具箱中的▧ (选择工具) 选中需要进行镜像的对象，如图2-25所示。

(2) 按住键盘上的〈Ctrl〉键，利用鼠标直接拖动左边或右边中间的控制点到相对的边，可以镜像出保持原对象比例的水平镜像对象，如图2-26所示。

(3) 按住键盘上的〈Ctrl〉键，利用鼠标直接拖动上边或下边中间的控制点到相对的边，可以镜像出保持原对象比例的垂直镜像对象，如图2-27所示。

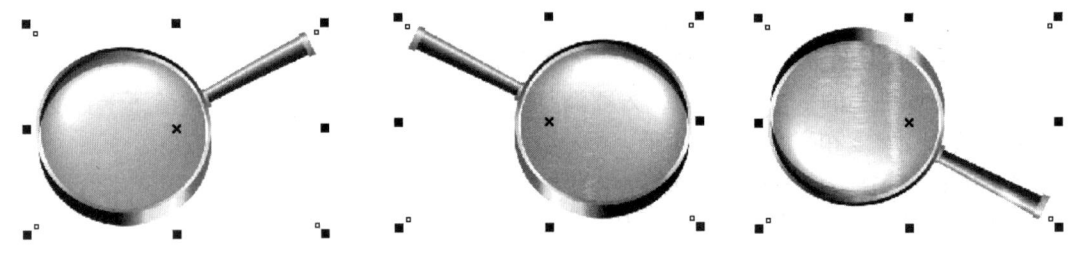

图2-25　选中对象　　　　图2-26　水平镜像效果　　　　图2-27　垂直镜像效果

2．利用属性栏镜像对象

利用属性栏镜像对象的具体操作步骤如下：

(1) 利用工具箱中的▧(选择工具)选择要镜像的对象。

(2) 单击图2-28所示的属性栏中的▥ (水平镜像) 按钮，可以完成对象沿水平方向翻转镜像；单击▤ (垂直镜像) 按钮，可以完成对象沿垂直方向翻转镜像。

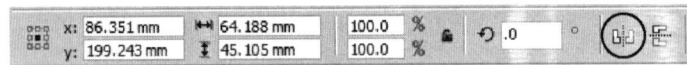

图2-28　属性栏中的镜像按钮

3．利用"变换"泊坞窗镜像对象

利用"变换"泊坞窗镜像对象的具体操作步骤如下：

(1) 利用工具箱中的▧(选择工具)选择要移动的对象。

(2) 执行菜单中的"窗口|泊坞窗|变换|缩放和镜像"命令，进入"变换"泊坞窗的▣ (缩放和镜像) 选项卡，如图2-29所示。

(3) 选中"按比例"复选框，然后在该复选框下面的镜像基准点设置区中设定镜像时固定不动的基准点。

(4) 单击▥按钮后单击"应用"按钮，即可使对象沿水平方向翻转镜像；单击▤按钮后单击"应用"按钮，即可使对象沿垂直方向翻转镜像。

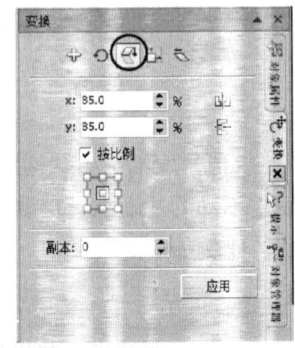

图2-29　"变换"泊坞窗的"缩放和镜像"选项卡

2.2.5　倾斜对象

在CorelDRAW X6中可以通过以下两种方法来倾斜对象。

1．利用 （选择工具）倾斜对象

利用 （选择工具）倾斜对象的具体操作步骤如下：

（1）在绘图页面中，利用工具箱中的 （选择工具）双击要倾斜的对象，此时对象4条边的中点会出现 ↕ 和 ↔ 控制点，如图2-30所示。

图2-30　进入倾斜状态

（2）将鼠标移动到要倾斜的对象的 ↕ 控制点上，此时光标变为 ↕ 形状，然后上下拖动鼠标，即可沿垂直方向倾斜对象，如图2-31所示。

（3）将鼠标移动到要倾斜的对象的 ↔ 控制点上，此时光标变为 ⇌ 形状，然后左右拖动鼠标，即可沿水平方向倾斜对象，如图2-32所示。

图2-31　沿垂直方向倾斜对象　　　　　　图2-32　沿水平方向倾斜对象

2．利用"变换"泊坞窗倾斜对象

利用"变换"泊坞窗缩放对象的具体操作步骤如下：

（1）利用工具箱中的 （选择工具）选择要移动的对象。

（2）执行菜单中的"窗口|泊坞窗|变换|倾斜"命令，进入"变换"泊坞窗的 （缩放和镜像）选项卡，如图2-33所示。

（3）选中"使用锚点"复选框，然后在该复选框下面的倾斜基准点设置区中设定镜像时固定不动的基准点。接着在"x:"和"y:"数值框中分别输入倾斜数值后，单击"应用"按钮，即可倾斜对象。

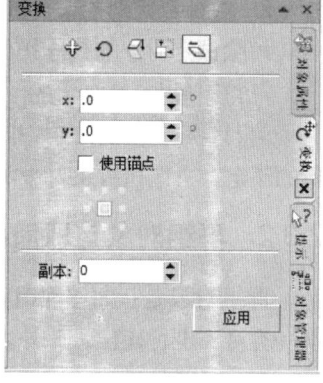

图2-33　"变换"泊坞窗的"缩放和镜像"选项卡

2.3 控 制 对 象

控制对象，即对对象进行一些特定的控制，如锁定对象和解除锁定等操作。通过对对象的控制操作，可以更加有效地进行其他绘图操作。

2.3.1 锁定与解除锁定对象

在CorelDRAW X6中绘图时，为了防止对某些对象的误操作，可以在绘图页面上锁定单个或多个对象。对象被锁定后，无法对其进行移动、缩放、复制和填充等操作。此外，还可以根据需要解除对象的锁定。

1．锁定对象

锁定对象的具体操作步骤如下：

（1）利用工具箱中的 [⬚]（选择工具）选择要锁定的对象，如图2-34所示。如果要锁定多个对象，可以按住键盘上的〈Shift〉键依次单击要锁定的对象。

（2）执行菜单中的"排列|锁定对象"命令，即可锁定对象，此时被锁定的对象四周会出现8个 △ （锁定）标记，如图2-35所示。

图2-34　选择要锁定的对象　　　图2-35　锁定后的效果

2．解除锁定对象

解除锁定对象的具体操作步骤如下：

（1）利用工具箱中的 [⬚]（选择工具）选择要解除锁定的对象。

（2）执行菜单中的"排列|解锁对象"命令，即可解除所选对象的锁定。如果要解除多个对象的锁定，可以执行菜单中的"排列|对所有对象解锁"命令。

2.3.2 群组对象与取消群组

群组对象是指将多个复杂的对象组合为一个单一的对象，利用群组对象可以更加方便地对某一类对象进行操作。此外，群组后的对象也可以很容易地取消群组，回到初始状态。

1．群组对象

群组对象的具体操作步骤如下：

（1）利用工具箱中的 [⬚]（选择工具），配合键盘上的〈Shift〉键依次单击要群组的对象。

（2）执行菜单中的"排列|群组"命令，或单击属性栏中的 [⬚]（群组）按钮，即可对选择的对象执行群组操作。

2．取消群组

取消群组对象的具体操作步骤如下：

（1）利用工具箱中的 [⬚]（选择工具），选择需要取消群组的对象。

（2）执行菜单中的"排列|取消群组"命令，或单击属性栏中的 ▓▓ （取消群组）按钮，即可对选择的对象执行取消群组操作。

（3）如果要取消嵌套群组（即包含群组的群组），可以执行菜单中的"排列|取消全部群组"命令，或单击属性栏中的 ▣ （取消全部群组）按钮。

2.3.3 结合与拆分对象

在CorelDRAW X6中提供了7种能够将多个对象组合成一个新的图形对象的命令，分别是"合并""修剪""相交""简化""移除后面对象""移除前面对象"和"创建边界"。这里主要讲解"合并"命令。利用"结合"命令可以将多个对象组合为一个整体。如果原始对象是彼此重叠的，则重叠区域将被移除，并以剪切洞的形式存在，其下面的对象将不被遮盖。此外，还可以根据需要将结合后的对象进行拆分。

1．对象的合并

结合对象是指将两个或两个以上的对象作为一个整体进行编辑，同时轮廓又保持相对的独立，结合后的对象以最后选取的对象的属性作为结合后对象的属性，对象相交部分会以反白进行显示。结合对象的具体操作步骤如下：

（1）利用工具箱中的 ▣ （选择工具），选中需要结合的多个对象，如图2-36所示。

（2）执行菜单中的"排列|结合"命令，或单击属性栏中的 ▣ （结合）按钮，即可对选择的对象执行结合操作，效果如图2-37所示。

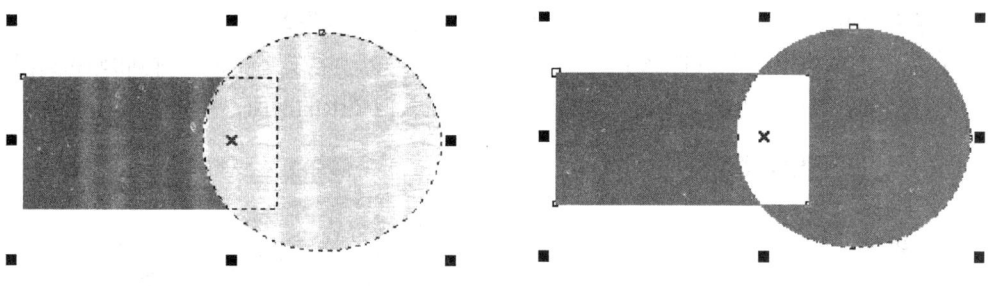

图2-36 选中要结合的对象　　　　　　图2-37 结合后的效果

2．结合对象的拆分

利用"拆分"命令可以将一个结合对象拆分成多个对象。拆分后的对象将保留结合对象的属性，但相交部分不再以反白显示。对结合对象进行拆分的具体操作步骤如下：

（1）利用工具箱中的 ▣ （选择工具），选中需要拆分的结合对象，如图2-37所示。

（2）执行菜单中的"排列|拆分曲线"命令，或单击属性栏中的 ▣ （拆分）按钮，即可对选择的对象执行拆分操作，效果如图2-38所示。

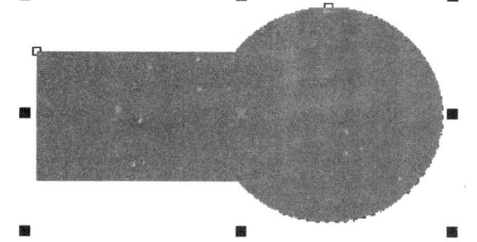

图2-38 结合对象的拆分效果

2.3.4 安排对象的顺序

在CorelDRAW X6中，一个作品通常是由一系列互相堆叠的图形对象组成的，这些对象的排列顺序决定了图形的外观。默认情况下先绘制的对象位于下方，后绘制的对象位于上方。也可以根据需要，在绘制后重新调整对象的排列顺序。

1．图形对象的排序类型

利用菜单"排列|顺序"下的子菜单中的命令，可以更改对象的顺序。下面就来介绍子菜单中的命令。

（1）到页面前面：将选定对象移到页面上所有其他对象的前面。

（2）到页面后面：将选定对象移到页面上所有其他对象的后面。

（3）到图层前面：将选定对象移到活动图层上所有其他对象的前面。

（4）到图层后面：将选定对象移到活动图层上所有其他对象的后面。

（5）向前一层：将选定的对象向前移动一个位置。如果选定对象位于活动图层上所有其他对象的前面，则将移到图层的上方。

（6）向后一层：将选定的对象向后移动一个位置。如果选定对象位于所选图层上所有其他对象的后面，则将移到图层的下方。

（7）置于此对象前：将选定对象移动到用户在绘图窗口中单击的对象的前面。

（8）置于此对象后：将选定对象移动到用户在绘图窗口中单击的对象的后面。

（9）逆序：将选定对象按照相反的顺序排列。

2．排序图形对象

在CorelDRAW X6中排序图形对象的具体操作步骤如下：

（1）在CorelDRAW X6中绘制4个图形对象，其叠放顺序如图2-39所示。

（2）利用工具箱中的 ⬚（选择工具）选中三角形，然后执行菜单中的"排列|顺序|到图层前面"命令（快捷键〈Shift+PageUp〉），将三角形放置到其他图形的前面，结果如图2-40所示。

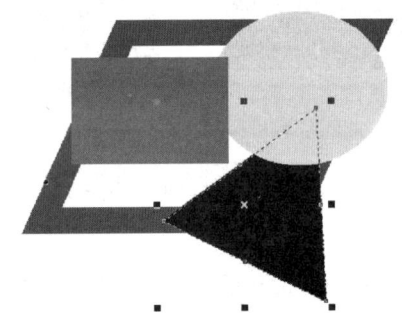

图2-39　绘制4个图形对象　　　　　图2-40　将三角形放置到其他图形前面

（3）利用工具箱中的 ⬚（选择工具）选中左侧矩形，然后执行菜单中的"排列|顺序|到图层后面"命令（快捷键〈Shift+PageDown〉），将其放置到其他图形对象的后面，结果如图2-41所示。

（4）利用工具箱中的 ⬚（选择工具）选中左侧矩形，然后执行菜单中的"排列|顺序|向前一层"命令（快捷键〈Ctrl+PageUp〉），将其放置到前一个图形对象的前面，结果如图2-42所示。

（5）利用工具箱中的 ⬚（选择工具）选中三角形，然后执行菜单中的"排列|顺序|向后一层"命令（快捷键〈Ctrl+PageDown〉），将其放置到后一个图形对象的后面，结果如图2-43所示。

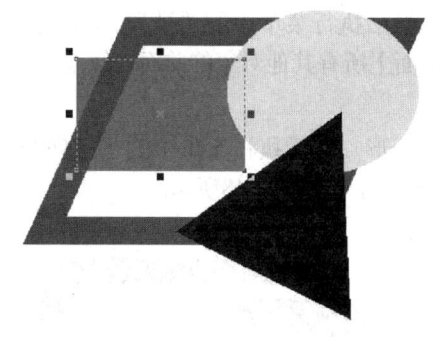
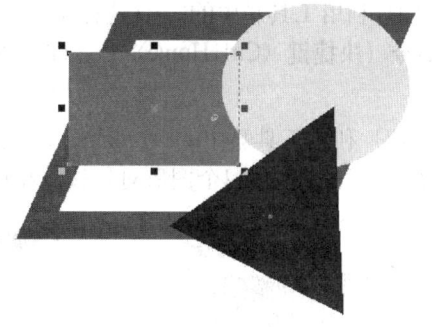

图2-41　将矩形放置到其他图形对象的后面　　图2-42　将矩形放置到前一个图形对象的前面

（6）利用工具箱中的 （选择工具）选中平行四边形框，然后执行菜单中的"排列|顺序|置于此对象前"命令，此时鼠标变为➡形状，接着单击矩形，即可将其放置到矩形图形对象的前面，结果如图2-44所示。

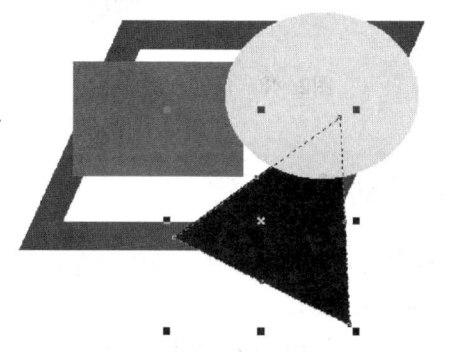
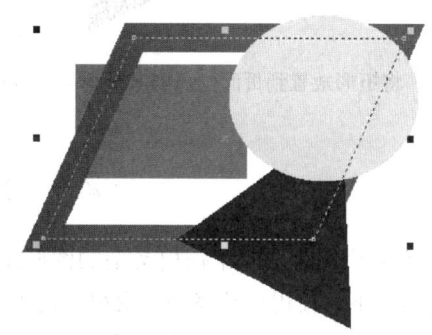

图2-43　将三角形放置到后一个图形对象的后面　　图2-44　将平行四边形框放置到矩形图形对象的前面

（7）利用工具箱中的 （选择工具）选中椭圆，然后执行菜单中的"排列|顺序|置于此对象后"命令，此时鼠标变为➡形状，接着单击三角形，即可将其放置到三角形图形对象的后面，结果如图2-45所示。

（8）利用工具箱中的 （选择工具）选中三角形，然后执行菜单中的"排列|顺序|到页面后面"命令（快捷键〈Ctrl+End〉），即可将其放置到页面上所有其他对象的后面，结果如图2-46所示。

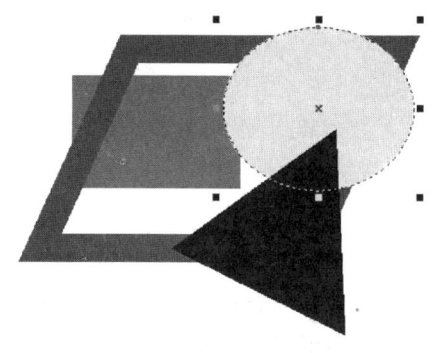
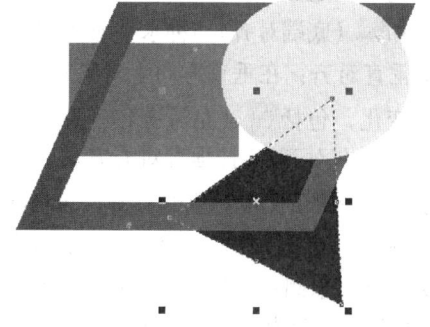

图2-45　将椭圆放置到三角形图形对象的后面　　图2-46　将三角形放置到页面上所有其他对象的后面

（9）利用工具箱中的 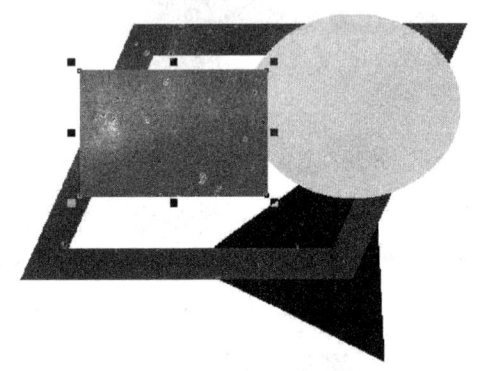（选择工具）选中矩形，然后执行菜单中的"排列|顺序|到页面前面"命令（快捷键〈Ctrl+Home〉），即可将其放置到页面上所有其他对象的前面，结果如图2-47所示。

（10）利用工具箱中的 （选择工具），框选4个图形，然后执行菜单中的"排列|顺序|反转顺序"命令，即可将4个图形对象按照相反的顺序排列，结果如图2-48所示。

图2-47　将矩形放置到页面上所有其他对象的前面　　　　图2-48　反转顺序效果

2.4　对齐与分布对象

在实际绘图时，对于任何类型的图形绘制来说，对齐与分布都是非常重要的命令，因为在大多数情况下，使用手动移动对象很难达到对齐与分布对象的目的。

在CorelDraw X6中使用"对齐与分布"对话框，可以指定对象的多种对齐和分布方式。

2.4.1　对齐对象

执行菜单中的"排列|对齐和分布|对齐和分布"命令，在弹出的"对齐与分布"对话框中选择"对齐"选项卡，如图2-49所示。在该对话框中提供了可对齐任何选择对象的所有方式。

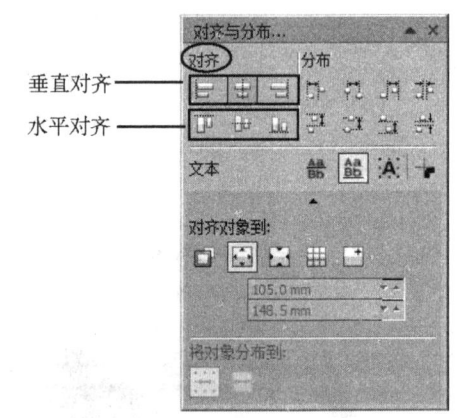

图2-49　"对齐"选项卡

●水平对齐：在水平方向上对齐对象，垂直方向不发生变化，包括 （顶端对齐）、 （垂直居中对齐）和 （底端对齐）3种水平对齐方式。

●垂直对齐：在垂直方向上对齐对象，水平方向不发生变化，包括 （左对齐）、 （水平居中对齐）和 （右对齐）3种垂直对齐方式。

●文本：用于文本对象的对齐，包括 （第一条线的基线）、 （最后一条线的基线）、 （边框）和 （轮廓）4个选项可供选择。

●对齐对象到：包括 （活动对象）、 （页面边缘）、 （页面中心）、 （网格）和 （指定点）5个选项可供选择。使用时需要选中按水平或垂直的某种对齐方式。

 **提示**

在选择对齐方式时，可以只选择按某种水平或垂直方向对齐复选框，也可以同时选择水平和垂直方向对齐复选框，即同时在两个方向上执行对齐操作。

2.4.2 分布对象

在绘图时，对绘图中的多个对象，有时需要使其按某种方式匀称分布（如以等间距来放置对象），从而使绘图具有精美、专业的外观。

执行菜单中的"排列|对齐和分布|对齐和分布"命令，在弹出的"对齐与分布"对话框中选择"分布"选项卡，如图2-50所示。在该对话框中提供了用于分布任何选择对象的所有方式。

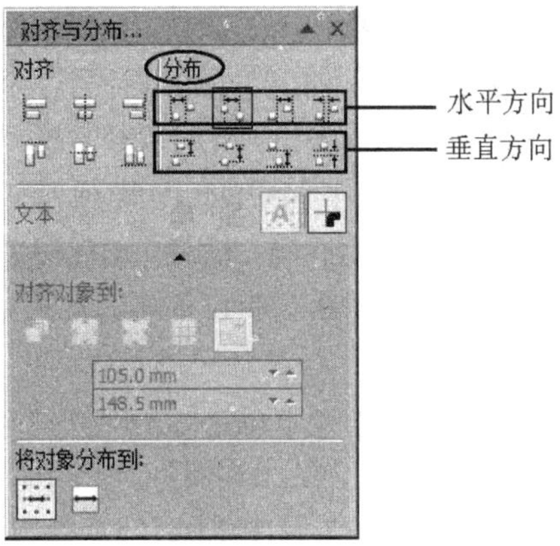

图2-50 "分布"选项卡

（1）水平方向：在水平方向上分布对象，垂直方向不发生变化，包括 ⊞ （左分散排列）、⊞ （水平分散排列中心）、⊞ （右分散排列）和 ⊞ （水平分散排列间距）4种水平分布方式。如果激活 ⊞ （左分散排列），则会以对象的左边界为基点分布对象；如果激活 ⊞ （水平分散排列中心），则会以对象水平方向的中点为基点分布对象；如果激活 ⊞ （水平分散排列间距），则会以相同的间距水平分布对象；如果激活 ⊞ （右分散排列），则会以对象的右边界为基点分布对象。

（2）垂直对齐：在垂直方向上分布对象，水平方向不发生变化，包括 ⊞ （顶部分散排列）、⊞ （垂直分散排列中心）、⊞ （底部分散排列）和 ⊞ （垂直分散排列间距）4种垂直分布方式。如果激活 ⊞ （顶部分散排列），则会以对象的上边界为基点分布对象；如果激活 ⊞ （垂直分散排列中心），则会以对象垂直方向的中点为基准分布对象；如果激活 ⊞ （垂直分散排列间距），则会以相同的间距垂直分布对象；如果激活 ⊞ （底部分散排列），则会以对象的下边界为基点分布对象。

（3）分布到：该选项组提供了 ⊞ （选定的范围）和 ⊟ （页面范围）两个选项。如果激活 ⊞ （选定的范围），则会在选择的范围内分布对象；如果激活 ⊟ （页面范围），则会在页面的范围内分布对象。

2.5 实 例 讲 解

本节将通过"伞面设计"和"蝴蝶结效果"两个实例，讲解在实际工作中对象的操作与管理的具体应用。

2.5.1 伞面设计

 **制作要点：**

本例将设计一个如图2-51所示的伞面。通过本例的学习，应掌握辅助线、⊙ （椭圆形工具）、⊙ （3点椭圆形工具）、⊙ （多边形工具）、⊙ （转换为曲线）、⊙ （形状工具）、⊡

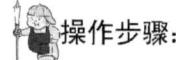
（后减前）、旋转并复制、群组的综合应用。

操作步骤：

1．制作伞面图形

（1）执行菜单中的"文件|新建"命令（快捷键〈Ctrl+N〉），新建一个CorelDRAW文档。

（2）执行菜单中的"视图|标尺"命令，调出标尺，然后从标尺处拉出水平和垂直两条参考线，如图2-52所示。

（3）选择工具箱中的 （椭圆形工具），配合键盘上的〈Ctrl+Shift〉组合键，绘制一个以参考线交叉点为中心的正圆形。然后在属性栏中设置圆形直径为95mm，如图2-53所示。

（4）在属性栏中单击 （饼形）按钮，然后设置 为315.0， 为0.0，结果如图2-54所示。

（5）选择工具箱中的 （3点椭圆形工具），并在属性栏中单击 （椭圆）按钮后，再在饼形图两个角点之间绘制一个椭圆，使它的两个端点与饼形的两个角点重合，如图2-55所示。

图2-51　伞面设计

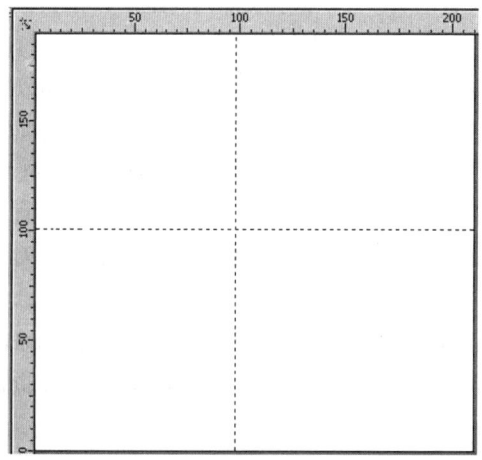

图2-52　拉出水平和垂直两条参考线

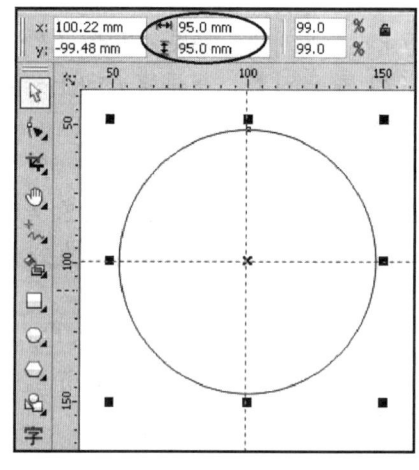

图2-53　绘制直径为95mm的正圆

（6）选中绘制的3点椭圆，单击属性栏中的 （转换为曲线）按钮，将其转换为曲线。然后利用工具箱中的 （形状工具）调整转换为曲线的椭圆形状，如图2-56所示。

（7）按住键盘上的〈Shift〉键，加选前面绘制的饼形，然后单击属性栏中的 （移除前面对象）按钮，结果如图2-57所示。

（8）在移除前面对象后的图形上再单击鼠标进入旋转状态，如图2-58所示。然后将旋转中心移动到辅助线的交叉点处，如图2-59所示。

（9）执行菜单中的"窗口|泊坞窗|变换|旋转"命令，调出"旋转"泊坞窗。然后设置参数如图2-60所示，单击"应用到再制"按钮，结果如图2-61所示。

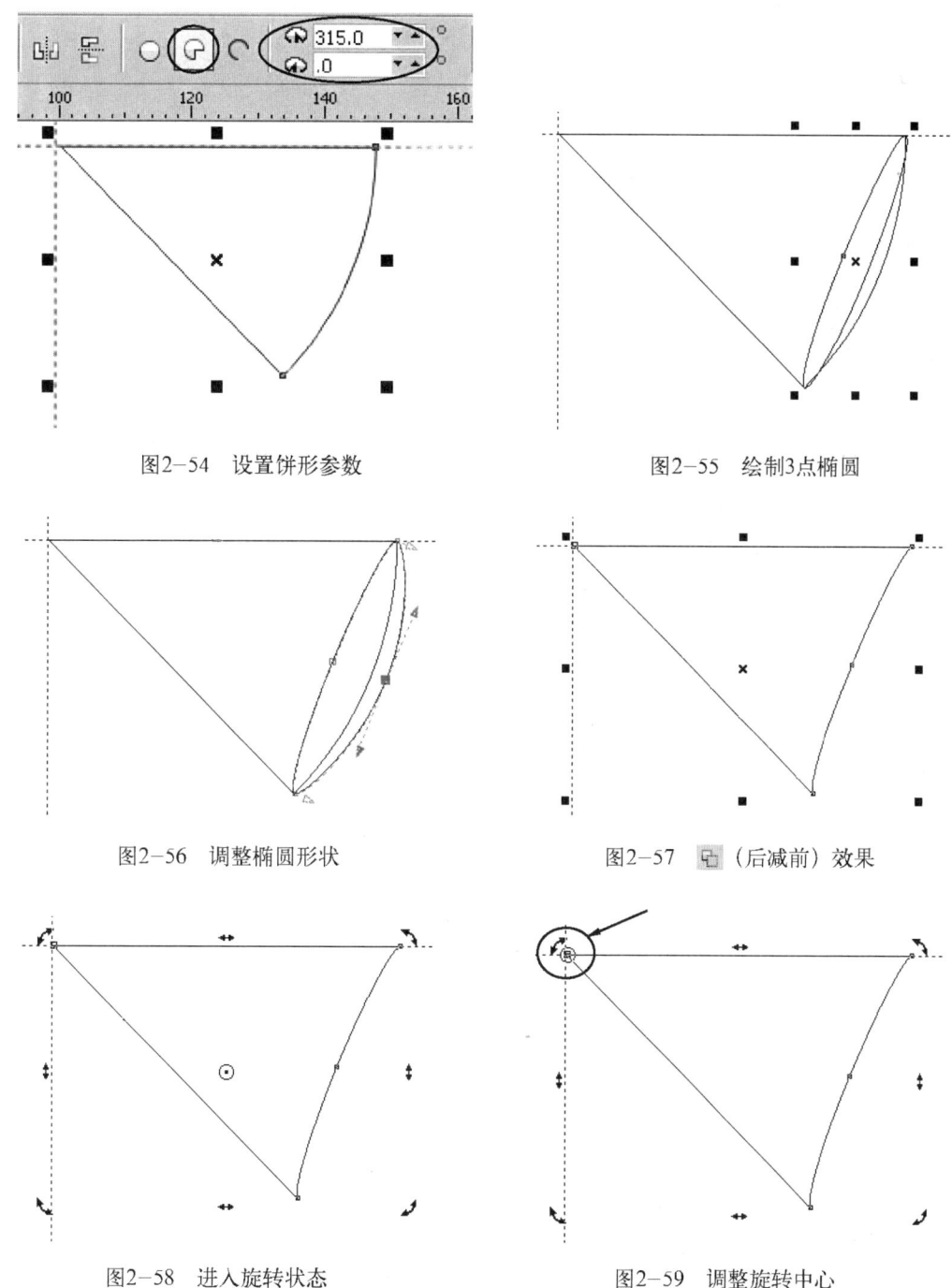

图2-54 设置饼形参数

图2-55 绘制3点椭圆

图2-56 调整椭圆形状

图2-57 （后减前）效果

图2-58 进入旋转状态

图2-59 调整旋转中心

（10）再次单击"应用到再制"按钮6次，旋转复制出6个副本，结果如图2-62所示。

（11）利用工具箱中的（选择工具），配合键盘上的〈Shift〉键，在绘图区中每隔一个选中一个饼形，然后在默认的CMYK调色板中单击红色框，结果如图2-63所示。

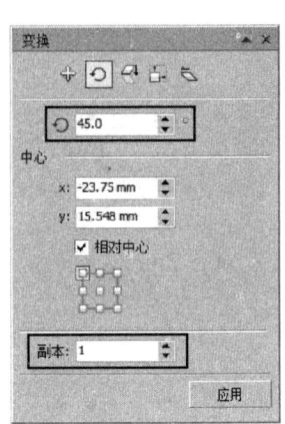 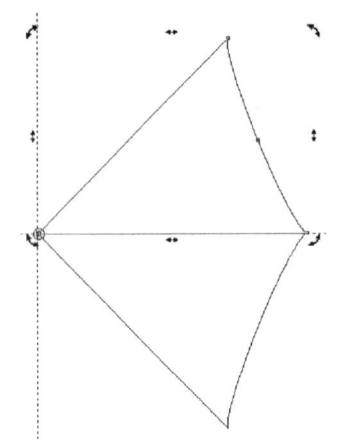 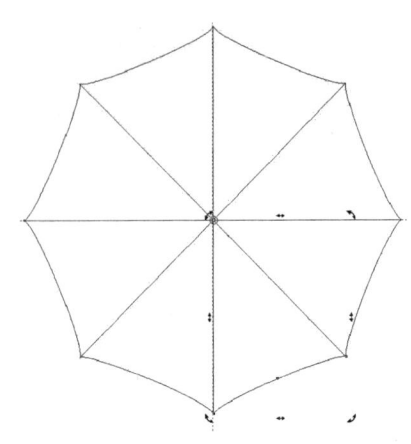

图2-61　设置旋转参数　　图2-62　单击"应用到再制"按钮的效果　　图2-63　伞面效果

2．制作伞面上的标志

（1）选择工具箱中的 ⊙（多边形工具），然后在属性栏中将多边形边数设为4，接着在绘图区中绘制图形，并将填充色设为"蓝"色，轮廓色设为"无"色，结果如图2-64所示。

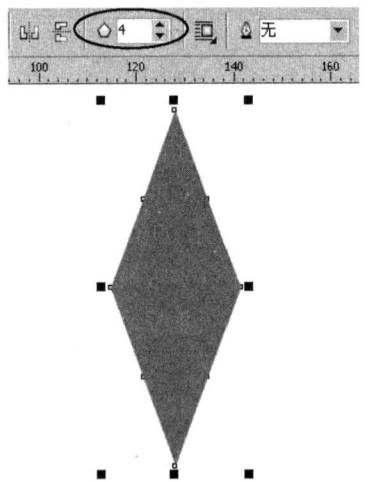

图2-64　绘制四边形

（2）利用工具箱中的 ▷（选择工具）选中绘制的四边形，然后在"旋转"泊坞窗中进行如图2-65所示的设置，单击"应用"按钮，结果如图2-66所示。

（3）利用工具箱中的 ▷（选择工具）同时选中两个四边形，然后在"旋转"泊坞窗中进行设置，如图2-67所示，单击"应用到再制"按钮，结果如图2-68所示。

（4）群组图形。方法是利用工具箱中的 ▷（选择工具）同时选中4个四边形，执行菜单中的"排列|群组"命令，将它们组成一个整体，如图2-69所示。

（5）在"旋转"泊坞窗中将群组图形的旋转角度设为65°，并对其进行适当缩小后放置到伞面上，结果如图2-70所示。

（6）在群组后的图形上再单击鼠标进入旋转状态，如图2-71所示。然后将旋转中心移动到辅助线的交叉点处，如图2-72所示。

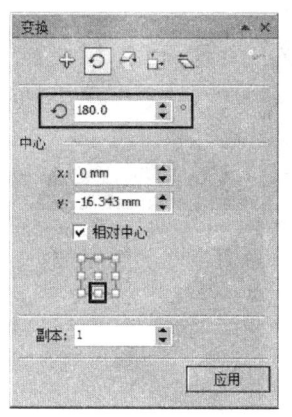  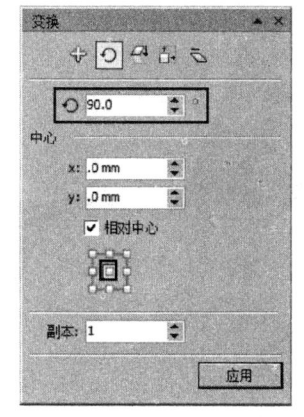 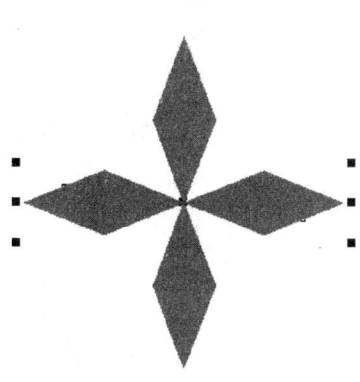

图2-65　设置旋转参数　图2-66　复制效果 图2-67　调整旋转参数　　　图2-68　复制效果

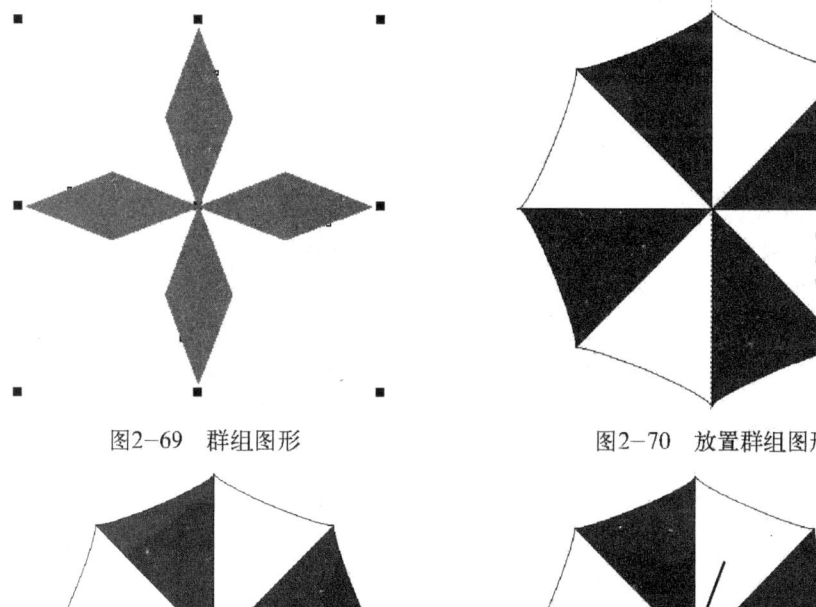

　　　　　图2-69　群组图形　　　　　　　　图2-70　放置群组图形

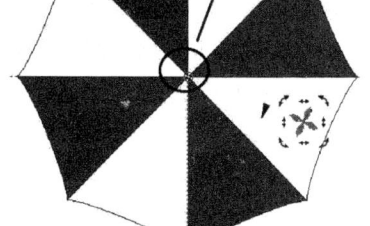

　　　　　图2-71　进入旋转状态　　　　　　图2-72　调整旋转中心的位置

　　（7）在"旋转"泊坞窗中将群组图形的旋转角度设为45°，然后单击"应用到再制"按钮7次，结果如图2-73所示。

　　（8）利用工具箱中的 （选择工具）同时选中红色伞面中的群组图形，将填充色设为"白"色，结果如图2-74所示。

图2-73　旋转复制群组图形

图2-74　最终效果

2.5.2　绘制盘套和光盘图形

要点：

本例将绘制盘套和光盘图形，如图2-75所示。通过本例学习应掌握 ○（椭圆形工具）、 □（矩形工具）、 □（阴影工具）、 □（透明度工具）、"对齐和分布"命令和"图框精确剪裁"命令的综合应用。

图2-75　绘制盘套和光盘图形

（1）执行菜单中的"文件|新建"命令（快捷键〈Ctrl+N〉），新建一个CorelDRAW文档。然后在属性栏中设置纸张宽度与高度为150 mm×150 mm。

（2）绘制矩形。方法：利用工具箱中的 □（矩形工具）绘制一个矩形，然后在属性面板中将其大小设为114 mm×114 mm，将右边矩形的边角圆滑度设为6，结果如图2-76所示。接着在默认CMYK调色板中左键单击"浅蓝光紫"色，从而将其填充色设为"浅蓝光紫"色。最后右键单击☒（色块），将轮廓色设为无色，结果如图2-77所示。

（3）同理，绘制一个大小为14.15 mm×110 mm的矩形，并在属性栏中设置左边矩形的边角圆滑度设为6，如图2-78所示。然后将其填充色设为浅紫色[颜色参考值为：CMYK（0，20，0，0）]，轮廓色设为无色，接着将其移动到适当位置，结果如图2-79所示。

（4）绘制盘套上的缝隙。方法：利用工具箱中的 □（矩形工具），绘制一个大小为2.5 mm×3 mm的矩形，然后将其填充为深棕色[颜色参考值为：CMYK（0，60，0，60）]，轮廓色设为无色。接着按小键盘上的〈+〉键18次，从而复制出18个深棕色小矩形。再利用对齐与分布面板将它们垂直等距分布，如图2-80所示。最后框选所有的小矩形单击属性栏中的 ⊞（群组）按钮，将它们设置为群组，结果如图2-81所示。

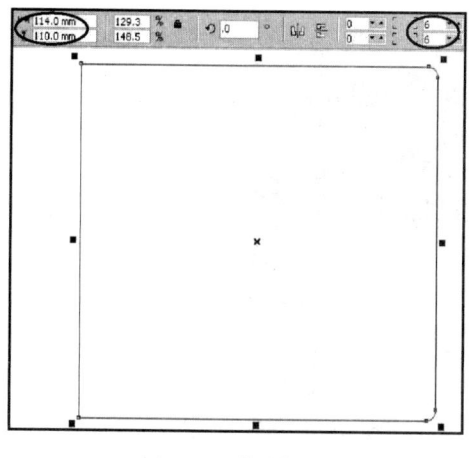

图2-76 绘制矩形

图2-77 填充矩形

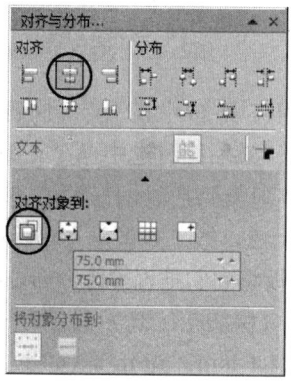

图2-78 将左边矩形的边角圆滑度设为6

图2-79 将矩形移动到适当位置

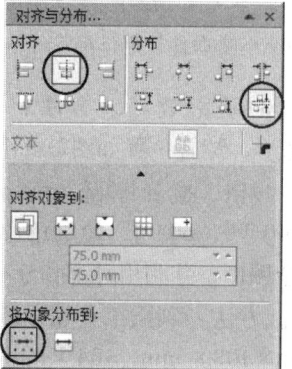

图2-80 设置对齐和分布参数

图2-81　绘制盘套上的缝隙

　　（5）制作封套上的小孔。方法：利用工具箱中的 （椭圆形工具）绘制一个5 mm×5 mm 的椭圆，然后按小键盘上的〈+〉键复制3个椭圆，接着利用"对齐与分布"面板将它们垂直等距分布，结果如图2-82所示。最后同时选中左侧矩形和4个小圆，在属性栏中单击 （移除前面对象）按钮，结果如图2-83所示。

图2-82　将4个小圆垂直等距分布

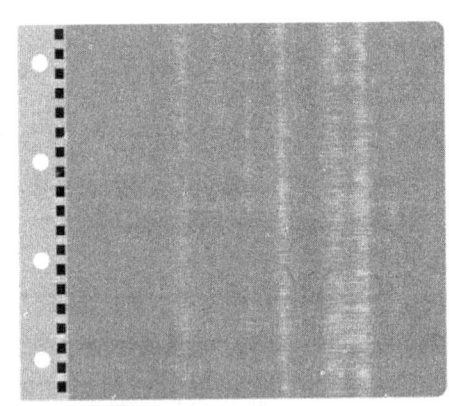

图2-83　 （后减前）效果

　　（6）制作小孔的阴影效果。方法：利用工具箱中的 （椭圆形工具）绘制两个 5 mm×5 mm的正圆形，放置位置如图2-84所示。然后同时选中两个正圆形，在属性栏中单击 （移除前面对象）按钮。接着将 （移除前面对象）后的图形的填充色设为深紫色[颜色参考值：CMYK（0，60，0，60）]，轮廓色设为无色，结果如图2-85所示。最后按小键盘上的〈+〉键3次，复制3个图形，并利用对齐和分布面板将它们垂直等距分布，结果如图2-86所示。

　　（7）绘制光盘。方法：利用工具箱中的 （椭圆形工具）绘制5个正圆形，并设置它们的大小分别为108.8 m×108.8 mm，104.4 mm×104.4 mm，40 mm×40 mm，37 mm×37 mm，28 mm×28 mm，填充色分别为白色、CMYK（0，0，10，0）、CMYK（0，0，10，0）、40% 黑色和白色。然后设置前3个圆的轮廓宽度为0.5mm，颜色为黑色，后两个圆的轮廓为无色，结果如图2-87所示。

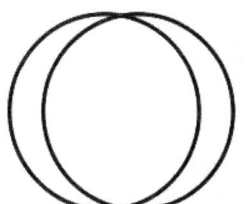

图2-84 绘制两个椭圆 图2-85 设置填充和轮廓 图2-86 垂直等距分布效果

（8）制作光盘中心的透明效果。方法：将组成光盘的5个圆进行群组，然后再绘制一个大小为14.6 mm×14.6 mm的正圆形，如图2-88所示。接着同时选择群组后的光盘图形和正圆形，在属性栏中单击 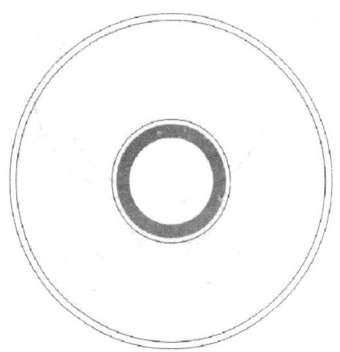（移除前面对象）按钮，最后将光盘移动到图2-89所示的位置，此时可以看到光盘的中心部分的透明效果。

（9）制作光盘透明部分的阴影效果。方法：利用工具箱中的（椭圆形工具）绘制两个14.5 mm×14.5 mm的正圆形，放置位置如图2-90所示。然后同时选中两个正圆形，在属性栏中单击（移除前面对象）按钮。接着将（移除前面对象）后的图形的填充色设为紫红色[颜色参考值：CMYK（0，80，0，0）]，轮廓色设为无色，结果如图2-91所示。最后按小键盘上的〈+〉键3次，复制3个图形，并利用对齐和分布面板将它们垂直等距分布，结果如图2-92所示。

图2-87 绘制光盘

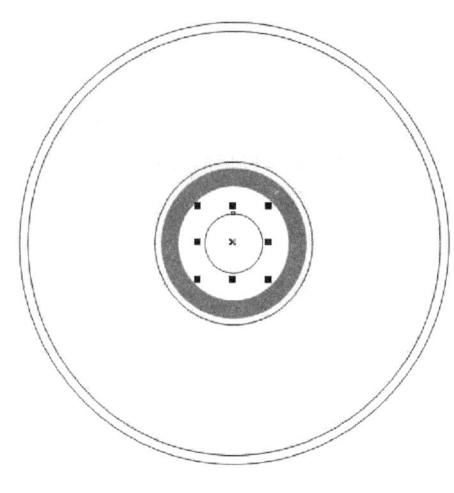
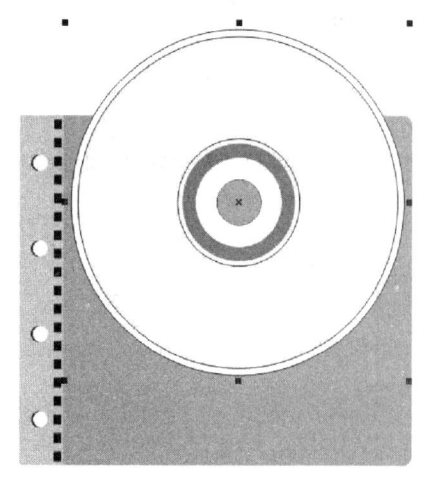

图2-88 绘制小圆 图2-89 光盘的中心部分的透明效果

（10）制作盘套正面图形。方法：利用工具箱中的（矩形工具）绘制三个矩形，大小分别为20 mm×103 mm，114 mm×82 mm，20 mm×103 mm，放置位置如图2-93所示。然后同时选中

3个矩形，在属性栏中单击 ⬚（合并）按钮，结果如图2-94所示。接着绘制两个38 mm×38 mm的正圆形，放置位置如图2-95所示，再选中所有作为封套正面的图形，在属性栏中单击 ⬚（合并）按钮，结果如图2-96所示。最后绘制一个38 mm×38 mm的正圆形，放置位置如图2-97所示，再选中所有作为封套正面的图形，单击 ⬚（移除前面对象）按钮，结果如图2-98所示。

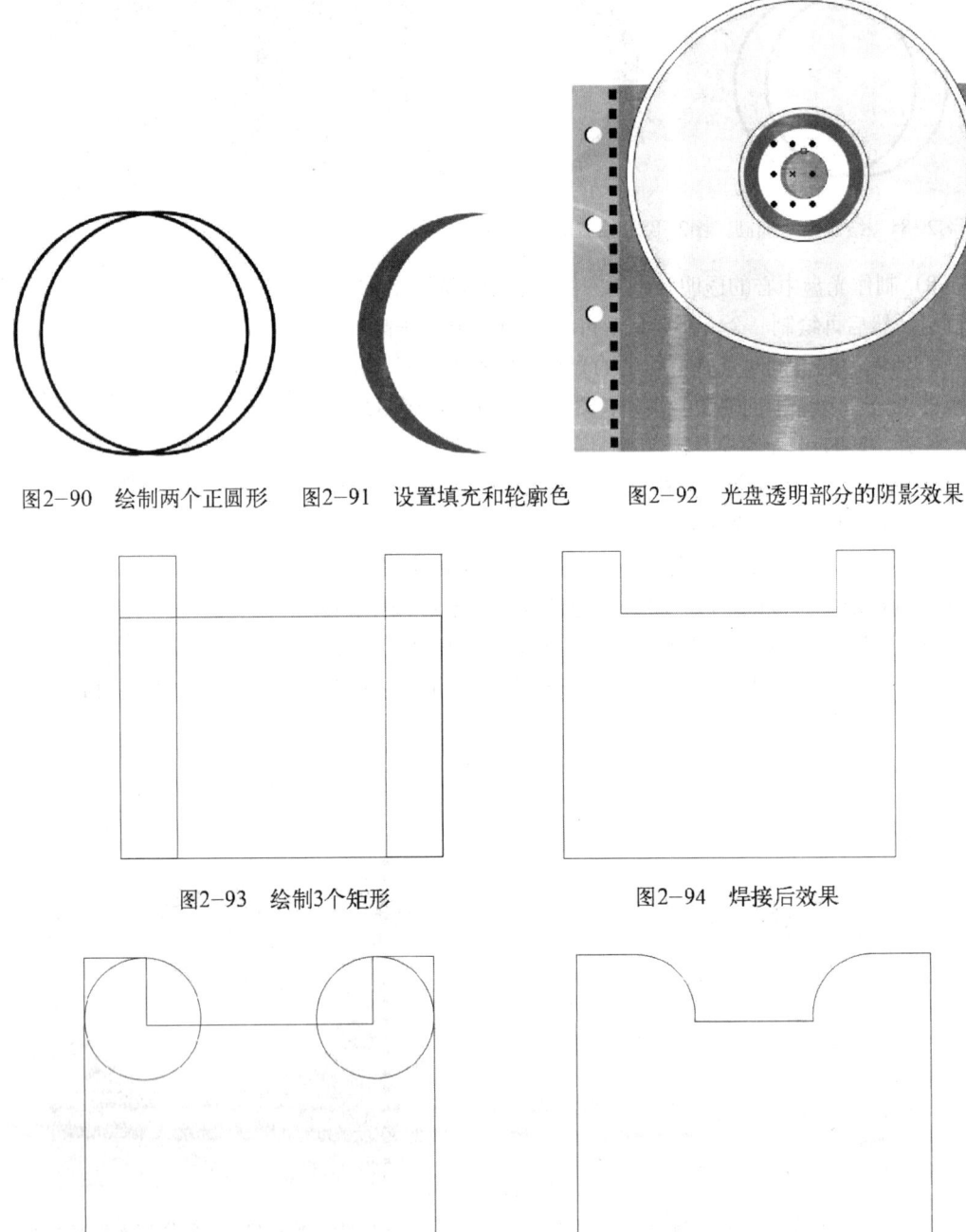

图2-90　绘制两个正圆形　　图2-91　设置填充和轮廓色　　图2-92　光盘透明部分的阴影效果

图2-93　绘制3个矩形　　　　　　　图2-94　焊接后效果

图2-95　绘制两个正圆形　　　　　　图2-96　合并后效果

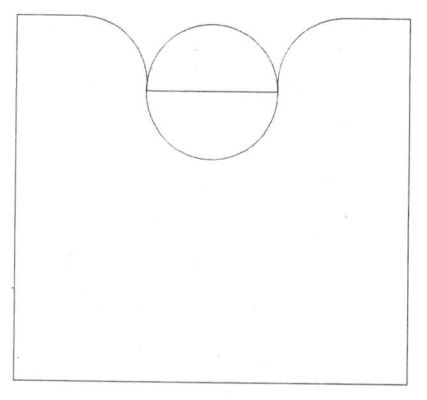

图2-97　绘制正圆形

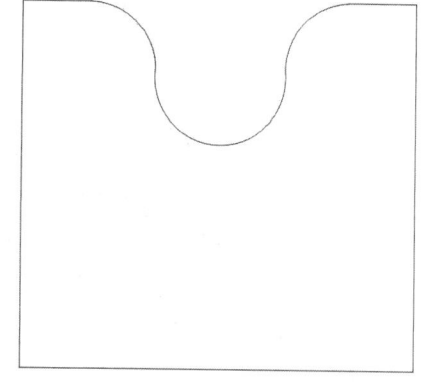

图2-98　移除前面对象效果

（11）制作黄色纹理图形。方法：利用工具箱中的 ▣（矩形工具）绘制一个182mm×182mm的矩形，然后将其填充色设为浅黄色，轮廓色设为无色。再按小键盘上的〈+〉键18次，从而复制出25个小矩形。接着利用对齐与分布面板将它们垂直等距分布，如图2-99所示。再框选所有的小矩形单击属性栏中的 ▦（群组）按钮，将它们群组。最后双击群组后的图形，将它们旋转一定角度，结果如图2-100所示。

图2-99　复制黄色矩形　　　　　　　图2-100　将纹理旋转一定角度

（12）利用 ▣（透明度工具）选中黄色纹理，然后将"透明度类型"设为标准，"透明度"设为30。

（13）将纹理指定到封套正面图形中。方法：执行菜单中的"效果|图框精确剪裁|置于图文框内部"命令，此时会出现一个 ➡ 图标，然后单击作为盘套正面的图形，结果如图2-101所示。

（14）制作盘套的投影效果。方法：利用工具箱中的 ▣（阴影工具）选中盘套正面图形，然后设置参数及结果如图2-102所示。

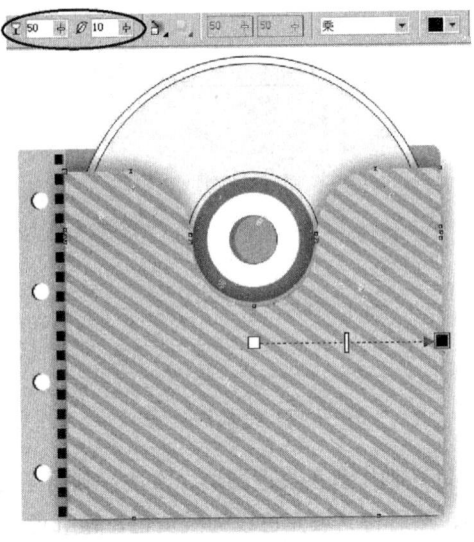

图2-101 将纹理指定到封套正面图形中去   图2-102 投影效果

课 后 习 题

1．填空题

（1）在排序图形对象的过程中，按快捷键_____，可将选定对象放置到其他图形前面；按快捷键_____，可将选定对象放置到其他图形对象的后面；按快捷键_____，可将选定对象放置到前一个图形对象的前面；按快捷键_____，可将选定对象放置到后一个图形对象的后面。

（2）在"对齐与分布"对话框中，水平方向上包括_____、_____、_____3种对齐方式；垂直方向上包括_____、_____、_____3种对齐方式。

2．选择题

（1）按小键盘上的（   ）键，即可原地复制一个对象。

A．〈+〉   B．〈-〉   C．〈/〉   D．〈Enter〉

（2）单击属性栏中的（   ）按钮，即可对选择的对象执行拆分操作。

A． B． C． D．

3．问答题/上机练习

（1）简述复制、再制和删除对象的方法。

（2）简述结合与拆分对象的方法。

（3）练习：制作图2-103所示的旋转的圆圈效果。

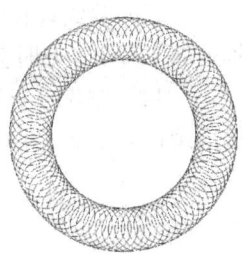

图2-103 圆圈效果

第3章

图形的绘制与编辑

本章要点

在CorelDRAW X6中，利用工具箱中的标准绘图工具可以绘制出多种基本的几何图形，并可以对创建的基本几何图形进行切割、擦除、修饰，以及增加和减少节点等操作。通过本章学习应掌握以下内容：

- 掌握绘制标准几何图形的方法。
- 掌握绘制线段与曲线的方法。
- 掌握编辑曲线对象的方法。
- 掌握切割图形的方法。
- 掌握擦除图形的方法。
- 掌握修饰图形的方法。
- 掌握重新整形图形的方法。

3.1 绘制标准几何图形

CorelDRAW X6提供了一整套绘制标准图形的工具，包括□（矩形工具）、□（3点矩形工具）、○（椭圆形工具）、□（3点椭圆形工具）、○（多边形工具）、☆（星形工具）、✿（复杂星形工具）、◎（螺纹工具）等。利用这些工具可以方便地创造出各种标准的基本图形，还可以通过属性设置创造出多种变体，如圆角矩形、拱形和饼形等。

3.1.1 绘制各种矩形

利用工具箱中的□（矩形工具）和□（3点矩形工具）可以绘制出矩形、正方形、圆角矩形和3点矩形。

1. 绘制矩形

绘制矩形的具体操作步骤如下：

（1）选择工具箱中的□（矩形工具）。

（2）将鼠标移动到绘图页面中，按住鼠标左键不放，确定矩形的一个端点。

（3）沿矩形对角线的方向拖动鼠标，直到在页面上获得所需大小的矩形，再释放鼠标进行确定，结果如图3-1所示。

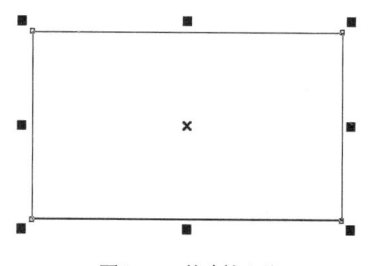

图3-1 绘制矩形

（4）绘制矩形时，按住键盘上的〈Ctrl〉键，可以绘制出正方形。

（5）绘制矩形时，按住键盘上的〈Shift〉键，可以绘制出以鼠标单击点为中心的矩形。

2．绘制圆角矩形

绘制圆角矩形的方法有如下两种。

（1）绘制矩形后，在矩形属性栏中设置相应的边角圆滑度参数，如图3-2所示，即可绘制出圆角矩形，如图3-3所示。

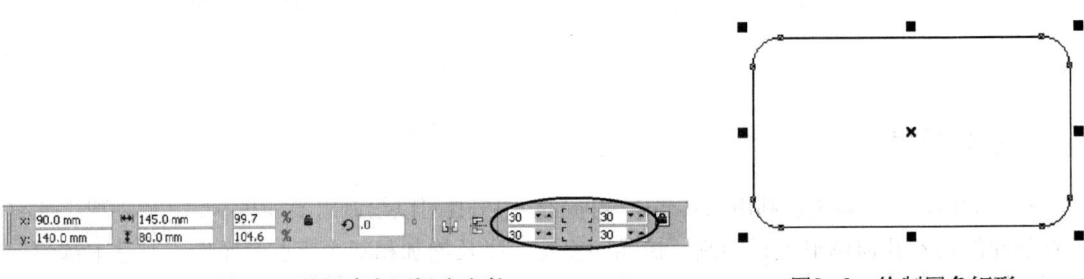

图3-2　设置边角圆滑度参数　　　　　　　图3-3　绘制圆角矩形

（2）在绘制矩形后，利用工具箱中的 （形状工具）拖动矩形4个角的控制点，也可创建圆角矩形，如图3-4所示。

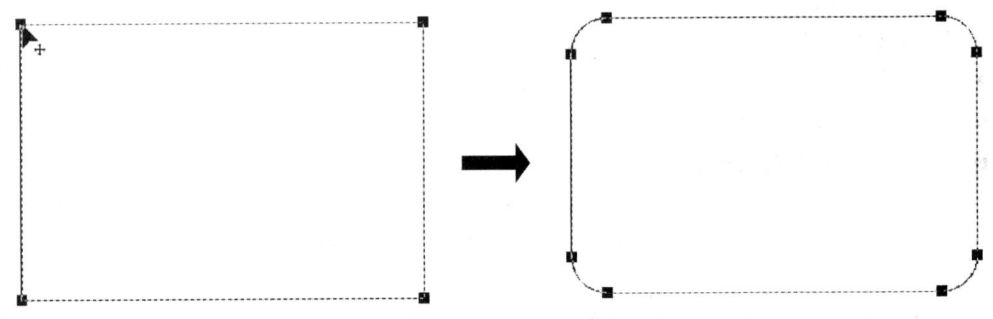

图3-4　利用 （形状工具）创建圆角矩形

3．绘制3点矩形

绘制3点矩形的具体操作步骤如下：

（1）单击工具箱中的 （矩形工具）按钮，在弹出的隐藏工具中选择 （3点矩形工具）。

（2）将鼠标移动到绘图页面中，按住鼠标左键不放，绘制出一条任意方向的线段，然后释放鼠标，创建出矩形的一条边，如图3-5所示。

（3）再拖动鼠标至第3点，从而确定另一条边，如图3-6所示。再次单击，即可创建一个3点矩形。

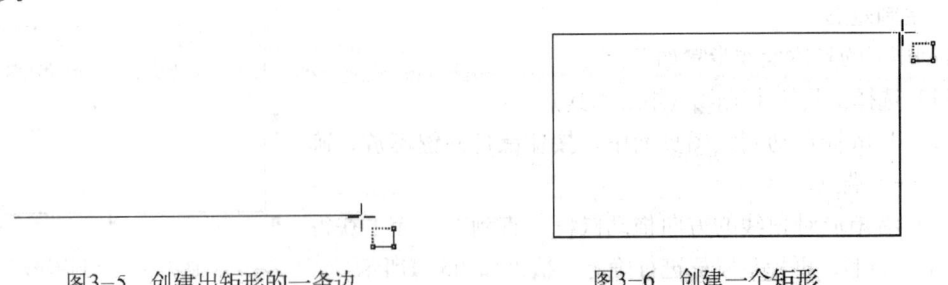

图3-5　创建出矩形的一条边　　　　　　　图3-6　创建一个矩形

3.1.2　绘制各种圆形

利用 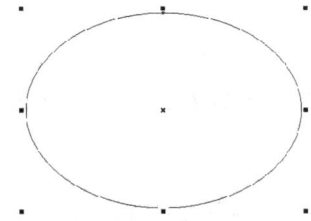（椭圆形工具）和 （3点椭圆形工具）可以绘制出椭圆、正圆、饼形、圆弧，以及3点椭圆。

1．绘制椭圆

绘制椭圆的具体操作步骤如下：

（1）选择工具箱中的 （椭圆形工具）。

（2）将鼠标移动到绘图页面中，按住鼠标左键不放，从而确定一个起点，然后拖动鼠标。

（3）在确定了椭圆的大小和形状后，释放鼠标左键，即可创建出椭圆，如图3-7所示。

（4）绘制椭圆形时，按住键盘上的〈Ctrl〉键，可以绘制出正圆形。

（5）绘制椭圆形时，按住键盘上的〈Shift〉键，可以绘制出以鼠标单击点为中心的正圆形。

2．绘制饼形和圆弧

1）绘制饼形

绘制饼形的具体操作步骤如下：

（1）利用工具箱中的 （椭圆形工具），配合键盘上的〈Shift〉键，绘制一个填充为深灰色的正圆形，如图3-8所示。

图3-7　绘制椭圆　　　　　　　图3-8　绘制正圆

（2）利用工具箱中的 （选择工具）选中正圆形，然后在属性栏中激活 （饼形）按钮。接着设置饼形的起始和结束角度，如图3-9所示，结果如图3-10所示。

图3-9　设置饼形的起始和结束角度

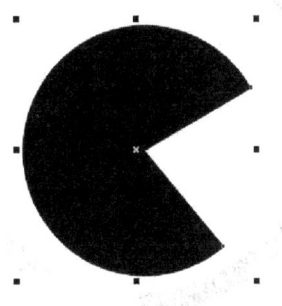

图3-10　饼形

2）绘制弧形

绘制弧形的具体操作步骤如下：

（1）利用工具箱中的 (椭圆形工具)，配合键盘上的〈Shift〉键，绘制一个轮廓色为深灰色的正圆形，如图3-11所示。

图3-11　绘制圆形

提示

在绘图区右侧的调色板中选择一种颜色，然后右击即可将该颜色指定给当前图形。

（2）利用工具箱中的 (选择工具) 选中正圆形，然后在属性栏中激活 (弧形) 按钮。接着设置弧形的起始和结束角度，如图3-12所示，结果如图3-13所示。

图3-12　设置弧形的起始和结束角度

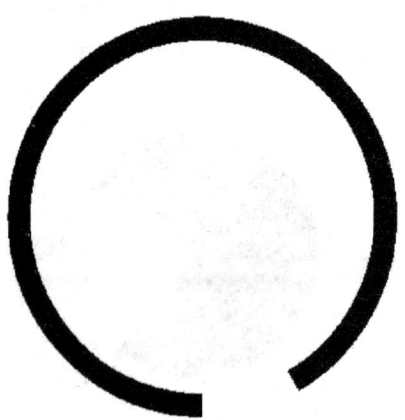

图3-13　弧形

3．绘制3点椭圆

绘制3点椭圆的具体操作步骤如下：

（1）单击工具箱中的 (椭圆形工具）按钮，在弹出的隐藏工具中选择 (3点椭圆形工具）。

（2）将鼠标移动到绘图页面中，单击鼠标左键确定第1个点，然后拖出任意方向的线段后释放鼠标，确定椭圆的第2个点，如图3-14所示。

（3）继续拖动鼠标到合适位置后，单击鼠标左键确定第3个点，如图3-15所示，至此3点椭圆绘制完毕。

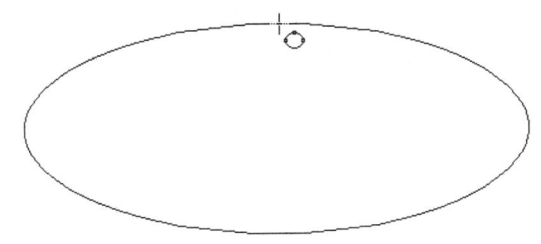

图3-14 释放鼠标确定椭圆的第2个点   图3-15 单击鼠标确定第3个点

 提示

在绘制3点椭圆的过程中按住〈Ctrl〉键，则可以绘制一个3点正圆。

3.1.3 绘制多边形和星形

利用工具箱中的 (多边形工具）、 (星形工具）和 (复杂星形工具）可以绘制多边形、星形和复杂星形。

1．绘制多边形

绘制多边形的具体操作步骤如下：

（1）选择工具箱中的 (多边形工具），在其属性栏中设置多边形的边数，如图3-16所示。

（2）将鼠标移动到绘图页面中，按住鼠标左键不放，然后拖动鼠标到需要的位置后松开鼠标，即可创建多边形，如图3-17所示。

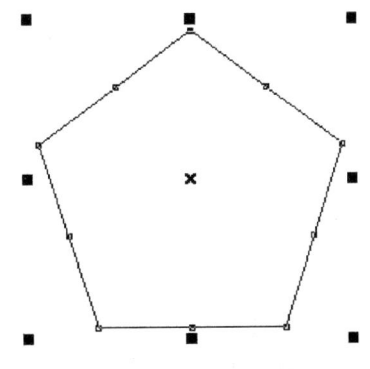

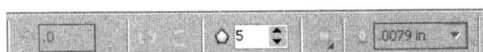

图3-16 在多边形属性栏中设置多边形的边数   图3-17 创建五边形

 **提示**

在绘制五边形的过程中，按住键盘上的〈Ctrl〉键，可以绘制正五边形。

（3）在绘制多边形后，还可以在属性栏中对多边形的边数、比例、旋转角度等参数进行再次设置。

2．绘制星形

绘制星形的具体操作步骤如下：

（1）单击工具箱中的 （多边形工具）按钮，在弹出的隐藏工具中选择 （星形工具）。

（2）在其属性栏中设置星形的边数和星形各角的锐度，如图3-18所示。

（3）将鼠标移动到绘图页面中，按住鼠标左键不放，然后拖动鼠标到需要的位置后松开鼠标，即可创建星形，如图3-19所示。

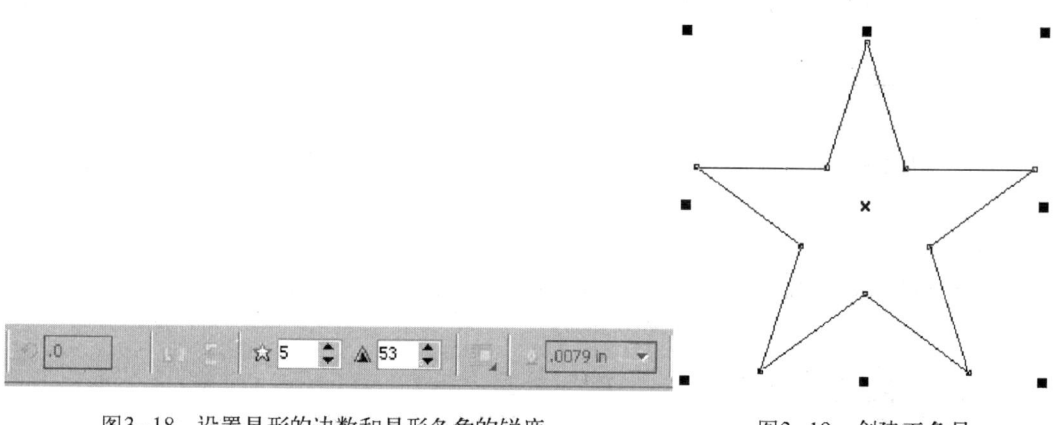

图3-18　设置星形的边数和星形各角的锐度　　　　图3-19　创建五角星

（4）在绘制星形后，还可以在其属性栏中对星形的边数、各角的锐度和旋转角度等参数进行修改。

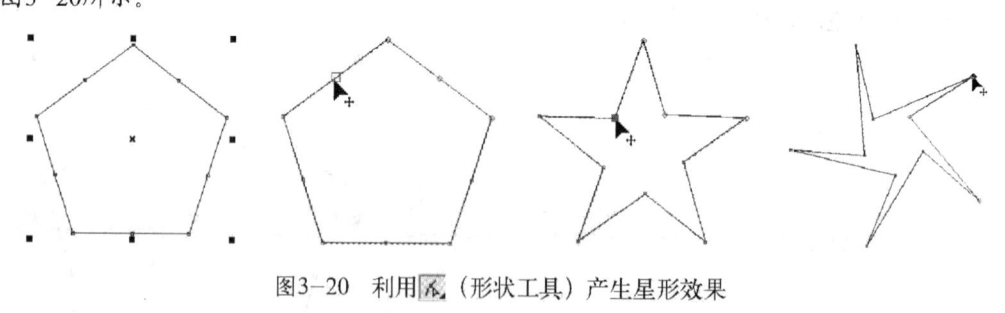 **提示**

利用工具箱中的 （形状工具）对多边形的节点进行处理，也能产生星形效果，如图3-20所示。

图3-20　利用 （形状工具）产生星形效果

3．绘制复杂星形

绘制复杂星形的具体操作步骤如下：

（1）单击工具箱中的 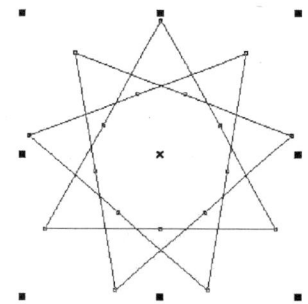（多边形工具）按钮，在弹出的隐藏工具中选择 （复杂星形工具）。

（2）在其属性栏中设置复杂星形的边数和复杂星形各角的锐度，如图3-21所示。

（3）将鼠标移动到绘图页面中，按住鼠标左键不放，然后拖动鼠标到需要的位置后释放鼠标，即可创建复杂星形，如图3-22所示。

图3-21　设置复杂星形的边数和复杂星形各角的锐度

图3-22　创建复杂星形

（4）在绘制复杂星形后，还可以在属性栏中对复杂星形的边数、各角的锐度和旋转角度等参数进行再次修改。

3.1.4　绘制螺纹

CorelDRAW X6中有对称式和对数式两种类型的螺纹。对称式螺纹的每圈螺纹的间距固定不变，对数式螺纹的螺纹之间的间距随着螺纹向外渐进而增加。

1．对称式螺纹

创建对称式螺纹的具体操作步骤如下：

（1）单击工具箱中的 （多边形工具）按钮，在弹出的隐藏工具中选择 （螺纹工具）。

（2）在其属性栏中激活 （对称式螺纹）按钮，然后设置"螺纹回圈"的数值为4，如图3-23所示。

（3）将鼠标移动到绘图页面中，按住鼠标左键不放，然后拖动鼠标到需要的位置后释放鼠标，即可创建对称式螺纹，如图3-24所示。

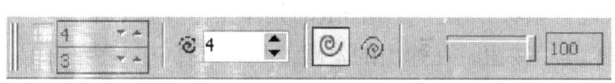

图3-23　设置对称式螺纹参数

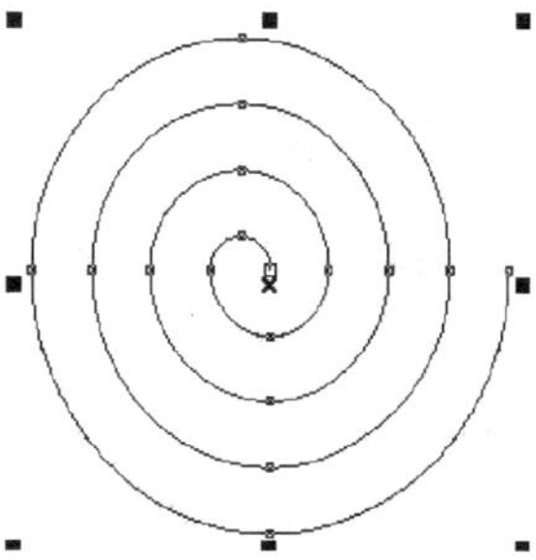

图3-24　绘制对称式螺纹

2．对数式螺纹

创建对数式螺纹的具体操作步骤如下：

（1）单击工具箱中的 （多边形工具）按钮，在弹出的隐藏工具中选择 （螺纹工具）。

（2）在其属性栏中激活 （对数式螺纹）按钮，然后设置"螺纹回圈"的数值为4，如图3-25所示。

（3）将鼠标移动到绘图页面中，按住鼠标左键不放，然后拖动鼠标到需要的位置后松开鼠标，即可创建对数式螺纹，如图3-26所示。

图3-25　设置对数式螺纹参数　　　　　图3-26　创建对数式螺纹

提示

属性栏中的 框用于设定螺纹的扩展参数，若该数值变小，螺纹向外扩展的幅度也会逐渐变小，当数值为1时，绘制出的将是对称式螺纹。图3-27为不同扩展数值的效果比较。

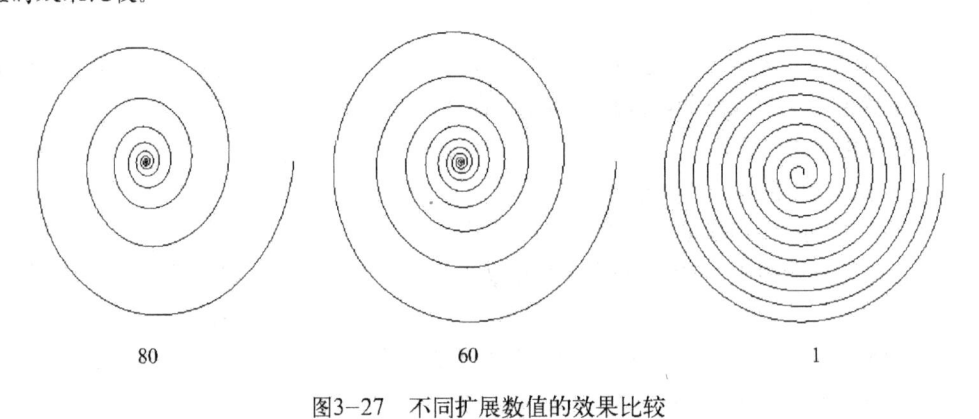

80　　　　　　　　　　60　　　　　　　　　　1

图3-27　不同扩展数值的效果比较

3.1.5　绘制图纸

CorelDRAW X6中的 （图纸工具）是一种绘制背景图案的工具。它主要用于在工作屏幕上绘制出一个个距离相等或不等的矩形网格，也可以为所绘制的网格加上一定的填充图案作为其他图形图像的背景，或者与其他对象进行条块分割。绘制图纸的具体操作步骤如下：

（1）单击工具箱中的 （多边形工具）按钮，在弹出的隐藏工具中选择 （图纸工具）。

（2）在其属性栏中的"图纸行和列数"数值框中输入要设定的行数和列数，如图3-28所示。

（3）将鼠标移动到绘图页面中，按住鼠标左键不放，然后拖动鼠标到需要的位置后松开鼠标，即可创建图纸，如图3-29所示。

（4）利用工具箱中的 （选择工具）选中绘制的图纸图形，然后在绘图区右侧调色板中选择一种颜色，再单击鼠标，将其指定为图纸填充色。接着选择另一种颜色，再右击鼠标，将其指定为图纸轮廓色。最后在属性栏中调整轮廓线的宽度，结果如图3-30所示。

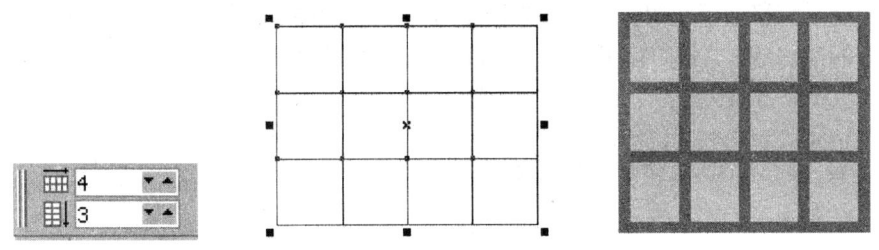

图3-28　设置行数和列数　　　图3-29　绘制图纸　　　图3-30　设置图纸的填充和轮廓

3.2　绘制线段与曲线

在CorelDRAW X6中可以利用工具箱中的![手绘工具]（手绘工具）、![贝塞尔工具]（贝塞尔工具）、![艺术笔工具]（艺术笔工具）、![钢笔工具]（钢笔工具）、![3点曲线工具]（3点曲线工具）和![折线工具]（折线工具）等多种工具绘制线段和曲线，下面就来具体讲解。

3.2.1　使用手绘工具

使用工具箱中的![手绘工具]（手绘工具）可以非常方便地绘制出直线段、简单的曲线段，以及直线和曲线的混合图形。

1．绘制线段及曲线

使用![手绘工具]（手绘工具）绘制线段及曲线的具体操作步骤如下：

（1）选择工具箱中的![手绘工具]（手绘工具）。

（2）绘制线段。方法是将鼠标移动到绘图区，此时光标变为十字且右下方带一短曲线的形状，然后在绘图页面的合适位置单击，从而确定线段的第1个点，接着拖动鼠标，在线段结束的位置单击，确定结束点，此时在起点和终点之间会产生一条线段，如图3-31所示。

（3）绘制曲线。方法是在绘图页面的合适位置单击，从而确定曲线的第1个点，然后按住鼠标左键并拖动到适当位置后释放鼠标，即可绘制出一条曲线，如图3-32所示。

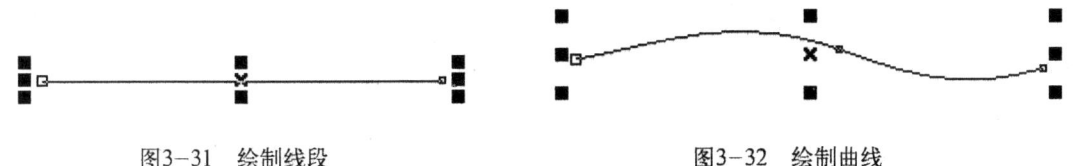

图3-31　绘制线段　　　　　　　　　　　　　　图3-32　绘制曲线

 提示

　　单击![手绘工具]（手绘工具）属性栏中的![自动闭合曲线]（自动闭合曲线）按钮，可以封闭开放的曲线。

2．绘制带箭头的线段和曲线

使用![手绘工具]（手绘工具）绘制带箭头的线段及曲线的具体操作步骤如下：

（1）选择工具箱中的。

（2）绘制带箭头的线段。方法是在其属性栏中设置线段起始和终止箭头的样式，如图3-33所示，然后将鼠标移动到绘图区，此时光标变为![]形状。接着在绘图页面的合适位置单击，从而确定线段的第1个点，接着拖动鼠标，在线段结束的位置单击，确定结束点。此时在起点和终点之间会产生一条带箭头线段，如图3-34所示。

图3-33　设置起始和终止箭头的样式

（3）绘制带箭头的曲线。方法是在其属性栏中设置线段起始和终止箭头的样式，然后将光标移动到绘图页面，此时光标变为十字且右下方带一短曲线的形状。接着按住鼠标左键不放并拖动鼠标，就会在鼠标经过的区域绘制一条带箭头的曲线，如图3-35所示。

图3-34　绘制带箭头的线段　　　　　　　　图3-35　绘制带箭头的曲线

3．设置手绘工具属性

在CorelDRAW X6中可以根据不同的情况在"选项"对话框中设定手绘工具的属性，从而提高工作效率。执行菜单中的"工具|选项"命令，调出"选项"面板，然后在左侧选择"手绘/贝塞尔工具"选项，即可在右侧设置手绘工具的相关属性，如图3-36所示。

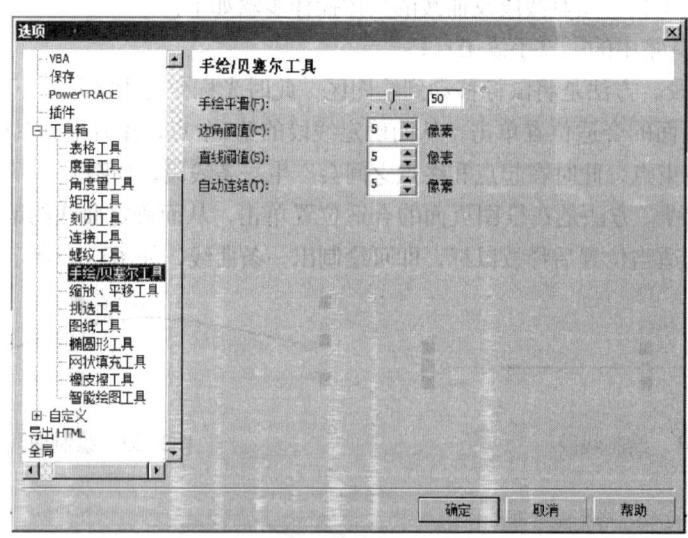

图3-36　"选项"对话框中"手绘/贝塞尔工具"选项

各属性设置的含义如下：

（1）手绘平滑：用于设置手绘过程中曲线的平滑程度。它决定了绘制出的曲线和鼠标移动轨迹的匹配程度，其取值范围为0~100 数值越小，匹配的程度越高。

（2）边角阈值：用于设置边角节点的平滑度，数值越大，节点越尖锐；数值越小，节点越平滑。

（3）直线阈值：用于设置手绘曲线相对于直线路径的偏移量。边角阈值和直线阈值的数值越大，绘制的曲线越接近于直线。

（4）自动连结：用于设置在绘图时两个端点自动连接所必须接近的程度。当光标接近设置的半径范围内时，曲线将自动连接成封闭的曲线。

3.2.2 使用贝塞尔工具

使用 (贝塞尔工具)可以绘制平滑、精确的曲线。可以通过确定节点和改变控制点的位置来控制曲线的弯曲度，从而绘制出精美的图形。

1．绘制直线

使用 (贝塞尔工具)绘制直线的具体操作步骤如下：

（1）单击工具箱中的 (手绘工具)按钮，在弹出的隐藏工具中选择 (贝塞尔工具)。

（2）将鼠标移动到绘图页面，此时光标变为 形状。然后在绘图页面的适当位置单击，从而确定第1个节点。接着将鼠标移动到下一个节点位置单击，即可在两个节点之间创建一条直线。

（3）重复上一步操作，可以绘制出连续的直线，如图3-37所示。

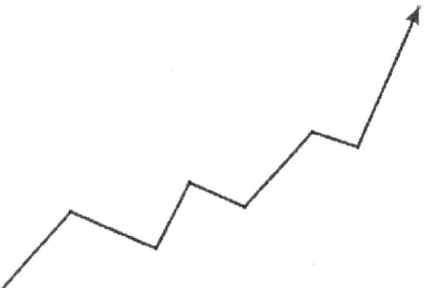

图3-37 绘制连续的直线

（4）在绘制完成后，按键盘上的空格键，或单击工具箱中的其他工具，即可结束绘制。

2．绘制曲线

使用 (贝塞尔工具)绘制曲线的具体操作步骤如下：

（1）单击工具箱中的 (手绘工具)按钮，在弹出的隐藏工具中选择 (贝塞尔工具)。

（2）将鼠标移动到绘图页面，此时光标变为 形状。然后在绘图页面的适当位置单击，从而确定第1个节点。接着将鼠标移动到下一个节点位置单击并拖动鼠标，此时会出现一条虚线显示的控制柄，如图3-38所示，当拉长控制柄或者向不同的方向拖动控制柄时，绘制的曲线的形状是不同的。松开鼠标，即会产生一条曲线，如图3-39所示。

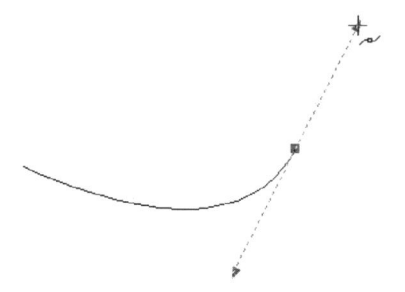

图3-38 虚线显示的控制柄

图3-39 绘制的曲线

（3）重复上一步操作，可以绘制出连续的曲线，如图3-40所示。

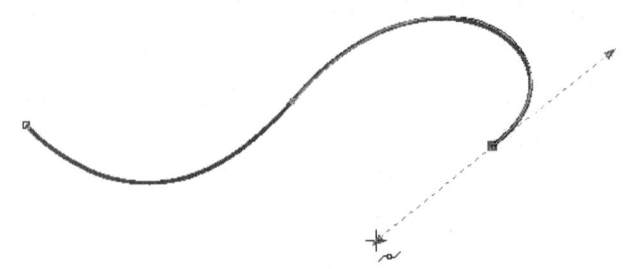

图3-40　连续绘制的曲线

（4）在绘制完成后，按键盘上的空格键，或单击工具箱中的其他工具，即可结束绘制。

3.2.3　使用艺术笔工具

在CorelDRAW X6中，使用 ▧（艺术笔工具）可以模拟画笔的真实效果，绘制出多种精美的线条和图形，从而完成不同风格的设计作品。艺术笔工具属性栏中包括 ▧（预设）、▧（笔刷）、▧（喷罐）、▧（书法）和 ▧（压力）5种模式，下面就来具体讲解利用这5种模式绘制曲线的方法。

1．预设模式

利用 ▧（预设）模式可以绘制根据预设形状改变粗细的曲线。CorelDRAW X6提供了23种预设线条样式以供选择，如图3-41所示。使用预设模式绘制曲线的具体操作步骤如下：

（1）单击工具箱中的 ▧（手绘工具）按钮，在弹出的隐藏工具中选择 ▧（艺术笔工具）。

（2）在其属性栏中选择 ▧（预设）模式，然后在 100 数值框中设定曲线的平滑度，在 25.4 mm 数值框中输入宽度，在 ～ 下拉列表框中选择一种线条形状。

（3）在绘图区中绘制曲线，结果如图3-42所示。

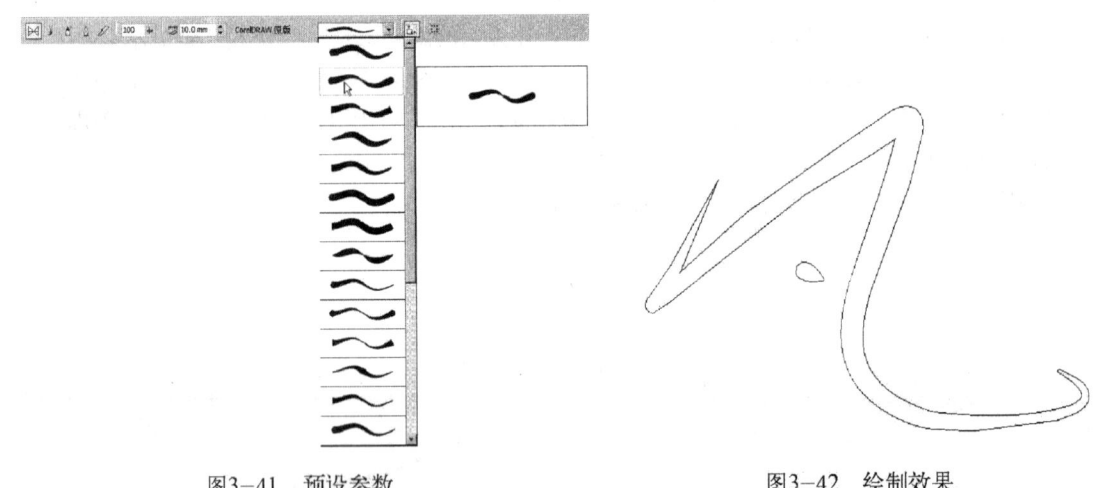

图3-41　预设参数　　　　　　　　　　　　图3-42　绘制效果

2．笔刷模式

利用 ▧（笔刷）模式可以绘制出类似于刷子的效果。CorelDRAW X6提供了24种笔刷样式以供选择，如图3-43所示。使用笔刷模式绘制曲线的具体操作步骤如下：

（1）单击工具箱中的 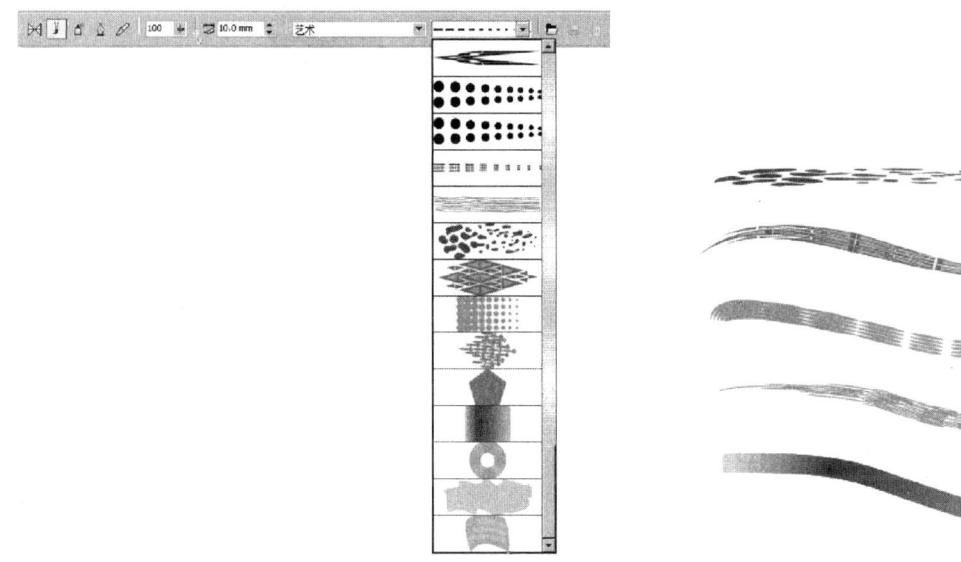（手绘工具）按钮，在弹出的隐藏工具中选择 （艺术笔工具）。

（2）在其属性栏中选择 （笔刷）模式，然后在 100 数值框中设定曲线的平滑度，在 10.0 mm 数值框中输入宽度，在 下拉列表框中选择一种笔刷样式。

（3）在绘图区中绘制曲线，即可看到效果。图3-44所示为使用不同笔刷样式绘制的效果。

图3-43 设置笔刷参数　　　　　　　图3-44 不同笔刷样式的绘制效果

3．喷罐模式

利用 （喷罐）模式可以在喷笔绘制过的地方喷上所选择的图案。CorelDRAW X6提供了27种喷罐样式以供选择，如图3-45所示。使用喷罐模式绘制曲线的具体操作步骤如下：

图3-45 喷罐模式属性栏

（1）单击工具箱中的 （手绘工具）按钮，在弹出的隐藏工具中选择 （艺术笔工具）。

（2）在其属性栏中选择 （喷罐）模式，然后在 100 数值框中设定曲线的平滑度，在 数值框中输入喷涂对象的大小，在 下拉列表框中选择一种喷罐样式。

（3）在 随机 下拉列表框中选择一种喷出图形的顺序。如果选择"随机"选项，则喷出的图形将会随机分布；如果选择"顺序"选项，则喷出的图形将会按照一定顺序进行分布；如果选择"按方向"选项，则喷出的图形将会随鼠标拖动的路径分布。

（4）在 数值框中设置喷涂图形的间距。在上面的框中可以调整每个图形中的间距点的距离，在下面的框中可以调整各个对象之间的间距。

（5）单击 （旋转）按钮，在弹出的图3-46所示的设置框中可以设置喷涂图形的旋转角度。如果选中"相对于路径"单选按钮，则喷涂图形将相对于鼠标拖动的方向旋转；如果选中"相对于页面"单选按钮，则喷涂图形将以绘图页面为基准进行旋转。

（6）单击 （偏移）按钮，在弹出的图3-47所示的设置框中可以设置喷涂图形的偏移角度。如果选中"使用偏移"复选框，喷涂图形将以路径为基准进行偏移；如果未选中"使用偏移"复选框，喷涂图形将沿路径分布，而不发生偏移。

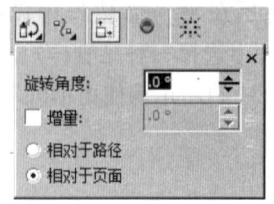

图3-46　旋转设置框

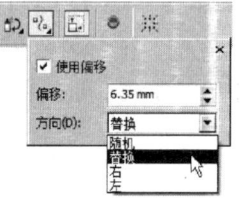

图3-47　偏移设置框

（7）设置完毕后，在绘图区中绘制曲线，即可看到效果。图3-48所示为使用不同喷罐样式绘制的效果。

图3-48　使用不同喷罐样式绘制的效果

（8）单击 ◉（重置值）按钮，可以恢复为默认参数。

> **提示**
>
> 　　如果要将绘图区中的图形添加到喷涂列表中，可以先选择要添加到喷涂列表中的图形，如图3-49所示。然后单击属性栏中的 ▣（添加到喷涂列表）按钮，再单击 ▥（喷涂列表对话框）按钮，接着在弹出的"创建播放列表"对话框中单击"添加"按钮，即可将选择的图形添加到喷涂列表中，如图3-50所示。
>
>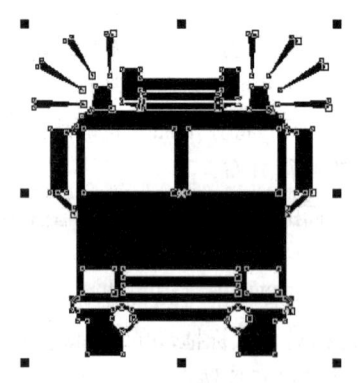
>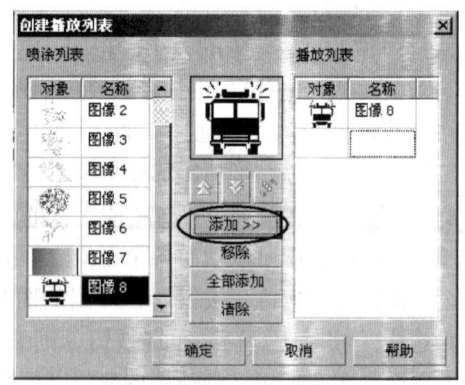
>
> 图3-49　选中图形　　　　　图3-50　将图形添加到喷涂列表

4．书法模式

利用 （书法）模式可以绘制出类似书法笔的效果。使用书法模式绘制曲线的具体操作步骤如下：

（1）单击工具箱中的 （手绘工具）按钮，在弹出的隐藏工具中选择 （艺术笔工具）。

（2）在其属性栏中选择 （书法）模式，如图3-51所示。然后在 数值框中设定曲线的平滑度，在 数值框中输入宽度，在 数值框中输入书法笔尖的角度。

图3-51 （书法）模式属性栏

（3）在绘图区中绘制曲线，即可看到效果。图3-52所示为使用不同书法笔尖的角度绘制的效果。

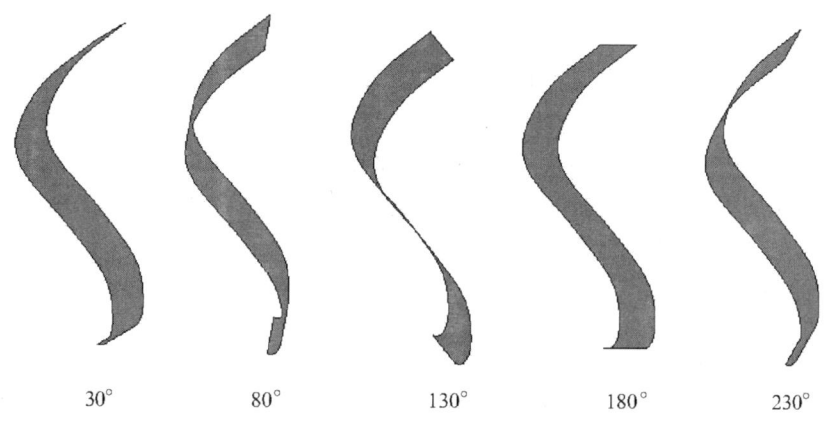

| 30° | 80° | 130° | 180° | 230° |

图3-52 使用不同书法笔尖的角度绘制的效果

5．压力模式

利用 （压力）模式可以通过压力感应笔或键盘输入的方式改变线条的粗细。其属性栏如图3-53所示。

图3-53 （压力）模式属性栏

3.2.4 使用钢笔工具

（钢笔工具）就像平时使用的钢笔一样，利用它可以绘制出线段、曲线等图形。钢笔工具的操作类似于手绘工具，使用 （钢笔工具）绘制图形的具体操作步骤如下。

（1）单击工具箱中的 （手绘工具）按钮，在弹出的隐藏工具中选择 （钢笔工具）。

（2）将鼠标移动到绘图页面，此时光标变为 形状。然后在绘图页面的适当位置单击，从而确定第1个节点，接着将鼠标移动到下一个节点位置单击，即可在两个节点之间创建一条直线。重复上次操作，可以绘制出连续的直线，如图3-54所示。

（3）单击并拖动鼠标可绘制曲线，并可调节曲线的方向和曲率，如图3-55所示。

图3-54　利用　（钢笔工具）绘制直线　　　　图3-55　利用　（钢笔工具）绘制曲线

（4）在其属性栏中激活　（预览模式）按钮，如图3-56所示，将实时显示要绘制的曲线的形状和位置。

图3-56　激活　（预览模式）按钮

（5）在其属性栏中激活　（自动添加/删除）按钮，此时将鼠标移动至节点上，光标变为　形状，单击可删除节点；将鼠标移动到路径上，光标变为　形状，单击可添加节点；将鼠标移动到起始节点处，光标变为　形状，单击可闭合路径。

（6）在绘制过程中，按下键盘上的〈Alt〉键，可以进行节点转换、移动和调整节点等操作，释放〈Alt〉键仍可继续绘制曲线。

（7）绘制完成后，单击〈Esc〉键或双击鼠标左键即可退出绘制状态。

3.2.5　3点曲线工具

使用　（3点曲线工具）可以绘制多种弧线或近似圆弧的曲线。使用　（3点曲线工具）绘制曲线的具体操作步骤如下。

（1）单击工具箱中的　（手绘工具）按钮，在弹出的隐藏工具中选择　（3点曲线工具）。

（2）将鼠标移动到绘图页面，此时光标变为　形状。然后在绘图页面的适当位置单击，从而确定圆弧的起始点。接着拖动出任意方向的线段确定圆弧的终点后释放鼠标。再拖动鼠标确定圆弧曲度的大小，如图3-57所示。

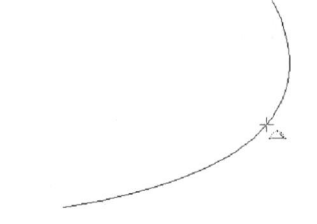

图3-57　拖动鼠标确定圆弧曲度的大小

（3）绘制完成后，单击确认。

💡 **提示** ────

利用　（3点曲线工具）绘制弧线后，单击属性栏中的　（自动闭合曲线）按钮，如图3-58所示，可闭合当前弧线。

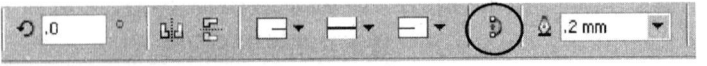

图3-58　单击属性栏中的　（自动闭合曲线）按钮

3.2.6　折线工具

利用 (折线工具) 可以绘制出不同形状的多点折线或多点曲线。使用 (折线工具) 绘制折线和曲线的具体操作步骤如下：

（1）单击工具箱中的 (手绘工具) 按钮，在弹出的隐藏工具中选择 (折线工具)。

（2）绘制多点折线。方法是将鼠标移动到绘图页面，此时光标变为 形状，然后在绘图页面的适当位置单击，从而确定第1个节点，接着逐步单击，即可绘制出多点折线。绘制完成后，双击确认。

（3）绘制多点曲线。方法是将鼠标移动到绘图页面，此时光标变为 形状，然后在绘图页面的适当位置单击，从而确定第1个节点，接着按住鼠标不放并拖动，即可绘制出多点曲线。绘制完成后，双击鼠标左键确认。

3.2.7　连接器工具

连接器工具包括 (直线连接器工具)、 (直角连接器工具) 和 (直角圆形连接器工具) 3种工具。

利用连接器工具可以在两个对象之间快速创建连接线，从而制作出流程图的效果。 使用连接器工具创建连线的具体操作步骤如下：

（1）利用工具箱中的 (矩形工具) 和 (文本工具) 制作图3-59所示的示意图。

（2）单击工具箱中的 (直线连接器工具) 按钮，在弹出的隐藏工具中选择 (直角连接器工具)。

（3）将鼠标移动到绘图页面，此时光标变为 形状。然后在"总经理"矩形框下部边缘要作为起始节点处单击，接着按住鼠标不放到"业务部"矩形框上部边缘松开鼠标，从而确定终止节点。此时两个节点之间会自动创建连接线，如图3-60所示。

图3-59　示意图　　　　　　　　　　　图3-60　创建连接线

（4）选中创建的连接线，然后在其属性栏中的"终止箭头选择器"列表中选择一种箭头类型，如图3-61所示，结果如图3-62所示。

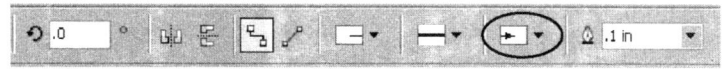

图3-61　选择一种箭头类型

（5）根据需要分别使用 (直角连接器) 和 (直线连接器) 创建其他的连接线，结果如图3-63所示。

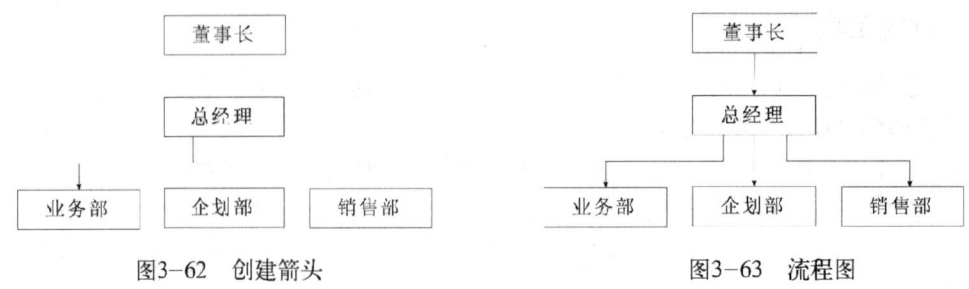

图3-62　创建箭头　　　　　　　　　　　　　图3-63　流程图

3.2.8　使用度量工具

度量工具包括☑（平行度量工具）、☑（水平或垂直度量工具）、☑（角度量工具）、☑（线段度量工具）和☑（三点标注工具）5种工具。

利用☑（度量工具）可以快速测量出某一线段的长度。使用度量工具进行测量的具体操作步骤如下：

（1）利用工具箱中的☑（多边形工具）创建一个五边形，如图3-64所示。

（2）测量五边形一条边的长度。方法：选择工具箱中的☑（平行度量工具），然后在要测量的五边形边的起点处单击并拖动鼠标到要边的终点处松开鼠标，接着拖动鼠标确定标注距离边的位置后单击鼠标，即可度量五边形一条边的长度，如图3-65所示。

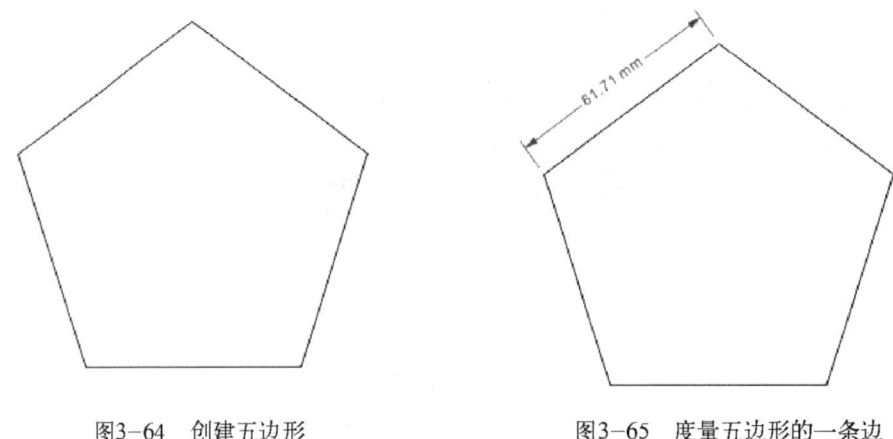

图3-64　创建五边形　　　　　　　　　　图3-65　度量五边形的一条边

（3）测量五边形的高度。方法：单击工具箱中的☑（平行度量工具）按钮，在弹出的隐藏工具中选择☑（水平或垂直度量工具），然后在五边形的最高顶点处按住鼠标左键拖动到五边形的底边松开鼠标，接着向右拖动鼠标确定标注距离测量目标的位置后单击鼠标，即可度量出五边形的高度，如图3-66（a）所示。

（4）测量五边形一个角的角度。方法：单击工具箱中的☑（平行度量工具）按钮，在弹出的隐藏工具中选择☑（角度量工具），然后在要测量的五边形一个角的节点处单击并在形成该角的一条边上拖动鼠标，接着松开鼠标，再在形成该角的另一条边上单击鼠标，最后拖动鼠标确定标注距离测量目标的位置后单击，即可度量出五边形的角度，如图3-66（b）所示。

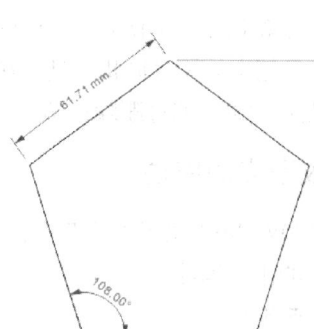

(a) 度量五边形的高度　　　　　　　(b) 度量五边形的高度

图3-66　度量五边形

（5）添加标注。方法：单击工具箱中的 ![img](平行度量工具）按钮，在弹出的隐藏工具中选择 ![img]（三点标注工具）。然后在要添加标注线的位置上单击确定标注的第一个点，接着按住鼠标不放，在要添加文字标注的第2个点的位置松开鼠标。最后在要添加标注的第3个点处单击，此时光标变为文字输入状态，这时直接输入标注文字即可，如图3-67所示。

图3-67　添加标注

3.3　编辑曲线对象

对绘制好的曲线可以进行添加和删除节点、更改节点属性等操作，从而得到所需效果。下面就来具体讲解编辑曲线对象的方法。

3.3.1　添加和删除节点

添加或删除节点可以使绘制的曲线或图形更简洁、更准确、更完美。

1. 添加节点
在曲线上添加节点的方法有以下两种。

● 利用工具箱中的 ![img]（形状工具）选择要添加节点的曲线，然后在曲线上要添加节点的位置双击，即可添加一个节点。

● 利用工具箱中的 ![img]（形状工具）选择要添加节点的曲线，然后将鼠标放在曲线上要添加节点的位置上单击，接着在图3-68所示的属性栏中单击 ![img]（添加节点）按钮，即可添加一个节点。

图3-68　![img]（形状工具）的属性栏

2. 删除节点
在曲线上删除节点的方法有以下两种：

● 利用工具箱中的 █ （形状工具）在曲线上要删除节点的位置上双击，即可删除该节点。

● 利用工具箱中的 █ （形状工具）在曲线上要删除节点的位置上单击，然后在属性栏中单击 █ （删除节点）按钮，即可删除该节点。

3.3.2 更改节点的属性

CorelDRAW X6提供了尖凸节点、平滑节点和对称节点3种节点类型。不同类型的节点决定了节点控制点的不同属性。

1．尖凸节点 █

尖凸节点的控制点是独立的，当移动一个控制点时，另外一个控制点并不移动，从而使得通过尖凸节点的曲线以较为尖凸的锐角，此类节点如图3-69所示。

2．平滑节点 █

平滑节点的控制点之间是相关的，当移动其中一个控制点时，另外一个控制点也会随之移动。使用平滑节点能够使穿过该节点的曲线的不同部分产生平滑的过渡，此类节点如图3-70所示。

3．对称节点 █

对称节点的控制点不仅是相关的，而且控制点和控制线的长度是相等的。对称节点能够使穿过该节点的曲线对象在节点的两边产生相同的曲率，此类节点如图3-71所示。

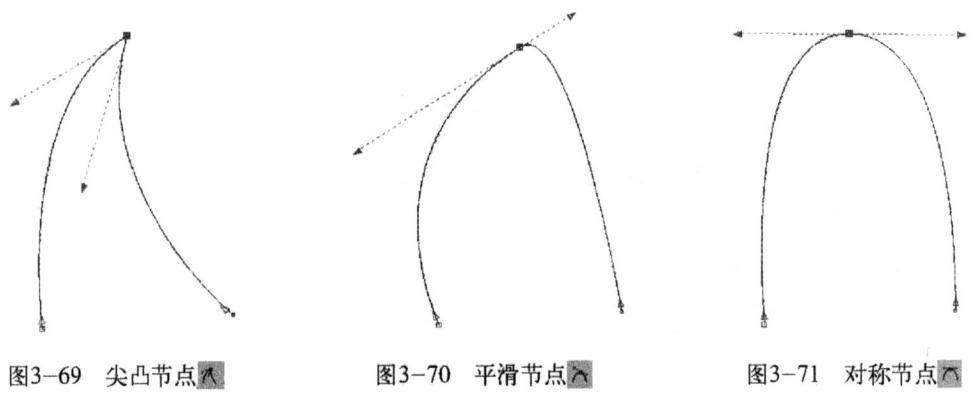

图3-69 尖凸节点 █ 　　　　图3-70 平滑节点 █ 　　　　图3-71 对称节点 █

3.3.3 闭合和断开曲线

在CorelDRAW X6中对于非封闭路径是不能够应用任何一种填充的，如果想要对一个开放路径应用不同类型的填充，就必须对其进行封闭操作。在CorelDRAW X6中使用 █ （形状工具）可以方便的闭合和断开曲线。

1．闭合曲线

闭合曲线的具体操作步骤如下：

（1）利用工具箱中的 █ （形状工具），配合键盘上的〈Shift〉键，选择要连接的曲线起始节点和终止节点，如图3-72所示。

（2）单击属性栏中的 █ （连接两个节点）按钮，即可将选择的起始节点和终止节点合并为一个节点，开放路径变为封闭路径，如图3-73所示。

2.断开曲线

断开曲线的具体操作步骤如下：

（1）利用工具箱中的 （形状工具）选择曲线上要断开的节点。

（2）单击属性栏中的（分割曲线）按钮，即可将该节点断开为两个节点，如图3-74所示。

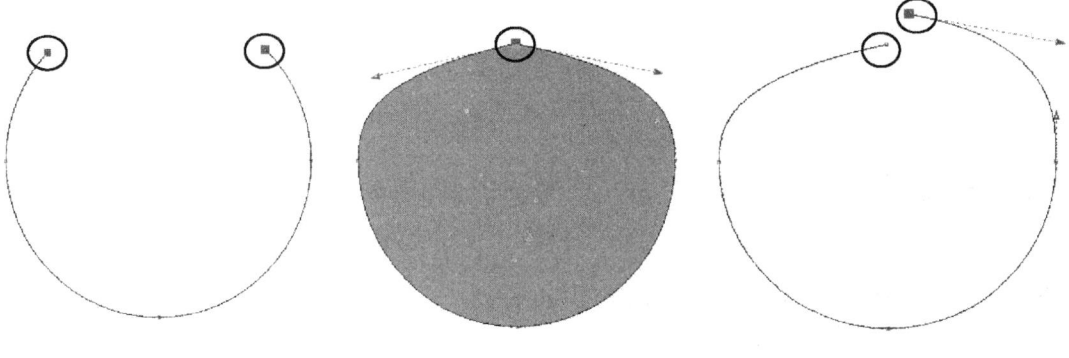

图3-72 选择要连接的节点　　　　图3-73 闭合曲线　　　　图3-74 断开曲线

3.3.4 自动闭合曲线

自动闭合曲线的具体操作步骤如下：

（1）利用工具箱中的（形状工具）选择要进行自动封闭的曲线，如图3-75所示。

（2）单击属性栏中的（自动闭合曲线）按钮，此时开放的曲线的起始节点和终止节点会以一条直线连接起来，从而封闭曲线，如图3-76所示。

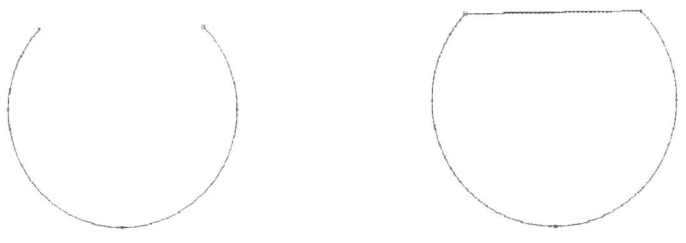

图3-75 选择要进行自动封闭的曲线　　　图3-76 自动封闭效果

3.4 切割图形

利用（刻刀工具）可以对单一的图形对象进行裁切，使一个图形被裁切成两个图形。切割图形的具体操作步骤如下：

（1）利用工具箱中的（星形工具）绘制一个五角星。

（2）单击工具箱中的（裁剪工具），从弹出的隐藏工具中选择（刻刀工具）。

（3）将鼠标放置在要切割的五角星的轮廓上，在要开始切割的位置上单击，如图3-77所示。然后将鼠标移动到须切割的终止位置再次单击，如图3-78所示，即可完成切割。

（4）切割完成后，利用工具箱中的（选择工具）拖动切割后的图形，可以看到切割后的图形被分成了两部分，如图3-79所示。

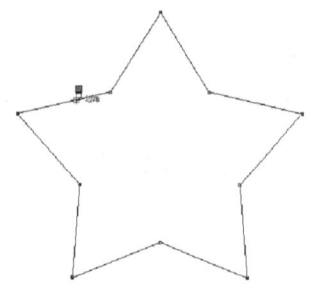
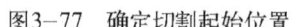

图3-77 确定切割起始位置

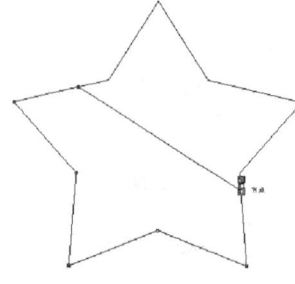

图3-78 确定切割终止位置

图3-79 图形被分成了两部分

（5）如果将确认切割起始位置后，按住鼠标左键不放拖动鼠标到终点的位置，如图3-80所示，可以以曲线的形状切割图形，如图3-81所示。

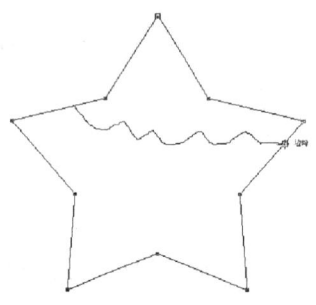

图3-80 以曲线切割图形

图3-81 以曲线切割图形效果

3.5 擦 除 图 形

利用 ![icon]（擦除工具）可以擦除部分图形或全部图形，并可以将擦除后的图形的剩余部分自动闭合，擦除工具只能对单一的图形对象进行擦除。擦除图形的具体操作步骤如下：

（1）利用工具箱中的 ![icon]（星形工具）绘制一个五角星，如图3-82所示。

（2）选择工具箱中的 ![icon]（擦除工具），然后在属性栏中设置如图3-83所示。接着利用 ![icon]（擦除工具）在五角星上单击，从而将其进行选取。

图3-82 绘制一个五角星

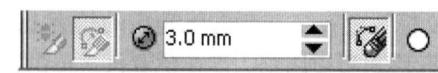

图3-83 设置参数

（3）在星形外单击确定擦除的起点，如图3-84所示。然后将鼠标移动到擦除的终点位置，此时擦除起点和终点之间会出现虚线，再单击鼠标确认，如图3-85所示，结果如图3-86所示。

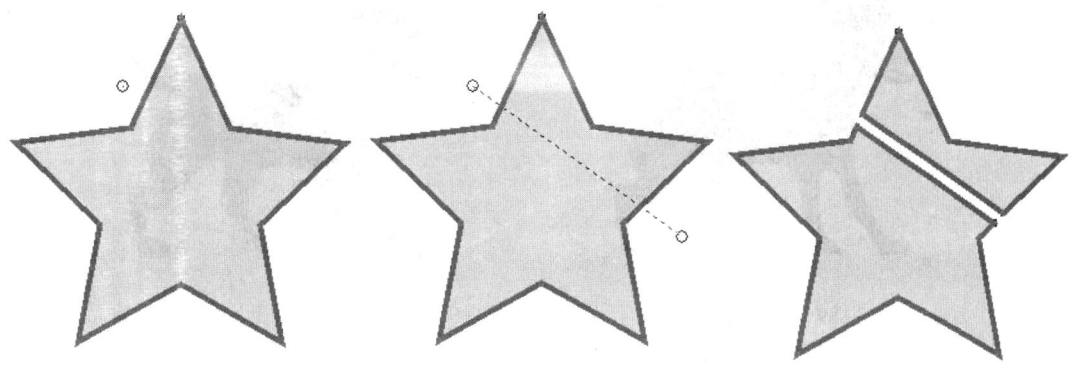

图3-84　确定擦除的起点　　　图3-85　确定擦除的终点　　　图3-86　擦除后的效果

（4）如果在擦除工具属性栏中单击〇按钮，将擦除笔头切换为▢（矩形），然后在确认擦除起点后，按住鼠标左键不放拖动鼠标到擦除终点的位置，如图3-87所示，即可以矩形作为擦除笔头并以曲线的形状擦除图形，如图3-88所示。

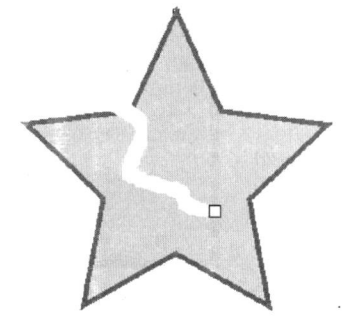

图3-87　以矩形作为笔头进行擦除　　　　图3-88　擦除后的效果

3.6　修　饰　图　形

在CorelDRAW X6中用于修饰图形的工具包括✐（涂抹笔刷）、✐（粗糙笔刷）、✎（自由变换工具）和✎（虚拟段删除），利用这些可以修饰已绘制的矢量图形。

3.6.1　涂抹笔刷

使用✐（涂抹笔刷）工具可以对对象轮廓线进行随意的涂抹，从而产生一种类似于增加节点并调整节点后的效果。使用✐（涂抹笔刷）工具的具体操作步骤如下：

（1）绘制一个狗的图形对象，如图3-89所示。

（2）利用工具箱中的✎（选择工具）选择狗的图形对象，然后单击工具箱中的✎（形状工具），从弹出的隐藏工具中选择✐（涂抹笔刷）工具。

（3）在属性栏中设置笔尖大小，添加水分浓度、角度等参数，如图3-90所示。然后在要涂抹的位置上单击并拖动鼠标，结果如图3-91所示。

图3-89　绘制图形对象　　　　　图3-90　利用 （涂抹笔刷）工具处理后效果

图3-91　 （涂抹笔刷）工具的属性栏

3.6.2　粗糙笔刷

使用 （粗糙笔刷）工具可以使对象轮廓变得更加粗糙，从而产生一种锯齿的特殊效果。使用 （粗糙笔刷）工具的具体操作步骤如下：

（1）利用工具箱中的 （矩形工具）绘制一个矩形，如图3-92所示。

（2）利用工具箱中的 （选择工具）选择需要粗糙效果的矩形，然后单击工具箱中的 （形状工具），从弹出的隐藏工具中选择 （粗糙笔刷）工具。

图3-92　绘制矩形

（3）在属性栏中设置笔尖大小，输入尖凸频率的值、角度等参数，如图3-93所示。然后将鼠标移动到矩形边缘单击并进行拖动，结果如图3-94所示。

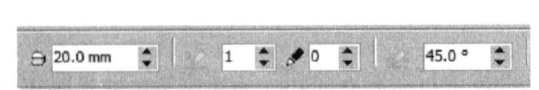

图3-93　 （粗糙笔刷）工具的属性栏　　　图3-94　 （粗糙笔刷）工具处理后的效果

3.6.3　自由变换图形

使用 （自由变换）工具可以对对象进行任意角度的变换，从而使图形产生一种在角度上变化的效果。使用 （自由变换）工具的具体操作步骤如下：

（1）利用工具箱中的绘制或导入一幅图形对象。

（2）单击工具箱中的，从弹出的隐藏工具中选择工具。然后将鼠标移动到图形对象上，单击并拖动鼠标，即可以任意角度变换图形对象。

3.6.4　虚拟段删除

使用工具可以删除部分图形或线段。使用工具的具体操作步骤如下：

（1）绘制图形对象，如图3-95所示。

（2）单击工具箱中的，从弹出的隐藏工具中选择工具，此时光标将变为![图标]形状。

（3）拖动出包含要删除的图形或线段的虚线矩形框，此时在虚线矩形框中包含的图形或线段将被全部删除。图3-96为拖动出不同虚线矩形框以及删除虚线矩形框内不同图形或线段的效果。

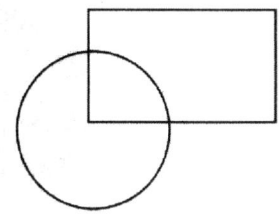

图3-95　绘制图形对象

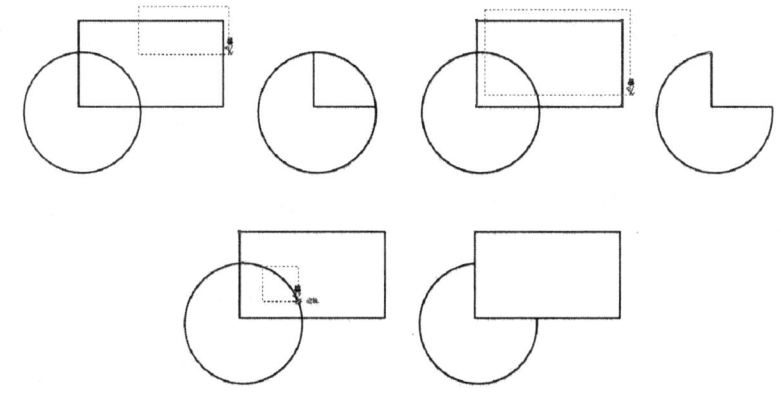

图3-96　虚拟段删除效果

3.7　重新整形图形

在CorelDRAW X6中提供了能够将多个对象组合成一个新的图形对象的功能，例如"焊接""修剪""相交"及"简化"等，下面就来进行具体讲解。

3.7.1　焊接和修剪图形

1．焊接

"焊接"命令可以将不同对象的重叠部分进行处理，从而使这些对象结合起来创造一个新的对象。焊接多个对象的具体操作步骤如下：

（1）绘制3个要进行焊接的图形，然后利用工具箱中的选取要进行焊接的矩形图形，如图3-97所示。

（2）执行菜单中的"窗口|泊坞窗|造形"命令，弹出"造形"泊坞窗，然后在顶部的下拉列表中选择"焊接到"选项，如图3-98所示。

（3）如果想在焊接之后保留源对象的副本，可选中"保留原始源对象"复选框；如果想在焊接之后保留目标对象的副本，可选中"保留原目标对象"复选框。下面是在两个复选框均未选中的情况下进行操作的。

（4）单击"焊接到"按钮，此时鼠标变为 形状，然后将鼠标移动到圆形上单击，结果如图3-99所示。

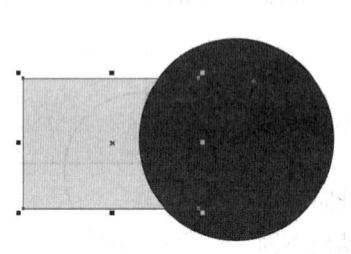
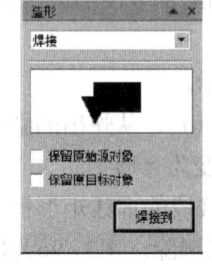

图3-97 选取图形对象　　　图3-98 选择"焊接"选项　　　图3-99 焊接后的效果

> **提示**
>
> 在焊接时选择不同的源对象和不同的目标对象可以得到不同的焊接效果。

2．修剪

"修剪"命令是将选择的多个对象的重叠区域全部剪去，从而创建于一些不规则的形状。修剪多个对象的具体操作步骤如下：

（1）绘制两个要进行修剪的图形，然后利用工具箱中的 （选择工具）选取要进行修剪的图形，如图3-100所示。

（2）执行菜单中的"窗口|泊坞窗|造形"命令，调出"造形"泊坞窗，然后在顶部的下拉列表中选择"修剪"选项，如图3-101所示。

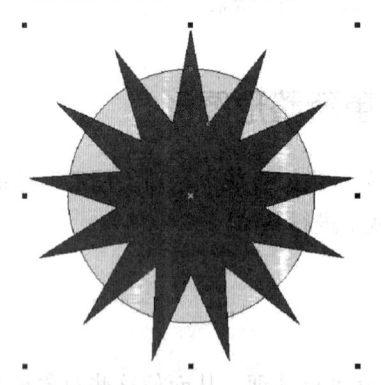

图3-100 选取图形　　　　　　图3-101 选择"修剪"选项

（3）单击"修剪"按钮，此时鼠标变为 形状，然后将鼠标移动到圆形上单击（即用星形修剪圆形），结果如图3-102所示。

**提示**

单击"修剪"按钮后，在星形上单击（即用圆形修剪星形），结果如图3-103所示。

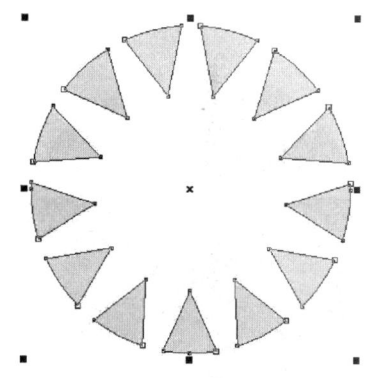
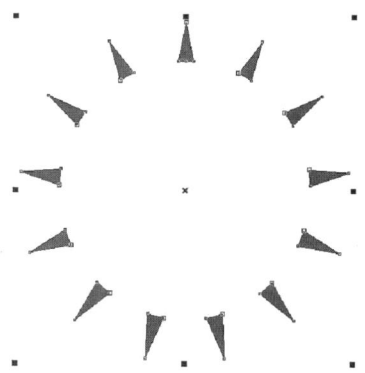

图3-102 用星形修剪圆形的效果　　　　图3-103 用圆形修剪星形的效果

3.7.2 相交与简化

1. 相交

"相交"能够用两个或多个对象的重叠区域来创建一个新的对象。新建对象的形状可以简单，也可以复杂，这取决于交叉形状的类型。在"相交"命令中，可以选择保留源对象和目标对象，也可以选择不保留它们，屏幕上只显示交叉后产生的新图形。多个对象经过处理后，信徒性的颜色由目标对象的颜色来决定。"相交"命令一次只能选择两个对象来执行，如果想要对多个对象同时执行"相交"命令，可以先将一部分对象合并或群组。相交多个对象的具体操作步骤如下：

（1）绘制两个要进行相交的图形，然后利用工具箱中的（选择工具）选取要进行相交的图形，如图3-104所示。

（2）执行菜单中的"窗口|泊坞窗|造形"命令，弹出"造形"泊坞窗，然后在顶部的下拉列表中选择"相交"选项，如图3-105所示。

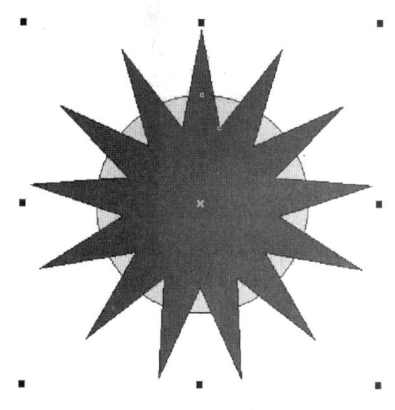
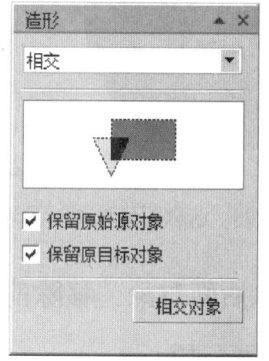

图3-104 选取图形　　　　图3-105 选择"相交"选项

（3）单击"相交"按钮，此时鼠标变为 ⬚ 形状，然后将鼠标移动到圆形上单击，结果如图3-106所示。

提示 ─────

如果单击"相交"按钮后，在星形上单击鼠标，结果如图3-107所示。

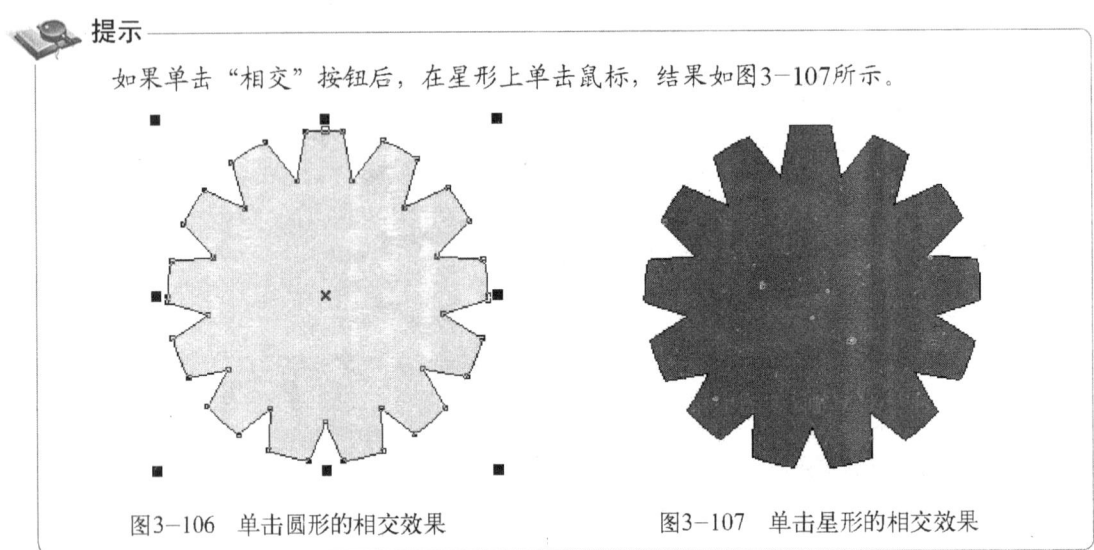

图3-106　单击圆形的相交效果　　　　图3-107　单击星形的相交效果

2．简化

"简化"命令是减去后面图形中和前面图形中的重叠部分，并保留前面图形和后面图形的形态。简化图形的具体操作步骤如下：

（1）绘制两个图形，然后利用工具箱中的 ⬚ （选择工具）选取它们，如图3-108所示。

（2）执行菜单中的"窗口|泊坞窗|造形"命令，调出"造形"泊坞窗，然后在顶部的下拉列表框中选择"简化"选项，如图3-109所示。

（3）单击"应用"按钮，然后利用利用工具箱中的 ⬚ （选择工具）移动图形即可看到效果，结果如图3-110所示。

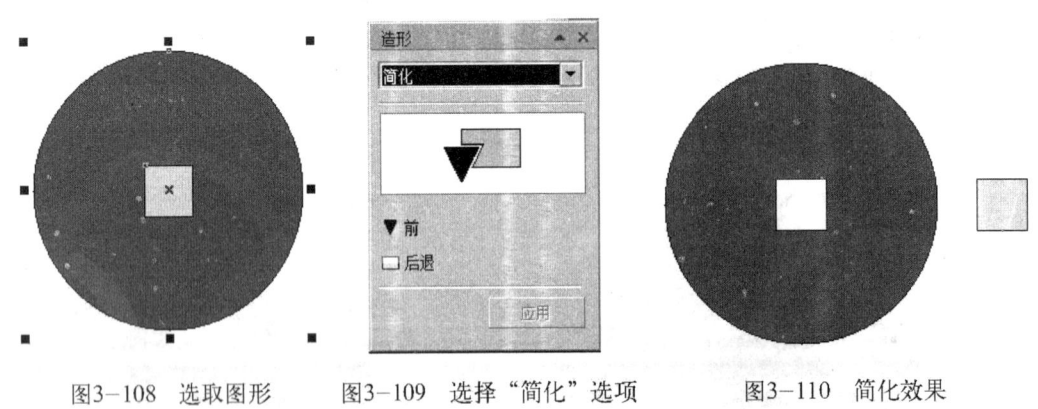

图3-108　选取图形　　　图3-109　选择"简化"选项　　　图3-110　简化效果

3.7.3　移除后面对象、移除前面对象

1．移除后面对象

"移除后面对象"命令是减去后面图形及前后图形的重叠部分，保留前面图形的剩余部分。"移除后面对象"图形的具体操作步骤如下：

（1）利用工具箱中的▣（选择工具）选取要进行前减后操作的对象，如图3-111所示。

（2）执行菜单中的"窗口|泊坞窗|造形"命令，弹出"造形"泊坞窗，然后在顶部的下拉列表中选择"移除后面对象"选项，如图3-112所示。

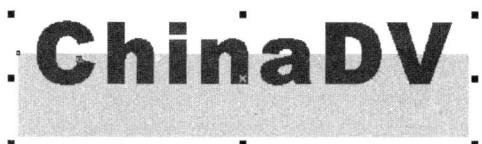

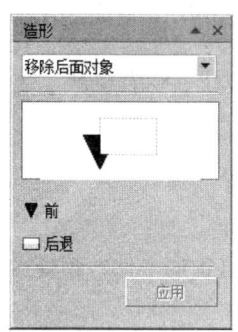

图3-111 选取要进行 "移除后面对象"操作的对象　　　图3-112 选择"移除后面对象"选项

（3）单击"应用"按钮，结果如图3-113所示。

2．移除前面对象

"移除前面对象"命令是减去前面图形及前后图形的重叠部分，保留后面图形的剩余部分。"移除前面对象"图形的具体操作步骤如下：

（1）利用工具箱中的▣（选择工具）选取要进行后减前操作的对象，如图3-114所示。

图3-113 "移除后面对象"的效果　　　图3-114 选取要进行"移除前面对象"操作的对象

（2）执行菜单中的"窗口|泊坞窗|造形"命令，调出"造形"泊坞窗，然后在顶部的下拉列表中选择"移除前面对象"选项，如图3-115所示。

（3）单击"应用"按钮，结果如图3-116所示。

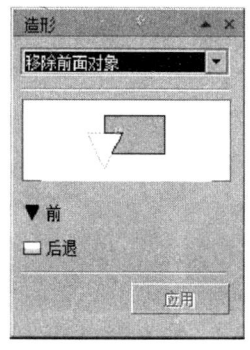

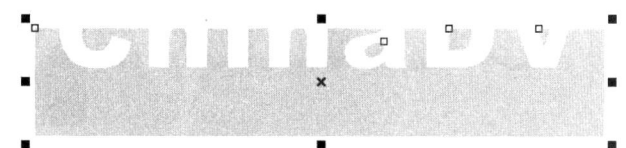

图3-115 选择"移除前面对象"选项　　　图3-116 "移除前面对象"的效果

3.8 实 例 讲 解

本节将通过"阴阳文字效果""缠绕的五彩圆环""海报设计"和"冰淇淋包装盒设计"4个实例，讲解在实际工作中图形的绘制与编辑的具体应用。

3.8.1 阴阳文字效果

要点：

本例将设计一个如图3-117所示的阴阳文字效果。通过本例的学习，应掌握 ⊠（文本工具）、⬛（矩形工具）和 ⬛（合并）按钮的综合应用。

图3-117 阴阳文字

操作步骤：

（1）执行菜单中的"文件|新建"命令（快捷键〈Ctrl+N〉），新建一个CorelDRAW文档。

（2）选择工具箱中的 ⊠（文本工具），然后在属性栏中设置文本属性如图3-118所示，接着在绘图区中输入黑色文字"CUEB"，如图3-119所示。

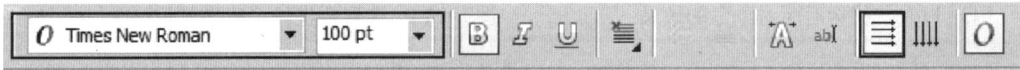

图3-118 设置文本属性

（3）利用工具箱中的 ⬛（矩形工具）绘制一个矩形，放置位置如图3-120所示。然后利用工具箱中的 ▢（挑选工具）框选文字和矩形，再单击属性栏中的 ⬛（合并）按钮，结果如图3-121所示。

图3-119 输入文字

图3-120 绘制矩形

图3-121 ⬛（结合）效果

3.8.2　缠绕的五彩圆环

要点：

本例将制作如图3-122所示的缠绕的五彩圆环效果。通过本例的学习，应掌握"将轮廓转换为对象"、"相交"、"结合"命令，（轮廓笔工具）、（颜色滴管工具）和（填充工具）的综合应用。

图3-122　缠绕的五彩圆环

操作步骤：

（1）执行菜单中的"文件|新建"（快捷键〈Ctrl+N〉）命令，新建一个CorelDRAW文档。

（2）绘制正圆形。选择工具箱中的（椭圆形工具），配合键盘上的〈Ctrl〉键绘制一个正圆形，并在属性面板中将圆形大小设为80 mm×80 mm，将这个圆形的填充色设置为（无色），轮廓色设置为蓝色，结果如图3-123所示。

（3）调整轮廓线宽度。方法是单击工具箱中的（轮廓笔工具），从弹出的工具中选择"24点轮廓（粗）"，结果如图3-124所示。

（4）将圆形轮廓转换为对象。方法是利用（挑选工具）选中圆形，然后执行菜单中的"排列|将轮廓转换为对象"命令，结果如图3-125所示。

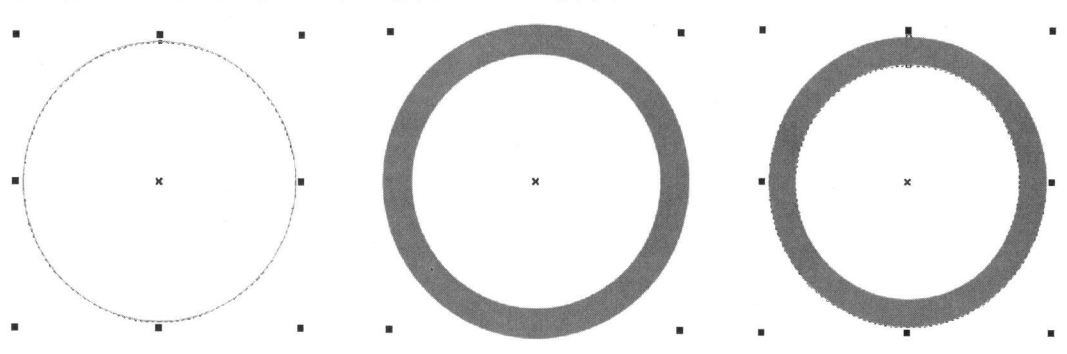

图3-123　绘制正圆形　　　　图3-124　调整轮廓线宽度　　　　图3-125　将圆形转换为对象

（5）复制圆形。方法是利用（挑选工具）选中圆形，然后将其水平向右拖动到适当位置后右击，此时光标变为形状，松开鼠标即可复制对象。按照此方法复制4个圆形，并为复制后的图形赋予不同的填充色，结果如图3-126所示。

图3-126 复制并更改图形填充色

（6）制作出图形相交区域。方法是选择左侧3个图形，执行菜单中的"窗口|泊坞窗|造形"命令，弹出"造形"泊坞窗，然后在顶部的下拉列表中选择"相交"选项，如图3-127所示。接着单击"相交对象"按钮，将鼠标移动到绘图区中左下方的图形上，此时鼠标变为 形状，再单击该图形，即可创建出3个图形的相交区域，如图3-128所示。

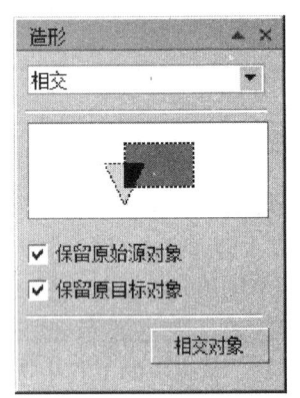

图3-127 选择"相交"选项

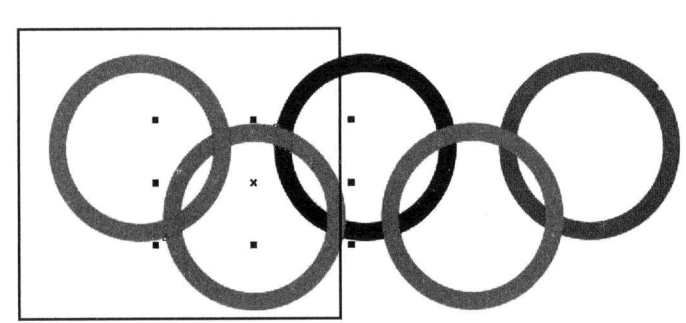

图3-128 3个图形的相交区域

（7）此时3个图形之间有两组相交区域，为了便于上色，下面将相交区域进行拆分处理。方法是利用工具箱中的 （挑选工具）分别选中左侧3个图形中的两组相交区域，如图3-129所示，再单击 （拆分）按钮，从而将3个图形之间的相交区域分别独立出来，如图3-130所示。

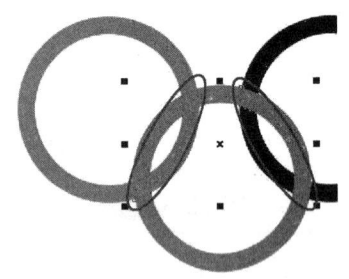

图3-129 分别选中两组相交区域

图3-130 将相交区域分别独立出来

（8）制作图形之间的缠绕效果。利用工具箱中的 （挑选工具），选择图3-131所示的区域，然后利用工具箱中的 （颜色滴管工具）吸取最左侧蓝色图形的颜色，接着利用 （填充工具）对选择区域进行填充，结果如图3-132所示。

图3-131 选择区域   图3-132 填充效果

（9）同理，选择图3-133所示的区域，然后利用工具箱中的![](颜色滴管工具）吸取中间黑色图形的颜色，接着利用![](填充工具）对选择区域进行填充，结果如图3-134所示。

图3-133 选择区域   图3-134 填充效果

（10）同理，对右侧3个图形进行相同的处理，最终效果如图3-135所示。

图3-135 最终效果

3.8.3 海报设计

**要点：**

本例将制作的是一幅日本风格的海报，如图3-136所示。海报中宁静的水面呈现出深暗的背

景色调，而漂浮在黑暗之中的睡莲、莲叶以及闪烁的星光构成了梦幻般的情境。通过本例的学习应掌握、、等绘图工具的使用，、、等的应用，以及位图的转换与滤镜处理的方法。

图3-136　海报设计

![]操作步骤：

（1）执行菜单中的"文件｜新建"命令，新创建一个文件，并在设置属性栏纸张宽度与高度为210 mm×297 mm。

> 💿 **提示**
>
> 　　本例只作为绘画风格的海报设计讲解，因此尺寸按照成品进行了等比例缩小，矢量图形具有分辨率独立的特点，可进行任意缩放而丝毫无损于品质。

（2）双击工具箱中的，生成一个与页面同样大小的矩形。然后按快捷键〈F11〉，弹出如图3-137所示的"渐变填充"对话框，在其中设置由"深蓝色-黑色"的线性渐变（从上至下），单击"确定"按钮后，矩形中填充上了图3-138所示的渐变，构成画面深色调的背景。接着，再右击"调色板"中的取消边线的颜色。最后右击矩形色块，在弹出的菜单中选择"锁定对象"命令，将矩形锁定。

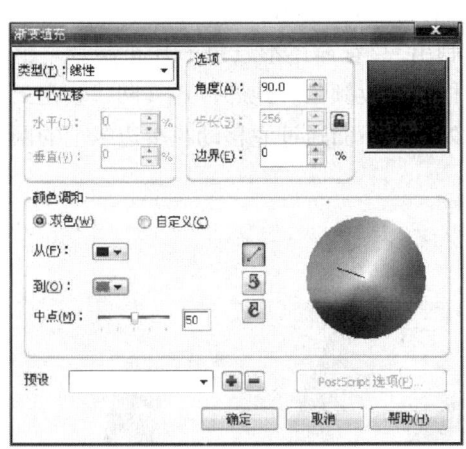

图3-137 设置由"深蓝色—黑色"线性渐变　　　图3-138 绘制矩形并填充渐变色

（3）现在开始绘制画面中主要的构成元素——睡莲。它由许多独立的花瓣拼接而成，先来绘制一片花瓣。方法：利用工具箱中的 绘制出如图3-139所示的闭合路径，这是一片花瓣的曲线形。使用 是绘制光滑曲线的最好方法。画完之后，还可以应用工具箱中的 继续调节节点和控制句柄，从而修改曲线的形状。

（4）在花瓣内添加微妙变化的红色。方法：选择工具箱中的 花瓣内部自动添加上了纵横交错的网格线，每次双击鼠标可以增加一个网格点。如图3-140所示，选中4个颜色相同的网格点（按住〈Shift〉键可以选中多个网格点），然后在"调色板"中选择相应的一种红色，参考颜色数值为CMYK（0，70，10，0）。通过这种上色的方式可以形成非常自然的色彩过渡。

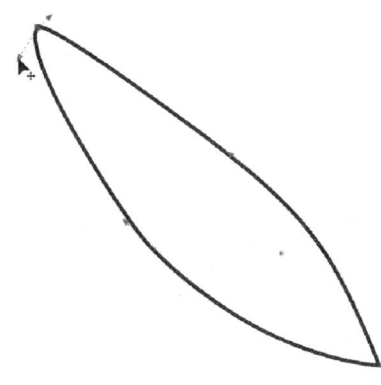

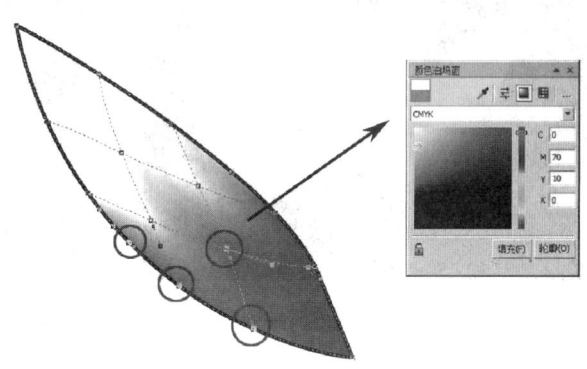

图3-139 绘制出一片花瓣的曲线形　　　图3-140 选中多个网格点并上色

💡 提示

如果对一次调整的效果不满意，可以单击工具属性栏中的"清除网格"按钮，可将图形内的网格线和填充一同清除，仅剩下对象的边框。

（5）为了使颜色变化更加丰富，下面在适当的位置增加网格点。调节完成后，右击"调色板"中的⊠（无填充色块）取消边线的颜色，效果如图3-141所示。

（6）利用工具箱中的 （贝赛尔工具）绘制出3片花瓣图形（每一片花瓣是一个闭合路径），然后利用 （网状填充工具）依次添加网格和修改颜色。此外， （网状填充工具）不但可以改变对象的填充效果，还可以改变对象的外形。下面通过它移动花瓣边缘上的网格点，从而细致地调整花瓣的外形，如图3-142所示。

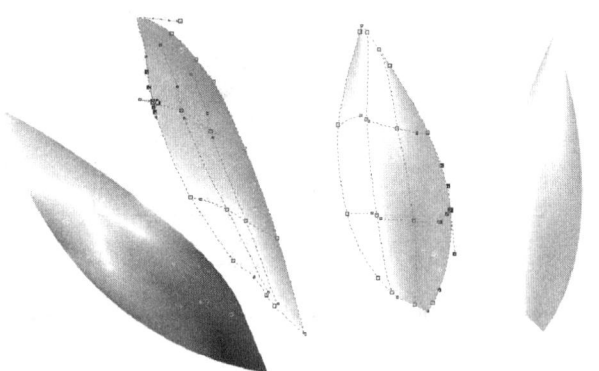

图3-141　在适当的位置增加网格点　　　　图3-142　再绘制出3片花瓣图形，并添加网格和修改颜色

（7）将单独绘制的花瓣拼合在一起，通过菜单"排列｜顺序"的子菜单下的命令可以调整花瓣的前后排列顺序，如图3-143所示。同理，继续绘制更多的花瓣，注意花瓣的形态、大小和倾斜的角度都要有区别，然后将它们拼合在一起，放置到深暗的背景图上，如图3-144所示。

图3-143　调整花瓣的前后排列顺序　　　　图3-144　注意花瓣的形态、大小和倾斜的角度都要有区别

（8）越往睡莲的内部，花瓣形态就越小，而且颜色越深。因此在绘制第2批花瓣图形时，颜色要注意选择深一些的品红和紫红色，然后将它们按照图3-145所示拼在花朵的中间区域。

（9）靠前面的花瓣为了追求外形的自然，可以采用更加随意的 （手绘工具）来制作外形，手绘工具提供了最直接的绘制方法，就像使用铅笔在纸上绘画一样，通过拖动鼠标，我们画出如图3-146所示的花瓣外形，然后利用 （网状填充工具）进行上色，但注意此花瓣与其他花瓣的区别在于中心亮而四周暗，因此先选中所有位于边缘的网格点，将它们设置为稍深一些的红色，参考颜色数值为CMYK（20，100，20，20），接着，将图形内部的网格点删除一些，只留下如图3-147所示的简单网格结构，中心网格点为浅一些的红色，参考颜色数值为CMYK（0，40，0，0）。

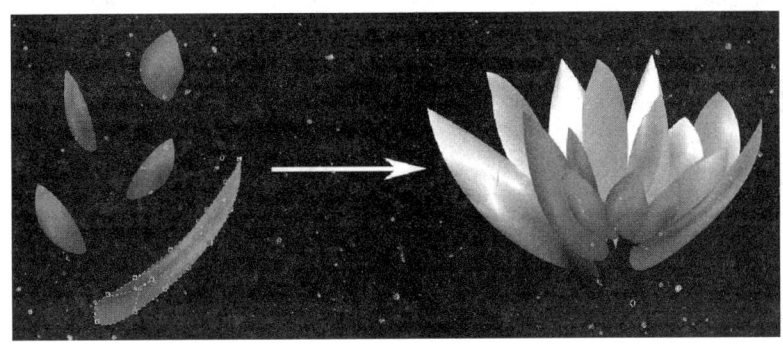

图3-145　越往睡莲的内部，花瓣形态就越小，而且颜色越深

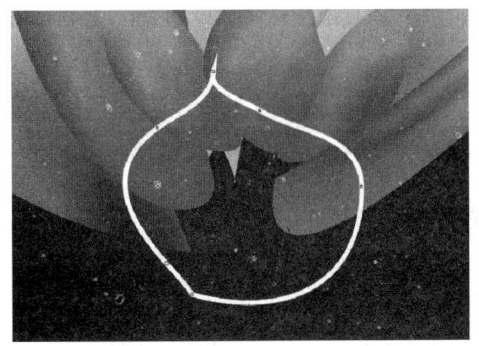

图3-146　画出位于前面的花瓣外形

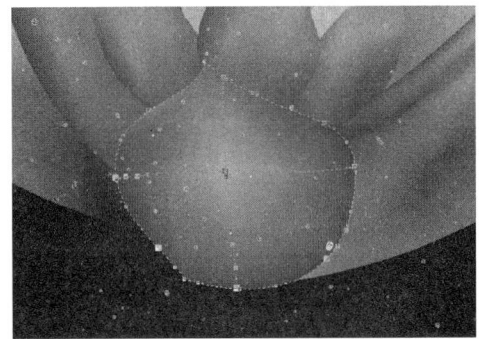

图3-147　将图形内部网格点进行简化

（10）继续采用随意的 来制作位于前面的花瓣外形，如图3-148所示。然后缩小视图后，观看一下整体效果，如图3-149所示。接着对花瓣的大小和位置进行全局的调整。例如位于左侧靠后的花瓣边缘显得过于生硬，可以使用工具箱中的 对其外形进行修整，如图3-150所示。

图3-148　利用手绘工具绘制外形随意的花瓣图形

图3-149　对花瓣的大小和位置进行全局的调整　　图3-150　对边缘生硬的花瓣进行外形修整

（11）添加上黄色的花蕊。方法：参照图3-151所示，绘制一个很小的圆形，并不断进行复制和拼接。然后将它们填充为深浅不一的黄色，并多次执行"排列｜顺序｜向后一层"命令，使它们移至花瓣丛中。接着利用 （挑选工具）将所有花瓣和花蕊图形都选中，按快捷键〈Ctrl+G〉组成群组。完成的睡莲效果如图3-152所示。

图3-151　添加上黄色的花蕊　　　　　　　　图3-152　最后完成的睡莲效果

（12）睡莲画完后，将它移到背景图中，为了使它在视觉上产生飘浮在水面上的效果，我们还需为它制作一个倒影。方法：利用 （挑选工具）选中绘制好的睡莲图形，打开"变换"泊坞窗，在其中的设置如图3-153所示，单击"应用"按钮，得到如图3-154所示的效果，睡莲图形在垂直方向上生成了一个镜像图形。

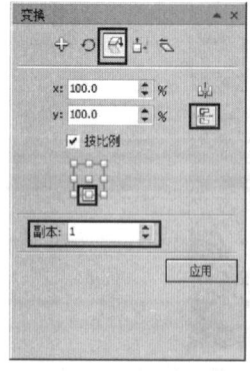

图3-153　"变换"泊坞窗　　　　　　图3-154　睡莲图形在垂直方向上生成了一个镜像图形

（13）由于投影需要进行虚化、淡出等操作，下面将其转换为位图图像。方法：选中制作出的镜像图形，执行菜单中的"位图｜转换为位图"命令，在弹出的对话框中的设置如图3-155所示。单击"确定"按钮，此时睡莲的镜像图形被转为位图，"位图"菜单下的大量滤镜功能都可以使用了。然后执行菜单中的"位图｜模糊｜高斯式模糊"命令，在弹出的"高斯式模糊"对话框中设置模糊"半径"为3像素，如图3-156所示。单击"确定"按钮，此时投影图形整体变得模糊了，如图3-157所示。

图3-155 "转换为位图"对话框

图3-157 投影图形整体变得模糊

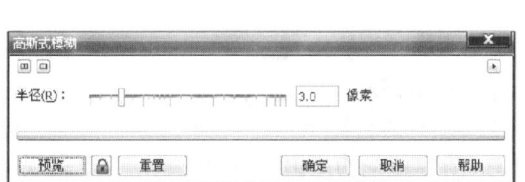

图3-156 "高斯式模糊"对话框中设置参数

（14）现在投影图形过于实，因此还需要做透明度方面的处理。方法：点中工具箱中的 （透明度工具），在属性栏内最左侧下拉菜单中选择"线性"，然后从上至下拖拉一条直线，请注意直线的两端会有两个正方形控制柄，它们分别控制透明度的起点与终点。先点中位于下面的控制柄，在属性栏内将"透明中心点"设为100，再点中位于上面的控制柄，在属性栏内将"透明中心点"设为40，得到从上及下逐渐淡出到背景中去的效果，如图3-158所示。

（15）睡莲图形与投影相衔接的部分似乎过于生硬，再耐心地进行投影的最后一步处理。方法：选择工具箱中的 （阴影工具），参照如图3-159所示的位置由上至下拖拉一条直线，点中位于下面的控制柄，在属性栏内将"阴影的不透明度"设为88，"阴影羽化"设为24，"阴影颜色"为黑色。睡莲花朵之下形成了一圈半透明的黑色投影。

（16）下面开始绘制画面中的另一个构成元素——莲叶，它的制作方法和前面绘制花瓣一样，基本制作思路都是：先使用工具箱中的 （贝赛尔工具）或 （手绘工具）来制作莲叶外形，然后利用工具箱中的 （网状填充工具）在莲叶内着色，通过这种上色的方式可以形成非常自然的色彩过渡。绘制方法此处不再累述，请读者参照图3-160所示选择不同的绿色系列，完成莲叶的制作。

图3-158　逐渐淡出到背景中去的倒影效果　　图3-159　在睡莲花朵之下形成了一圈半透明的黑色投影

图3-160　绘制莲叶外形并用"网状填充工具"添加不同的绿色

（17）将莲叶图形移至背景图中，散放在图3-161所示莲花的周围，但须注意，为了在视觉上形成水域的空间延伸感，一定要将放置在上方的莲叶缩小一些，以符合透视的关系。

（18）为了防止莲叶图形之间的叠放显得生硬，每一片莲叶图形都要增加投影，但投影的方式和角度要稍有差别。方法：利用▣（挑选工具）选中如图3-162所示位于中间的一片莲叶，然后利用▣（阴影工具）由左上至右下拖拉一条直线，点中位于下面的控制柄，在属性栏内将"阴影的不透明度"设为70，"阴影羽化"设为20，"阴影颜色"为黑色。莲叶右下方形成了一圈半透明的黑色投影。

 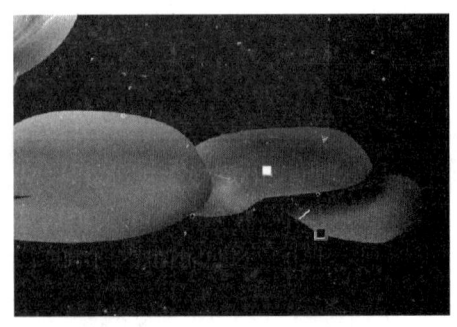

图3-161　将莲叶图形移至背景图中，散放在莲花的周围　　图3-162　在叶片下增加投影

（19）远处的莲叶也采用 （阴影工具）来制作，但不同的是它们的阴影不是投向一侧方向，而是在水面向四周扩散，从而形成在水面的飘浮感。下面在 （阴影工具）的属性栏最左侧下拉列表中选择"Large Glow"或"Medium Glow"项，从而形成四周扩散的投影效果，如图3－163所示。同理，处理位于远处的莲叶，最后的效果如图3－164所示。

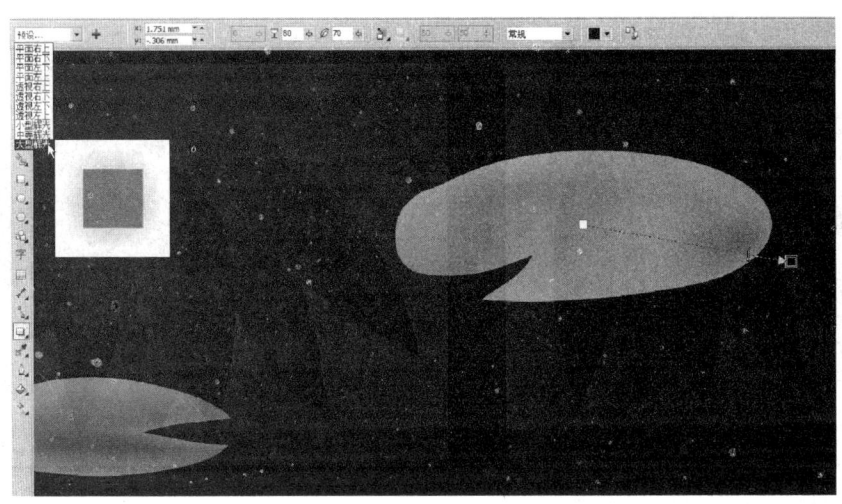

图3－163　制作位于远处的莲叶向四周扩散的投影效果

（20）下面来绘制几道夸张的手绘曲线，以暗示水的缓慢流势，因为是粗细不均的随意流动的曲线，因此采用 （艺术笔工具）来绘制最适合。方法：先执行菜单中的"窗口｜泊坞窗｜艺术笔"命令，调出"艺术笔"泊坞窗，在其中选择一种具有粗细变化的笔触，然后应用工具箱中的 （艺术笔工具）绘制如图3－165所示曲线（为了清楚显示，先填充为浅灰色），还可以使用 （形状工具）调节曲线路径上的锚点与方向线。最后，右击"调色板"中的 （无填充色块）取消边线的颜色。

图3－164　莲花和莲叶完成的效果图

图3－165　利用艺术笔工具绘制粗细变化的笔触

（21）按快捷键〈Ctrl+K〉拆分艺术笔群组，现在艺术笔画出的曲线变成了闭合路径，应用▣（形状工具）将右侧形状进行调整，如图3-166所示。然后将曲线形的填充设置为深灰色，参考颜色数值为CMYK（0，0，0，60）。接下来，选择▣（透明度工具），在属性栏内的设置如图3-167所示，从而使柔和的曲线图形在深暗的水面若隐若现。

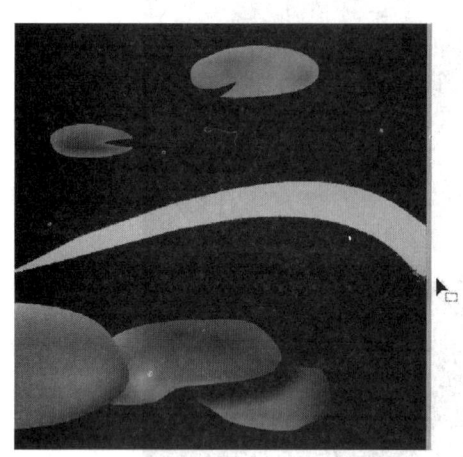

图3-166 对曲线的右侧形状进行调整

图3-167 调节曲线图形的透明度

（22）同理，在"水面"上再添加两条流动的曲线图形，如图3-168所示。

（23）下一步要在海报中添加醒目的标题文字。方法：利用工具箱中的▣（文本工具）在页面中输入文本"Water Nymph"，设置属性栏的"字体"为Eras Bold ITC，"字号"为48pt，并将它填充为白色。

（24）下面为了让文字在版面中居中对齐，先将文本框水平拉长到与背景宽度一致，如图3-169所示。然后在属性栏中单击▣（居中）对齐，如图3-170所示。这样，也就相当于文字在背景图中居中排列。接着按快捷键〈Ctrl+F8〉将文本转为美术字，此时文字四周出现了控制手柄，最后向下拖动控制手柄将文字拉长一些。

图3-168 在"水面"上再添加两条流动的曲线图形　　图3-169 将文本框水平拉长到与背景宽度一致

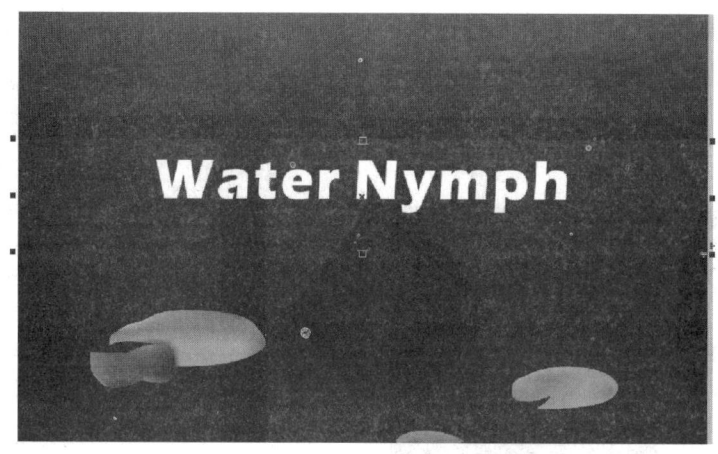

图3-170 使文字相对于文本框水平居中对齐

（25）再输入其他的文本，然后使用同样的方法将它们相对于背景图居中对齐，如图3-171所示。接着缩小全图，整体版式如图3-172所示。

图3-171 输入其他的文本并使它们都相对于背景图居中对齐

图3-172 整体版式效果

（26）接下来很重要的一步是要在黑暗背景中添加闪烁的星光效果，这对整张招贴具有画龙点睛的作用，可使画面充满灵动与梦幻感。先制作一个星光单元。方法：利用工具箱中的 （贝赛尔工具）绘制出如图3-173所示的闭合路径，填充为白色，边线为无色。然后按快捷键〈Alt+F9〉打开"变换"泊坞窗，在其中的设置如图3-174所示。单击"水平镜像"和"应用到再制"按钮，在闭合路径右侧得到一个复制的镜像图形，如图3-175所示。

（27）利用工具箱中的 （挑选工具），在按住〈Shift〉键的同时选中白色图形和镜像图形，然后在"变换"泊坞窗中单击第1排第2个按钮（旋转设置），在其中的设置如图3-176所示，旋转"角度"为90度，单击"应用到再制"按钮，得到旋转了90 度后的复制图形，如

图3-177所示。接着将所有白色图形都选中，单击属性栏内的 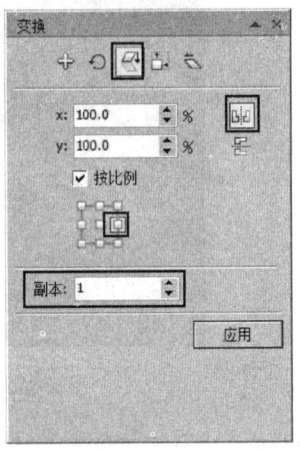（合并）按钮，从而使这4个独立的复制图形构成一个完整的闭合路径。

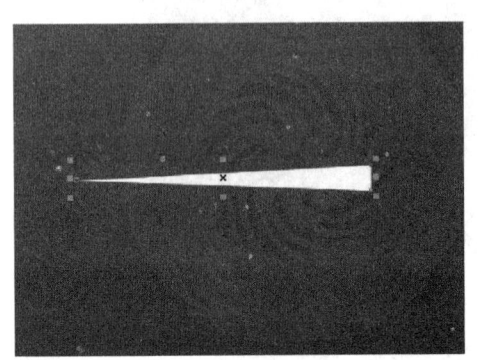

图3-173　绘制出一个闭合路径，填充为白色

图3-174　在"变换"泊坞窗中进行镜像操作

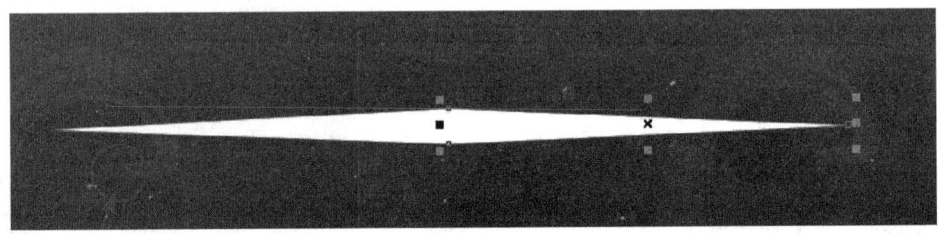

图3-175　在闭合路径右侧得到一个复制的镜像图形

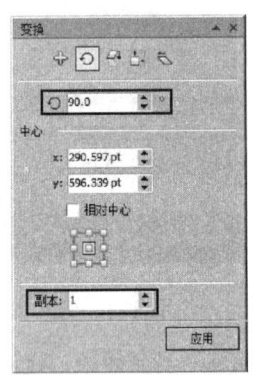

图3-176　"变换"泊坞窗　　图3-177　得到旋转了90度后的复制图形

（28）选择工具箱中的 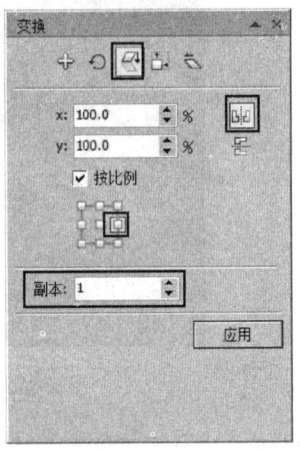（透明度工具），参照图3-178所示设置属性栏参数，在最左侧下拉菜单中选择"射线"，得到从中心向四周逐渐淡出到背景中去的效果。然后利用工具箱中的 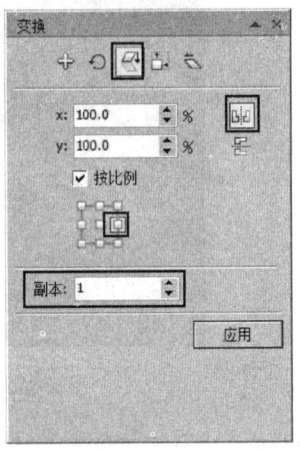（椭圆形工具），按住〈Ctrl+Shift〉键从十字图形中心出发绘制出一个正圆形，填充为淡蓝色，参考颜色数值为CMYK（20，0，0，0）。执行"排列|顺序|向后一层"命令，使它移至十字图形后面一层，如图3-179所示。

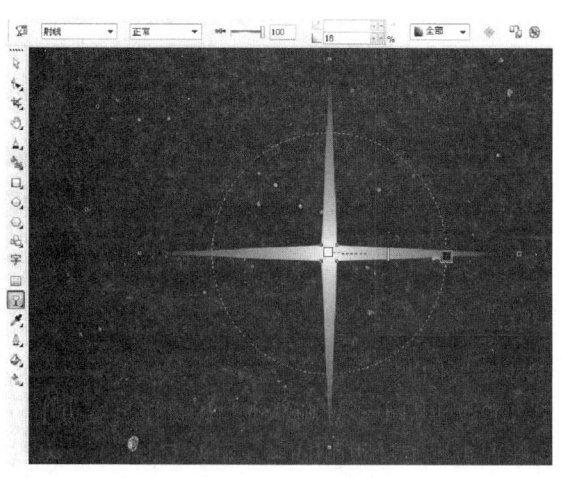

图3-178　制作向四周逐渐淡出的效果

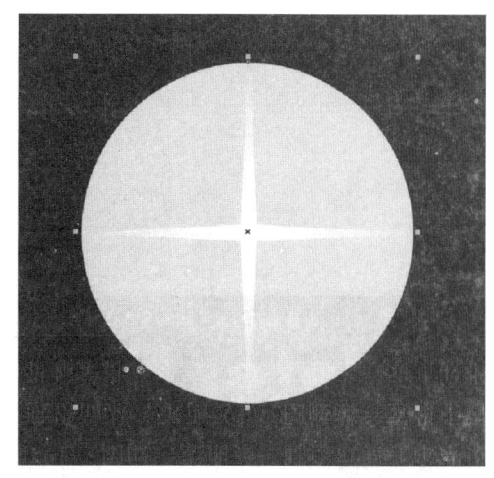

图3-179　从十字图形中心出发绘制出一个
淡蓝色正圆形

（29）同理，利用 ▣（透明度工具）使淡蓝色圆形外围也淡出到背景中去。注意要使圆形四周全部虚化，形成光晕的效果，透明度控制线的长度要设置得短一些，如图3-180所示。然后同时选中十字图形与圆形，按快捷键〈Ctrl+G〉组成群组。

（30）将刚才成组的图形移到海报背景图中，在深暗背景的衬托下，形成闪烁的星光效果。复制出很多个星光图形，经过放缩后将它们散布在睡莲与文字的周围，如图3-181所示。

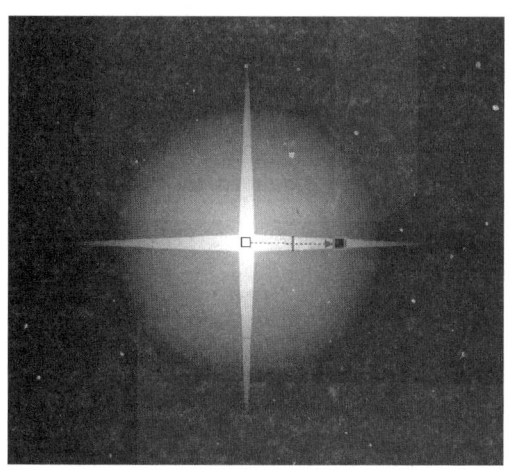

图3-180　形成光晕的效果

图3-181　复制星光图形，放缩后散布于睡莲与
文字的周围

（31）最后一步，给海报中的标题文字添加外发光的效果。方法：逐个选中文字块（已转换为美术字），选择 ▣（阴影工具），在属性栏最左侧下拉列表中选择"Large　Glow"或"Medium Glow"项，意指向四周扩散的光效，调节效果如图3-182所示。

（32）整幅海报制作完成，最后的效果如图3-183所示。

图3-182　给海报中的标题文字添加外发光的效果

图3-183　最终效果

3.8.4　冰淇淋包装盒设计

要点：

　　食物的包装除了满足保护食品、储存食品等基本功能以外，还要具有整体视觉上的美观、显著的标识和生动形象的展示效果，这样才能刺激受众的消费欲望。实物呈现是消费者最信赖的方式，这种方式又包括两种具体手法：一是利用材料的透明性让消费者能直接观察到食物本身，如透明塑料以及玻璃等材质；二是将食物图直接展示在包装上。本例制作的冰淇淋包装就是将真正的食物图放置于包装上，如图3-184所示。这其中涉及的设计内容包括了包装盒正面的版式设计以及立体展示效果。通过本例的学习应掌握艺术笔、拆分艺术笔触、旋转复制、透视变形、交互式透明工具等的综合应用。

图3-184　冰淇淋包装盒设计

操作步骤：

　　（1）执行菜单中的"文件｜新建"命令，新创建一个文件，并在属性栏中设置纸张宽度与高度为200 mm×265 mm。然后利用工具箱中的 ▢ （矩形工具）绘制出一个矩形，作为包装盒正面外形。接着利用 ✎ （贝赛尔工具）绘制盒子的顶部图形，如图3-185所示，再将两个图形上下拼接在一起，得到如图3-186所示的包装盒外轮廓图。

　　（2）在外轮廓图形内填充渐变色。方法：利用 ▨ （选择工具）选中盒子的正面矩形，然后按快捷键〈F11〉，在弹出的图3-187所示的"渐变填充"对话框中设置由"橘红色-白色"的圆锥形渐变，其中橘红色参考颜色数值为CMYK（0，100，60，0），单击"确定"按钮，结果如图3-188所示。接着右键单击"调色板"中的☒（无填充色块）按钮，取消边线的颜色。最后在包装正面的左侧绘制一个填充为棕色的窄长矩形，如图3-189所示。

图3-185　绘制盒子顶面图形　　　　　　　图3-186　包装盒外轮廓

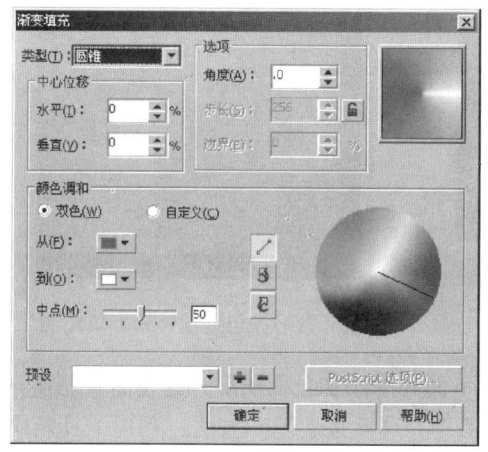

图3-187　设置锥形渐变　　　　　　　图3-188　填充锥形渐变色后的效果

（3）包装盒展示效果图要具有一定的立体形态，本例表现的是正面视角，因此需要采用色彩渐变来体现盒子的透视效果。方法：首先制作包装盒顶面的渐变透视，利用工具箱中的☒（交互式填充工具），在属性栏中设置如图3-190所示，将包装盒的顶面填充为"棕色－黄色"的渐变色，效果如图3-191所示。然后在顶部左侧面绘制一个四边形，利用☒（交互式填充工具）将其填充为深棕色的线性渐变，如图3-192所示。接着在正面下部再绘制一个黑色矩形。至此盒子外形制作完成，效果如图3-193所示。

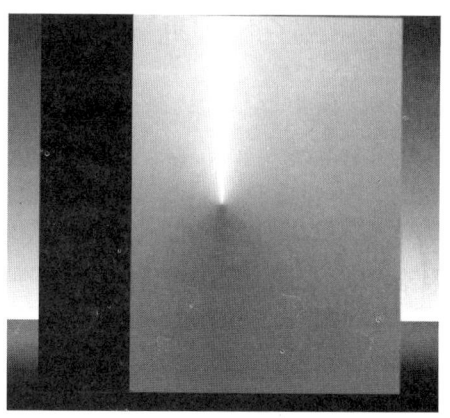

图3-189　包装盒正面的填充效果

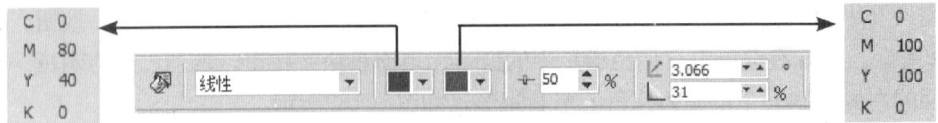

图3-190　交互式填充工具属性栏参数设置（顶部底色）

图3-191　顶部填充渐变的效果

图3-192　绘制顶部左侧四边形并填充渐变

图3-193　包装盒外轮廓填充图

（4）包装盒外轮廓与基本底色制作完成后，下面开始添加正面图形。首先需要制作一个放射状的（形同手绘漩涡）绚丽图形，可以利用艺术笔的属性来实现。方法：利用工具箱中的（贝塞尔工具）绘制一条曲线，如图3-194所示，然后单击工具箱中的（艺术笔工具），在属性栏中设置参数如图3-195所示，从而得到如图3-196所示的手绘笔触效果。接着执行菜单中的"排列｜拆分艺术笔群组"命令，将笔触拆分为多个零散图形。

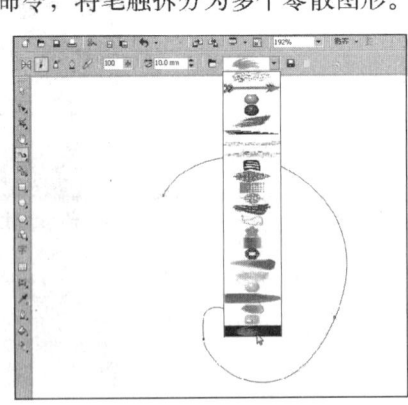

图3-194　绘制一条曲线　　图3-195　选择一种艺术笔笔触类型　　图3-196　得到手绘笔触效果

（5）现在初步拆分后的笔触处于一种透明重叠的状态，下面先取消它的透明度设置，再修改颜色。方法：单击▣（透明度工具），在属性栏内最左侧的下拉列表中选择"无"，从而取消艺术笔的透明属性，然后执行菜单中的"排列|取消全部群组"命令打散图形。接着利用▣（选择工具）选中局部图形，删除一些艺术笔触，并将剩下的笔触填充为不同颜色（颜色请读者自己设定，本例设置为橘黄色调），还可以复制出一些笔触形状，效果如图3-197所示。最后按快捷键〈Ctrl+G〉，将它们组成新的群组。

（6）对单元笔触进行旋转复制，从而得到漩涡状的奇妙图形。方法：选中设置好颜色的笔触图形，执行菜单中的"排列|群组"命令。然后按快捷键〈Alt+F8〉，打开"变换"泊坞窗，在其中的设置如图3-198所示，将旋转角度设置为45度，再将旋转中心点移动到如图3-199所示位置。接着重复单击"应用"按钮，从而得到一系列环绕着同一个旋转中心点排列的复制图形。图3-200为旋转复制的中间状态，最后完成的漩涡效果如图3-201所示。

图3-197 重新设定笔触的颜色

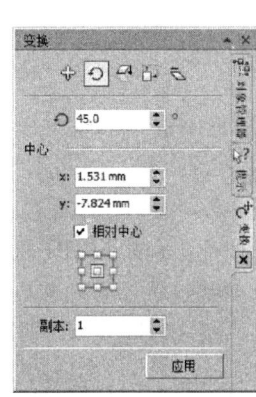
图3-198 "变换"泊坞窗

图3-199 移动旋转中心点

图3-200 旋转复制的中间状态

图3-201 旋转复制后的效果

（7）绘制一个小小的标识。方法：利用工具箱中的▣（椭圆形工具）绘制两个同心圆形，并为它们设置不同粗细的轮廓线，然后利用▣（文本工具）输入"4g"的字样，并在属性栏中设置"字体"为"Arial Black"，"字号"为41.9pt，颜色为白色，从而得到如图3-202所示的标识效果。接着将标识与前面制作好的旋转图案一起放置于包装盒正面，如图3-203所示。

图3-202 标识效果

图3-203 将标识与前面制作好的旋转图案一起放置
于包装盒正面

（8）包装盒的表面有一串汇聚为流星雨般的小图形，下面先来制作单个流星。方法：利用工具箱中的⬭（椭圆形工具）绘制一个椭圆，然后单击工具箱中的⬭（变形工具），在属性栏中设置参数如图3-204所示（数值仅供参考，根据绘制椭圆大小的不同，属性栏内数值参数也需要进行相应的改变），从而形成如图3-205所示的菱形图案。接着将此图案复制出数十份，排列成随意的错落有致的流星状，并适当改变某些星星的颜色，如图3-206所示，从而使整体富于诗意的变化。最后将所有流星小图案选中，按快捷键〈Ctrl+G〉组成群组，并摆放于包装正面，效果如图3-207所示。

图3-204 交互式变形工具属性栏设置

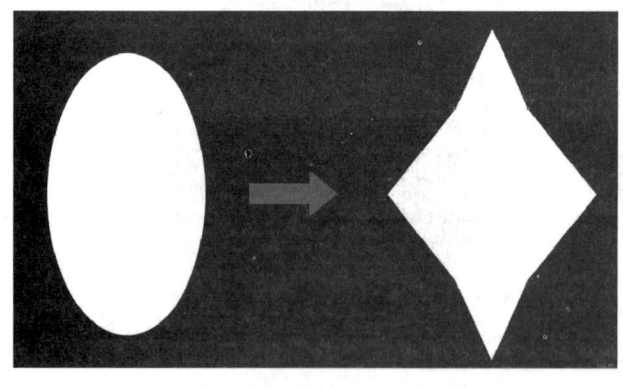

图3-205 利用交互式变形工具制作菱形单元

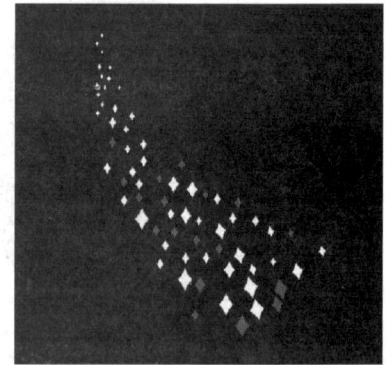

图3-206 将菱形图案随意地排列成流星状

（9）接下来为包装盒添加一个醒目的标识——"NEW!"。方法：利用工具箱中的✎（贝塞尔工具）绘制出衬底图形的外轮廓，将其填充为大红色，参考颜色数值为CMYK（0，100，100，0），并右击"调色板"中的☒（无填充色块）取消边线的颜色。然后在红色背景中输入文字"NEW!"，在属性栏中设置"字体"为"Sui Generis Free"，"字号"为23.2pt，颜色为白色，并旋转一定的角度，如图3-208所示。接着将完成的标识摆放在包装正面的左上角位置，如图3-209所示。

（10）继续在包装盒正面添加文字，主要的标题文字是作为图形的方式来绘制的，文字的外形与颜色（蓝色渐变）都要尽量符合冰淇淋的冰爽感觉。方法：选择工具箱中的 （钢笔工具），绘制出如图3-210所示的字母"Sweet Smart"的外形（可根据手绘的设计草稿来绘制，如果字库中有类似的字体也可直接选用）。然后将字母全部选中，按快捷键〈Ctrl+G〉组成群组。接着在文字内部添加由"蓝色-蓝紫色"的线性渐变，从而得到如图3-211所示效果。

图3-207　将流星状图形摆放于包装正面

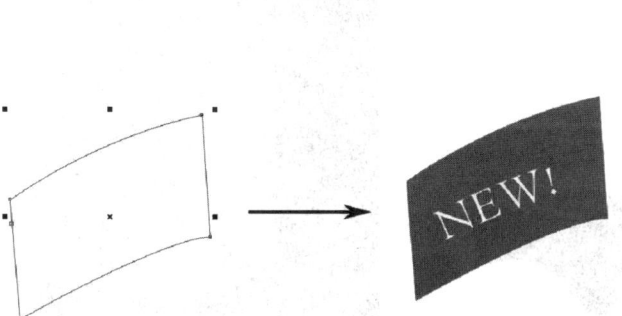

图3-208　绘制出衬底图形并添加文字　　　　图3-209　将完成的标识摆放在包装正面上

图3-210　字母"Sweet Smart"的特殊外形

图3-211　为文字添加渐变色

（11）制作文字的透视变形效果。方法：利用 （选择工具）选中文字，然后执行菜单中的"效果｜添加透视"命令，调节透视变形框，使文字发生倾斜变形，效果如图3-212所示。

（12）标题文字下面需要衬托一个线条柔和的单色图形，由于该产品为巧克力口味的冰淇淋，下面通过绘制出富于随意性曲线变化的图形，来模拟出液态巧克力的流动感。然后将其填充为咖啡色，参考颜色数值为CMYK（30，100，95，0），并在属性栏内设置"轮廓宽度"为0.8 mm，颜色为白色，组合效果如图3-213所示。接着添加一行小字"ice cream"。目前包装的整体效果如图3-214所示。

Sweet Smart

图3-212　使文字发生透视变形

图3-213　文字与衬底图形的合成效果

图3-214　包装盒整体效果图

（13）接下来，利用工具箱中的▣（椭圆形工具）和▣（贝塞尔工具），绘制如图3-215所示的两个图形（一个正圆形和一个小扇形），然后将圆形填充颜色设置为明亮的黄色，参考颜色数值为CMYK（0，0，100，0），将扇形填充为白色。接着右键单击"调色板"中的▣（无填充色块）取消两个图形边线的颜色，如图3-216所示。

（14）间隔一定的角度复制旋转白色图形，从而形成放射性底纹。方法：按快捷键〈Alt+F8〉打开"变换"泊坞窗，将旋转角度设置为24度，如图3-217所示，然后反复单击"应用"按钮，从而得到一系列环绕着旋转中心点排列复制图形，形成一种美丽的花形图案，如图3-218所示。接着利用▣（选择工具）将所有图形都选中，按快捷键〈Ctrl+G〉组成群组。

（15）单击▣（透明度工具），在属性栏中设置参数如图3-219所示，其中"透明中心点"数值可根据具体情况设置，此时图形上形成了局部半透明的效果（此处颜色较浅，因此将它暂时放置在一个暗背景上以便于读者观看）。然后将该放射状图形放置到包装盒正面图形上，效果如图3-220所示。

（16）冰淇淋的外包装中必不可少的是产品的实物图像，下面将摄影图片置入。方法：按快捷键〈Ctrl+I〉，在打开的"导入"对话框中选择配套光盘"素材及结果 \3.7.4　冰淇淋包装盒

设计\冰淇淋.png"，单击"导入"按钮，此时鼠标光标变为置入图片的特殊状态，然后在页面
中单击即可导入素材，如图3-221所示。接着将冰淇淋实物图形选中并复制一份，再进行缩小旋
转后放置于如图3-222所示的位置。

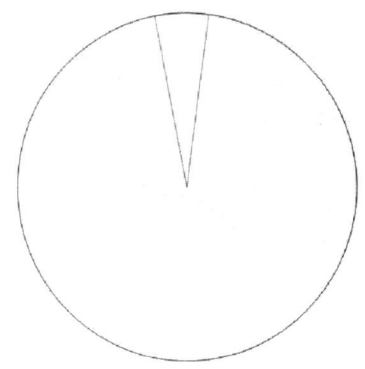

图3-215 绘制一个正圆与一个小扇形

图3-216 填色并去掉轮廓线

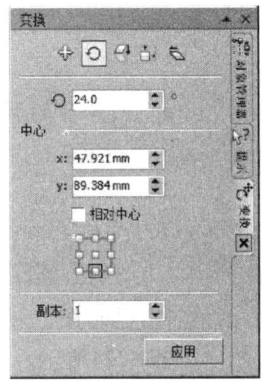

图3-217 "变换"泊坞窗

图3-218 形成一种美丽的花形图案

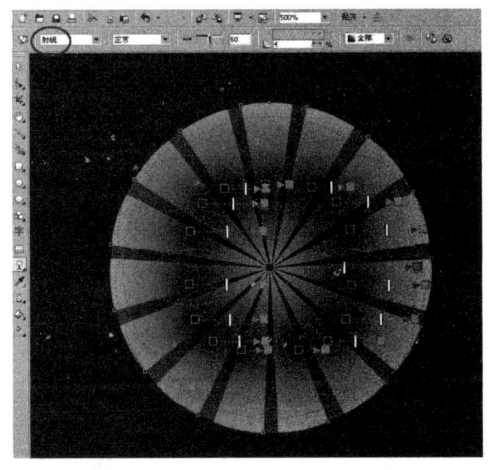

图3-219 图形上形成了局部半透明的效果

图3-220 将放射状图形放置到包装盒正面上

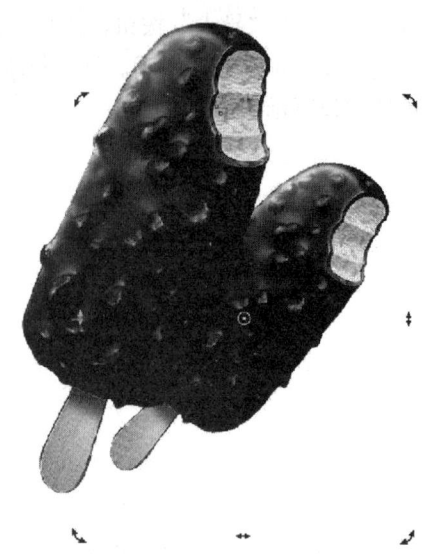

图3-221　导入素材图　　　　　　　　　图3-222　将图形复制并缩小旋转

> **提示**
>
> 　　.png格式的图片支持背景透明，因此我们置入"冰淇淋.png"图片后的背景是透明的。.jpg格式的图片不支持背景透明，如果将文件存为.jpg的格式后进行置入，则不能产生背景透明的效果。

　　（17）将冰淇淋图像合成到包装盒正面图形内部，执行菜单中的"排列｜顺序"下的子命令，调整前后层次关系，从而得到如图3-223所示的效果。然后请读者自己制作包装盒顶部具有透视变化的文字效果。至此，整个包装盒正面展示结构制作完成，如图3-224所示。

图3-223　产品图形合成效果图　　　　　　图3-224　整个包装盒正面展示结构图

　　（18）下面，我们制作一个简单的环境图对包装盒主体进行衬托和装饰，首先添加地面上的投影。方法：利用工具箱中的　（选择工具）选中包装盒正面（作为底图）的矩形，然后选择工具箱中的■（阴影工具），在属性栏中设置参数和投影方向，如图3-225所示，从而在包装盒右下侧形成投射在地面上的灰色阴影。

图3-225 添加左后侧的投影效果

（19）绘制一个大的背景图案。方法：利用工具箱中的■（矩形工具）绘制出如图3-226所示的两个矩形，然后分别参照图3-227和图3-228所示的"渐变填充"对话框设置为两个矩形填充颜色，从而得到如图3-229所示的简单背景图形。接着将前面步骤13）和14）制作好的放射状花形图复制两份（保持前面生成的透明感），作为背景上的点缀图，从而使其与产品包装产生呼应的效果，如图3-230所示。

图3-226 绘制两个矩形

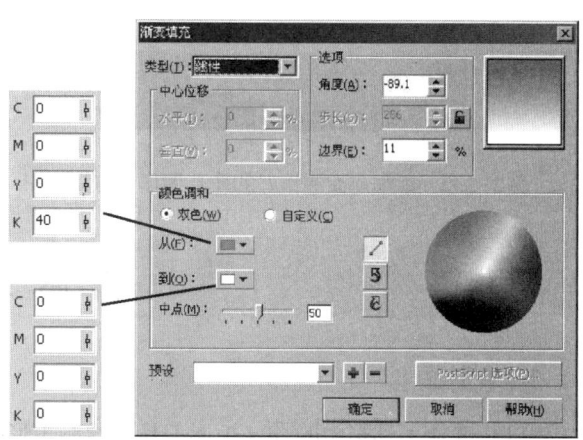

图3-227 位于上面的矩形渐变填充设置

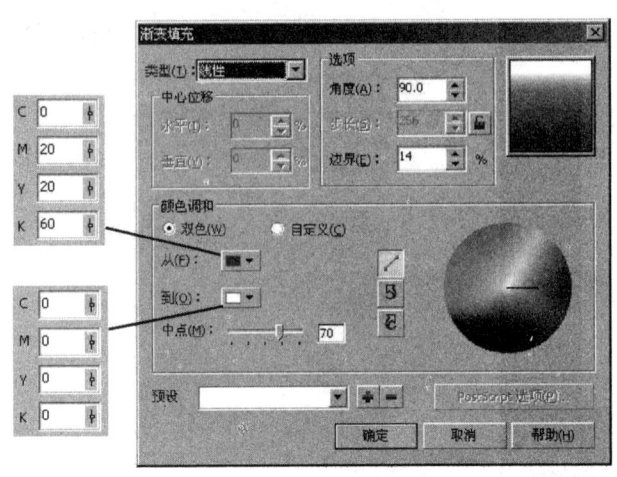

图3-228　位于下面的矩形渐变填充设置　　　　　图3-229　简单背景图形

（20）利用工具箱中的 🔧（裁剪工具）画出一个大的矩形框，然后在框内双击鼠标，从而将框外多余的图形部分裁掉。至此，这个冰淇淋包装盒的立体展示效果图已制作完成，最后的效果如图3-231所示。

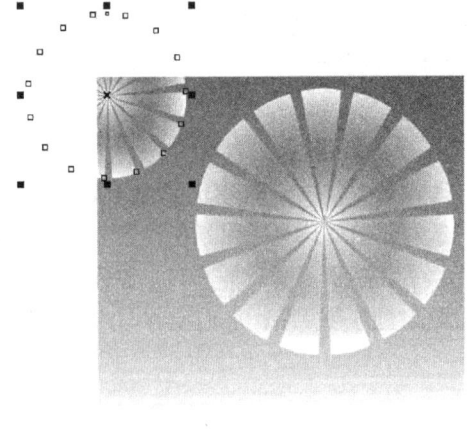

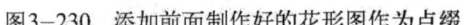

图3-230　添加前面制作好的花形图作为点缀　　　　图3-231　最终效果

课 后 习 题

1. 填空题

（1）选择工具箱中的 ▣（矩形工具）绘制矩形时，按住键盘上的＿＿＿＿＿键，可以绘制出正方形；按住键盘上的_____键，可以绘制出以鼠标单击点为中心的矩形。

（2）选择工具箱中的 （椭圆形工具）绘制椭圆形时，按住键盘上的_____键，可以绘制出正圆形；按住键盘上的_____键，可以绘制出以鼠标单击点为中心的正圆形。

（3）CorelDRAW X6提供了_____、_____和_____3种节点类型。

2．选择题

（1）在绘制矩形后，利用工具箱中的（　　）拖动矩形4个角的控制点，可创建圆角矩形。

A. B. C. D.

（2）利用（　　）可以快速两个对象之间创建连接线，从而制作出流程图的效果。

A. B. C. D.

（3）（　　）命令可以减去后面图形和前面图形的重叠部分，并保留前面图形和后面图形的形态。

A. 简化　　　　　　　　B. 移去后面对象　　　C. 焊接　　　D. 移去前面对象

（4）（　　）命令可以将选择的多个对象的重叠区域全部剪去，从而创建出一些不规则的形状。

A. 简化　　　　　　　　B. 修剪　　　　　　　C. 相交　　　D. 焊接

3．问答题/上机练习

（1）简述使用贝塞尔工具绘制直线和曲线的方法。

（2）简述度量工具的使用方法。

（3）简述切割图形的方法。

（4）简述焊接和修剪图形的方法。

（5）练习1：制作如图3-232所示的齿轮效果。

（6）练习2：制作如图3-233所示的人物插画效果。

图3-232　齿轮效果

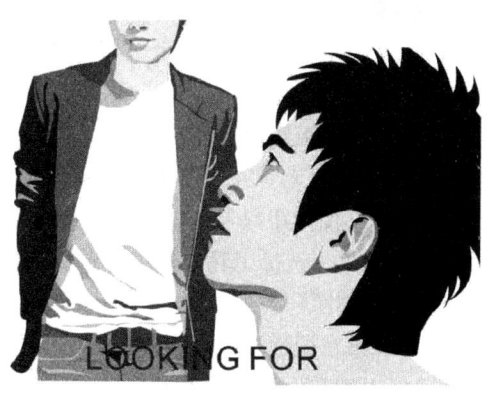

图3-233　人物插画效果

第4章

色彩填充与轮廓线编辑

本章要点

在CorelDRAW X6中，绘制一个图形时需要先绘制出图形的轮廓线，并按设计的需求对轮廓线进行编辑。编辑完成后，就可以对其进行填充处理。通过本章学习应掌握以下内容：

- 掌握实色填充和渐变填充的方法。
- 掌握填充图案和纹理的方法。
- 掌握填充开放的曲线的方法。
- 掌握交互式填充工具和交互式网格工具的使用。
- 掌握滴管和颜料桶工具的使用。
- 掌握设置默认填充的方法。
- 掌握删除填充及填充图样的方法。
- 掌握编辑轮廓线的方法。

4.1 实 色 填 充

使用调色板可以快速对具有闭合路径的对象应用实色填充。启动CorelDRAW X6后，在绘图区域的右侧会显示出调色板，如图4-1所示。如果当前界面中没有显示调色板，可以执行菜单中的"窗口|调色板|默认CMYK调色板"命令，弹出调色板。

1. 使用调色板实色填充对象

使用调色板填充对象的具体操作步骤如下：

（1）在绘图区中绘制要进行实色填充的图形对象，如图4-2所示。然后利用工具箱中的 ▷ （选择工具）选取该对象。接着单击调色板中想要填充的颜色即可完成填充，如图4-3所示。

（2）如果在调色板中看不到想要的颜色，可以单击调色板下方的 ▼ 按钮，查看调色板中的其他颜色，也可以单击调色板下方的 ◀ 按钮，显示出调色板中的所有颜色，如图4-4所示。

（3）如果在某种颜色上按住鼠标左键不放，将显示出一个弹出式调色板，该调色板中显示出了与这种颜色相近的其他49种颜色，如图4-5所示。

图4-1　调色板

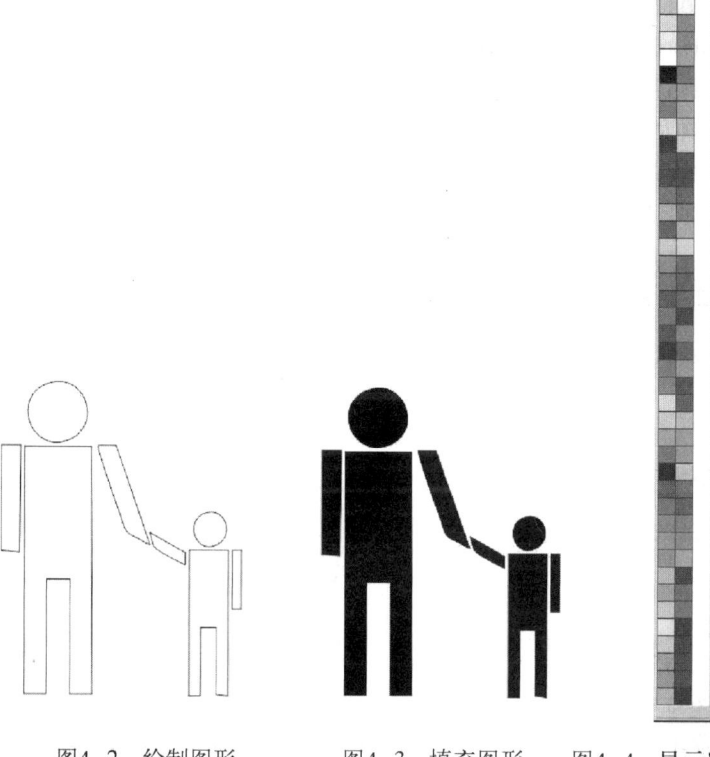 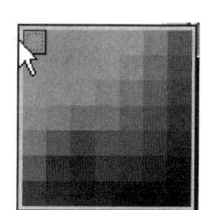

图4-2 绘制图形　　　图4-3 填充图形　　图4-4 显示所有颜色 图4-5 弹出式调色板

2．使用调色板填充轮廓线

使用调色板填充轮廓线的具体操作步骤如下：

（1）在绘图区中绘制要进行轮廓线填充的图形对象，如图4-6所示。然后利用工具箱中的 （选择工具）选取该对象。

（2）右击调色板中要用的轮廓线填充的颜色即可完成填充，如图4-7所示。

图4-6 绘制图形　　　　　　　　图4-7 轮廓线填充

3．使用"对象属性"泊坞窗进行填充

使用"对象属性"泊坞窗进行填充的具体操作步骤如下：

（1）在绘图区中绘制或导入图形对象，然后利用工具箱中的 ▨（选择工具）选取该对象。

（2）执行菜单中的"编辑|对象属性"命令，调出"对象属性"泊坞窗，如图4-8所示。

（3）在"对象属性"泊坞窗中分别单击 ◈（填充）和 ◊（轮廓）选项卡，即可对图形进行实色填充和轮廓填充，填充后的效果如图4-9所示。

4．使用"颜色"泊坞窗进行填充

使用"颜色"泊坞窗进行填充的具体操作步骤如下：

（1）在绘图区中绘制或导入图形对象，然后利用工具箱中的 ▨（选择工具）选取该对象。

（2）执行菜单中的"窗口|泊坞窗|彩色"命令，弹出"颜色"泊坞窗，如图4-10所示。

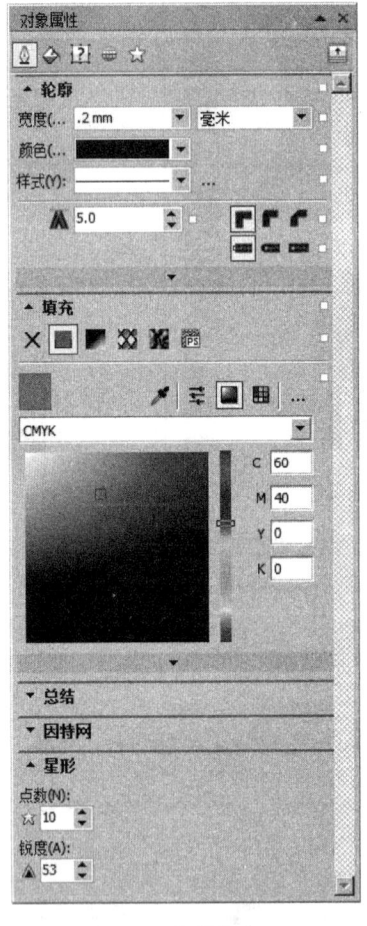

图4-9　填充后效果

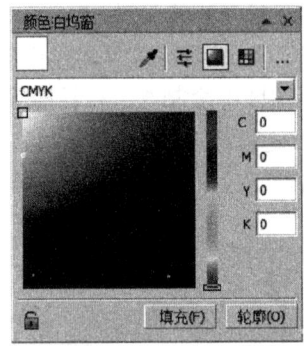

图4-8　选择颜色　　　　　　　　图4-10　"颜色"泊坞窗

（3）在"颜色模式"下拉列表框中选择一种颜色类型，然后拖动颜色滑块调整所需的颜色。设置完毕后单击"轮廓"按钮可以为轮廓线填充颜色，单击"填充"按钮可以为选择的图形填充实色。

4.2　渐变填充

利用渐变填充可以为对象创造渐变过渡效果，即将一种颜色沿指定的方向向另一种颜色过渡、逐渐混合直到最后变成另一种颜色。

CorelDRAW X6中的渐变填充有"线性""辐射""圆锥形"和"方形"4种类型。颜色调和有两种类型：一种是"双色调和"，即将一种颜色直接与另一种颜色调和，从而产生渐变效果，如图4-11所示；另一种是"自定义颜色调和"，允许创建多种颜色的层叠，或者通过改变填充的方向、添加中间色或改变填充角度来自定义渐变式填充，如图4-12所示。

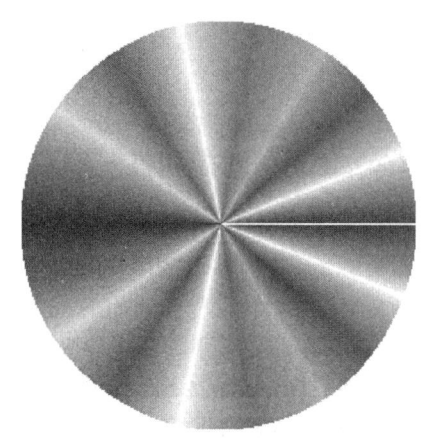

图4-11　双色渐变式填充　　　　　　　　图4-12　自定义渐变式填充

4.2.1　使用填充工具进行填充

使用填充工具进行填充的具体操作步骤如下：

（1）在绘图区中绘制或导入图形对象，然后利用工具箱中的 ▧（选择工具）选取该对象。

（2）单击工具箱中的 ◇ 按钮，在弹出的隐藏工具中选择 ▤ 工具，此时会弹出如图4-13所示的"渐变填充"对话框。

 提示
　　按键盘上的〈F11〉键，可以直接弹出"渐变填充"对话框。

（3）在"类型"下拉列表框中选择一种填充方式，在"中心位移"栏下的"水平"和"垂直"数值框中输入中心偏移值，在"选项"栏下的"角度"数值框中输入角度值。

（4）在"颜色调和"栏下单击"双色"单选按钮，然后在"从"后的下拉列表框中选择一种开始颜色，在"到"后的下拉列表框中选择一种结束颜色，单击"确定"按钮即可看到填充效果。

（5）若在"颜色调和"栏下单击"自定义"单选按钮，如图4-14所示，然后在色带中双击可以添加颜色。如果要删除颜色，可以选择要删除的颜色色块，再按键盘上的〈Delete〉键即可。

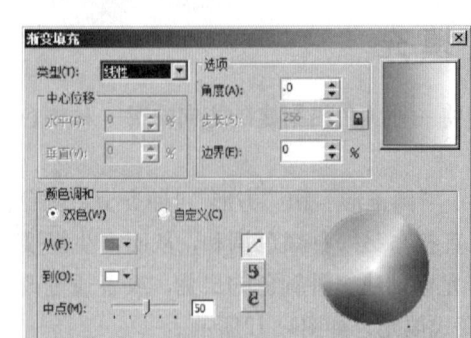

图4-13 "渐变填充"对话框

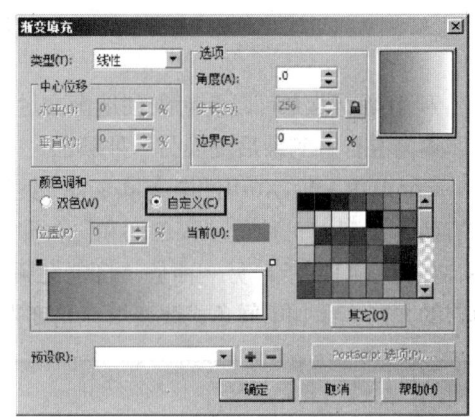

图4-14 单击"自定义"单选按钮

4.2.2 使用"对象属性"泊坞窗进行渐变填充

使用"对象属性"泊坞窗中的填充选项，可以方便地为对象进行渐变填充，并且可改变渐变的类型。使用"对象属性"泊坞窗进行渐变填充的具体操作步骤如下：

（1）在绘图区中绘制或导入图形对象，然后利用工具箱中的 ▶ （选择工具）选取该对象。

（2）执行菜单中的"编辑|对象属性"命令（或右键单击图形对象，从弹出的快捷菜单中选择"对象属性"命令），调出"对象属性"泊坞窗，然后单击■按钮，如图4-15所示。

（3）在"自"下拉列表框中选择一种开始颜色，在"至"下拉列表框中选择一种结束颜色，然后选择一种渐变类型，即可将设置的填充应用到选择的对象中。

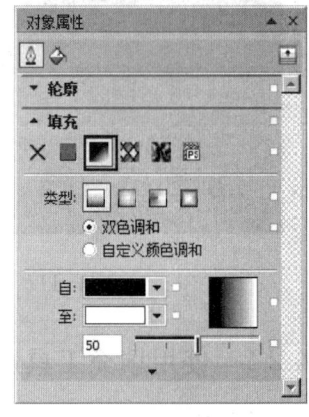

图4-15 "对象属性"泊坞窗

4.2.3 使用预设的渐变填充

在CorelDRAW X6中除了可以为对象应用双色填充和自定义填充外，还可以模拟出多种实体的外观，如金属柱体和霓虹灯等，并且对这些预设的渐变填充做进一步的调整以得到更多的填充效果。使用预设的渐变填充的具体操作步骤如下：

（1）在绘图区中绘制或导入图形对象，然后利用工具箱中的 ▶ （选择工具）选取该对象。

（2）单击工具箱中的 ◆ 按钮，在弹出的隐藏工具中选择■工具，然后在弹出的"渐变填充"对话框的"预设"下拉列表框中选择一种预设方式，如图4-16所示，即可进行填充。

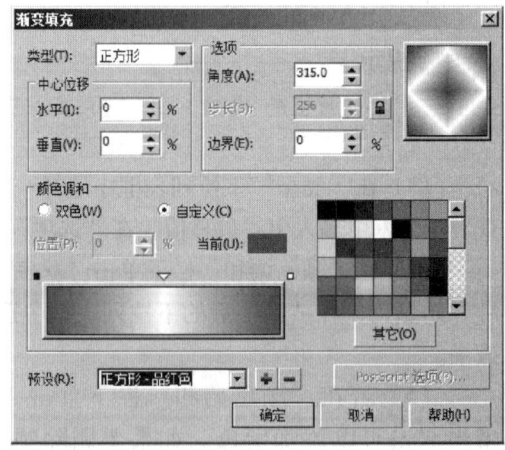

图4-16 选择一种预设方式

4.3　填充图案和纹理

在CorelDRAW X6中除了可以对对象进行实色和渐变色填充外，还可以进行图案和底纹填充。

4.3.1　使用填充工具进行图案填充

利用填充工具中的（图样填充工具）可以对图形进行双色、全色或位图填充。下面以双色图样填充为例来讲解一下图案填充的方法，具体操作步骤如下：

（1）在绘图区中绘制一个正圆形，然后利用工具箱中的 （选择工具）选取该对象，如图4-17所示。

（2）单击工具箱中的 按钮，在弹出的隐藏工具中选择 （图样填充工具），此时会弹出图4-18所示的"图样填充"对话框。

（3）在对话框中单击"双色"单选按钮，然后在图样列表框中选择所需的图样，并在"前部"和"后部"下拉列表中选择相应的颜色后单击"确定"按钮，结果如图4-19所示。

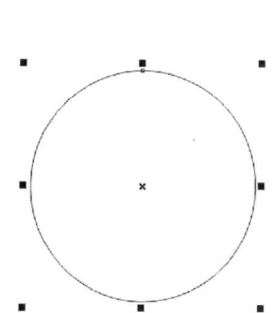

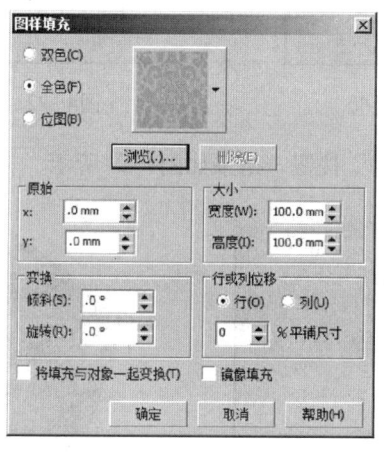

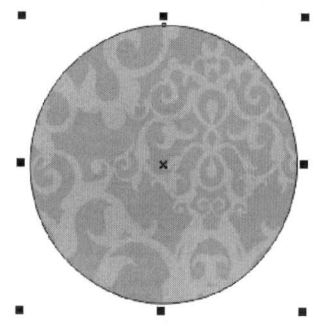

图4-17　绘制圆形　　　　图4-18　"图样填充"对话框　　　　图4-19　图样填充效果

提示

在"对象属性"泊坞窗的填充类型中选择"图样填充"选项，也可以进行图案填充。

4.3.2　使用填充工具进行底纹填充

使用填充工具中的 （底纹填充工具）可以为图形填充各种不同的纹理，从而模拟各种真实纹理的效果。使用填充工具进行纹理填充的具体操作步骤如下：

（1）在绘图区中绘制一个五边形，然后利用工具箱中的 （选择工具）选取该对象，如图4-20所示。

（2）单击工具箱中的 按钮，在弹出的隐藏工具中选择 （底纹填充工具），此时会弹出如图4-21所示的"底纹填充"对话框。

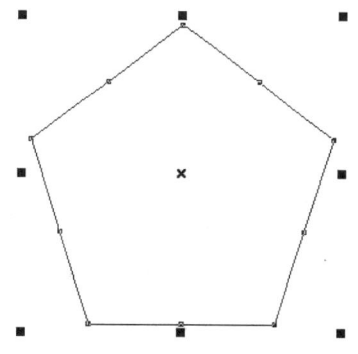

图4-20　绘制五边形

（3）在对话框中的"底纹库"下拉列表框中选择一种底纹库，然后在"底纹列表"中选择一种底纹。接着单击"选项"按钮，在弹出的对话框中设置分辨率，如图4-22所示，单击"确定"按钮。再单击"平铺"按钮，在弹出的对话框中设置底纹的原点坐标、大小及变换等参数，如图4-23所示，单击"确定"按钮。

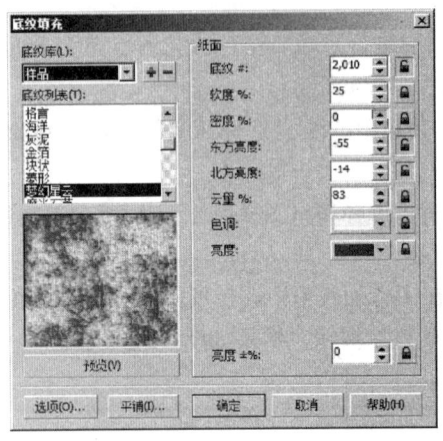

图4-21 "底纹填充"对话框

图4-22 "底纹选项"对话框

（4）设置完毕后，单击"确定"按钮，结果如图4-24所示。

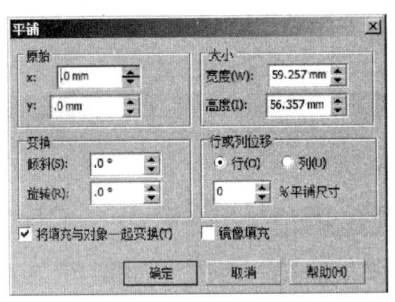

图4-23 "平铺"对话框

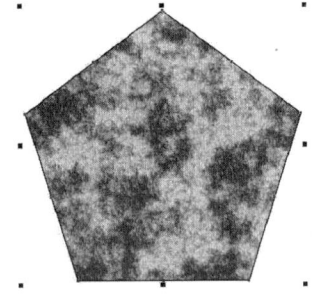

图4-24 底纹填充效果

 提示

在"对象属性"泊坞窗的填充类型中选择"底纹填充"选项，也可以进行纹理填充。

4.4 填充开放的曲线

在CorelDRAW X6中，系统默认开放的曲线是不可以进行填充的。如果要对开放的曲线进行填充，必须进行相应的设置。

4.4.1 填充开放曲线选项的设置

设置填充开放曲线选项的具体操作步骤如下：

（1）执行菜单中的"工具|选项"命令，弹出"选项"对话框。

（2）在左侧列表中单击"文档"中的"常规"子选项，然后在右侧选中"填充开放式曲线"复选框，如图4-25所示，单击"确定"按钮，即可对开放式曲线进行填充。

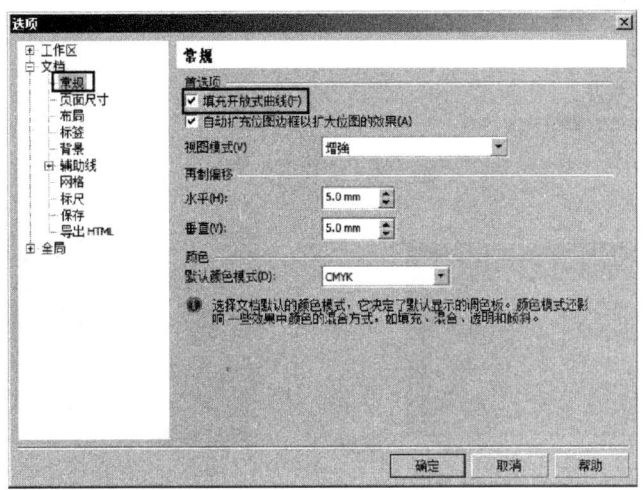

图4-25 选中"填充开放式曲线"复选框

4.4.2 为开放的曲线填充颜色

填充开放式曲线的具体操作步骤如下：

（1）绘制一条开放式曲线，如图4-26所示，然后利用 （选择工具）选取该对象。

（2）在绘图区右侧调色板中单击一种颜色，即可填充开放的曲线，结果如图4-27所示。

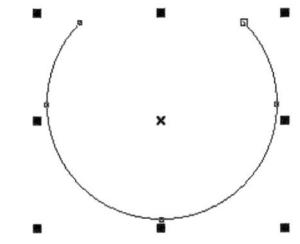

图4-26 绘制一条开放式曲线

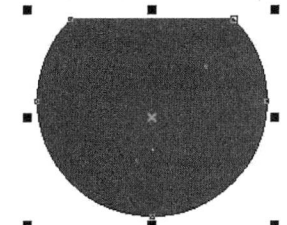

图4-27 填充开放式曲线

4.5 使用交互式填充工具

使用工具箱中的 （交互式填充工具）及其属性栏可以方便、直观地对选取对象进行交互式填充，从而产生单色、渐变、图案和纹理等效果。使用交互式填充工具的具体操作步骤如下：

（1）在绘图区中绘制一个矩形，然后利用 （选择工具）选取该对象。

（2）选择工具箱中的 （交互式填充工具），然后在属性栏中选择一种填充类型，如图4-28所示。并在右侧的两个颜色下拉列表框中选择渐变起始色和结束色，结果如图4-29所示。

（3）如果要调整交互式填充后的对象的颜色分布，可以通过拖动□和■图标来改变渐变色的起始和结束位置，并可以通过拖动 滑块来调整渐变色之间的颜色分布，如图4-30所示。

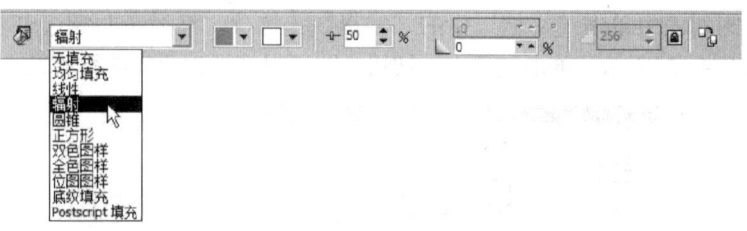

图4-28　选择填充类型

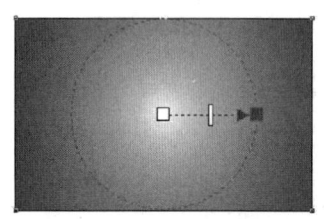

图4-29　交互式填充效果

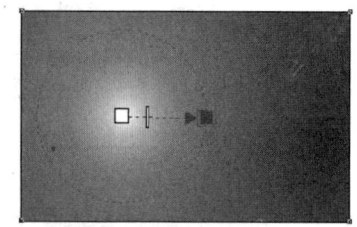

图4-30　调整交互式填充后的对象的颜色分布

4.6　使用网状填充工具

使用工具箱中的 <kbd>网</kbd>（网状填充工具）及其属性栏可以方便地对选取对象进行交互式网状填充，从而创建多种颜色填充，而无须使用轮廓、渐变或调和等属性。利用该工具可以在任何方向转换颜色，处理复杂形状图形中的细微颜色变化，从而制作出花瓣、树叶等复杂形状的色彩过渡。使用交互式网格工具的具体操作步骤如下：

（1）在绘图区中绘制一个圆形，然后利用 <kbd>选</kbd>（选择工具）选取该对象。

（2）选择工具箱中的 <kbd>网</kbd>（网状填充工具），然后在属性栏中设置网格数量，如图4-31所示。

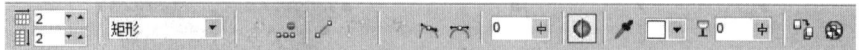

图4-31　在属性栏中设置网格数量

（3）改变节点颜色。方法是在绘图区中用拖动鼠标选中格线节点，然后在调色板中选择一种颜色，即可改变选中的节点的颜色，而且其他节点依然保持原填充的颜色，结果如图4-32所示。

（4）改变形状。利用鼠标拖动对象的边框节点，则对象的外观随节点的移动而改变，如图4-33所示。

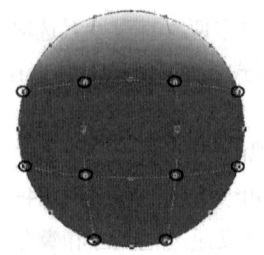

图4-32　改变节点的颜色

图4-33　调整节点的形状

4.7 使用颜色滴管和颜料桶工具

使用工具箱中的 和 可以方便地吸取或复制颜色,还可以吸取或复制对象的变换和效果。使用滴管和颜料桶工具的具体操作步骤如下:

(1)绘制一个正方体,如图4-34所示。

(2)选中顶部倾斜后的矩形,单击工具箱中的 ![] 按钮,在弹出的隐藏工具中选择 ![] 工具,然后在弹出的"渐变填充"对话框中设置渐变为"红—白"线性,结果如图4-35所示。

(3)利用工具箱中的 吸取渐变填充的矩形颜色,然后利用工具箱中的 分别单击组成立方体的另外两个四边形,即可对其进行填充,结果如图4-36所示。

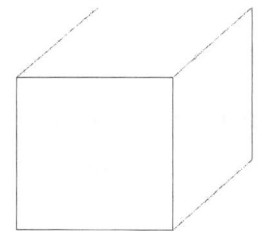
图4-34 绘制正方体

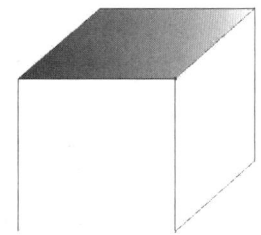
图4-35 渐变填充矩形

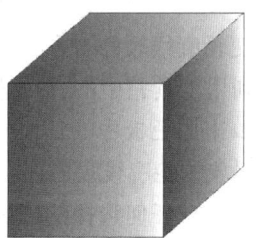
图4-36 利用 ![] 和 ![] 工具处理其余图形

4.8 设置默认填充

通过设置默认填充,可以使用户绘制出来的图形对象预填填充效果。在CorelDRAW X6中可以为"艺术字""美术字""标注""尺度""图形"和"段落文本"设置默认填充。设置默认填充的具体操作步骤如下:

(1)利用工具箱中的 在绘图区的空白处单击,从而确定没有对象被选中。

(2)单击工具箱中的 ![] 按钮,在弹出的隐藏工具中选择 工具,此时会弹出如图4-37所示的"更改文档默认值"对话框。

(3)如果选中"图形"复选框,则可以在绘制的形状中应用默认填充颜色;如果选中"艺术效果"复选框,则可以在添加的美术字文本中应用默认填充效果;如果选中"段落文本"复选框,则可以在添加的段落文本中应用默认填充效果。

(4)单击"确定"按钮后,在弹出的图4-38所示的对话框中设置相应的颜色,然后单击"确定"按钮,即可用默认的颜色对绘制的图形进行填充。

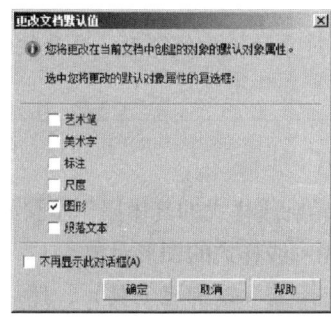
图4-37 "更改文档默认值"对话框

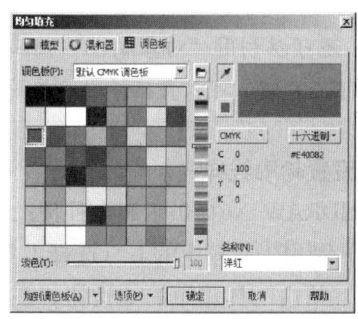
图4-38 设置颜色

4.9　删除填充及填充图样

删除填充及填充图样的方法很简单，只需利用 （选择工具）选中要删除填充及填充图样的对象，然后单击工具箱中的 （填充工具）按钮，在弹出的隐藏工具中选择 工具即可。

4.10　编辑轮廓线

在CorelDRAW X6中可以对创建对象的轮廓线的颜色、形状等进行处理。

4.10.1　改变轮廓线的颜色

改变轮廓线颜色的方法有3种：

● 利用工具箱中的 （选择工具）选择对象，然后右键单击调色板中的任何一种颜色，即可将该颜色设置为对象的轮廓线颜色。

● 在没有任何选择的情况下，从调色板中选择一种颜色，然后用鼠标左键拖动到对象边缘，此时光标变为 形状，松开鼠标即可将其应用为轮廓线颜色

● 利用工具箱中的 （选择工具）选择对象，然后单击工具箱中的 （轮廓笔）按钮，在弹出的隐藏工具中选择 （轮廓色工具），接着在弹出的图4-39所示的"轮廓色"对话框中设置轮廓线颜色。

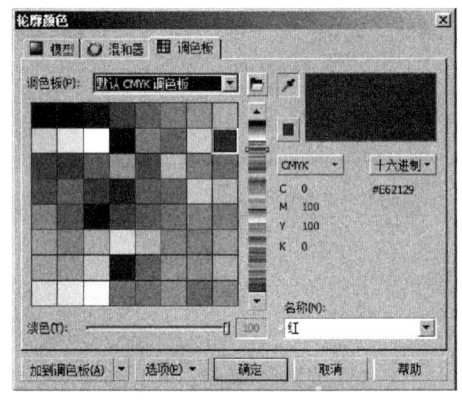

图4-39　"轮廓色"对话框

4.10.2　改变轮廓线的形状

在绘制对象时，其轮廓线都具有一定宽度。用户可以根据需要改变其宽度及样式。

1．设置对象轮廓线宽度

设置对象轮廓线宽度的具体操作步骤如下：

（1）利用工具箱中的 （选择工具），选择需要改变轮廓线宽度的图形对象。

（2）单击工具箱中的 按钮，在弹出的隐藏工具中选择 （轮廓笔工具），然后在弹出的图4-40所示的"轮廓笔"对话框中设置轮廓线宽度。

> **提示**
>
> 　　还可以利用"对象属性"泊坞窗和属性栏设置图形对象的轮廓线宽度；另外按键盘上的〈F12〉键，可以直接弹出"轮廓笔"对话框。

2．设置轮廓线样式

CorelDRAW X6提供了20多种预设的轮廓线样式，设置轮廓线样式的具体操作步骤如下：

（1）利用工具箱中的 （选择工具），选择需要改变轮廓线样式的图形对象。

（2）单击工具箱中的 按钮，在弹出的隐藏工具中选择 （轮廓笔工具），然后在弹出的"轮廓笔"对话框中的"样式"下拉列表中选择一种轮廓线样式，如图4-41所示，单击"确

定"按钮即可。

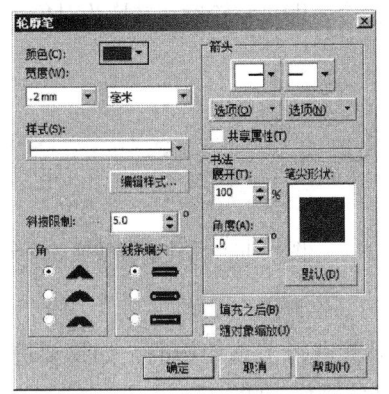

图4-40 "轮廓笔"对话框

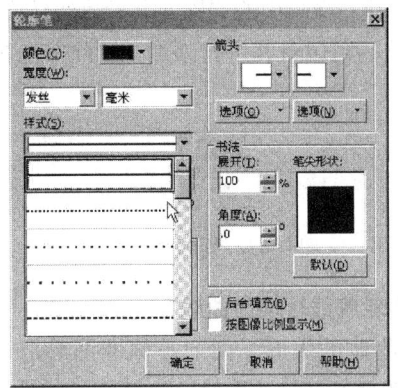

图4-41 选择一种轮廓线样式

3．设置对象角的形状

设置角的形状可极大地影响直线和曲线的外观，尤其是对于特别小的对象或轮廓线很粗的对象更是如此。设置对象角的形状的具体操作步骤如下：

（1）利用工具箱中的 ▨ （选择工具），选择需要改变角的形状的图形对象。

（2）单击工具箱中的 ▨ 按钮，在弹出的隐藏工具中选择 ▨ （轮廓笔工具），然后在弹出的"轮廓笔"对话框的"角"选项组中选择一种角的形状，单击"确定"按钮即可。图4-42所示为选择不同角的形状的效果比较。

图4-42 选择不同角的形状的效果比较

4.10.3 消除轮廓线

消除轮廓线的方法很简单，只须利用 ▨ （选择工具）选中要删除轮廓线的对象，然后单击工具箱中的 ▨ 按钮，在弹出的隐藏工具中选择 ✕ （无轮廓）工具即可。

4.10.4 转换轮廓线

在CorelDRAW X6中可以根据需要将轮廓线转换为对象或曲线。

1．将轮廓线转换为对象

轮廓线是一种不可编辑的曲线，它只能改变颜色、大小和样式，如果要对其进行编辑，必须先将其转换为图形对象。将轮廓线转换为对象的具体操作步骤如下：

（1）利用工具箱中的 ▨ （贝塞尔工具）绘制一条曲线，并利用 ▨ （选择工具）选中该曲线，如图4-43所示。

（2）执行菜单中的"排列|将轮廓线转换为对象"命令，即可将轮廓线转换为对象，如图4-44所示。转换后可以对其进行添加、删除节点等操作。

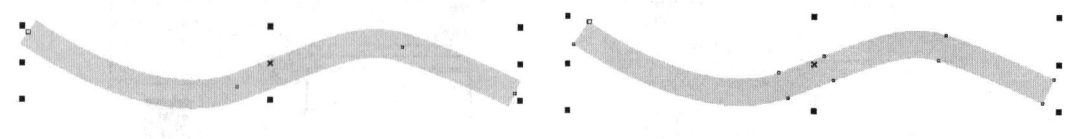

图4-43　绘制曲线　　　　　　　　　　　　图4-44　将轮廓线转换为对象

2．将轮廓线转换为曲线

用户绘制的矩形、圆形等标准图形是无法直接对其进行节点编辑的，如果要进行节点编辑，必须先将其转换为曲线。将轮廓线转换为曲线的具体操作步骤如下：

（1）利用工具箱中的 ▣（矩形工具）绘制一个矩形，如图4-45所示。

（2）执行菜单中的"排列 | 转换为曲线"命令，将轮廓线转换为曲线。然后利用工具箱中的 ▨（形状工具）选中相应节点移动其位置，如图4-46所示。

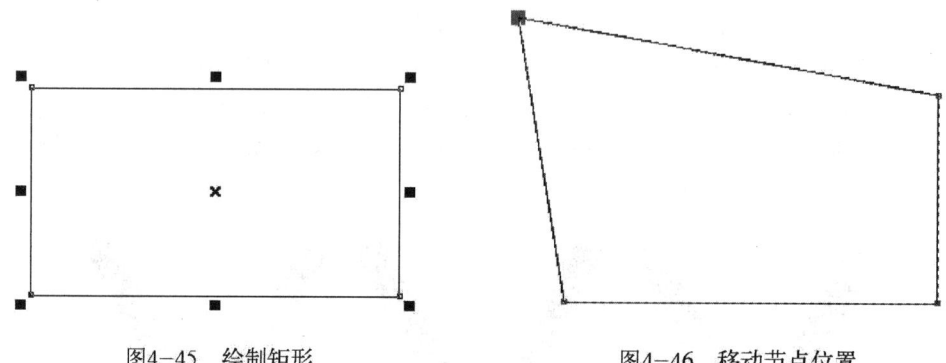

图4-45　绘制矩形　　　　　　　　　　　　图4-46　移动节点位置

4.11　实例讲解

本节将通过"刀具效果""光盘效果"和"酒瓶包装盒设计"3个实例，讲解色彩填充与轮廓线编辑在实际工作中的具体应用。

4.11.1　刀具效果

要点：

本例将设计一把刀，效果如图4-47所示。通过本例的学习,应掌握 ▦（网状填充工具）、▨（椭圆形工具）、▨（手绘工具）和 ▨（钢笔工具）等工具以及"径向渐变填充"命令的综合应用。

图4-47　刀具效果

操作步骤：

1．制作刀身形状

（1）执行菜单中的"文件|新建"（快捷键〈Ctrl+N〉）命令，新建一个CorelDRAW文档，然后在属性栏中设置纸张的宽度和高度为297 mm×210 mm。

（2）利用工具箱中的 （钢笔工具），在工作区中绘制一个刀面的雏形，如图4-48所示。

（3）利用工具箱中 （形状工具）选中刀面上所有的节点，然后单击鼠标右键，从弹出的快捷菜单中选择"到曲线"命令，再通过调整手柄的位置来调节图形的形状，结果如图4-49所示。

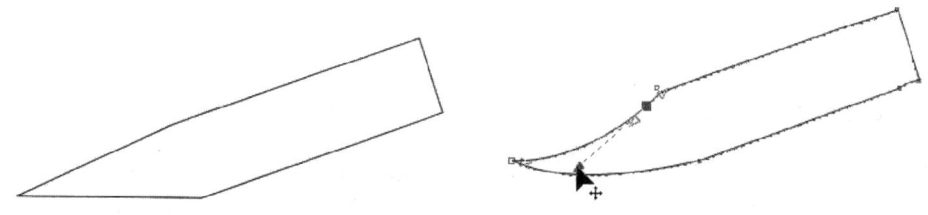

图4-48　绘制刀面雏形　　　　　　　图4-49　调整刀面

（4）制作刀柄图形。利用工具箱中的 （椭圆形工具），在绘图区中绘制一个椭圆，然后利用 （挑选工具）调整椭圆形的位置和形状，结果如图4-50所示。接着利用工具箱中的 （矩形工具），在椭圆处绘制一个长边与椭圆长直径相等的矩形，如图4-51所示。再利用 （挑选工具）选中矩形，在属性栏中单击 （转换为曲线）命令，将矩形转化成曲线。最后利用 （形状工具）选中矩形的所有节点，右击，从弹出的快捷菜单中选择"到曲线"命令，再通过调整手柄的位置来调节图形的形状，结果如图4-52所示。

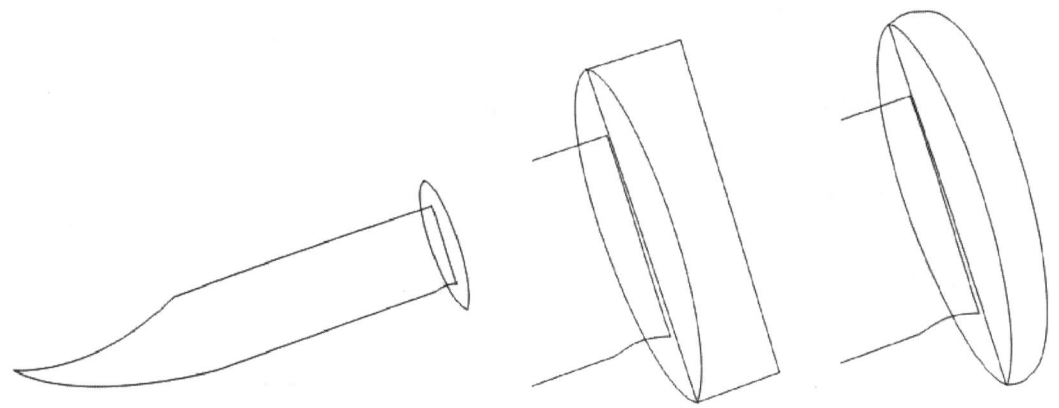

图4-50　绘制刀柄切面　　　图4-51　绘制刀把侧面基础图形　　　图4-52　调整刀把侧面图形

（5）利用工具箱中 （挑选工具），配合键盘上的〈Shift〉键，同时选中作为刀柄的两个图形，然后单击属性栏中的 （创建边界）按钮，从而创建出围绕矩形和椭圆形的新对象，并删除多余的部分，结果如图4-53所示。

（6）制作刀把图形。方法是利用工具箱中的 （手绘工具）绘制刀把的雏形，然后配合键盘上的〈Shift〉键选中雏形上所有的节点，再右击，从弹出的快捷菜单中选择"到曲线"命令，从而将所有的节点转换为曲线。接着通过调整手柄的位置来调节图形的形状，结果如图4-54所示。

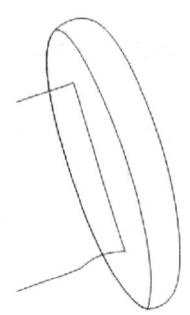

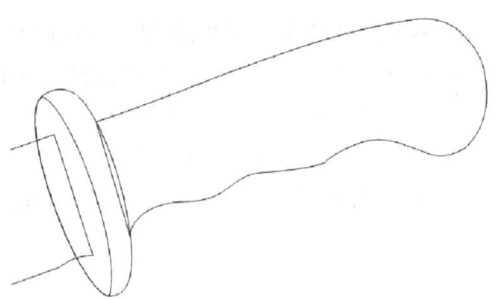

图4-53　创建围绕选定对象的新对象　　　　　　图4-54　绘制刀柄图形

（7）制作刀面的切面图形。方法是先利用工具箱中的 [钢笔工具]（钢笔工具）绘制刀的切面图形，如图4-55所示。然后利用工具箱中的 [手绘工具]（手绘工具），配合键盘上的〈Shift〉键选中切面上的所有节点，再右击，从弹出的快捷菜单中选择"到曲线"命令，将所有的节点转换为曲线。接着通过调整手柄的位置来调节图形的形状，结果如图4-56所示。

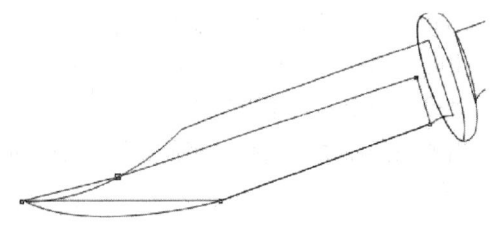

图4-55　绘制刀面的切面　　　　　　　　　　图4-56　调节刀面的切面

（8）制作刀背的厚度图形。方法是利用工具箱中的 [手绘工具]（手绘工具）和 [形状工具]（形状工具）在刀尖与刀面顶端处绘制图形，如图4-57所示。

（9）制作刀背凹陷处图形。方法是利用工具箱中的 [矩形工具]（矩形工具）在工作区中绘制一个矩形，作为刀面凹陷处的雏形，然后在属性栏中调节4个角的角度（100，100，100，100），从而使矩形变为椭圆形，如图4-58所示。接着将椭圆形拖到刀面的合适位置，并调节至合适的大小，结果如图4-59所示。

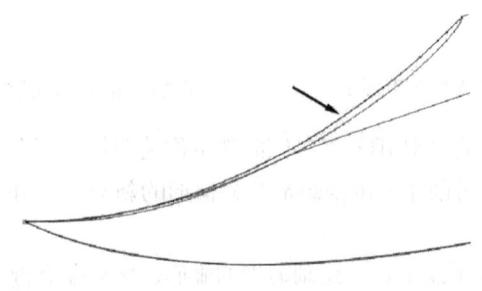

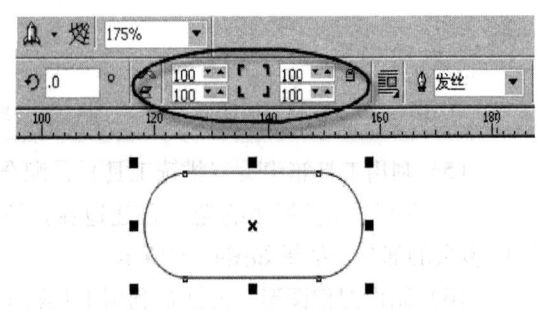

图4-57　绘制刀背的厚度图形　　　　　　图4-58　设置刀面凹陷处的参数

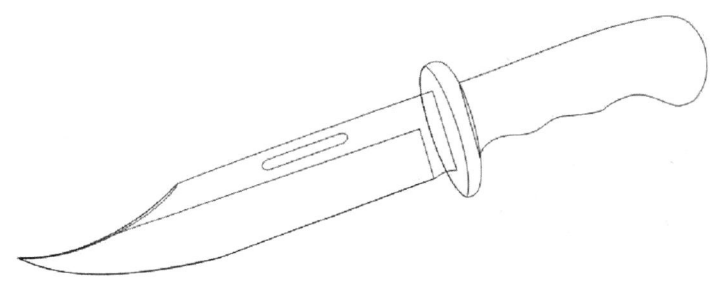

图4-59　调整椭圆形的位置

（10）制作刀把尾部图形。方法是先利用工具箱中的 ▙ （挑选工具）选中刀把图形，按小键盘上的〈+〉键，原地复制一个刀把图形。然后利用工具箱中的 ▨ （钢笔工具）在刀把上勾画出一个用于切割刀把尾部的图形，如图4-60所示。接着利用工具箱中的 ▙ （挑选工具），配合键盘上的〈Shift〉键同时选中复制的刀把尾部图形和切割图形，单击属性栏中的 ▧ （移除后面对象）命令，将复制的刀把图形与切割图形进行相减，结果如图4-61所示。

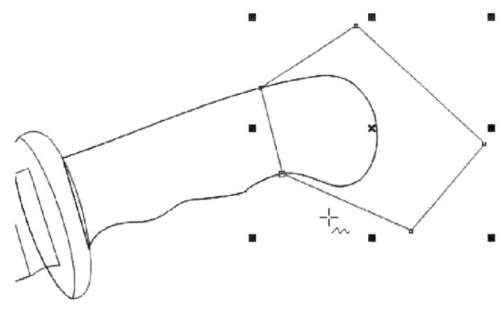

图4-60　切割刀把图形

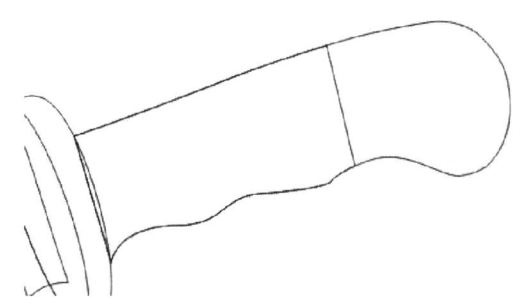

图4-61　切割后的效果

2．给刀身上色

利用"渐变填充"对话框和"对象属性"泊坞窗均可对对象进行渐变填充。下面对刀身的不同部分分别使用这两种渐变填充的方法进行上色。

（1）利用工具箱中的 ▙ （挑选工具）选中刀面图形，然后单击工具箱中的 ▥ （渐变填充）工具，在弹出的"渐变填充"对话框中设置图4-62所示的4色线性渐变，渐变基准色为黑色和白色[4色参考数值由左至右分别为：CMYK（0，0，0，100），CMYK（0，0，0，10），CMYK（0，0，0，0），CMYK（0，0，0，0）]，设置完成后单击"确定"按钮，结果如图4-63所示。

 提示

　　读者也可以通过按快捷键〈F11〉，直接调出"渐变填充"对话框。

（2）利用工具箱中的 ▙ （挑选工具）选中刀面的切面图形，然后单击工具箱中的 ▥ （渐变填充）工具，在弹出的"渐变填充"对话框中设置如图4-64所示的5色线性渐变，渐变基准色为黑色和白色[5色参考数值由左至右分别为：CMYK（0，0，0，100），CMYK（0，0，0，50），CMYK（0，0，0，10），CMYK（0，0，0，0），CMYK（0，0，0，0）]，设置完成后单击"确定"按钮，结果如图4-65所示。

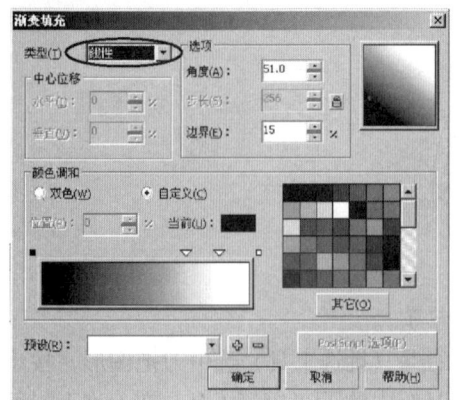

图4-62　设置刀面的渐变填充

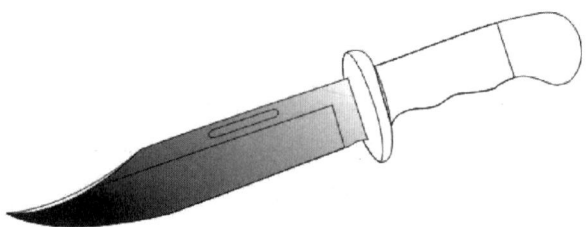

图4-63　刀面的填充效果

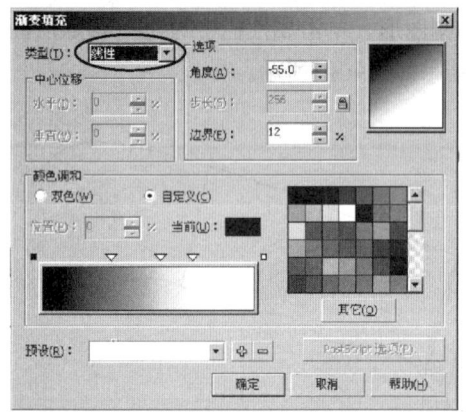

图4-64　设置刀面切面的渐变填充

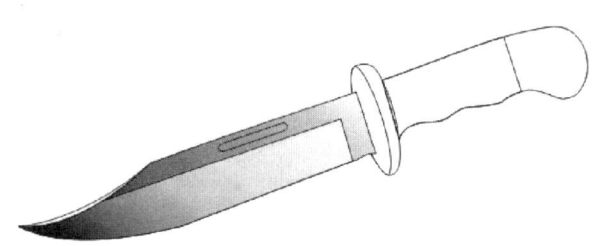

图4-65　刀面的切面填充效果

（3）利用工具箱中的 ▨（挑选工具），选中刀背的厚度图形，然后单击工具箱中的▨（渐变填充）工具，在弹出的"渐变填充"对话框中设置如图4-66所示的3色线性渐变，渐变基准色为黑色和白色[3色参考数值由左至右分别为：CMYK（0，0，0，100），CMYK（0，0，0，5），CMYK（0，0，0，0）]，设置完成后单击"确定"按钮，结果如图4-67所示。

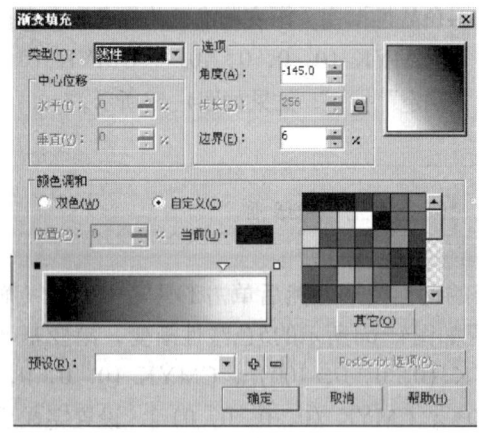

图4-66　设置刀背的厚度图形的渐变填充

图4-67　刀背的厚度图形的填充效果

（4）利用工具箱中的 ▶ （挑选工具），选中刀面凹陷处的图形，执行菜单中的"窗口|泊坞窗|对象属性"命令，弹出"对象属性"泊坞窗。然后单击 ⊡ 选项卡，单击 ▣ （线性渐变填充）按钮，接着设置线性渐变填充，如图4-68所示，结果如图4-69所示。

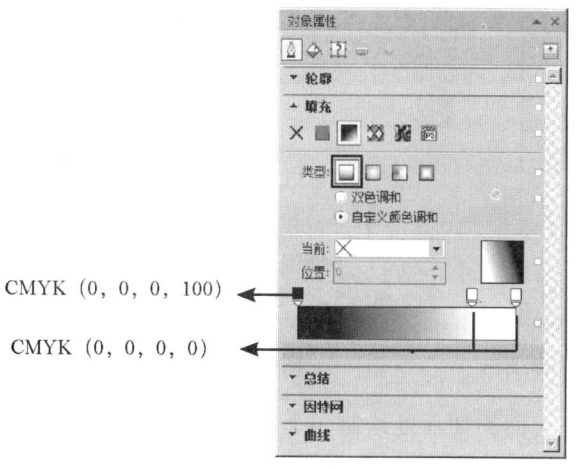

CMYK（0，0，0，100）

CMYK（0，0，0，0）

图4-68　设置刀面凹陷处渐变色

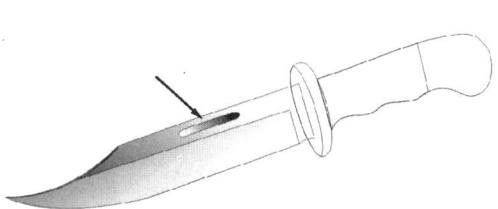

图4-69　填充结果

（5）利用工具箱中的 ▶ （挑选工具），选中刀柄顶部的图形，然后在"对象属性"泊坞窗中单击 ▣ （辐射渐变填充）按钮，接着在预览窗口中调节渐变中心点，如图4-70所示，径向渐变填充的效果如图4-71所示。

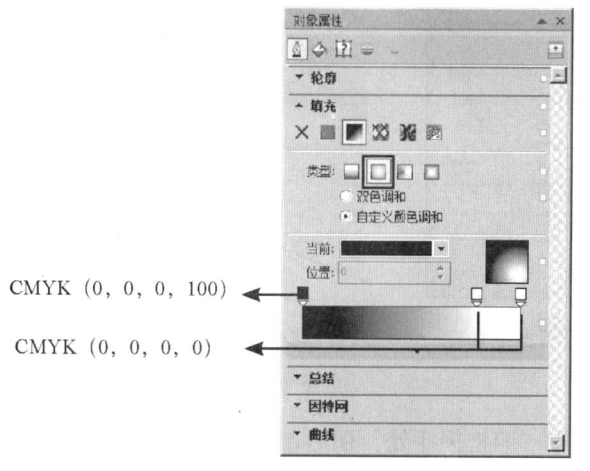

CMYK（0，0，0，100）

CMYK（0，0，0，0）

图4-70　设置刀柄顶部图形的渐变色

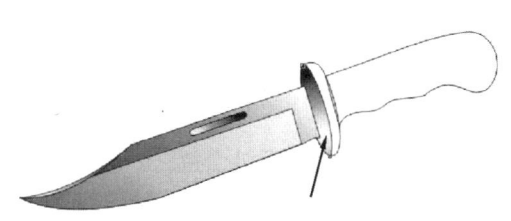

图4-71　填充效果

（6）同理，选中刀柄侧面的图形，设置径向渐变色如图4-72所示，结果如图4-73所示。

提示

如果径向渐变填充后图层在前面，可以右击，从弹出的快捷菜单中选择"排列|到图层后面"命令，将其置后。

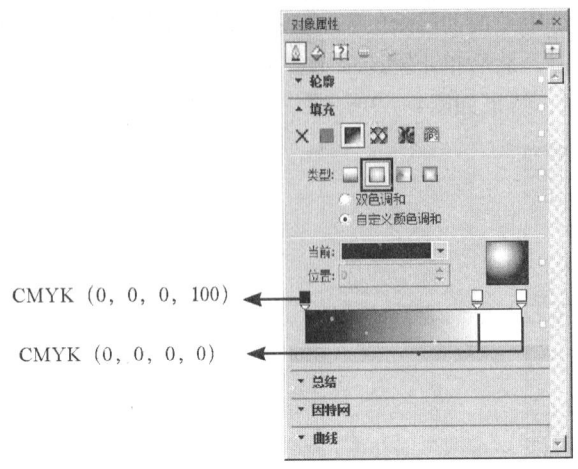

CMYK (0, 0, 0, 100)

CMYK (0, 0, 0, 0)

图4-72 设置刀柄侧面图形的渐变色

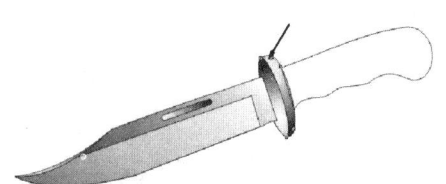

图4-73 填充效果

（7）利用工具箱中的 （折线工具）在刀面的切面处绘制一个宽度和高度为4.5 mm和15 mm的三角形，如图4-74所示，然后在"对象属性"泊坞窗中单击 （线性渐变填充）按钮，接着在预览窗口中调节渐变中心点，如图4-75所示，填充后的效果如图4-76所示。

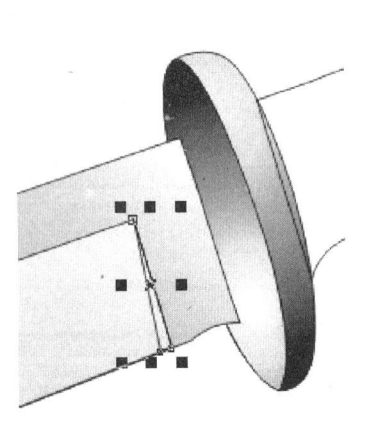

图4-74 绘制三角形

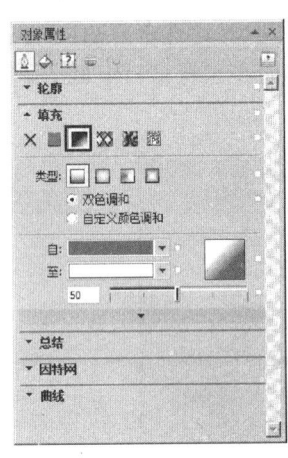

图4-75 设置渐变填充

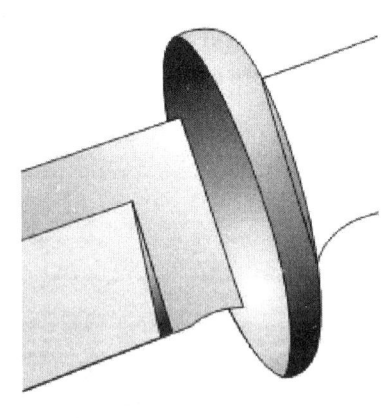

图4-76 填充后效果

3．给刀把的握手处上色

（1）利用工具箱中的 （挑选工具）选中"刀把握手处"图形，然后将其填充为黑色[参考颜色数值为：CMYK（0, 0, 0, 100）]，如图4-77所示。

（2）制作刀把握手的白色高光效果。选择"刀把握手处"图形，然后选择工具栏中的 (网状填充工具），并在属性栏中设置水平网格为4，垂直网格为3，如图4-78所示。接着选中多余的节点，双击将其删除，结果如图4-79所示。最后按住鼠标左键框选网格第3排中间的4个节点，如图4-80所示，将它们填充为

图4-77 填充为黑色

白色，结果如图4-81所示。

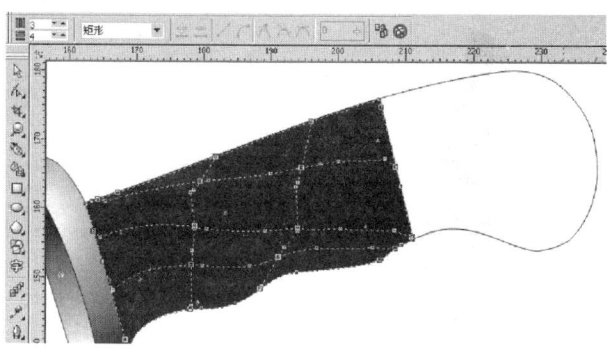

图4-78 网状填充效果

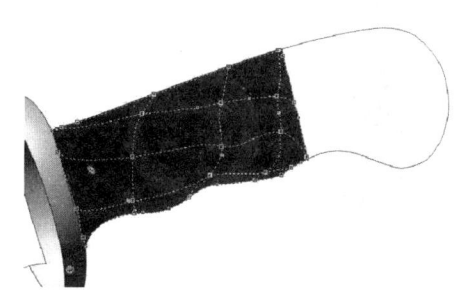

图4-79 删除多余的节点

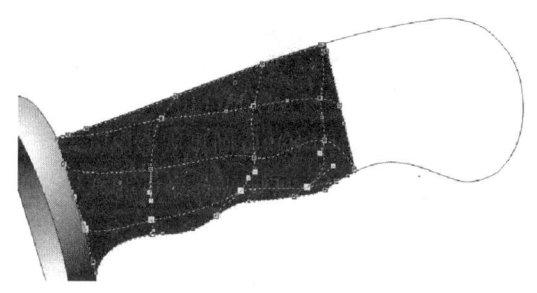

图4-80 选中节点

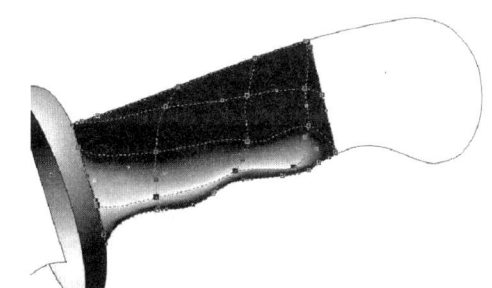

图4-81 填充节点

（3）制作刀把尾部的灰色暗面效果。选中刀把尾部图形，然后选择工具栏中的 （网状填充工具），双击"刀把尾部"下方，增加两排网格点，如图4-82所示。接着选中多余的节点，双击将其删除，并调节其他节点到合适位置，如图4-83所示。最后按住鼠标左键框选网格第3排中间的两个节点，如图4-84所示，将它们填充为灰色[参考颜色数值为：CMYK（0，0，0，15）]，结果如图4-85所示。

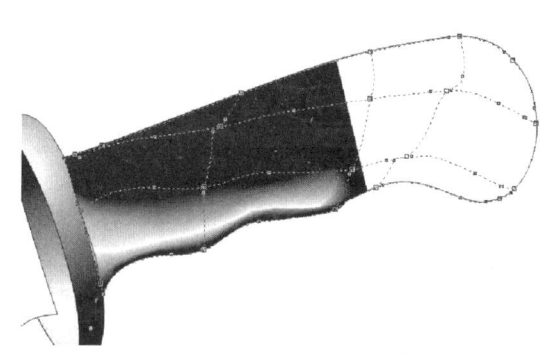

图4-82 增加网格点

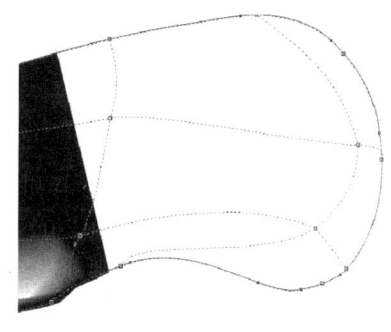

图4-83 删除并调节节点位置

4．给刀面填加图案

执行菜单中的"文件|导入"命令[或者单击工具栏中的 （导入）按钮]，导入配套光盘中的"素材及结果\4.11.1 刀具效果\图案.cdr"文件。然后将其放置到适当位置，结果如图4-86所示。

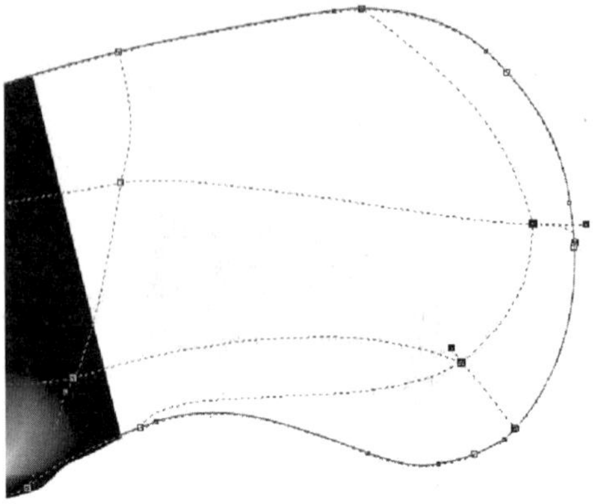

图4-84 选中节点

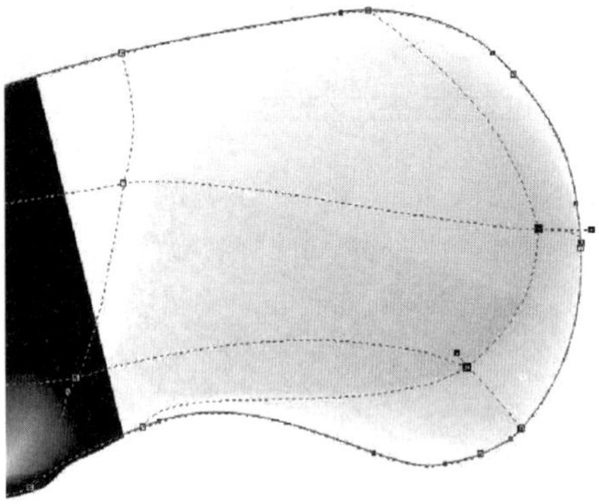

图4-85 填充节点

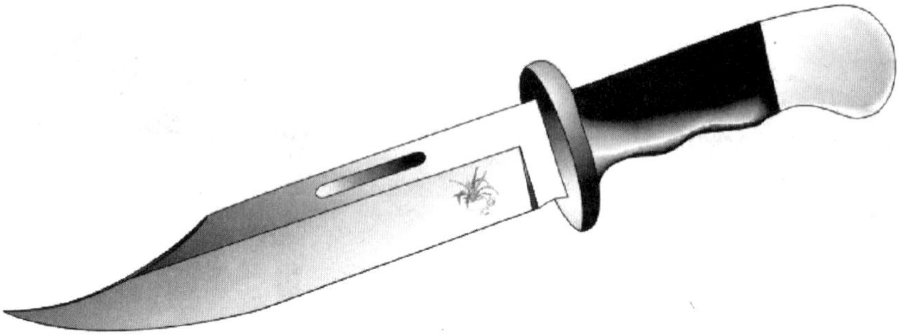

图4-86 最终效果

4.11.2 光盘效果

制作要点：

本例将制作图4-87所示的光盘效果。通过本例的学习,应掌握渐变填充、复制和修剪的综合应用。

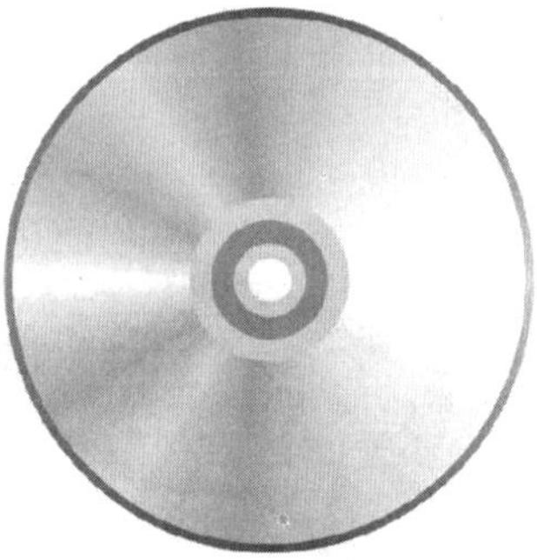

图4-87 光盘效果

操作步骤：

(1) 执行菜单中的“文件|新建”命令（快捷键〈Ctrl+N〉），新建一个CorelDRAW文档。并在设置属性栏纸张宽度与高度为200 mm × 200 mm。

(2) 选择工具箱中的（椭圆形工具），配合键盘上的〈Ctrl〉键，绘制一个正圆形，如图4-88所示。然后在属性栏中设置圆形宽度和高度为180 mm × 180 mm。

(3) 复制并等比例缩小圆形。方法是按小键盘的〈+〉键，复制出一个相同的圆形。然后按住键盘上的〈Shift〉键不放，当鼠标靠近控制点时变为状，接着拖动鼠标即可等比例缩小圆形，结果如图4-89所示。

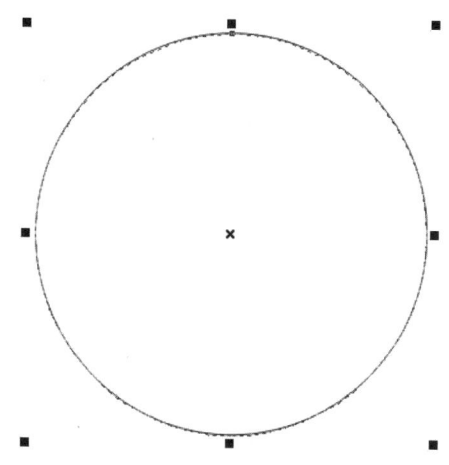

图4-88　绘制正圆形

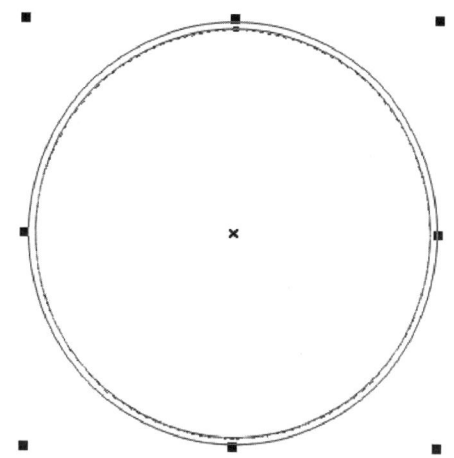

图4-89　等比例缩放复制后的圆形

（4）修剪圆形。方法是利用工具箱中的 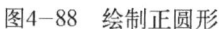（挑选工具）框选两个圆形，然后在属性面板中单击 （修剪）按钮，结果如图4-90所示。

（5）选择外框，将其填充色设置为红色，轮廓色设置为无色。然后选择内框，将其填充色设置为黄色，轮廓色设置为红色，结果如图4-91所示。

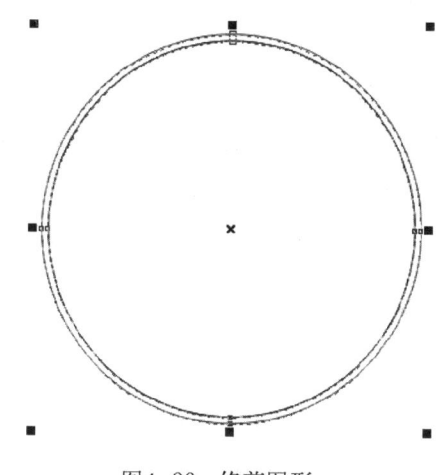

图4-90　修剪图形

图4-91　填充图形效果

（6）同理，绘制同心圆，如图4-92所示。此时光盘整体效果如图4-93所示。

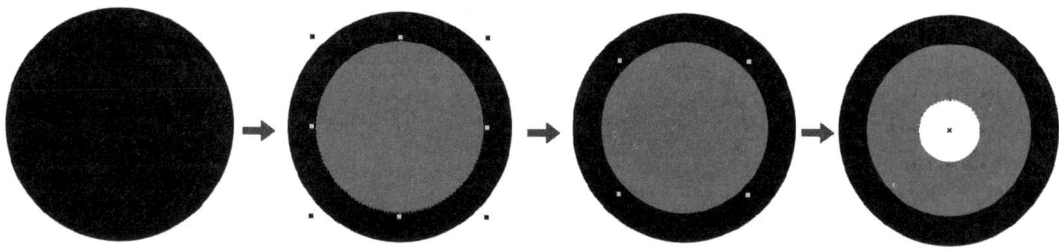

图4-92　绘制同心圆

> **提示**
> 这时将圆形填充为不同的颜色是为了方便辨认和选择。

（7）填充光盘边缘部分。方法是利用工具箱中的 ▧ （挑选工具）选择光盘外框，然后按快捷键〈F11〉，在弹出的"渐变填充"对话框中设置如图4-94所示的3色圆锥渐变[3色参考数值由左至右分别为：CMYK（0，0，0，30），CMYK（0，0，0，60），CMYK（0，0，0，10）]，设置完成后单击"确定"按钮，结果如图4-95所示。

图4-93 整体效果

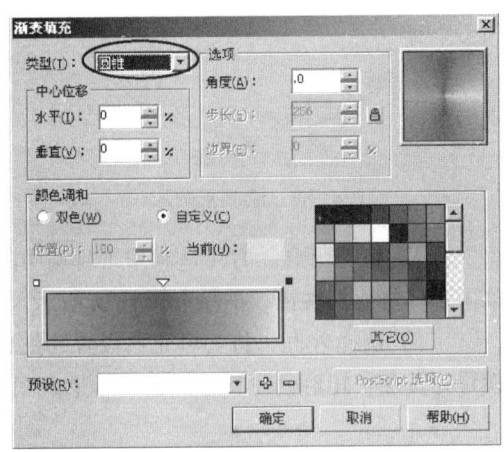

图4-94 设置渐变填充

（8）填充光盘主体部分。方法是利用工具箱中的 ▧ （挑选工具）选择光盘黄色部分，然后按快捷键〈F11〉，在弹出的"渐变填充"对话框中设置如图4-96所示的8色圆锥渐变[8色参考数值由左至右分别为CMYK（0，0，0，0），CMYK（0，0，0，20），CMYK（10，5，5，0），CMYK（40，0，0，0），CMYK（10，0，55，0），CMYK（0，5，5，0），CMYK（0，0，0，10），CMYK（0，0，0，0）]，设置完成后单击"确定"按钮，结果如图4-97所示。

图4-95 渐变填充效果

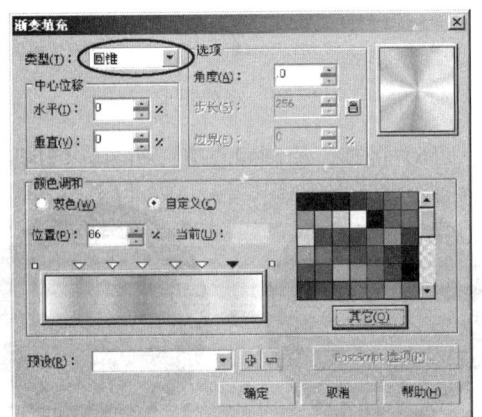

图4-96 设置渐变填充

（9）填充其余圆形，最终效果如图4-98所示。

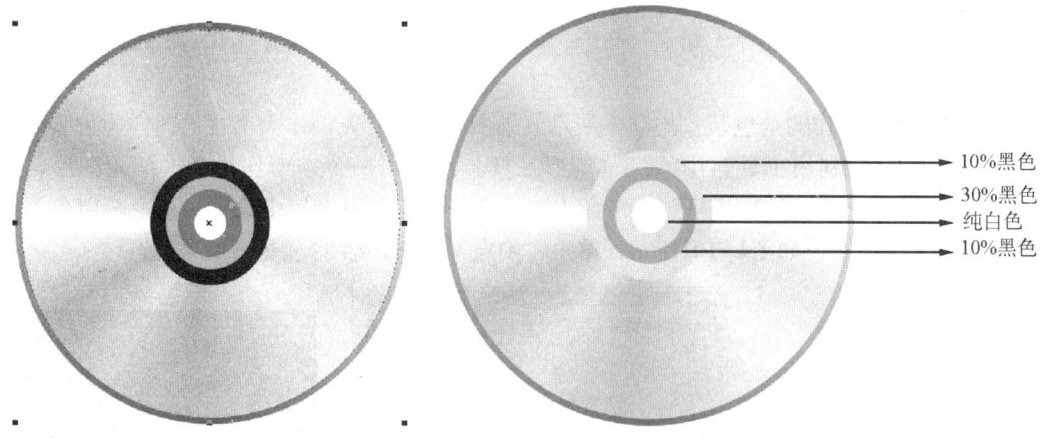

图4-97 渐变填充效果 　　　　　图4-98 最终效果

右侧标注：
10%黑色
30%黑色
纯白色
10%黑色

4.11.3 酒瓶包装盒设计

要点：

　　本例将制作一个酒瓶包装盒造型设计，如图4-99所示。制作包括设计包装盒的主体外观和文字排版两部分，主体外观的绘制主要运用"贝塞尔工具"和"钢笔工具"工具来完成，文字排版最关键的是要根据盒子的透视来进行对文字的调节。通过本例学习应掌握利用绘制图形和文字的排版的综合应用，以便在今后的包装设计中灵活运用。

图4-99 酒瓶包装盒设计

操作步骤：

（1）执行菜单中的"文件｜新建"命令，新创建一个文件，并设置属性栏纸张高度与宽度为150 mm×200 mm。

（2）因为本例制作的是包装盒的立体展示效果图，因此要先制作一个背景图作为包装摆放的大致空间。方法：利用工具箱中的 （矩形工具）绘制出一个矩形作为背景单元图形，如图4-100所示。然后按快捷键〈F11〉，在弹出的"渐变填充"对话框中设置"黑色—白色"的线性渐变（从上至下），如图4-101所示，单击"确定"按钮，结果如图4-102所示。

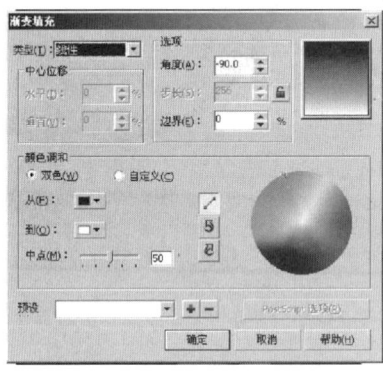

图4-100　绘制出一个矩形　　　图4-101　设置黑白线性渐变　　　图4-102　填充了黑白渐变的矩形

（3）再绘制一个矩形并填充"灰色—黑色"的线性渐变，如图4-103所示。然后将两个矩形上下拼合在一起（注意要使它们的宽度一致），如图4-104所示，从而形成了简单的展示背景。

图4-103　再绘制一个矩形并填充由"灰色—黑色"的线性渐变

（4）下面我们来制作带有立体感的包装盒造型。方法：首先需要绘制出它的大体结构，也就是确定几个面的空间构成关系，效果如图4-105所示，并将它们填充设置为白色，轮廓线设置为黑色（轮廓线后面要去除，因此只是暂时设置以区分块面）。在绘制的过程中要注意盒子的透视关系应符合视觉规律。然后在包装盒的正面绘制一个矩形的图形，效果如图4-106所示。接着利用 （椭圆工具）绘制出椭圆，再选择椭圆，按快捷键〈Ctrl+C〉复制，按快捷键〈Ctrl+V〉粘贴，从而复制出一个椭圆。最后调整其大小后将两个椭圆合并后摆放于盒子的正面，效果如图4-107所示。

（5）包装盒基本结构建立了之后，接下来给包装盒进行上色。在填充上色的同时对包装盒的立体效果进行处理，使包装盒具有一定的立体效果。方法：首先给包装盒的正面填充上黑色的底色[参考颜色数值为：CMYK（0，0，0，100）]，然后将上面的矩形填充为红色[参考颜色数值为CMYK（0，100，100，0）]，效果如图4-108所示。

图4-104 背景效果图

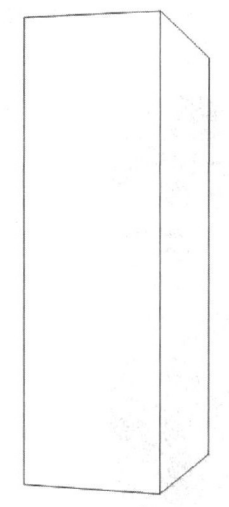

图4-105 绘制包装盒外形

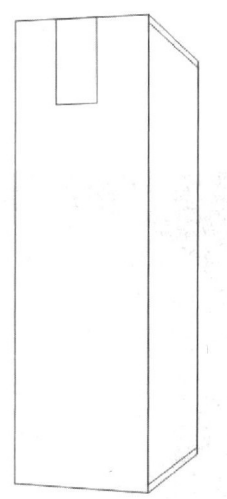

图4-106 绘制包装盒正面的图形

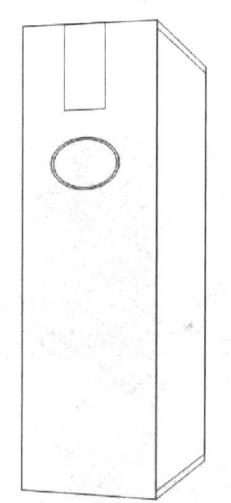

图4-107 椭圆前后合并后摆放于盒子的正面

（6）为了给包装盒增添设计的效果，我们对于包装盒的顶部的矩形小图采用"渐变"的方法进行填充。方法：利用☑（挑选工具）选中盒正面上方的矩形，然后按快捷键〈F11〉，在弹出的"渐变填充"对话框中设置参数，如图4-109所示，单击"确定"按钮，效果如图4-110所示。

（7）给椭圆图形上色。方法：设置下面椭圆的填充色颜色为黄色[参考颜色数值为：CMYK（0，0，100，0）]，上面的椭圆的填充色为红色[参考颜色数值为：CMYK（0，100，100，0）]，上色后的效果如图4-111所示。

（8）在椭圆的上方添置酒盒的标志图形。方法：执行菜单中的"文件|导入"命令，在弹出的"导入"对话框中选择配套光盘中的"素材及结果\4.11.3 酒瓶包装盒设计\酒瓶LOGO.psd"文件，如图4-112所示，单击"导入"按钮。然后适当调整图像大小后放置到适当位置，效果

如图4-113所示。接着利用工具箱中的 📝（文本工具）在页面中输入文本VALDERANCE，并在属性栏中设置"字体"为Basemic Symbol，效果如图4-114所示。最后将其放置在图形的下方，效果如图4-115所示。

图4-108　填充了包装盒底部

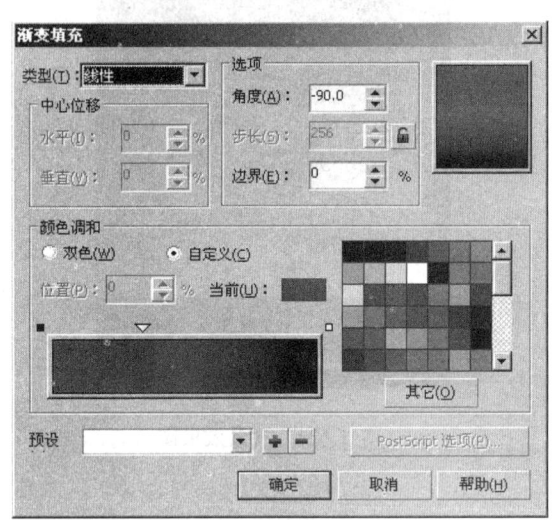

图4-109　设置矩形渐变的数值

图4-110　确定后矩形的的最终效果如图

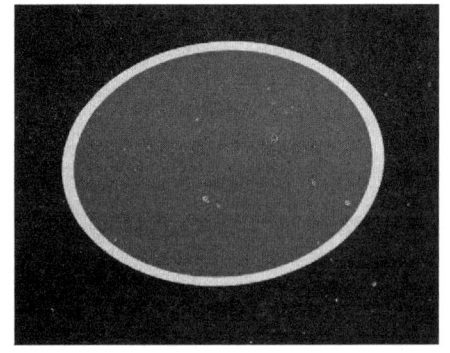

图4-111　上色后的椭圆效果图

（9）利用工具箱中的 📐（贝赛尔工具）在包装盒底部绘制一个与包装盒同透视的的矩形，效果如图4-116所示。然后利用 📄（挑选工具）选中右侧面，按快捷键〈F11〉，在弹出的"渐变填充"对话框中设置参数，如图4-117所示，单击"确定"按钮，效果如图4-118所示。

（10）为了使整个包装盒呈现出立体的效果，下面在完成侧面颜色的同时利用 📄（挑选工具）选中右侧面，然后选择工具箱中的 📦（阴影工具），沿水平倾斜的方向拖动鼠标，从而得到包装盒右后方的投影效果（带箭头的线条长度代表投影的延伸程度，在属性栏内可以修改投影的不透明度），效果如图4-119所示。

图4-112　导入对话框

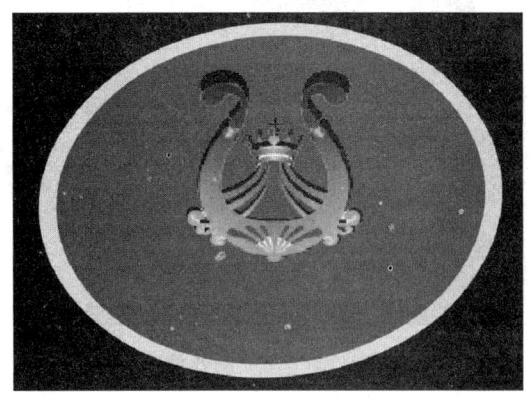

图4-113　标志摆放效果图

Valderance

图4-114　文本VALDERANCE

图4-115　将文本放置于在图形的下方

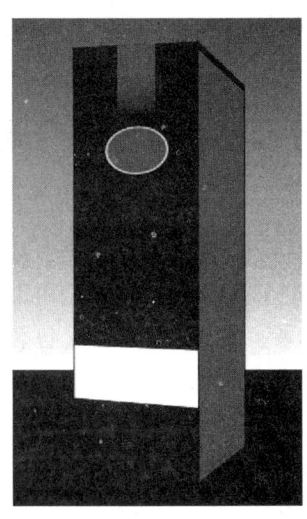

图4-116　绘制一个与包装盒同透视的的矩形

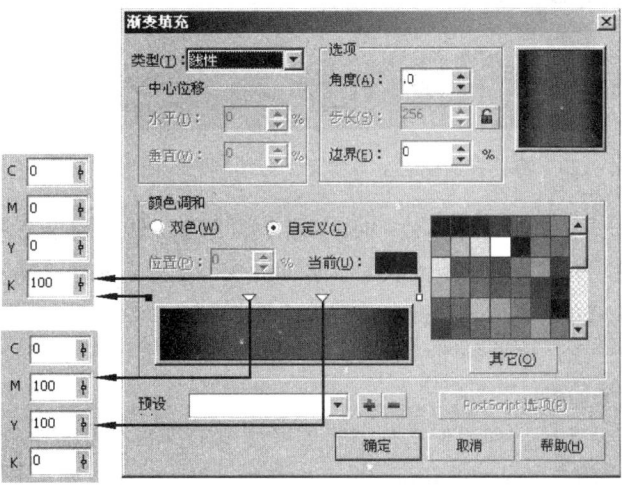

图4-117　设置渐变参数

图4-118　渐变填充的效果

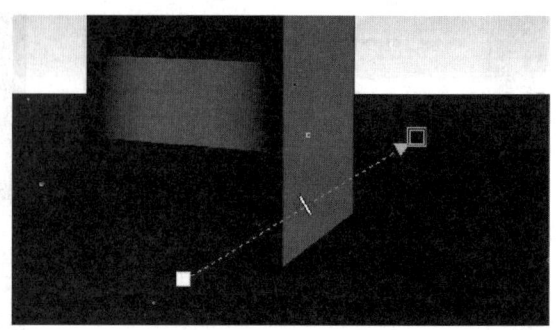
图4-119　包装盒右后方的投影效果

（11）利用工具箱中的 ☑［（文本工具）在页面中输入文本"100%""apple brewage""CIDER"，并在属性栏中设置"字体"分别为"Avia-Light""Monotype Corsiva""Basemic Symbol"，将颜色填充为黄色（参考颜色数值为：CMYK（0，0，100，0）］。然后利用工具箱中的☑（挑选工具）选中输入的文本，执行菜单中的"效果｜添加透视"命令，此时文本上出现透视编辑框，接着利用☑（形状工具）拖动透视框上的控制柄修改形状的透视效果，使它的透视与矩形的透视一致。最后将具有透视的文本放置于在绘制好的图形的上方，放置后的效果如图4-120所示。

（12）同理，读者可参见如图4-121所示的效果，自己练习绘制文本，字体可自拟，大小可根据包装盒的大小适当调整，要求视觉统一，美观大方。

图4-120　将具有透视的文本放置于在绘制好的图形的上方

图4-121　练习绘制文本，字体可自拟

（13）复制步骤（8）中输入的文本，然后利用工具箱中的☑（挑选工具）选中复制的文本，执行菜单中的"效果｜添加透视"命令，此时文本上出现透视编辑框。接着利用工具箱中的☑（形状工具）拖动透视框上的控制柄来修改形状的透视效果，使其透视与酒瓶包装盒的透视一致，效果如图4-122所示。最后将具有透视的文本放置于在绘制好的图形的上方，放置后的效果如图4-123所示。

（14）利用工具箱中的☑（文本工具）在页面中输入文本RETAGN，并在属性栏中设置"字体"分别为Batangche，颜色填充为80%黑。然后利用工具箱中的☑（挑选工具）选中输入的文本，执行菜单中的"效果｜添加透视"命令，文本上出现透视编辑框。接着利用☑（形状工具）拖动透视框上的控制柄修改形状的透视效果，效果如图4-124所示。

图4-122　拖动透视框上的控制柄修改形状的透视效果　　图4-123　将透视文字放置到绘制好的图形上方

（15）将绘制好的文本放置于在黄色文本的后方，然后 选择工具箱中的（透明度工具），沿由上而下的方向拖动鼠标，从而制作出文字的透明效果（带箭头的线条长度代表透明程度），效果如图4-125所示。

图4-124　拖动透视框上的控制柄修改形状的透视效果　　图4-125　得到透明的文字

（16）随后我们来设计盒子的侧面。方法：将前面步骤（9）～（15）中绘制好的图形复制一份，然后按快捷键〈Ctrl+G〉，将其群组后放置在侧面。接着利用工具箱中的（挑选工具）选中它，执行菜单中的"效果 | 添加透视"命令，此时文本上出现透视编辑框。再利用（形状工具）拖动透视框上的控制柄修改形状的透视效果，使它的透视与侧面的透视一致，效果如图4-126所示。同理将输入的文本文字也进行透视的调整，效果如图4-127所示。

（17）为了使包装盒具有更佳的展示效果，下面制作盒子的倒影。方法：选择组成包装盒底面盒子的外形，按快捷键〈Ctrl+G〉组成群组，然后利用快捷键〈Ctrl+C〉复制，按快捷键〈Ctrl+V〉粘贴，从而复制出一个同样的盒子。接着利用鼠标双击图形，在出现能够旋转的指示图标后，将图形进行旋转，并放置在正面包装盒的正下方。再选中下方的图形，单击属性栏中的上（垂直镜像）按钮的，使其旋转成效果如图4-128所示的倒影。

图4-126　透视与侧面的透视一致　　　　　图4-127　将输入的文本文字也进行透视的调整

（18）利用 （形状工具）调整位于底部的盒子的图形，效果如图4-129所示。

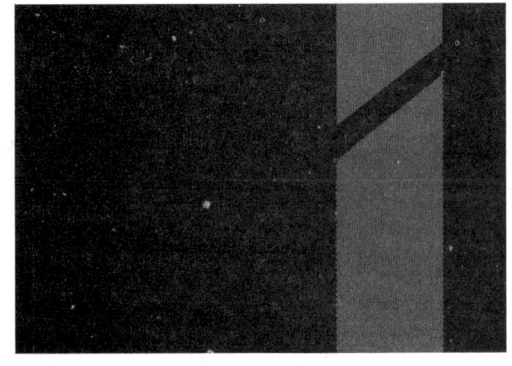

图4-128　旋转后的效果图　　　　　　　　图4-129　调整后的底部盒子

（19）此时图像已与倒影有所相似，下面执行菜单中的"位图｜转换为位图"命令，在弹出的对话框中勾选"透明背景"复选框，单击"确定"按钮。然后选择工具箱中的 （透明度工具），由上而下的方向拖动鼠标，从而得到包装盒左后方的倒影效果（带箭头的线条长度代表透明程度），如图4-130所示。

（20）至此，酒瓶包装盒立体效果图制作完成，最后的结果如图4-131所示。

图4-130 投影最终效果参见图　　　　　　图4-131 最后完成的效果图

课 后 习 题

1．填空题

（1）CorelDRAW X6中的渐变填充有_____、_____、_____和_____4种类型。

（2）使用工具箱中的_____及其属性栏可以方便地对选取对象进行网状填充，从而创建出花瓣、树叶等复杂的多种颜色填充。

2．选择题

（1）单击工具箱中的 按钮，在弹出的隐藏工具中选择（　　），会弹出"图样填充"对话框。

　　A. 　　　　　B. 　　　　　C. 　　　　　D.

（2）按键盘上的（　　）键，可以直接弹出"渐变填充"对话框。

　　A.〈F9〉　　　B.〈F10〉　　　C.〈F11〉　　　D.〈F12〉

3．问答题/上机练习

（1）简述转换轮廓线的方法。

（2）练习1：制作如图4-132所示的西红柿效果。

（3）练习2：制作如图4-133所示的口红广告效果。

图4-132 西红柿效果　　　　　　　　图4-133 口红广告效果

第5章

文本的处理

本章要点

CorelDRAW X6具有强大的文本处理功能，除了可以输入多语种文本，创建路径文本、框架文本外还可以对文本进行图文混排等操作。通过本章学习应掌握以下内容：

- 掌握添加文本的方法。
- 掌握设置美术字文本和段落文本格式的方法。
- 掌握书写工具的使用。
- 掌握查找与替换文本的方法。
- 掌握编辑与转换文本的方法。
- 掌握图文混排的方法。

5.1 添 加 文 本

在CorelDRAW X6中，文本分为美术字和段落文字两种类型。下面就来具体讲解这两种文本的添加方法。

5.1.1 添加美术字文本

添加美术字文本的具体操作步骤如下：

（1）选择工具箱中的 字 （文本工具）（快捷键〈F8〉），然后将鼠标移至工作区，此时光标变为 字 形状。

（2）在工作区中要输入美术字文本的位置单击鼠标左键，该位置会出现一个闪烁的文字光标"|"，然后输入文本即可。

（3）输入完毕后，单击工具箱中的 选择工具 （选择工具），再在文本区外单击鼠标左键，即可结束美术字文本的输入，如图5-1所示。

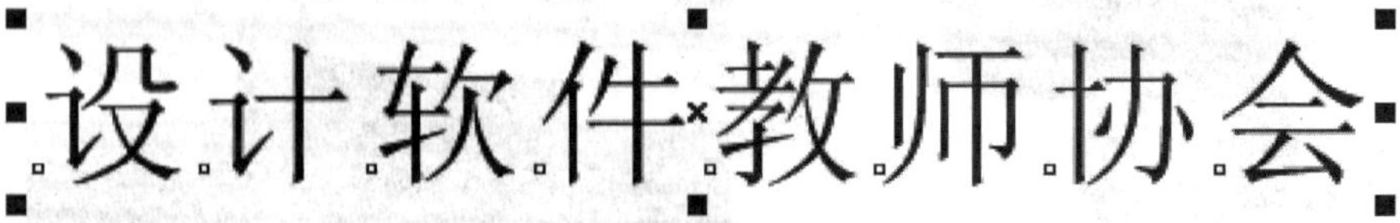

图5-1　添加美术字文本

 **提示**

如果使用拼音输入法输入文字，在输入完毕后，必须先按键盘上的〈Enter〉键确认。

5.1.2 添加段落文本

添加段落文本的具体操作步骤如下：

（1）选择工具箱中的 字 （文本工具，快捷键〈F8〉），然后将鼠标移至工作区，此时光标变为 字 形状。

（2）在工作区中要输入段落文本的位置单击并拖动出虚线矩形段落文本框，此时文本框左上方将出现插入文字光标"|"，然后输入文本即可。

（3）输入完毕后，单击工具箱中的 ▶ （选择工具），再在文本区外单击，即可结束段落文本的输入，如图5-2所示。

> 使用链接命令链接到CorelDRAW X4中的位图与直接导入的位图虽然都是通过"导入"对话框中的相关命令来进行的，但是却具有不同的属性。
>
> 导入到CorelDRAW X4中的位图已经彻底变成了CorelDRAW X4的一个组成部分，无论编辑还是修改它，就可直接在CoreDRAW X4中进行。而链接的位图则不同，无论何时对其进行编辑，都必须在该位图的原创程序中进行。

图5-2 输入段落文本

5.1.3 美术字文本与段落文本间的区别

美术字通常为一个词或者简单的句子，多数用来制作图片的标题或简要描述图片中的有关内容。由于美术字是作为一个单独的图形对象来使用的，因此可以使用各种处理图形的方法对其进行编辑处理，例如添加立体化、透镜等图形效果。美术字文本不受文本框的限制，其换行也与段落文本不同，必须在行尾按一下〈Enter〉键，其后的文本才能转到下一行。

段落文本用于对格式要求更高的较大篇幅的文本中，通常为一整段的内容，如文章、新闻或期刊等，用来传达一定的信息。段落文本是建立在美术字模式的基础上的大块区域文本。对段落文本可以使用CorelDRAW X6所具备的编辑排版功能来进行处理，段落文本可应用格式编排选项，例如添加项目符号、缩进以及分栏等。

5.2 设置美术字文本和段落文本格式

在CorelDRAW X6中，用户可以对创建的文本设置字体和字号、使用不同的对齐方式、设置字符间距及移动和旋转字符等，从而满足不同的版面需求。

5.2.1 设置字体和字号

对于美术字文本和段落文本，都可以指定字体和字号属性。下面以美术字文本为例，讲解设置文本字体和字号属性的方法，具体操作步骤如下：

（1）利用工具箱中的 （文本工具），在工作区中输入美术字文本。

（2）利用工具箱中的 （选择工具），选择要设置格式的文本对象。

（3）执行菜单中的"文本|文本属性"命令，打开"文本属性"泊坞窗，然后展开"字符"选项组，如图5-3所示。

（4）在"文本属性"泊坞窗中的字体列表中选择一种字体，然后分别对字号、字间距和字符位移等参数进行设置，还可以设置上画线、下画线及删除线等字符效果。

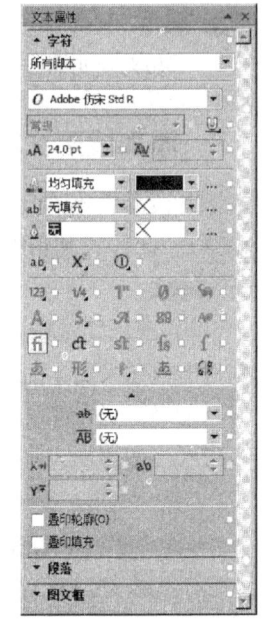

图5-3 展开"字符"选项组

提示

对文本的字体、字号、粗体、斜体及下画线等属性，也可直接在属性栏中进行设置，如图5-4所示。

图5-4 文本属性栏

5.2.2 设置文本的对齐方式

在CorelDRAW X6中可以对创建的美术字或段落文本设置不同的对齐方式，以适合不同版面的需要。

1．段落文本对齐

设置段落文本对齐的具体操作步骤如下：

（1）利用工具箱中的 （文本工具），在工作区中输入一段段落文本。

（2）利用工具箱中的 （选择工具），选择输入的段落文本对象。然后单击文本属性栏中的 按钮，从弹出的图5-5所示的按钮中选择一种对齐方式。图5-6所示为居中、全部对齐和强制调整三种对齐方式的效果比较。

图5-5 文本对齐按钮

2．美术字文本对齐

设置美术字文本对齐的具体操作步骤如下：

（1）利用工具箱中的 （文字工具），在工作区中输入美术字文本。

（2）利用工具箱中的 （选择工具），选择输入的美术字文本对象。然后执行菜单中的"排列|对齐和分布"命令进行对齐。

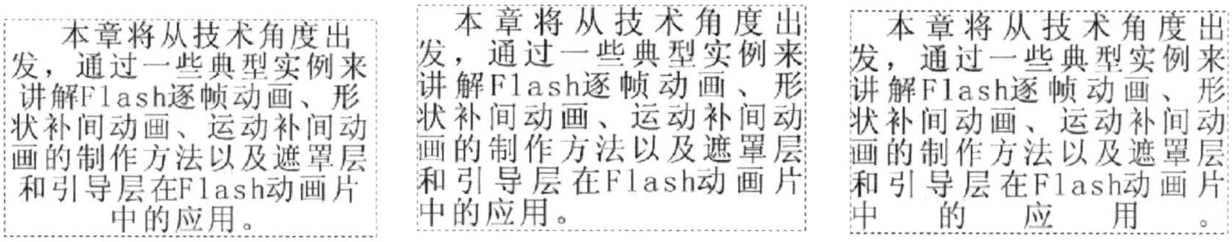

居中   全部对齐   强制调整

图5-6 不同对齐方式的效果比较

5.2.3 设置字符间距

无论是美术字文本还是段落文本，都可以用精确的数值来指定文本中字符之间的间距。使用工具箱中的 ▢（选择工具）能方便地手动调整文本中的字符间距，具体操作步骤如下：

（1）利用工具箱中的 ▢（选择工具）选择美术字文本，如图5-7所示。此时文本的每一个字符都会列出它的节点而分离为一个个相对独立的单位，从而可以像处理图形对象一样对字符进行不同的操作。

图5-7 利用 ▢（选择工具）选择美术字文本

（2）按住 ╫ 按钮，向右拖动可以加大字符间距，效果如图5-8所示；向左拖动可以减小字符间距。

图5-8 加大字符间距

> **提示**
>
> 利用工具箱中的 ▢（文本工具）选中输入的美术字文本，然后可以在"字符格式化"泊坞窗中"字距调整范围"右侧的文本框中输入数值，也可以调整字符间距。

5.2.4 移动和旋转字符

对字符进行移动和旋转可以进一步美化版面，创造出倾斜的特殊效果。对字符进行移动和旋转的具体操作步骤如下：

（1）利用工具箱中的 ▢（文字工具）在绘图区中输入文本，然后将光标移动到文本前端，此时光标变为 I 形状，按住鼠标左键并拖动，从而选择文本，此时文本显示淡蓝色背景。

（2）执行菜单中的"文本|文本属性"命令，然后在弹出的"文本属性"泊坞窗中设置"角度"为30°，如图5-9所示，结果如图5-10所示。

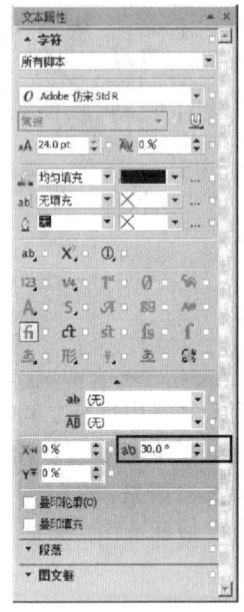

图5-9 设置字符旋转角度

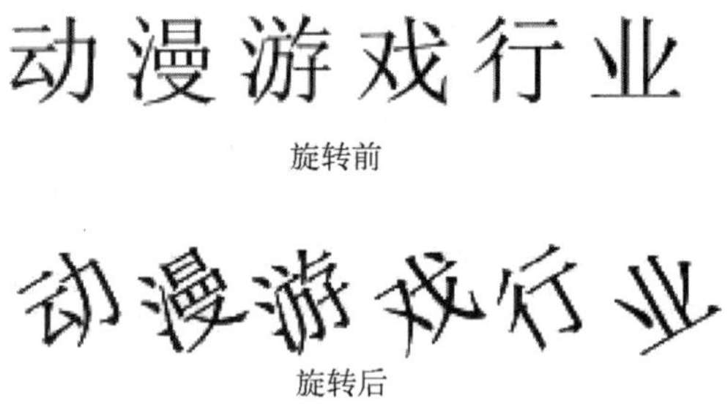

动漫游戏行业

旋转前

动漫游戏行业

旋转后

图5-10 旋转字符前后效果比较

5.3 设置段落文本的其他格式

在CorelDRAW X6中，用户可以对创建的段落文本进行设置缩进、添加制表位、分栏以及链接段落文本框等操作。

5.3.1 设置缩进

对于创建的段落文本，可以进行首行缩进、左缩进和右缩进等缩进操作，设置缩进的具体操作步骤如下：

（1）利用工具箱中的 （文本工具）输入段落文本对象。然后利用工具箱中的 ▯（选择工具）选择输入的段落文本对象。

（2）执行菜单中的"文本|文本"命令，打开"文本属性"泊坞窗，然后展开"段落"选项组，如图5-11所示，然后在"缩进量"选项组中设置相应的缩进参数即可。

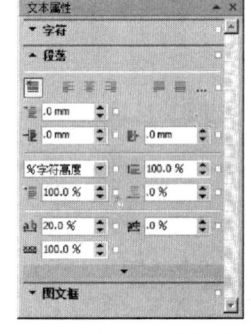

图5-11 展开"段落"选项组

📖 提示

当对段落文本应用了缩进处理后，如果不再需要对段落文本应用缩进，可以在"缩进量"选项组中将"首行"、"左"和"右"3个缩进量都设为0，从而清除缩进。

5.3.2 添加制表位

利用添加制表位的功能也可以为段落文本设置缩进量。添加制表位的具体操作步骤如下：

（1）利用工具箱中的 ▯工具输入段落文本对象。然后利用工具箱中的 ▯（选择工具）选择输入的段落文本对象。

（2）执行菜单中的"文本|制表位"命令，打开"制表位设置"对话框，如图5-12所示。然后设置相应参数，再单击"确定"按钮即可。

5.3.3 设置分栏

利用分栏功能可以为段落文本创建宽度和间距相等的栏，也可以创建不等宽的栏。设置分栏的具体操作步骤如下：

（1）利用工具箱中的 字 工具输入段落文本对象。然后利用工具箱中的 选择工具（选择工具）选择输入的段落文本对象，如图5-13所示。

（2）执行菜单中的"文本|栏"命令，然后在弹出的"栏"对话框中设置相应参数，如图5-14所示，最后单击"确定"按钮，结果如图5-15所示。

图5-12 "制表位设置"对话框

图5-13 选择段落文本

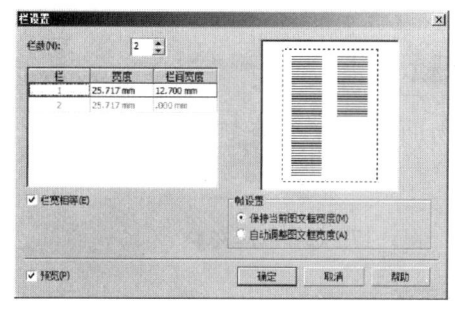

图5-14 设置栏参数

 提示

对于分栏后的段落文本，还可以使用 字 工具在绘图区中调整栏与栏之间的宽度，如图5-16所示。

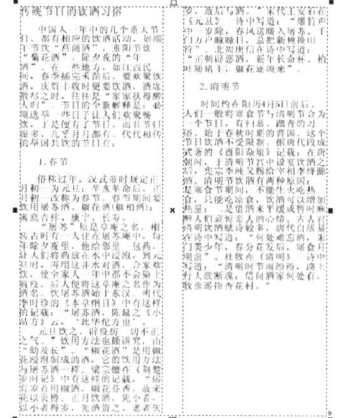

图5-15 两栏效果

图5-16 调整栏与栏之间的宽度

5.3.4　项目符号和首字下沉

对于创建的文本，还可以添加项目符号及首字下沉等效果。

1．项目符号

添加项目符号的具体操作步骤如下：

（1）利用工具箱中的 字（文本工具）输入段落文本对象。然后利用工具箱中的 ▶（选择工具）选择输入的段落文本对象，如图5-17所示。

（2）执行菜单中的"文本|项目符号"命令，然后在弹出的"项目符号"对话框中设置相应参数，如图5-18所示，单击"确定"按钮，结果如图5-19所示。

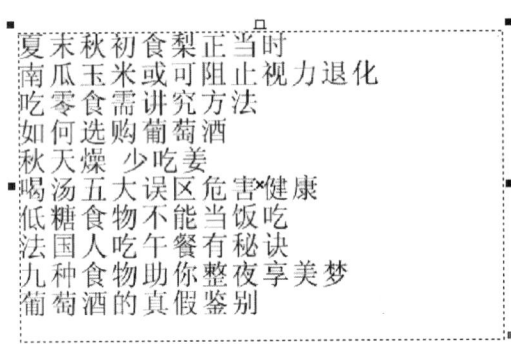

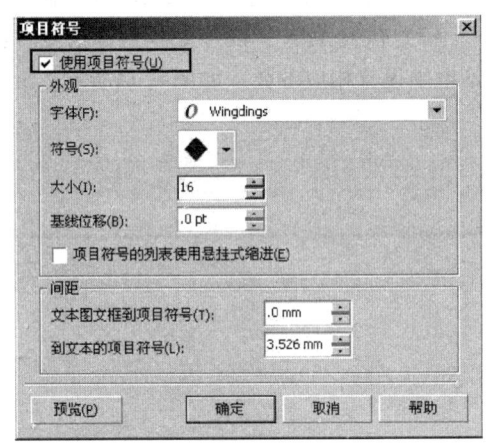

图5-17　选择段落文本　　　　　　　　　　图5-18　设置项目符号参数

2．首字下沉

在段落中使用首字下沉可以放大首字母或字。设置首字下沉的具体操作步骤如下：

（1）利用工具箱中的 字工具输入段落文本对象。然后利用工具箱中的 ▶（选择工具）选择输入的段落文本对象，如图5-20所示。

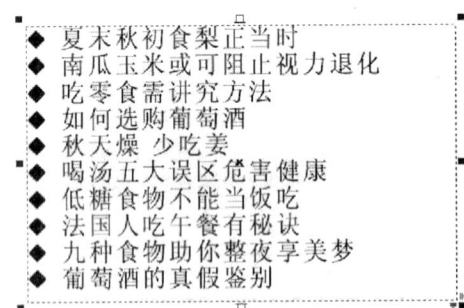

图5-19　添加项目符号后的效果　　　　　图5-20　选择段落文本

（2）执行菜单中的"文本|首字下沉"命令，然后在弹出的"首字下沉"对话框中设置相应参数，如图5-21所示，单击"确定"按钮，结果如图5-22所示。

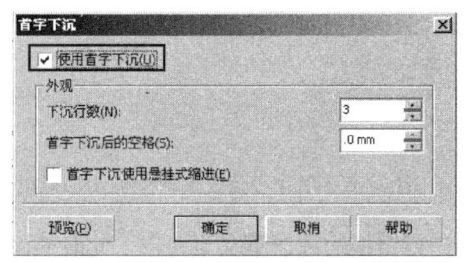

图5-21　设置首字下沉参数　　　　　　　图5-22　首字下沉效果

5.3.5　链接段落文本框

在文本超过文本框的大小时，链接段落文本框可以使段落文本框中的文本自动从一个文本框流入另一个文本框。如果缩小（或扩大）链接的段落文本框或改变文本大小，则CorelDRAW X6会自动调整下一个文本框中的文本量。

链接段落文本框可以在输入文本之前或之后链接。段落文本框可以链接到段落文本框，还可以链接到开放或闭合的对象中，但不能链接美术字。

1．链接到段落文本框

链接到段落文本框的具体操作步骤如下：

（1）创建源段落和目标段落两个文本框。然后利用工具箱中的 （选择工具）选择要进行链接的源段落文本对象，此时该段落文本下方会出现 标志，如图5-23所示。

（2）在 标志上单击，此时光标变为 形状。然后将鼠标移动到要链接的目标段落文本框上，光标将变为 形状，如图5-24所示。接着在该段落文本框上单击，即可产生段落文本间的链接，此时源段落文本与链接的目标段落文本之间将产生蓝色的箭头线，如图5-25所示。

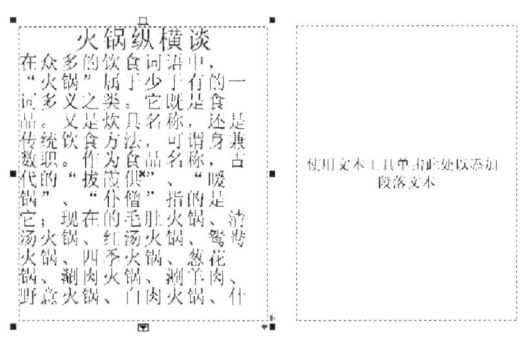

图5-23　选择要进行链接的源段落文本对象　　　　图5-24　光标变为 形状

2．链接到图形对象

段落文本框还可以链接到图形对象，其具体操作步骤如下：

（1）创建段落文本对象和图形对象（此时创建的是一个椭圆），如图5-26所示。

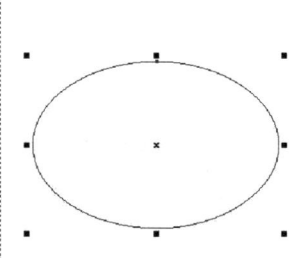

图5-25　链接后的文本　　　　　　　　图5-26　创建段落文本对象和图形对象

（2）利用工具箱中的 ▣ （选择工具）选择要进行链接的源段落文本对象，此时该段落文本下方会出现 ▣ 标志，然后在 ▣ 标志上单击鼠标，此时光标变为 ▣ 形状。接着将鼠标移动到要链接的目标段落文本框上，光标将变为 ➡ 形状，如图5-27所示。最后在该段落文本框上单击，即可产生段落文本间的链接，此时源段落文本将产生蓝色的指向链接的目标段落文本的箭头线，如图5-28所示。

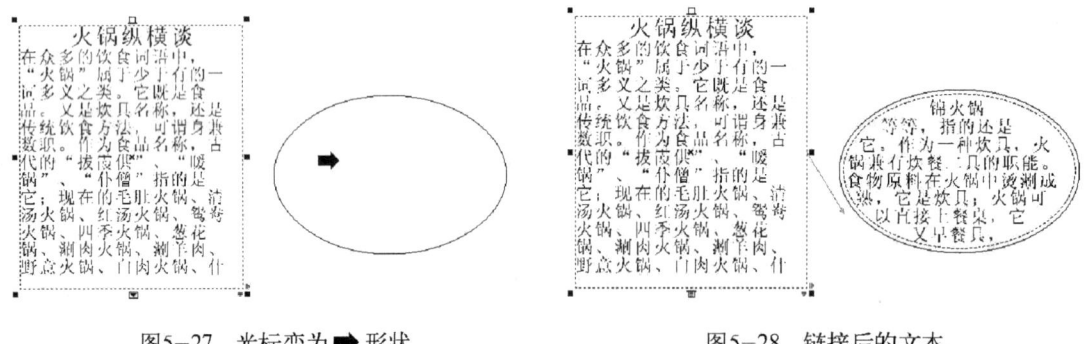

图5-27　光标变为 ➡ 形状　　　　　　　图5-28　链接后的文本

3．解除链接

如果要解除链接，可以选择工具箱中的 ▣ （选择工具）选取要解除链接的文本框或图形，再执行菜单中的"排列|拆分段落文本"命令（快捷键〈Ctrl+K〉）即可。

5.4　编辑与转换文本

利用CorelDRAW　X6提供的"编辑文本"对话框可以对文本进行编辑，此外还可以将段落文本和美术字文本进行相互转换，也可以将段落文本和美术字文本转换为曲线进行编辑。

5.4.1　编辑文本

编辑文本的具体操作步骤如下：

（1）利用工具箱中的 🖫 （文本工具）在绘图区中输入美术字或段落文本。

（2）利用工具箱中的 ▹ （选择工具）或 🖫 （文本工具）选择输入的文本对象。

（3）执行菜单中的"文本|编辑文本"命令，在弹出的图5-29所示的"编辑文本"对话框中对文本进行"字体""字号"等的编辑，然后单击"确定"按钮即可。

图5-29　"编辑文本"对话框

5.4.2　转换文本

转换文本可以将一种文本类型转换为另一种文本类型，以便更加方便地处理文本对象。

1. 将美术字转换为段落文本

将美术字转换为段落文本的具体操作步骤如下：

（1）利用工具箱中的 🖫 （文本工具）在绘图区中输入美术字，如图5-30所示。

（2）利用工具箱中的 ▹ （选择工具）选择输入的文本对象，然后执行菜单中的"文本|转换为段落文本"命令，即可将美术字文本转换为段落文本，如图5-31所示，此时文字边缘会出现代表段落文本的文本框。

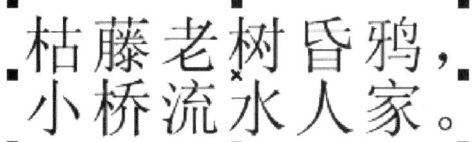

图5-30　输入美术字

图5-31　将美术字转换为段落文本

2. 将段落文本转换为美术字文本

将段落文本转换为美术字文本的具体操作步骤如下：

（1）利用工具箱中的 🖫 （文本工具）在绘图区中输入段落文本，此时文字边缘会出现代表段落文本的文本框。

（2）利用工具箱中的 ▯（选择工具）选择输入的文本对象，然后执行菜单中的"文本|转换为美术字"命令，即可将段落文本转换为美术字文本，此时文字边缘的文本框消失了。

5.4.3 将文本转换为曲线

将文本转换为曲线后，可以防止文件在不同计算机之间转换时由于安装字体不同而产生的文字替代，从而避免导致文字的变形。当文字转换为曲线后，就可以将文本作为图形处理，任意改变字体的形状，并应用多种特殊效果。将文本转换为曲线的具体操作步骤如下：

（1）利用工具箱中的 ▯（选择工具）选择需要转换为曲线的文本，如图5-32所示。然后执行菜单中的"排列|转换为曲线"命令，结果如图5-33所示。

（2）利用工具箱中的 ▯（形状工具）选中已转换为曲线的文本，进入节点编辑状态，然后调整曲线上相应的节点，结果如图5-34所示。

图5-32　选择文本　　　　　图5-33　将文本转换为曲线　　　　　图5-34　调整形状

5.5　图　文　混　排

CorelDRAW X6是一款功能强大的矢量绘图软件，同时也具有强大的图文混排功能，能制作出各种图文混排效果。

5.5.1 沿路径排列文本

利用"使文本适合路径"命令可以使文本沿着各种路径进行排列。

1. 沿开放路径排列

沿开放路径排列文本的具体操作步骤如下：

（1）利用工具箱中的 ▯（手绘工具）绘制一条路径或导入一个图形对象。然后利用工具箱中的 ▯（文本工具）在绘图区中输入文本，如图5-35所示。

动漫游戏行业发展趋势

图5-35　绘制一条路径并输入文本

（2）利用工具箱中的 （选择工具）或 （文本工具）选择输入的文本对象。执行菜单中的"文本|使文本适合路径"命令，然后将鼠标移动到绘制的路径或导入的图形对象上选择路径文本的放置位置，如图5-36所示。接着单击鼠标，即可将文本自动沿路径进行排列，如图5-37所示。

图5-36　选择放置位置　　　　　　　　　　　图5-37　沿开放路径排列文本

2．沿闭合路径排列

沿闭合路径排列文本的具体操作步骤如下：

（1）利用工具箱中的 （矩形工具）在绘图区中绘制一个矩形。

（2）执行菜单中的"文本|使文本适合路径"命令，此时输入文字光标在矩形路径外面开始闪烁，如图5-38所示，然后输入文字即可在路径的外部输入文本，如图5-39所示。

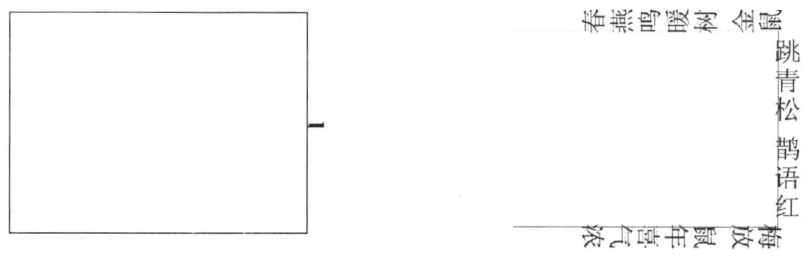

图5-38　光标在矩形路径外面开始闪烁　　　　图5-39　在路径的外部输入文本

（3）如果将鼠标放置在矩形路径内部，此时将出现一个虚线框，如图5-40所示，然后输入文字即可在路径的内部输入文本，如图5-41所示。

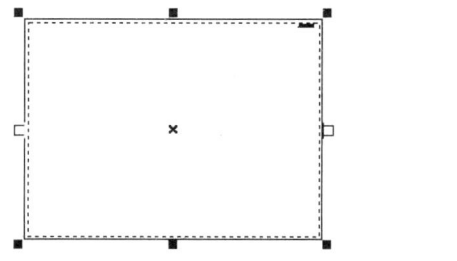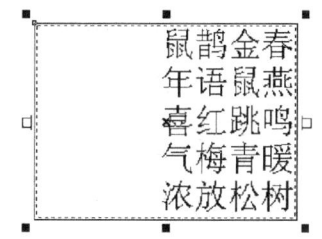

图5-40　将鼠标放置在矩形路径内部　　　　　图5-41　在路径的内部输入文本

3．文本与路径的分离

利用工具箱中的 （选择工具）或 （文本工具）选择应用了"使文本适合路径"命令的文本对象，然后执行菜单中的"排列|拆分在一路径上的文本"命令，即可将文本对象与路径分离，使之成为两个独立的对象。

5.5.2　内置文本

使用"精确剪裁"命令，可以将文本放置到不同的图形对象中，如组合后的图形、矩形、不规则的图形或图像等。对于放置在图形对象中的文本，还可以对其进行编辑。

1．将文本置于图形内

将文本对象置于组合图形中的具体操作步骤如下：

（1）利用工具箱中的 🖋（钢笔工具）绘制一条路径，然后利用工具箱中的 ⬚（形状工具）调整路径的形状，如图5-42所示。

（2）利用工具箱中的 ▣（选择工具）选择要放置在图形中的文本对象，如图5-43所示。然后执行菜单中的"效果|图框精确剪裁|放置在容器中"命令，此时鼠标变为 ➡ 形状。接着将鼠标移动到刚绘制的路径上单击，即可将文本置于路径内，如图5-44所示。

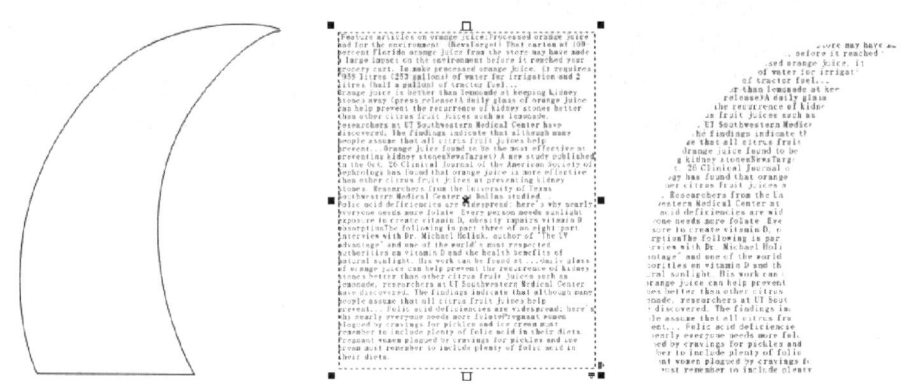

図5-42　绘制并调整路径形状　　　　図5-43　选择文本对象　　　图5-44　将文本置于路径内

2．编辑置于图形对象中的文本

编辑置于图形对象中的文本的具体操作步骤如下：

（1）利用工具箱中的 ▣（选择工具）选中容器对象。然后执行菜单中的"效果|图框精确剪裁|编辑内容"命令，即可对文本进行编辑，如图5-45所示。

（2）编辑完成后，执行菜单中的"效果|图框精确剪裁|结束编辑"命令，即可应用所做的修改，如图5-46所示。

図5-45　编辑文本内容　　　　　　　図5-46　应用修改

5.5.3 插入特殊字符

插入特殊字符时，特殊字符将作为文本对象或图形对象被添加到文本中。在文本中插入特殊字符的具体操作步骤如下：

（1）选择工具箱中的 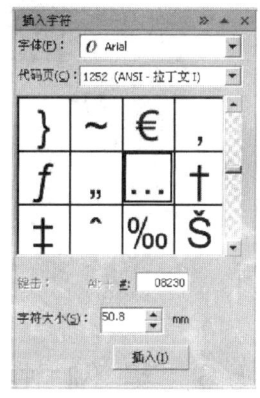（文本工具），然后将鼠标移动到要插入特殊字符的文本对象上，此时光标变为 I 形状，接着将光标定位在要添加特殊字符的位置，如图5-47所示。

（2）执行菜单中的"文本|插入符号字符"命令，弹出如图5-48所示的"插入字符"泊坞窗。然后选择要插入的特殊字符，再单击"插入"按钮即可，结果如图5-49所示。

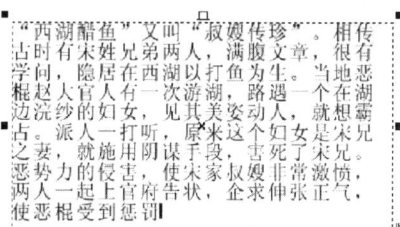

图5-47 定位要添加特殊字符的位置　图5-48 "插入字符"泊坞窗　图5-49 插入特殊字符后的效果

5.5.4 段落文本环绕图形

制作段落文本环绕图形的具体操作步骤如下：

（1）执行菜单中的"文件|导入"命令（或者单击工具栏中的 ![] （导入）按钮），导入配套光盘中的"素材及结果\芦笋.tif"图片，如图5-50所示。然后利用工具箱中的 ![]（文本工具）创建一段段落文本，如图5-51所示。

（2）利用工具箱中的 ![]（选择工具）将"犬.tif"图片移动到文本上方，如图5-52所示。

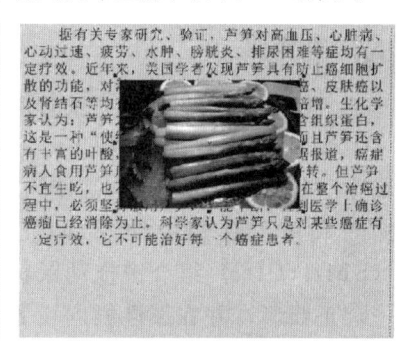

图5-50 芦笋.tif　　　图5-51 创建一段段落文本　　图5-52 将"芦笋.tif"移动到文本上方

（3）在属性栏中单击 ![]（段落文本换行）按钮，然后从弹出的列表中选择 ![]（跨式文本）选项，如图5-53所示，单击"确定"按钮，结果如图5-54所示。

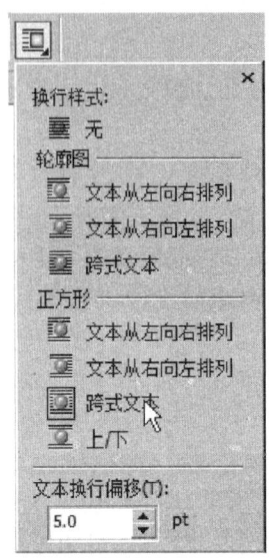

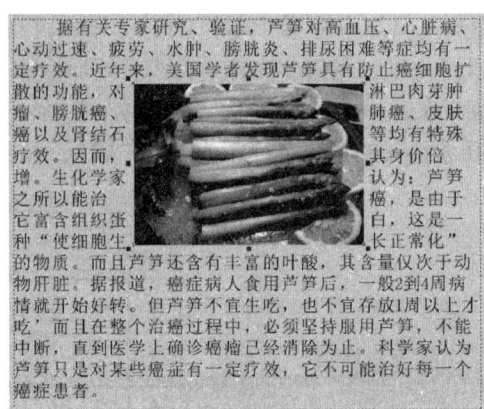

图5-53 选择▣（跨式文本）选项   图5-54 段落文本环绕图形效果

5.6 实例讲解

本节将通过"印章设计""名片设计"和"三折页设计"3个实例来讲解文本处理在实际工作中的具体应用。

5.6.1 印章设计

制作要点：

本例将制作一个圆形的印章图形，效果如图5-55所示。通过本例的学习，应掌握文字基本属性的调整、文本灵活地沿闭合路径进行排版、沿线排版文字的镜像与偏移等功能的综合应用。

操作步骤：

（1）执行菜单中的"文件|新建"命令（快捷键〈Ctrl+N〉），新建一个CorelDRAW文档。然后在属性栏中设置纸张宽度与高度为210 mm×210 mm。接着利用工具箱中的▣（椭圆形工具），按住〈Shift+Ctrl〉组合键拖动鼠标，在页面中绘制出一个正圆形，并在属性栏内设置正圆宽度与高度为165 mm×165 mm，填充为黑色，最后按〈P〉键执行"在页面中居中"操作，得到如图5-56所示的效果。

（2）按小键盘上的〈+〉键复制出一个正圆形，设置其宽度与高度为135 mm×135 mm，填充为白色，

图5-55 印章设计

得到一个圆环的效果，如图5-57所示。

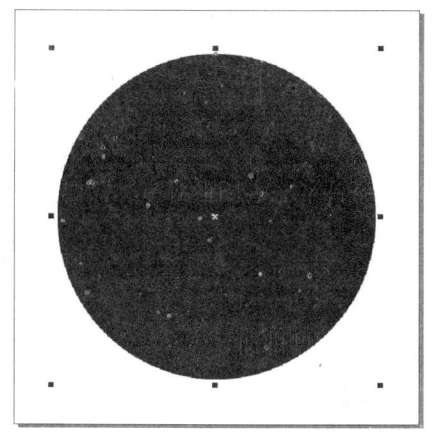

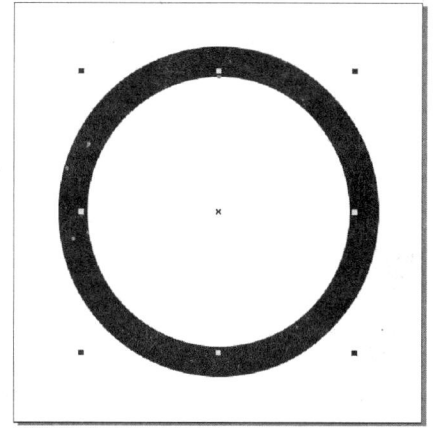

图5-56　绘制一个正圆形　　　　　　　　　　图5-57　得到一个圆环的效果

　　（3）利用工具箱中的 字（文本工具）在黑色圆形的外轮廓（底部）边缘上单击鼠标，插入光标，然后输入文本"GNO SPACE DESIGN INSTITUTE CO.LTD"，设置属性栏的"字体"为Arial（读者可以自己选择适合的字体），字号为18pt。新输入的文字沿着黑色圆形的外轮廓进行排列，效果如图5-58所示。

　　（4）接下来将文字进行反转并移至下部边缘居中的位置。方法是利用工具箱中的 ℝ（选择工具）选中路径上的文字，向右和向上拖动鼠标，得到如图5-59所示的效果。

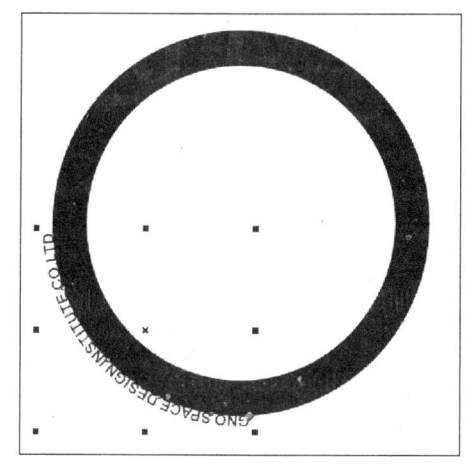

图5-58　沿黑色圆形外轮廓输入文字　　　　　图5-59　将文字移至下部边缘居中的位置

　　（5）在属性栏内设置参数，如图5-60所示，并且分别单击"水平镜像"和"垂直镜像"按钮，使沿线排版的文字向上进行垂直偏移，并进行翻转的操作，效果如图5-61所示。同理，再制作出圆形上半部分的曲线文字，如图5-62所示。

 提示

　　位于上半部分的文字设置为稍微粗一些的字体，而且最好将字距增大。

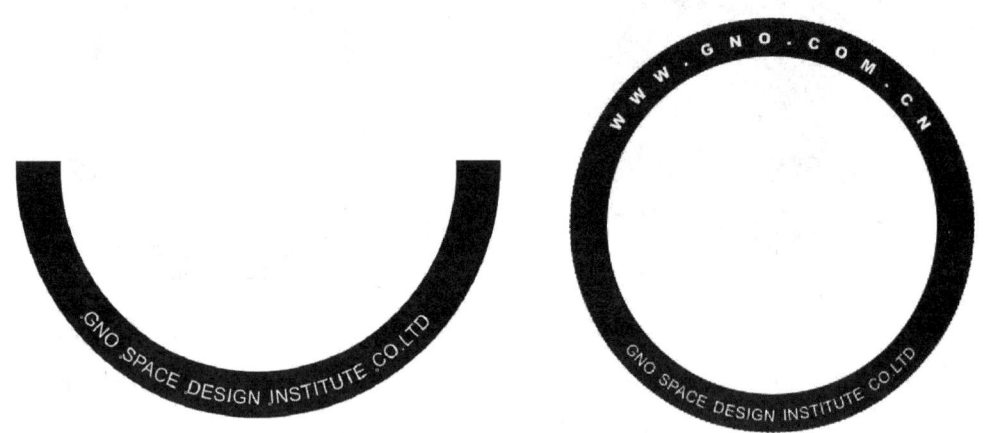

图5-60　沿线排版后的属性栏设置

图5-61　使沿线排版文字向上进行垂直偏移并进行翻转操作　图5-62　制作出圆形上半部分的曲线文字

（6）利用工具箱中的 ▲ （选择工具）选中白色圆形，按小键盘上的〈+〉键原位复制出一份，设置其宽度与高度为100 mm×100 mm，填充设置为无，轮廓色设置为黑色（只是暂时设置为黑色，以便于观看沿线排版的路径，文字输入完成后请将它的边线再设置为无色），如图5-63所示。然后利用工具箱中的 字 （文本工具）在该圆形的外轮廓（顶部）边缘上单击，插入光标，然后输入文本，设置属性栏的"字体"为综艺体简（读者可以自己选择适合的字体），字号为24pt。

（7）沿线排列的文字制作完后，接下来在印章中心部分添加醒目的文字。方法是应用工具箱中的 字 （文本工具）输入文本GNO，设置属性栏的"字体"为Impact（读者可以自己选择适合的字体）。然后，按〈Ctrl+F8〉组合键将文本转为美术字，文字四周出现控制手柄，拖动控制手柄将文字拉大，并将它填充为大红色，边线设置为黑色，"轮廓宽度"设为1.5 mm，如图5-64所示。

图5-63　再制作一圈沿线排版的文字　　　　图5-64　制作红色中心文字

（8）同理，再分别输入两行文本，设置属性栏的"字体"都为Impact。按〈Ctrl+F8〉组合键将文本转为美术字。其中位于下面的一行文字design institute填充颜色设置为红色，边线颜色设置为黑色，"轮廓宽度"为0.35 mm。最后，再按〈Ctrl+I〉组合键导入配套光盘中的"素材及结果\5.6.1印章设计\花纹.tif"，将图片缩小后移至印章中如图5-65所示的位置。

（9）利用工具箱中的 （（选择工具），配合〈Shift〉键，逐个选中位于印章中心的3个文本块、黑白图案和位于最底层的黑色圆形，如图5-66所示。然后在属性栏内单击"对齐与分布"按钮，在弹出的对话框中进行如图5-67所示的设置，使几个文本块和图案在印章内居中对齐。

图5-65 制作其他文字并置入黑白图案

图5-66 选中3个文本块、黑白图和位于底层的黑色圆形

（10）利用 （（选择工具）选中所有图形，然后按〈Ctrl+G〉组合键组成群组。接着在属性栏内设置其旋转角度为10°。至此，整个印章图形制作完成，最后的效果如图5-68所示。

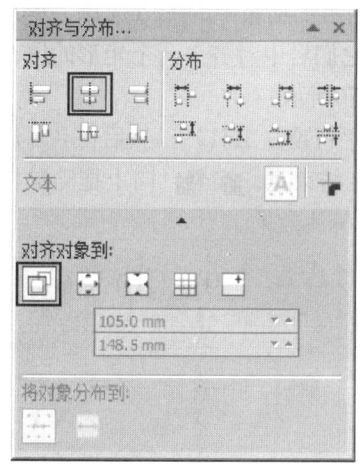

图5-67 "对齐与分布"对话框

图5-68 最后完成的效果图

5.6.2 名片设计

要点:

本例将制作一张简单的名片,效果如图5-69所示。通过本例的学习,应掌握字体、字号、字距、行距、对齐等文字及段落的基本属性的设置方法,以及使用度量工具进行尺寸的具体标注的方法。

图5-69 名片设计

操作步骤:

(1)执行菜单中的"文件|新建"(快捷键〈Ctrl+N〉)命令,新建一个CorelDRAW文档。然后在属性栏中设置纸张宽度与高度为200 mm×150 mm。选择工具箱中的🔲(矩形工具)在页面中绘制两个矩形,设置宽度与高度为90 mm×55 mm(假设此为名片的成品外框)和80 mm×45 mm(假设此为名片的有效印刷区)。接着利用工具箱中的▨(选择工具),按住〈Shift〉键分别选中两个矩形,按〈E〉键和〈C〉键使它们居中对齐(两个矩形的填充为无,边线为黑色,并将"轮廓宽度"设置为0.1mm),如图5-70所示。

(2)为名片添加尺寸的标注。使用工具箱中的✐(平行度量工具),然后在名片成品外框的左上角单击,确定测量开始点,再在右上角单击以确定结束点。接着,向上拖动鼠标(并移动到水平居中的位置),松开鼠标,得到如图5-71所示的标注效果。

图5-70 绘制两个中心对齐的矩形框

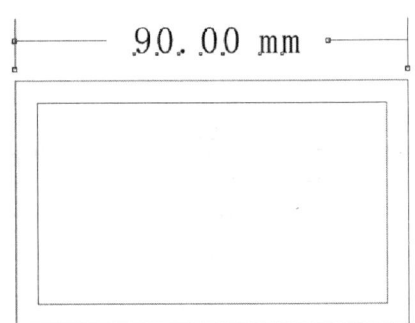

图5-71 添加水平标注

（3）利用工具箱中的 ▸ （选择工具）选中度量效果的文字部分，在属性栏内设置字号为10pt（字体请读者自己选择）。同理，再添加名片的其他部分的水平与垂直标注，如图5-72所示。

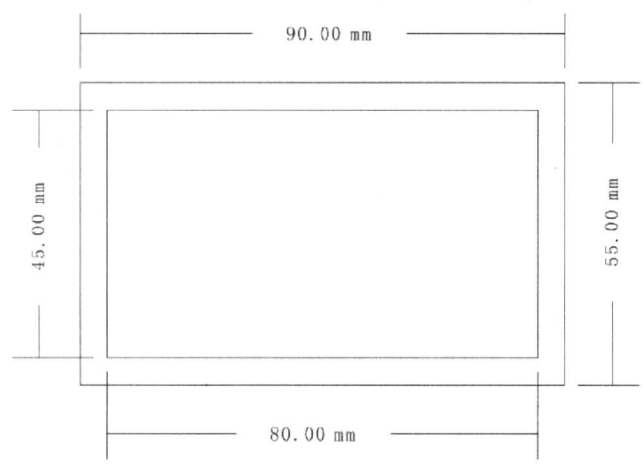

图5-72 在名片周围添加尺寸标注

（4）在名片的中心位置绘制一个标志图形（标志的绘制方法从略）。然后利用工具箱中的 ▤ （文本工具）在页面中输入文本"新辰社"，设置属性栏中的"字体"为行楷。接着按〈Ctrl+F8〉组合键将文本转为美术字，文字四周出现控制手柄，拖动控制手柄将文字拉大，并将它填充为深灰色[参考颜色数值为：CMYK（0，0，0，70）]，效果如图5-73所示。

（5）再输入两行文本，然后利用工具箱中的 ▤ （文本工具）将文本选中，在属性栏中进行如图5-74所示的设置，使位于同一个文本块中的两行文字居中对齐。

图5-73 绘制标志并输入文字　　　　　　图5-74 同一个文本块中的文字居中对齐

（6）利用工具箱中的 ▸ （选择工具），配合〈Shift〉键逐个单击标志、两个文本块和任意一个矩形框。然后执行菜单中的"排列|对齐与分布|垂直居中对齐"命令，结果如图5-75所示。

（7）继续输入几行文本，在属性栏内设置"字体"为细等线简，字号为6pt，然后在"字符格式化"泊坞窗中将文本设置为左对齐，如图5-76所示，接着向下拖动文本框右下角的小箭头，使行距增大。

 **提示**

文本框边缘与名片的有效印刷区边缘重合。

图5-75 将标志、文字与外框垂直居中对齐　　　　　　图5-76 制作左上角文字

（8）参照图5-77所示，添加名片上其他部分的文字。

图5-77 再添加其他部分的文字

（9）名片制作完成后，选中中间代表名片有效印刷区域的矩形框，将其边线设置为无色。完整的名片效果如图5-78所示。另外，为了更好地预览名片的成品效果，还可以选中显示名片边界的矩形框，将其填充色设置为白色，然后利用工具箱中的▣（阴影工具）在矩形上拖动鼠标，生成右下方向的投影，如图5-79所示。

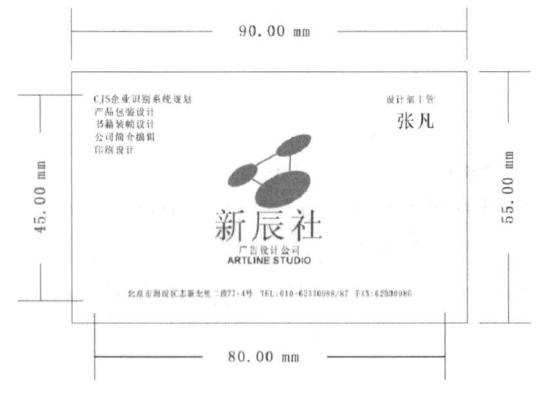

图5-78 完整的名片平面版式

图5-79 添加投影，预览成品效果

5.6.3　三折页设计

 **要点：**

　　本例将制作卡通风格的宣传三折页（三折页正背内容及折页的立体展示效果）。三折页设计的立体展示效果如图5－80所示。CoreIDRAW中可以设置多页文档，因此我们将折页正面和背面放在同一个文件的不同页上。另外，通过本例学习应掌握利用"封套"对象来进行造形；利用工具箱中的"轮廓图工具"来制作多重彩色勾边的卡通文字；通过定义文本"样式"来提高排版时的效率，减少重复操作；通过"图框精确剪裁"功能，利用绘制的路径来裁切和修整图像；在开放的路径上沿线排文；在闭合的路径内部排文，使文本沿任意形状编排的综合应用。

图5－80　三折页设计的立体展示效果图

操作步骤：

　　（1）执行菜单中的"文件｜新建"命令，新创建一个文件，并在属性栏中设置纸张宽度与高度为297 mm×216 mm。然后按快捷键〈Ctrl+J〉打开"选项"对话框，在左侧列表中选中"水平"项，在右侧数值栏内依次输入3和213这两个数值，每次输入完毕单击一次"添加"按钮，如图5－81所示，此时将在页面内部设置2条水平方向的辅助线。接着在左侧列表中选中"垂直"项，在右侧数值栏内依次输入3、100、197和294这4个数值，每次输入完毕单击一次"添加"按钮，以同样的方法再设置4条垂直方向的辅助线，如图5－82所示，设置完毕，单击"确定"按钮。最后在窗口左下角单击 （增加页码）按钮一次，在默认页后面增加一页，如图5－83所示。

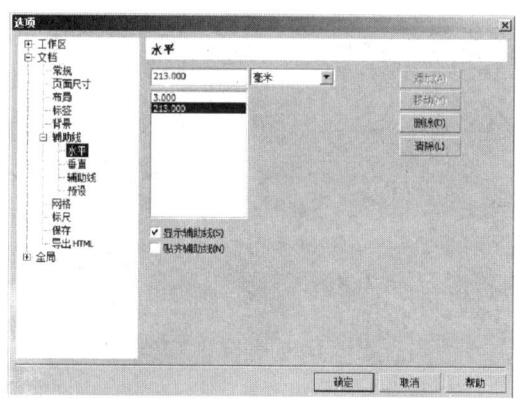

图5－81　设置水平辅助线

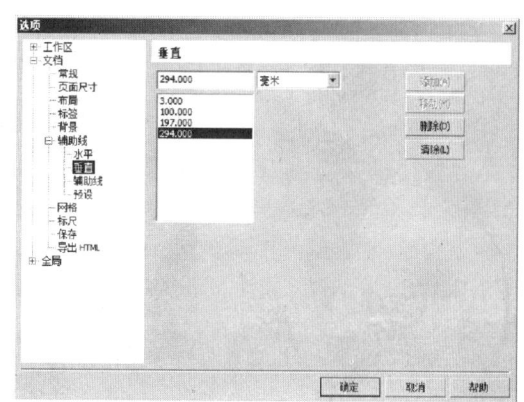

图5－82　设置垂直辅助线

图5-83　设置辅助线和页码后的效果

提示

上下左右最边缘的辅助线是出血线，各线距边为3 mm；位于页面中间的两条垂直的辅助线定义的是三折页的中缝。

（2）双击工具箱中的🔲（矩形工具），生成一个与页面同样大小的矩形。然后执行菜单中的"窗口｜泊坞窗｜颜色"命令，弹出"颜色"泊坞窗，在其中设置填充色为深蓝色，参考颜色数值为CMYK（100，80，50，20）。接着右击"调色板"中的☒（无填充色块）取消边线。最后右击矩形色块，在弹出的菜单中选择"锁定对象"命令，将矩形锁定。

（3）在这个三折页中，有一个贯穿所有内容的核心图形——简洁的人形图标，它在页面中重复出现很多次，下面就来绘制这个图标。方法：使用工具箱中的🔘（椭圆形工具）和✎（贝赛尔工具）绘制如图5-84所示的简单人形，绘制完成后，将它填充为草绿色，参考颜色数值为CMYK（30，0，90，0）。然后利用🔺（挑选工具）将构成人形的图形都选中，按快捷键〈Ctrl+G〉组成群组，并移动到图5-85所示折页靠右侧位置（图形穿过靠右侧折缝）。

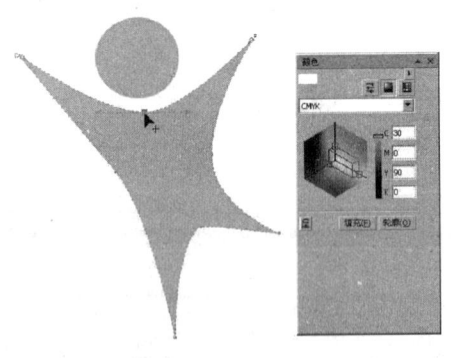

图5-84　绘制简单人形

图5-85　移动位置

（4）将人形图标复制一份并进行水平翻转。方法：利用工具箱中的🔺（挑选工具）选中图形，然后按快捷键〈Alt+F9〉打开"变换"泊坞窗，在其中设置如图5-86所示，单击"应用"按钮，从而在封面图形左侧得到一个复制的镜像图形。接着将它移动到如图5-87所示位置（超出页面外的部分后面要裁掉）。

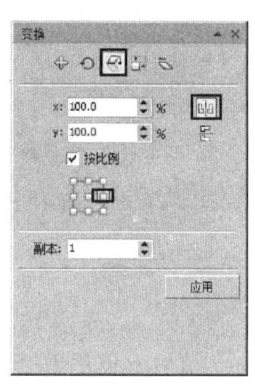

图5-86　在"变换"泊坞窗中进行水平翻转　　　　图5-87　将复制出的镜像图形移到右侧位置

（5）靠右侧的折页是整个三折页的封面部分，在它的中心还有圆形图标和艺术文字。下面先来制作折页封面上的圆形图标。方法：首先利用工具箱中的 ◎（椭圆形工具），按住〈Shift+Ctrl〉键拖动鼠标，在页面中绘制出一个正圆形，然后在属性栏内设置正圆的宽度与高度为68 mm×68 mm，填充为与背景相同的深蓝色，边线为草绿色，参考颜色数值为CMYK（30，0，90，0），"轮廓宽度"为1.5 mm，如图5-88所示。接着按小键盘上的〈+〉键原位复制出一个正圆形，设置其宽度与高度为50 mm×50 mm，填充为天蓝色，参考颜色数值为CMYK（100，0，0，0），从而得到一个中心对称的缩小的圆形，如图5-89所示。

图5-88　绘制出一个正圆形，设置填充与边线　　　　图5-89　复制得到一个中心对称的缩小的圆形

（6）接下来，再按小键盘上的〈+〉键原位复制出一个正圆形，设置其宽度与高度为35 mm×35 mm，填充为与背景相同的深蓝色，如图5-90所示。

（7）在圆形图标的内部有一圈沿圆形边缘排列的文字，需要应用沿线排版的功能来实现。方法：利用工具箱中的 ▷（挑选工具）选中天蓝色的圆形，然后利用工具箱中的 字（文本工具）在圆形的外轮廓边缘上单击鼠标，插入光标。接着输入文本CARTOON CLUB WILL MAKE

YOUR WISH COME TRUE，并在属性栏中设置"字体"为Arial（读者可以自己选择适合的字体），字号为12pt，文字颜色为白色。此时新输入的文字会沿着圆形的外轮廓进行排列，如图5-91所示，在属性栏内将"与路径距离"项设置为1.5 mm，文字与路径拉开一定的距离。

（8）将前面绘制好的两个人形图标各复制一份，然后缩小后置于图5-92所示的中心位置，并将其中一个人形填充为白色，然后添加深蓝色（与背景色相同）的边线。

（9）圆形图标内还包含一个非常重要的文字

图5-90　复制出第3个正圆形并缩小

元素，它被设计为具有扭曲变形与多重勾边的卡通文字效果。下面先输入文字并转为曲线。方法：利用工具箱中的 字（文本工具）在页面外输入文字CARTOON，并在属性栏中设置"字体"为Gill Sans Ultra Bold（读者可以自己选择适合的字体，最好边缘圆滑而且笔画粗一些），字号为36pt，文字颜色为草绿色，然后按快捷键〈Ctrl+Q〉将文本转为曲线，如图5-93所示。

图5-91　使文字沿着天蓝色圆形的外轮廓进行排列

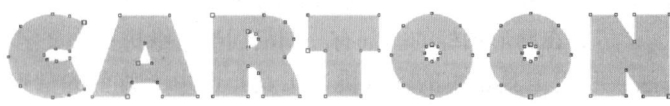

图5-92　复制出两个缩小的人形图标　　　　图5-93　输入文字并将其转为曲线

（10）CorelDRAW可以通过将封套应用于对象来为对象造形，因此我们利用"封套"变形的功能来变形文字。方法：按快捷键〈Ctrl+F7〉打开"封套"泊坞窗，在其中单击"添加新封套"按钮，如图5-94所示，此时文字周围会自动添加一圈矩形路径（封套）。封套由多个节点组成，可以通过移动这些节点来修改封套形状，如图5-95所示。此时文字随着封套的变形而发生扭曲变化。

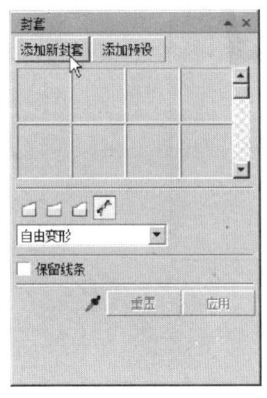

图5-94 "封套"泊坞窗　　　　　　　　图5-95 文字随着封套的变形而发生扭曲变化

（11）同理，再输入文字"CLUB"并将其转换为曲线，然后制作封套变形，得到如图5-96所示的效果。接着利用 （挑选工具）将两个文字图形都选中，按快捷键〈Ctrl+G〉组成群组。

图5-96 输入文字CLUB并制作封套变形

（12）一般来说，多重彩色勾边是文字卡通化的一种常用修饰手法，可以产生一种可爱的描边效果。下面来制作第一层勾边。方法：利用 （挑选工具）选中文字组合，然后选择工具箱中的 （轮廓图工具）在图形上从里向外拖动，松开鼠标后得到如图5-97所示的效果，接着将属性栏中的"轮廓图偏移"参数设为1.5 mm，此时文字向外勾出了一圈黑色的轮廓，形成了第1层勾边效果。最后执行菜单中的"排列|拆分轮廓图群组于图层1"命令，再利用 （挑选工具）单独选中文字的轮廓部分，将它的颜色改为与背景相同的深蓝色，并向左下方稍微移动一点距离，如图5-98所示。

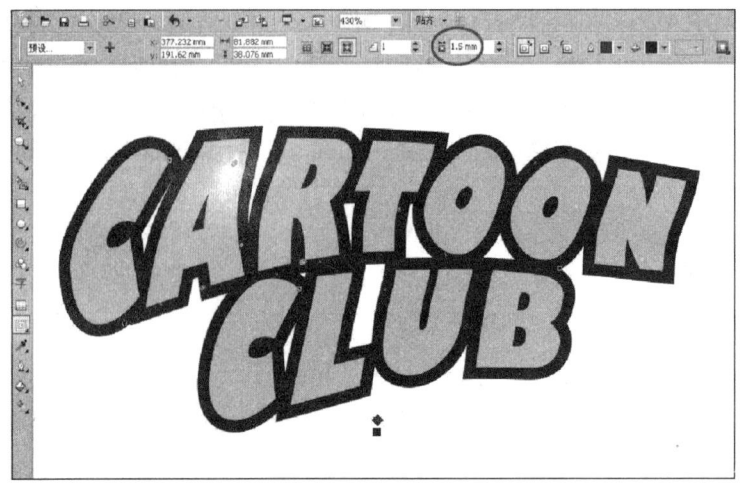

图5-97　利用"轮廓图工具"制作第1层勾边效果

图5-98　拆分轮廓图并将它向左下方稍微移动一点距离

（13）接下来制作第2层勾边。方法：利用 （挑选工具）选中文字的轮廓部分，然后利用 （轮廓图工具）在图形上从里向外拖动，当松开鼠标后得到如图5-99所示的效果。接着在属性栏中将"轮廓图偏移"参数设为1 mm，此时文字又向外勾出了一圈黑色的轮廓，形成了第2层勾边效果。

图5-99　文字又向外勾出了一圈黑色的轮廓

（14）执行菜单中的"排列｜拆分轮廓图群组于图层1"命令，然后利用 （挑选工具）单独选中文字的轮廓部分（第2层轮廓），将它的颜色改为天蓝色，并向左下方稍微移动一点距离，如图5-100所示。接着使用同样的方法，请读者自己制作文字的第3层勾边，颜色为与主体文字相同的草绿色，如图5-101所示。最后利用 （挑选工具）将所有文字及勾边图形都选中，按快捷键〈Ctrl+G〉组成群组。

图5-100　拆分第2层勾边图形并填充为天蓝色　　　　图5-101　添加第3层勾边图形并填充为草绿色

（15）将制作好的卡通文字移至封面圆形图标下方，得到如图5-102所示的效果。然后将卡通文字复制一份，拆组后将所有勾边图形删掉，填充为白色，并放置到封面的最底端。此时缩小全页，整体效果如图5-103所示。

图5-102　卡通文字与圆形图标拼合的效果　　　图5-103　在封面底部再复制一个白色的卡通文字

（16）左侧折页版式较为规则，图、文以整齐的方式排列。下面先来制作图像的圆角效果。方法：利用工具箱中的 （矩形工具），在页面之外绘制一个矩形框，然后利用工具箱中的 （形状工具）在矩形的任一个角上向内拖动，得到圆角矩形（在属性栏内设置边线为浅蓝色，"轮廓宽度"为0.75 mm）。接着按快捷键〈Ctrl+I〉打开"导入"对话框，在其中选择配套光盘"素材及结果\5.6.3 三折页设计\素材\pic-1.tif，pic-2.tif…pic-5.tif"，单击"导入"按钮，此时鼠标光标变为置入图片的特殊状态，最后在页面中单击导入素材，如图5-104所示。

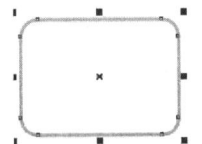

图5-104　绘制圆角矩形框并导入5张素材小图片

（17）利用工具箱中的◯（挑选工具）先单击pic-1.tif，执行菜单中的"效果｜图框精确剪裁｜放置在容器中"命令，此时光标会变为一个很粗的黑色箭头，再用它单击圆角矩形框，此时图片会自动被放置在矩形框内，多余的部分会被裁掉，如图5-105所示。然后在属性栏中设置"对象大小"为30 mm×21 mm，并将图片移动到左侧页如图5-106所示的位置。

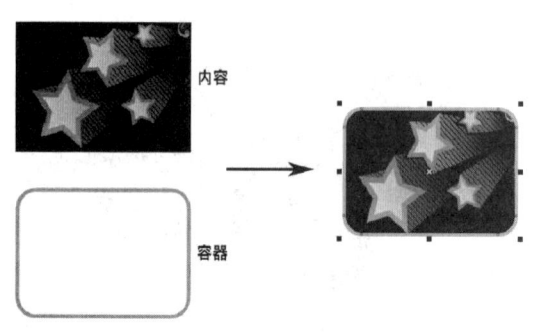

图5-105　将图片pic-1.tif放置到圆角矩形框内

图5-106　将图片移动到左侧页上端

（18）利用工具箱中的字（文本工具）在页面中分别输入如图5-107所示的文本（美术字），将小标题The biggest fan ever的"字体"设为Arial Black（读者可以自己选择适合的粗体字），"字号"为14pt，颜色为橘黄色，参考颜色数值为CMYK（0，20，100，0）。然后将正文内容的"字体"设为Arial，"字号"为10pt，颜色为白色。另外，在图形和正文的下面利用工具箱中的◯（贝赛尔工具）绘制出一条浅蓝色的直线，"轮廓宽度"为0.5 mm。

图5-107　输入美术字并设置文本属性

（19）同理，请读者将其他4张小图片都置入圆角矩形内，然后输入各个部分的小标题文字和正文（字体字号颜色先不用设置），从而形成如图5-108所示的版面效果。注意，每张圆角矩形图片的尺寸都是87 mm×87 mm。接下来，将所有小图片、小标题文字和线条都选中，执行菜单中的"排列｜对齐和分布｜左对齐"命令，使它们纵向左侧对齐。最后也将正文的文本块左侧对齐。

（20）如果逐个去修改每个文本块的文本属性，将是件费时费力的事，在CorelDRAW中使用文本样式可以大幅度地减少重复性操作，提高工作效率。下面先来定义文本样式。方法：利用◯（挑选工具）点中小标题文字，右击，在弹出的菜单中选择"样式｜保存样式属性"命令，接着在弹出的对话框中进行设置，如图5-109所示，单击"确定"按钮。接着在弹出的对话框中进行设置如图5-110所示，单击"确定"按钮。此时小标题文本属性被保存为样式"text-1"，样式中包含了字体、字号、颜色、字距、行距等文本属性。最后将正文部分选中，定义为样式"text-2"。

（21）现在可以应用刚才设置好的文本样式了。方法：利用工具箱中的  （挑选工具）点中另一个小标题文字，单击鼠标右键，在弹出的菜单中选择"样式｜应用｜text-1"命令，如图5-111所示，此时文字的字体、字号、颜色等属性会自动进行更换，如图5-112所示。同理，将所有小标题文字的样式都设置为"text-1"，而将所有正文都设置为"text-2"，如图5-113所示。

图5-108 将小图片和文字都添加到版面中

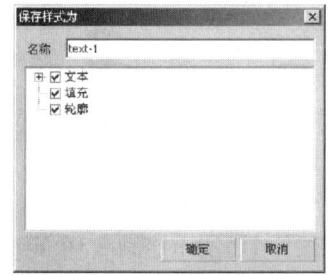

图5-109 "保存样式为"对话框

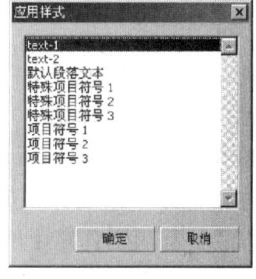

图5-110 将小标题文字样式定义为"text-1"

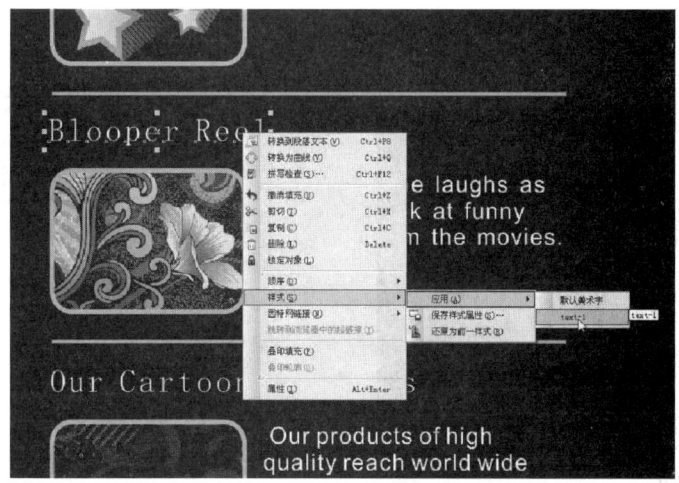

图5-111 在右键弹出菜单中应用刚才存储的样式"text-1"

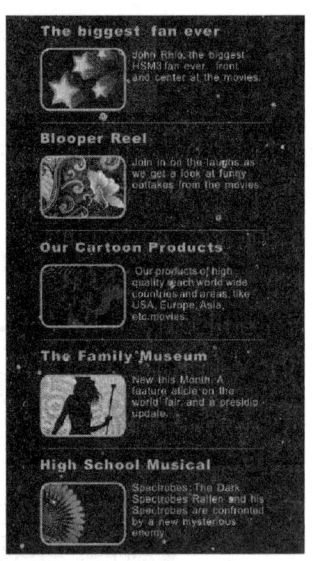

图5-112　选中文字的字体、字号、颜色等属性自动更换　　　图5-113　为所有文字应用样式

 提示

对于版面中重复出现的相同属性的文本，一般都要定义为样式，以求精确和省时。

（22）至此，折页正面的三页内容已制作完成，下面利用工具箱中的 🖼 （裁剪工具）画出一个矩形框（包括三折页的成品尺寸和出血），然后在框内双击鼠标。这样，框外多余的部分就都被裁掉，整体效果如图5-114所示。

（23）单击窗口左下角图标"页2"进入下一页，这一页包含折页背面的3页。下面先来设置背景颜色。方法：利用工具箱中的 🔲 （矩形工具），如图5-115所示绘制出3个矩形，然后从左至右分别填充为草绿色，参考颜色数值为CMYK（30，0，90，0）；深蓝色，参考颜色数值为CMYK（100，80，50，20）；浅蓝色，参考颜色数值为CMYK（50，0，0，0），接着右击"调色板"中的 ⊠ （无填充色块）取消边线的颜色。

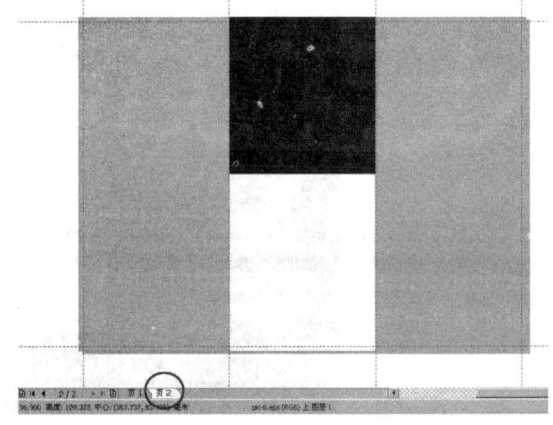

图5-114　进行版面裁切后的三折页正面效果　　　图5-115　在第2页绘制3个矩形并进行填色

位于中间页的矩形高度只需设为大约页面的一半即可。

（24）按快捷键〈Ctrl+I〉打开"导入"对话框，在其中选择配套光盘中的"素材及结果\5.6.3 三折页设计\素材\pic-6.eps"，单击"导入"按钮。然后在弹出的"导入EPS"对话框中单击"曲线"单选按钮，如图5-116所示，单击"确定"按钮。此时鼠标光标变为置入图片的特殊状态，接着在页面中单击即可导入素材，如图5-117所示。由于图像上部的背景位于Photoshop剪切路径之外，因此置入后自动透明。最后将它放缩到合适大小后移到如图5-118所示中间页位置。

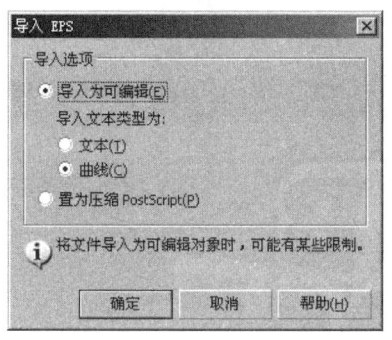

图5-116 "导入EPS"对话框

图5-117 导入后的素材图"pic-6.eps"

图5-118 将图像缩小后置于中间折页位置

> **提示**
>
> "pic-6.eps"图片事先在Photoshop中存储了一个路径,然后在"路径"面板中将路径存储为"剪切路径",接着将图像存储为Photoshop EPS格式。这样,图片在置入CorelDRAW后会自动去除背景。

(25)利用工具箱中的⬚(贝赛尔工具)绘制出如图5-119所示的闭合图形(上部为弧形),并将它填充为白色,边线设置为无。然后在这部分白色图形上添加正文内容,如图5-120所示。

图5-119 绘制白色闭合图形(上部为弧形)

图5-120 在白色图形上添加正文内容

(26)中间页制作完成后,下面进行左侧面的图文排版,并对置入后的左侧页的图像进行外形的修改。方法:按快捷键〈Ctrl+I〉打开"导入"对话框,在其中选择配套光盘中的"素材及结果\5.6.3 三折页设计\素材\pic-7.tif",如图5-121所示。该图内容的主体是一个冲浪的人物。下面以它为中心,利用工具箱中的⬚(贝赛尔工具)绘制出如图5-122所示的闭合图形,外形随意,只要保证曲线流畅即可。然后左键单击"调色板"中的⊠(无填充色块)取消填充的颜色,轮廓线暂时设置为白色,"轮廓宽度"为0.75 mm。

图5-121 置入素材图"pic-7.tif"

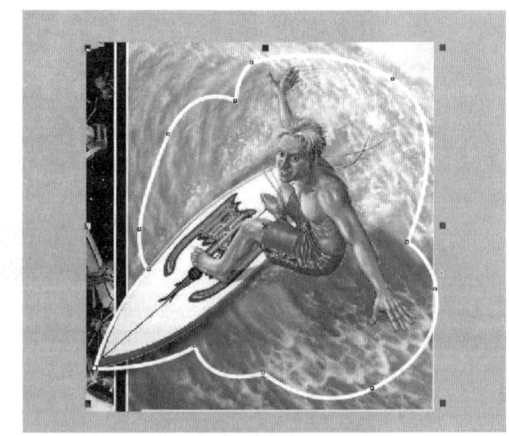

图5-122 在图像上绘制闭合曲线路径

(27)接下来,以曲线路径为容器来裁切图像。方法:利用工具箱中的⬚(挑选工具)先点中冲浪的图像，执行菜单中的"效果｜图框精确剪裁｜置于图文框内部"命令，此时光标变为一个很粗的黑色箭头，再用它点中刚才绘制的闭合路径，此时图片会自动被放置在容器内，多余的部分被裁掉，如图5−123所示。然后放大局部，利用 （形状工具）修改路径与节点，容器内的图像外形也随之发生变化，如图5−124所示。

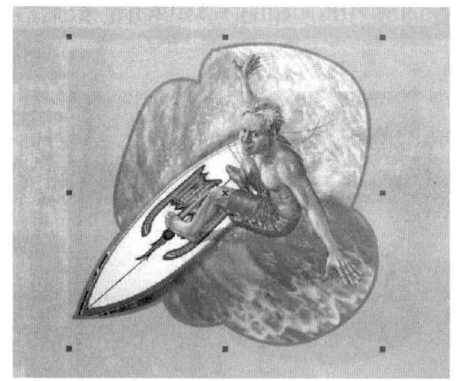

图5−123　以曲线路径为容器来裁切图像

图5−124　修改路径与节点，容器内的图像外形也随之发生变化

　　（28）添加左侧页的文本，得到如图5−125所示的效果。

　　（29）现在开始进行右侧面的图文排版，先将右侧页的基本图文置入。方法：按快捷键〈Ctrl+I〉打开"导入"对话框，在其中选择配套光盘中的"素材及结果\5.6.3 三折页设计\素材\pic-8.tif"，如图5−126所示。然后参照前面步骤（26）和（27）的方法，利用"图框精确剪裁"功能将图片放置于一个椭圆形内，如图5−127所示。

图5−125　添加左侧页的文本

图5−126　置入素材图"pic-8.tif"

　　（30）回到"页1"，将折页封面上绘制的两个人形图标各复制一份，粘贴到"页2"的右侧及中间页中。然后调整大小、位置、旋转角度和颜色，如图5-128所示。

（31）右侧页面中还有最后一个技术要点——图形内排文，这也是图文混排时常用的技巧。下面利用工具箱中的 🔲（贝赛尔工具）绘制出图5-129所示的闭合图形，注意图形左侧的曲线与人形的曲线一致，这样能使图文在视觉上相呼应。然后利用工具箱中的 字（文本工具）在闭合路径上端单击鼠标，接下来输入的文本会自动排列在图形内部，如图5-130所示。最后右击"调色板"中的 ⊠（无填充色块）取消边线的颜色。

图5-127　利用"图框精确剪裁"功能将图片放置于椭圆形内

图5-128　复制两个人形图标贴入

图5-129　绘制闭合路径

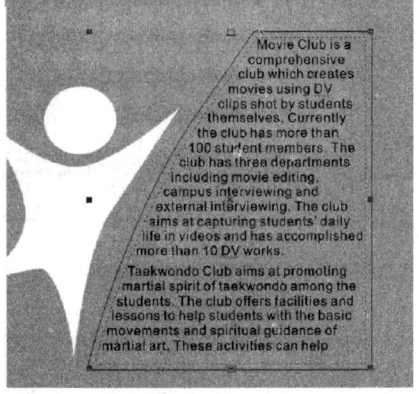

图5-130　文本会自动排列在图形内部

> **提示**
>
> 　　图形内排文的路径一定要是闭合路径，开放路径上输入的文字会自动变为路径上排文。如果要将图形内排列的文本与图形分开，使两者成为独立的两个对象，可以执行菜单中的"排列|拆分路径内的段落文本"命令，即可使文本对象与路径分离。

（32）此时三折页背面的3页也编排完毕，整体效果如图5-131所示。为了能够更加直观而真实地显示出最后的成品展示效果。下面在Photoshop中为三折页制作了一幅立体展示效果图，如图5-132所示。在CorelDRAW中也可以制作出同样的展示效果（包括倒影、投影和反光），这里限于篇幅，请读者自己思考制作。

图5-131 三折页背面的整体编排效果

图5-132 三折页设计的立体展示效果图

课 后 习 题

1. 填空题

（1）在CorelDRAW X6中文本分为_____和_____两种类型。

（2）利用_____命令，可以使文本沿着各种路径进行排列。

2．选择题

（1）在CorelDRAW X6中，用户可以对创建的文本设置下列哪些属性？（　　）

A．字体　　　　　　　　B．字号　　　　　C．字符间距　　　　　　D．字符位移

（2）在CorelDRAW X6中，用户可以对创建的段落文本设置下列哪些属性？（　　）

A．缩进　　　　　　　　B．分栏　　　　　C．添加制表位　　　　　D．链接段落文本框

3．问答题/上机练习

（1）简述美术字文本与段落文本间的区别。

（2）练习：制作如图5-133所示的名片效果。

图5-133　名片效果

第6章

图形的特殊效果

📕 本章要点

CorelDRAW X6提供了多种特殊处理的工具和命令，通过应用这些效果和命令，可以制作出多样的图形特殊效果。通过本章学习应掌握以下内容：

■ 掌握调和效果的使用。

■ 掌握轮廓图效果的使用。

■ 掌握变形效果的使用。

■ 掌握透明效果的使用。

■ 掌握立体效果的使用。

■ 掌握其他特殊效果的使用。

6.1　调　和　效　果

"调和"效果是指在两个或多个对象之间进行形状混合渐变的一种效果。通过应用这一效果，可在选择的对象之间创建一系列的过渡效果，这些过渡对象的各种属性都将介于两个源对象之间。

6.1.1　创建调和效果

调和是CorelDRAW　X6中的一项重要功能，运用该功能可以在矢量图形之间产生颜色、轮廓和形状上的变化。创建调和效果的具体操作步骤如下：

（1）利用工具箱中的◎（椭圆形工具）绘制两组图形对象，如图6-1所示。

（2）选择工具箱中的🖳（调和工具），然后将鼠标光标放在图形上，此时光标变为📍形状，如图6-2所示。

（3）在左侧的一组图形上单击并按住鼠标左键不放，然后拖动鼠标到右侧的一组图形上，再释放鼠标，结果如图6-3所示。

（4）在"交互式调和工具"属性栏中的"预设"列表中选择一种预设调和样式，如图6-4所示，结果如图6-5所示。

📟 提示

　　单击"交互式调和工具"属性栏中的 ➕ 按钮，如图6-6所示，可以将调整好的调和效果添加到"预设"列表中。

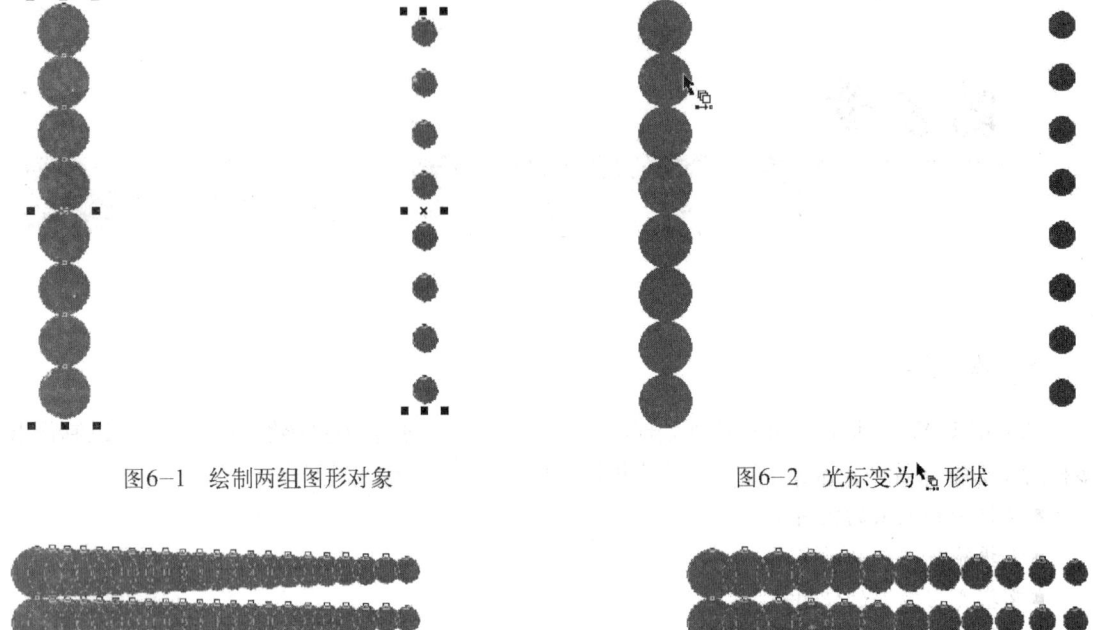

图6-1　绘制两组图形对象　　　　　　　　　　图6-2　光标变为形状

图6-3　默认调和效果　　　　图6-4　选择一种调和样式　　　　图6-5　调整后的调和效果

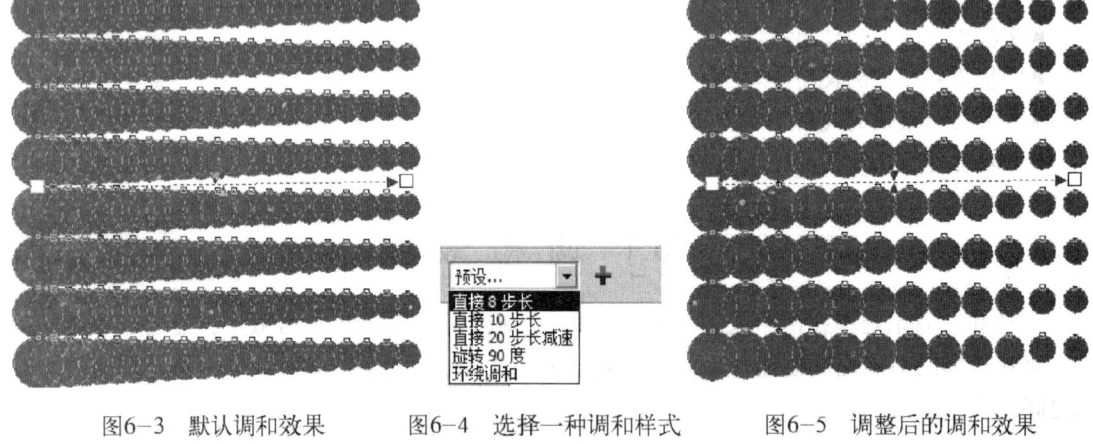

图6-6　单击按钮

6.1.2　控制调和效果

对于制作了调和效果的图形对象，还可以进行改变调和对象中起点及终点的图形颜色，移动、旋转、缩放调和对象，改变调和速度等一系列调整操作。这些操作可以在"调和"泊坞窗中完成，也可以在（调和工具）属性栏中完成，下面将讲解利用（调和工具）属性栏来控制调和效果的方法。

1. 改变起点和终点图形颜色

改变调和对象起点和终点图形颜色的具体操作步骤如下：

（1）利用工具箱中的（选择工具）选中调和对象。

（2）单击"调和工具"属性栏中的 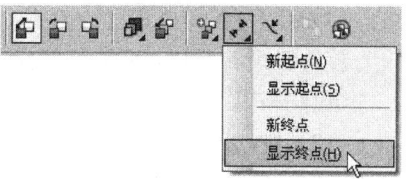（起始和结束对象属性）按钮，然后从弹出菜单中选择"显示起点"或"显示终点"命令（此时选择的是"显示终点"命令），如图6-7所示，结果如图6-8所示。

图6-7　选择"显示终点"

> **提示**
>
> 利用工具箱中的 （选择工具）单击调和对象中的"显示起点"或"显示终点"也可选中相关图形。

（3）在绘图区右侧的调色板中单击白色色块，从而将调和对象中的终点图形的颜色设为白色，结果如图6-9所示。

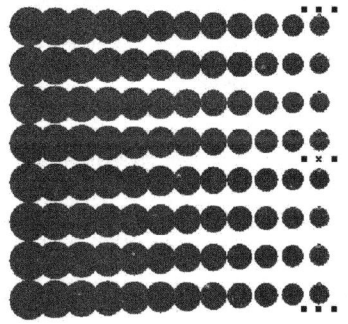

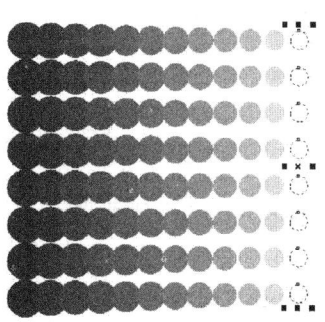

图6-8　选中终点图形　　　　　图6-9　改变终点图形颜色的效果

2．移动、旋转、倾斜或缩放调和对象

1）移动调和对象中的图形

移动调和对象中图形的具体操作步骤如下：

（1）利用工具箱中的 （选择工具）选中调和对象中起始或终止图形（此时选择的是起始图形），如图6-10所示。

（2）将起始图形移动到相应位置，然后松开鼠标，此时与之相应的调和产生的一系列对象也随之发生有序的移动，如图6-11所示。

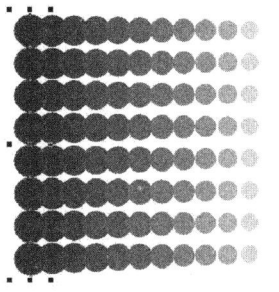

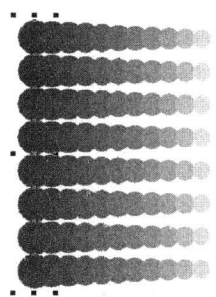

图6-10　选中起始图形　　　　　图6-11　移动起始图形的效果

2）旋转及倾斜调和对象

旋转及倾斜调和对象的具体操作步骤如下：

（1）利用工具箱中的 ▣（选择工具）双击调和对象，进入旋转状态，如图6-12所示。

（2）旋转调和对象。方法是将鼠标放在调和对象的4个角中的任意一个角上，当鼠标变为
↻ 形状时，即可旋转对象，如图6-13所示。

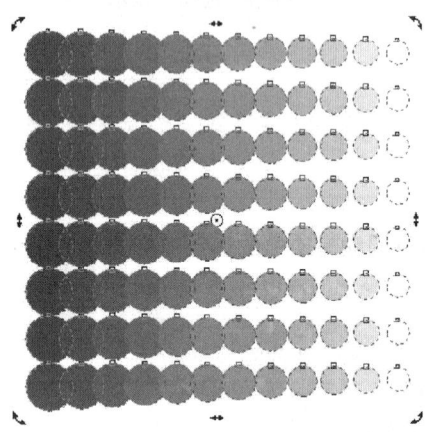
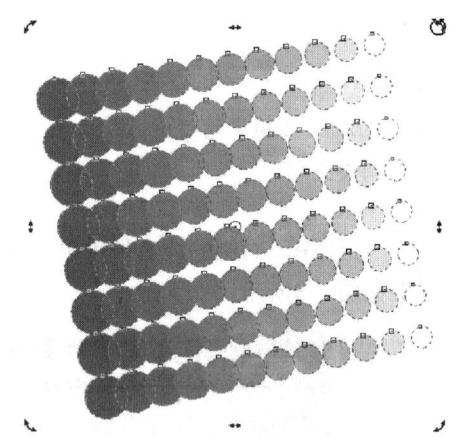

图6-12　进入旋转状态 　　　　　　　　　　　　图6-13　旋转调和对象效果

（3）倾斜调和对象。方法是将鼠标放置在水平边的中点标志上，当鼠标变为⇌形状时，即
可沿水平方向倾斜对象，如图6-14所示；若将鼠标放置在垂直边的中点标志上，当鼠标变为↕
形状时，即可沿垂直方向倾斜对象，如图6-15所示。

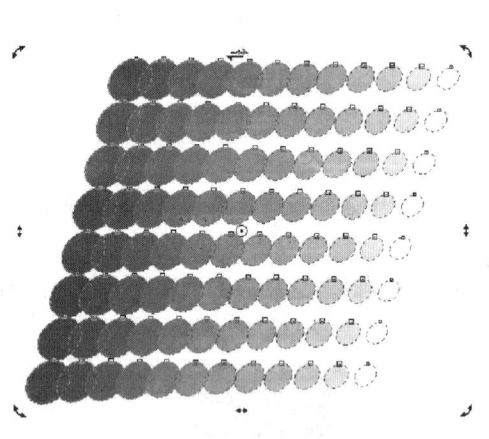
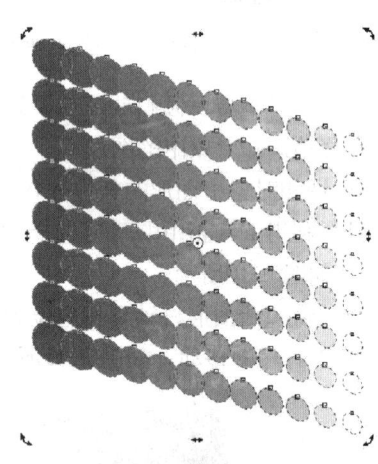

图6-14　水平倾斜调和对象 　　　　　　　　　图6-15　垂直倾斜调和对象

3．改变调和速度

改变调和速度的方法有以下两种：

●用鼠标调节调和控制虚线中间的两个三角形滑块，如图6-16所示。

●单击"调和工具"属性栏中的 ▣（对象和颜色加速）按钮，然后在弹出菜单中调整"对
象"滑块，如图6-17所示。结果如图6-18所示。

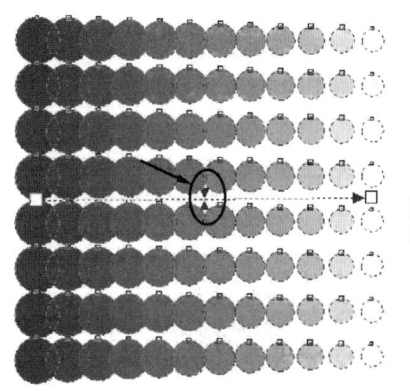 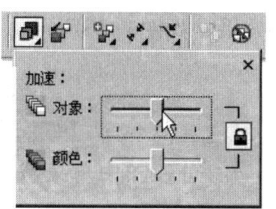 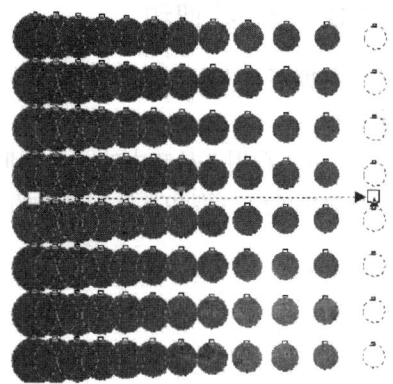

图6-16 两个三角形滑块　　　图6-17 调整"对象"滑块　　　图6-18 改变调和速度

4．添加调和断点

添加调和断点的操作步骤如下：

（1）利用工具箱中的 （调和工具）选中调和对象，如图6-19所示。

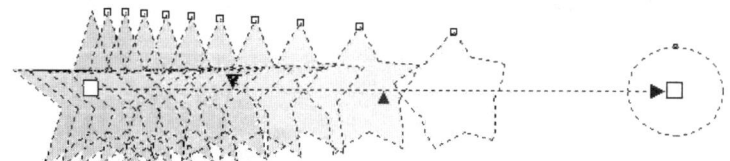

图6-19 选中调和对象

（2）在调和所产生的控制虚线上双击，即可添加断点，如图6-20所示。

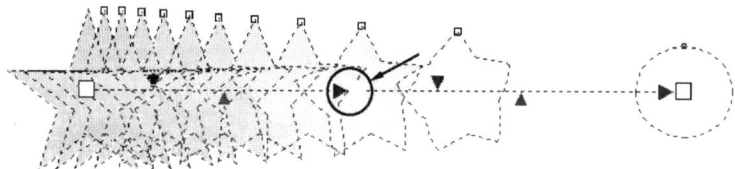

图6-20 添加断点

（3）选中断点，然后移动其位置，此时调和对象的形状随之改变，如图6-21所示。

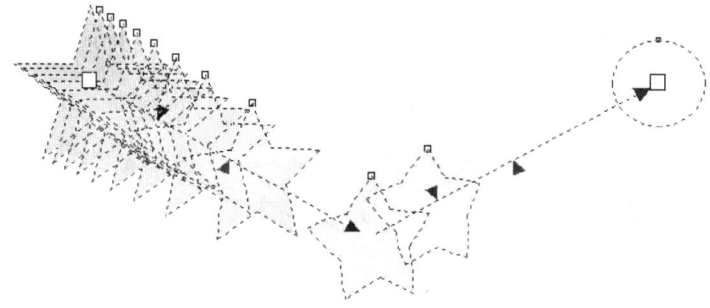

图6-21 调整断点的位置

6.1.3 沿路径调和

沿路径调和可以将一个或多个对象沿着一条或多条路径进行调和。沿路径调和的具体操作步骤如下：

（1）利用工具箱中的（星形工具）创建一大一小两个五角星，如图6-22所示。然后利用工具箱中的（调和工具）制作调和效果，如图6-23所示。

图6-22　创建一大一小两个五角星　　　　图6-23　调和效果

（2）利用工具箱中的（贝塞尔工具）绘制如图6-24所示的路径。

（3）右击调和图形控制虚线中间的三角形滑块，从弹出的快捷菜单中选择"新路径"命令，如图6-25所示（或单击属性栏中的（路径属性）按钮，从弹出的下拉菜单中选择"新路径"命令）。然后将鼠标光标移动到路径上，此时光标变为形状，如图6-26所示。接着单击鼠标，即可沿路径调和，结果如图6-27所示。

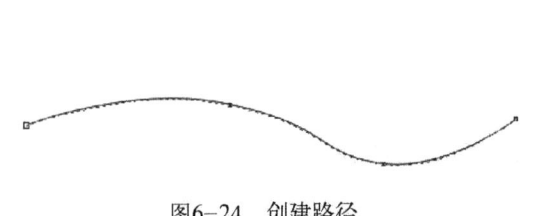

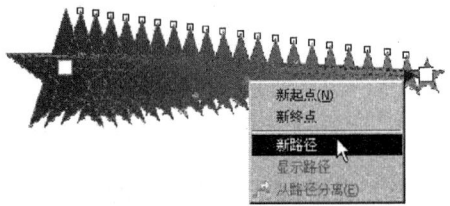

图6-24　创建路径　　　　　　　　　图6-25　选择"新路径"命令

图6-26　鼠标变为 ✍ 形状　　　　　　图6-27　沿路径调和效果

（4）此时图形的起点和终点并没有与路径的起点和终点重合，下面就来解决这个问题。方法是利用工具箱中的（选择工具）分别选中起点和终点的五角星，然后将它们分别移动到路径的起点和终点即可，结果如图6-28所示。

图6-28　调整起点和终点的位置

（5）此时图形数量过多，下面适当减少图形的数量。方法是在 （调和工具）属性栏中将 （调和对象）的数值设为5，如图6-29所示，结果如图6-30所示。

图6-29　设置参数　　　　　　　　　　　　　图6-30　减少图形数量的效果

（6）此时图形只是沿路径调和，而没有沿路径旋转，下面就来解决这个问题。方法是利用工具箱中的 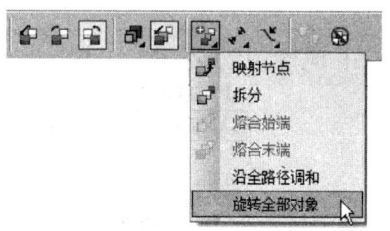（调和工具）选中调和对象，然后单击属性栏中的 （更多调和选项）按钮，在弹出的下拉菜单中选中"旋转全部对象"复选框，如图6-31所示，结果如图6-32所示。

图6-31　选中"旋转全部对象"复选框　　　　　图6-32　沿路径旋转调和对象

6.1.4　复合调和

复合调和是指在已有的调和对象基础上再次进行调和操作，从而得到特殊的调和效果。复合调和的具体操作步骤如下：

（1）在已有的调和对象中再绘制一个椭圆，如图6-33所示。

（2）在未选择任何对象的情况下选择工具箱中的 （调和工具），然后在属性栏中设置 （调和对象）的数值为3，接着将鼠标光标放在椭圆上，此时光标变为  形状，再按住并拖动鼠标到已创建的调和对象的起点或终点上释放即可复合调和，结果如图6-34所示。

图6-33　绘制一个椭圆　　　　　　　　　　　图6-34　复合调和效果

6.1.5 拆分调和对象

拆分调和对象是指将已创建调和的对象进行拆分，从而得到一组调和形成的图形对象。拆分调和对象的具体操作步骤如下：

（1）利用工具箱中的 🔲（选择工具）选中要拆分的调和对象，如图6-35所示。

（2）选择工具箱中的 🔲（调和工具），然后单击属性栏中的 🔲（更多调和选项）按钮，在弹出的下拉菜单中单击 🔲（拆分）按钮，如图6-36所示。接着将鼠标光标放在要拆分的图形上，此时光标会变为 形状，如图6-37所示。再单击鼠标即可将其拆分出来，如图6-38所示。

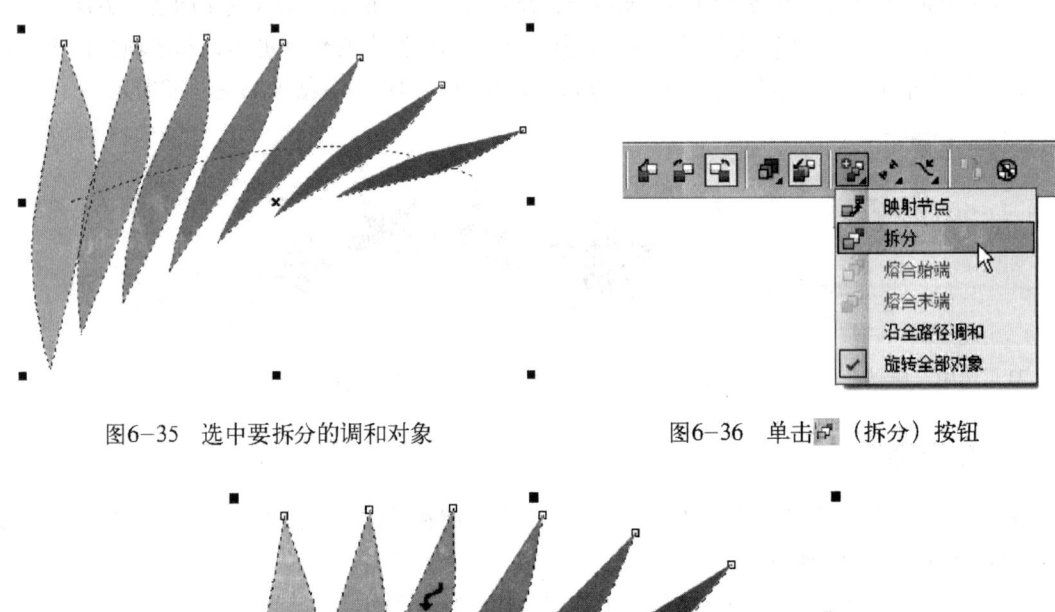

图6-35 选中要拆分的调和对象　　　　图6-36 单击 🔲（拆分）按钮

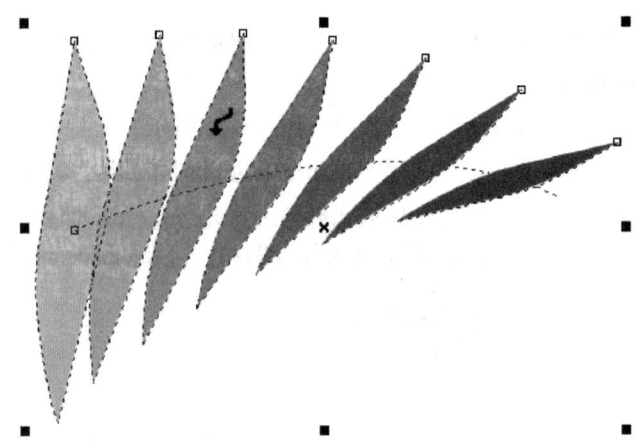

图6-37 光标会变为 形状

> **提示**
>
> 执行"窗口|泊坞窗|调和"命令，然后在调出的"调和"泊坞窗中单击 🔲（更多调和选项）选项卡，再单击"拆分"按钮，如图6-39所示，也可完成拆分。

（3）拆分后的对象并没有彻底拆分出来，还不能进行单独移动等操作。如果要进行彻底拆分，必须执行菜单中的"排列|拆分元素的复合对象"命令，才能将拆分对象分离为独立对象。

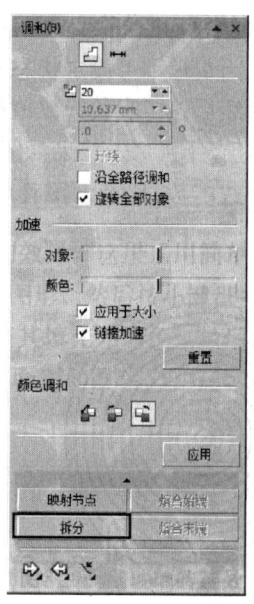

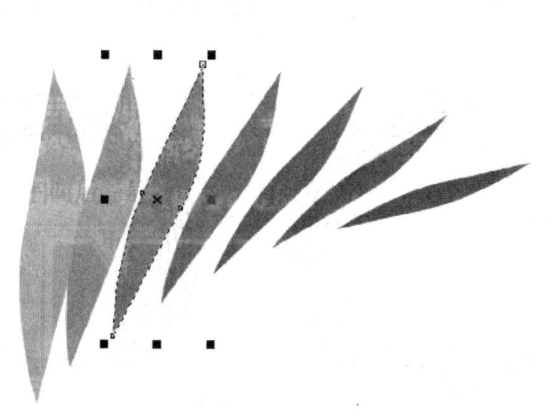

图6-38 拆分效果

图6-39 单击"拆分"按钮

6.2 轮廓图效果

"轮廓图"效果是指在对象本身的轮廓内部或外部创建一系列与其自身形状相同，但颜色或大小有所区别的轮廓线效果，这些轮廓线彼此的间距以及轮廓线的数量和位置都可以在该效果的泊坞窗中进行设置。

创建轮廓图可以通过泊坞窗和"轮廓图"属性栏两种方法来实现。

1．通过泊坞窗创建轮廓图

通过泊坞窗创建轮廓图的具体操作步骤如下：

（1）利用工具箱中的 （选择工具）选中需要创建轮廓图的对象（此时选择的是一个圆形），如图6-40所示。

（2）执行菜单中的"效果|轮廓图"命令，调出"轮廓图"泊坞窗，如图6-41所示。

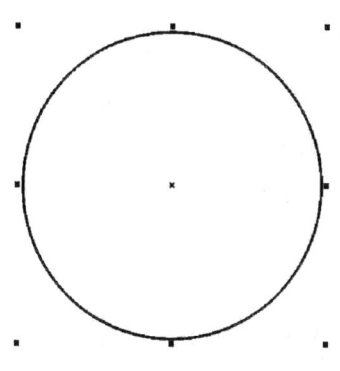

图6-40 选择圆形

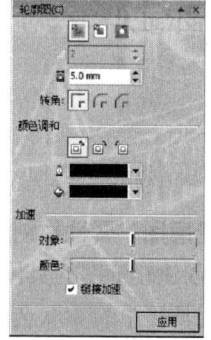

图6-41 "轮廓图"泊坞窗

（3）激活 ■（向中心）按钮，然后在"偏移"数值框中输入相邻轮廓线之间的间距（此时"步长"为灰色不可设定状态），单击"应用"按钮，结果如图6-42所示；激活■（内部轮廓）按钮，然后在"步长"数值框中输入轮廓线的数目为5，再单击"应用"按钮，此时将从圆形向内偏移出5个圆形，结果如图6-43所示；激活■（外部轮廓）按钮，然后在"步长"数值框中输入轮廓线的数目为5，接着单击"应用"按钮，此时将从圆形向外偏移出5个圆形，结果如图6-44所示。

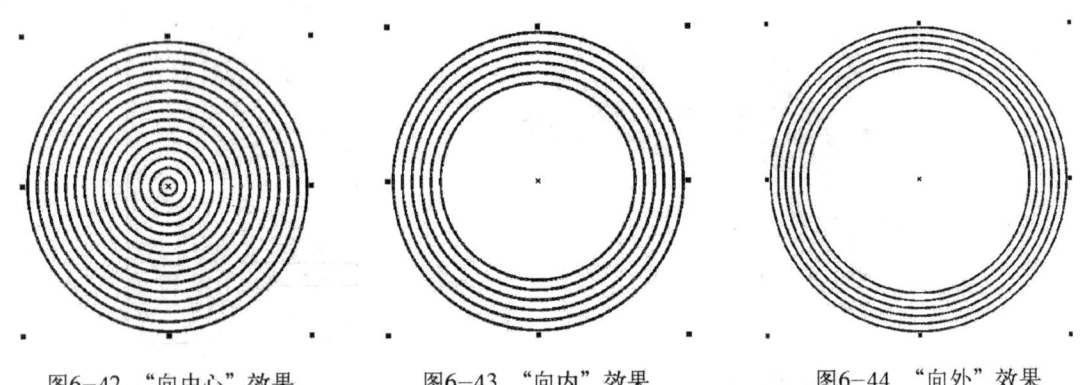

图6-42 "向中心"效果　　图6-43 "向内"效果　　图6-44 "向外"效果

（4）此时轮廓线之间的间距是一致的，如果要产生轮廓线之间间距不同的效果，可以调整"加速"选项组中的"对象"滑块，如图6-45所示。

（5）如果要使轮廓线产生颜色变化，可以通过调整"轮廓图"泊坞窗中 ■右侧的颜色块设置最终轮廓线颜色，如图6-46所示。设置完毕后，单击"应用"按钮，即可看到效果，如图6-47所示。

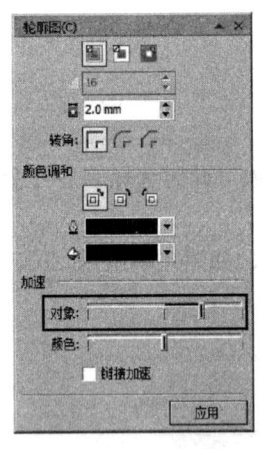　　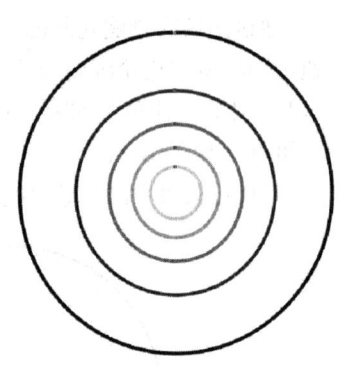

图6-45 设置"对象加速"　图6-46 设置最终轮廓线颜色　图6-47 不同轮廓线间距及颜色效果

2．通过"轮廓图"属性栏创建轮廓图

通过属性栏创建轮廓图的具体操作步骤如下：

（1）利用工具箱中的 ■（选择工具）选中需要创建轮廓图的对象。

（2）单击工具箱中的 ■（调和工具），在弹出的隐藏工具中选择■（轮廓图工具），然后在其属性栏中单击■（向中心）、■（内部轮廓）或 ■（外部轮廓）按钮选择轮廓线产生的方式，在  数值框中输入轮廓线的数量，在 数值框中输入相邻轮廓线之间的距离，如图6-48所示。设置完成后按键盘上的〈Enter〉键，即可看到效果。

图6-48 （轮廓图工具）属性栏

6.3　变　形　效　果

利用工具箱中的 （变形工具），可以对图形或美术字对象进行推拉、拉链或扭曲等变形操作，从而改变对象的外观，创造出奇异的变形效果。

6.3.1　推拉变形效果

"推拉变形"是通过工具箱中的 （变形工具）实现的一种对象变形效果。具体效果分为"推"（即将需要变形的对象中的节点全部推离对象的变形中心）和"拉"（即将需要变形的对象中的节点全部拉向对象的变形中心）两种，而且对象的变形中心还可以进行手动调节。推拉变形的具体操作步骤如下：

（1）利用工具箱中的 （多边形工具）绘制一个五边形，如图6-49所示。

（2）单击工具箱中的 （交互式调和工具），在弹出的隐藏工具中选择 （变形工具），然后在其属性栏中单击 （推拉变形）按钮，如图6-50所示。

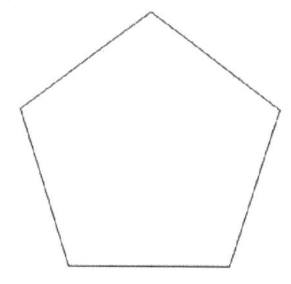

图6-49　创建五边形

图6-50 （交互式变形工具）属性栏

（3）利用鼠标单击五边形，然后向左拖动鼠标，结果如图6-51所示；如果向右拖动鼠标，结果如图6-52所示。

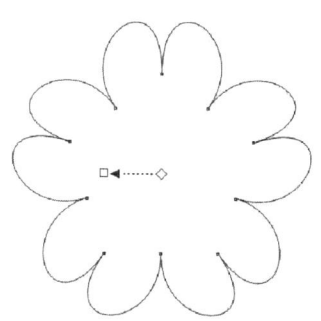

图6-51　向左拖动鼠标效果

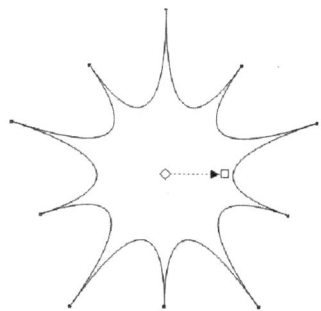

图6-52　向右拖动鼠标效果

（4）在推拉效果完成后，还可以通过移动□滑块的位置来调整推拉效果。

 提示

　　在属性栏中单击"预设"列表框，从弹出的快捷菜单中可以选择一种推拉样式，如图6-53所示。

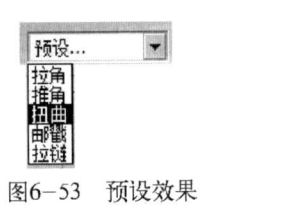

图6-53　预设效果

6.3.2　拉链变形效果

　　"拉链变形"是通过工具箱中的 （变形工具）实现的另一种对象变形效果。经过"拉链变形"后，对象的边缘将呈现锯齿状的效果。拉链变形的具体操作步骤如下：

　　（1）利用工具箱中的□（矩形工具）绘制一个矩形，如图6-54所示。

　　（2）单击工具箱中的 （调和工具），在弹出的隐藏工具中选择 （变形工具），然后在其属性栏中单击 （拉链变形）按钮，如图6-55所示。

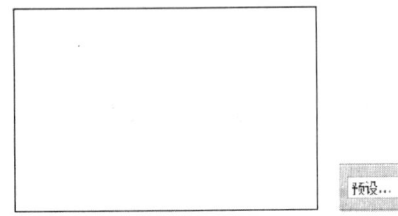

图6-54　绘制矩形

图6-55　单击 （拉链变形）按钮

　　（3）在 （拉链失真振幅）数值框中调整变形的幅度，此时设定为160；然后在 （拉链失真频率）数值框中调整其失真的频率，此时设定为3；接着单击 （随机变形）、 （平滑变形）或 （局部变形）按钮，即可产生拉链变形效果。图6-56为单击不同按钮后的效果比较。

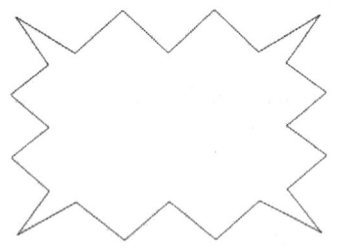

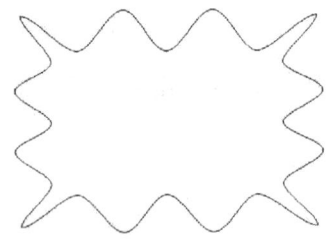

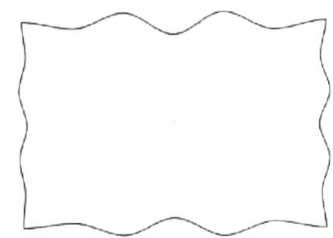

（a） （随机变形）效果　　　　　（b） （平滑变形）效果　　　　　（c） （局部变形）效果

图6-56　不同拉链变形效果

6.3.3　扭曲变形效果

　　利用 （变形工具）实现的最后一种变形就是"扭曲变形"，经过"扭曲变形"后，对象的边缘将呈现出类似于"旋风"的效果。扭曲变形的具体操作步骤如下：

（1）利用工具箱中的□（星形工具）绘制一个五角星，如图6-57所示。

（2）单击工具箱中的□（调和工具），在弹出的隐藏工具中选择□（变形工具），然后在其属性栏中单击□（扭曲变形）按钮，如图6-58所示。

图6-57　绘制一个五角星

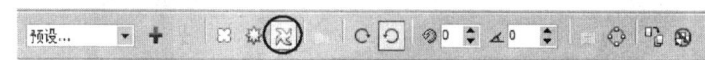

图6-58　单击□（扭曲变形）按钮

（3）利用鼠标单击五角星，然后单击□（顺时针旋转）按钮，在□（完全旋转）数值框中输入扭曲变形的圈数，此时设为0；接着在□（附加旋转）数值框中输入旋转的角度，此时设为90°，结果如图6-59所示。

（4）单击属性栏中的□（逆时针旋转）按钮，可改变扭曲变形的方向，结果如图6-60所示。

图6-59　顺时针扭曲变形效果　　　　　图6-60　逆时针扭曲变形效果

6.4　透　明　效　果

"透明"效果是指通过改变对象填充颜色的透明程度来创建的独特视觉效果。使用工具箱中的□（透明度工具）可以方便地为对象添加"标准""渐变""图样"和"底纹"等透明效果。

6.4.1　标准透明效果

添加标准透明效果的具体操作步骤如下：

（1）选择工具箱中的□（椭圆形工具），配合〈Ctrl〉键，绘制一个填充为深蓝色的正圆作为背景。

（2）利用工具箱中的□（多边形工具）绘制一个轮廓色为浅黄色，填充色为红色的五边形作为要进行透明处理的对象，如图6-61所示。

（3）选择五边形，单击工具箱中的（调和工具），在弹出的隐藏工具中选择（透明度工具）。接着在属性栏中的"透明度类型"下拉列表中选择"标准"选项，如图6-62所示。

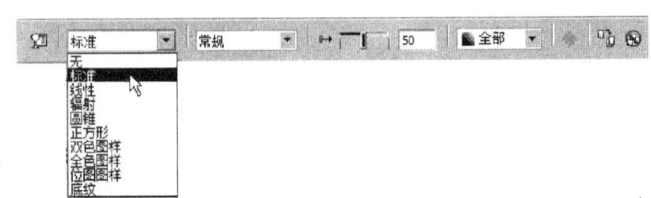

图6-61　绘制图形　　　　　　　　　　　　　　图6-62　选择"标准"选项

（4）在"透明度操作"下拉列表中选择一种样式，此时选择的是"正常"样式。

（5）在 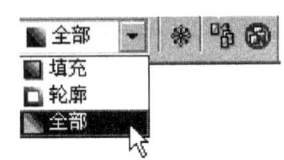 中设置对象的起始透明度，此时设为50。

（6）在 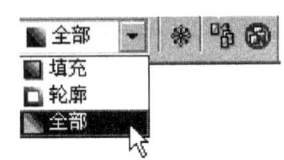 下列列表中有"填充""轮廓"和"全部"3种透明度目标类型可供选择，如图6-63所示。图6-64所示为选择不同透明度目标类型的效果比较。

图6-63　选择透明效果的类型

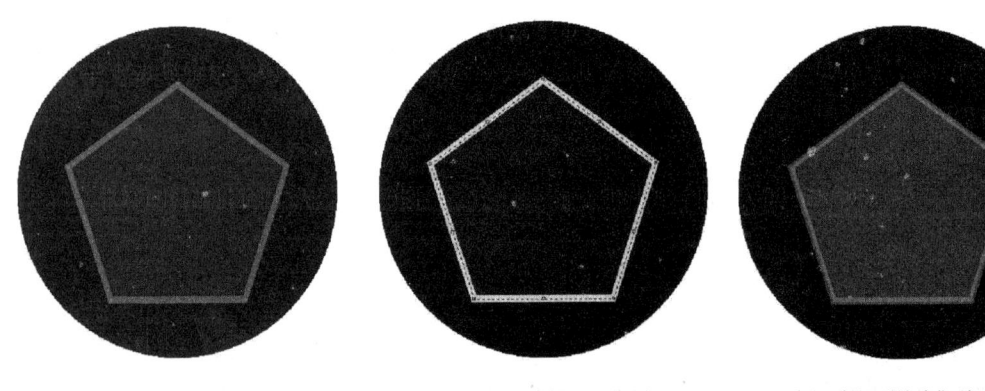

(a) 选择"全部"选项　　　　　(b) 选择"填充"选项　　　　　(c) 选择"轮廓"选项

图6-64　选择不同透明度目标类型的效果比较

6.4.2　渐变透明效果

渐变透明效果分为"线性""辐射""圆锥"和"方角"4种类型，具体设置方法与设置标准透明效果相似，只是多了一个"渐变透明角度和边衬"数值框，如图6-65所示。设置该数值框的数值可以改变渐变透明的锐度。图6-66所示为选择不同渐变透明类型的效果比较。

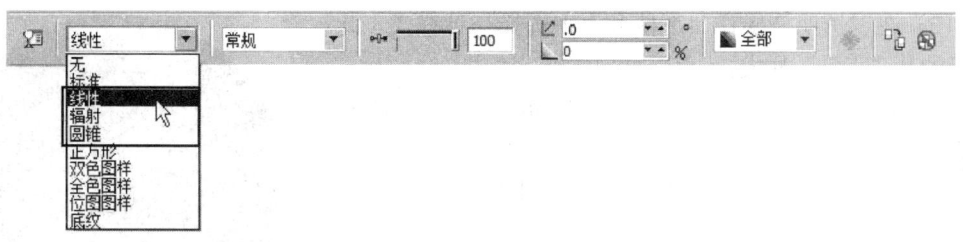

图6-65　渐变透明效果属性栏

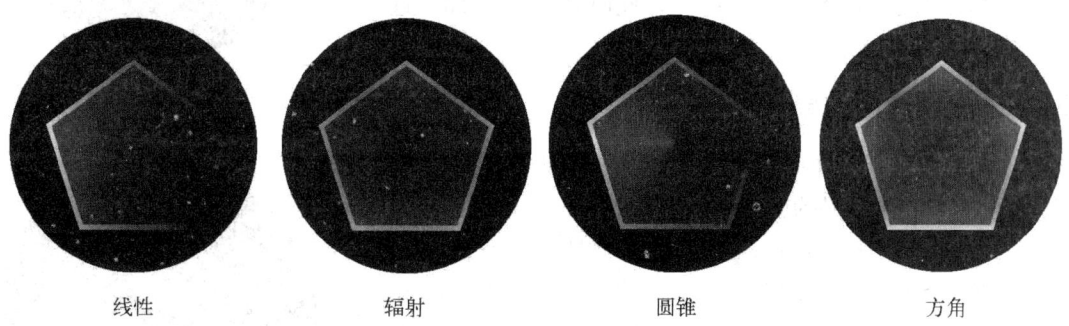

| 线性 | 辐射 | 圆锥 | 方角 |

图6-66　选择不同渐变透明类型的效果比较

6.4.3 图样透明效果

图样透明效果分为"双色图样""全色图样"和"位图图样"3种类型。这3种图样类型的设置方法相似，下面以"双色图样"为例讲解添加图样透明效果的方法，具体操作步骤如下：

（1）选择工具箱中的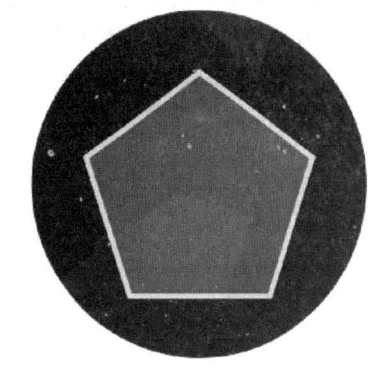（椭圆形工具），配合〈Ctrl〉键，绘制一个填充色为深蓝色的正圆形作为背景。然后利用工具箱中的（多边形工具）绘制一个轮廓色为浅黄色、填充色为红色的五边形作为要进行透明处理的对象，如图6-67所示。

图6-67　绘制图形

（2）选择五边形，单击工具箱中的（调和工具），在弹出的隐藏工具中选择（透明度工具）。然后在属性栏中的"透明度类型"下拉列表中选择"双色图样"选项，如图6-68所示。

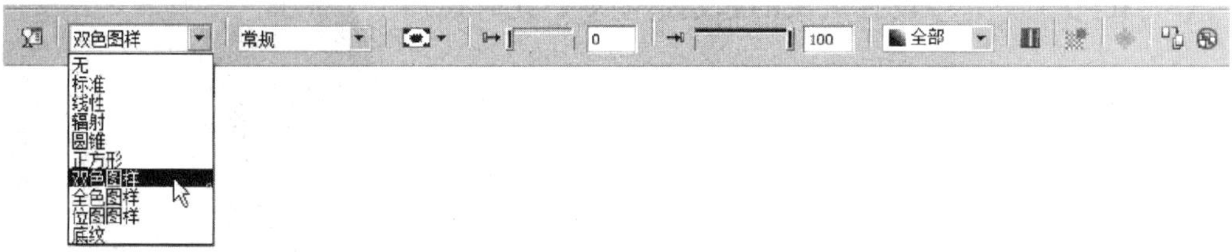

图6-68　选择"双色图样"选项

（3）在"透明度操作"下拉列表中选择一种样式，此时选择的是"正常"样式。

（4）在  中设置对象的起始透明度，此时设为30。

（5）在 中设置对象的结束透明度，此时设为80。

（6）在 下拉列表中有"填充""轮廓"和"全部"3种透明度目标类型可供选择，此时选择"全部"选项，结果如图6-69所示。

图6-69　选择"全部"选项后的效果

6.4.4　底纹透明效果

使用底纹透明效果可以为对象添加各种非常精彩的透明效果。添加底纹透明效果的具体操作步骤如下：

（1）选择工具箱中的 （椭圆形工具），配合〈Ctrl〉键，绘制一个填充色为深蓝色的正圆形作为背景。然后利用工具箱中的 （多边形工具）绘制一个轮廓色为浅黄色、填充色为红色的五边形作为要进行透明处理的对象，如图6-70所示。

（2）选择五边形，然后单击工具箱中的 （调和工具），在弹出的隐藏工具中选择 （透明度工具）。接着在属性栏中的"透明度类型"下拉列表中选择"底纹"选项，如图6-71所示。

（3）在"透明度操作"下拉列表中选择一种样式，此时选择的是"正常"样式。

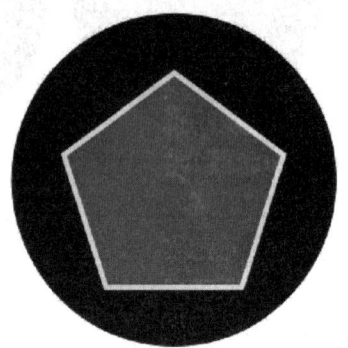

图6-70　绘制图形

图6-71　选择"底纹"选项

（4）在 下拉列表中选择一种样式，系统共提供了7种样式以供选择，此时选择的"样本5"。

（5）在 中设置对象的起始透明度，此时设为0。

（6）在 中设置对象的结束透明度，此时设为100。

（7）在 下拉列表中有"填充""轮廓"和"全部"3种透明度目标类型可供选择，此时选择"全部"选项，结果如图6-72所示。

图6-72　选择"全部"选项后的效果

6.5 立体化效果

"立体化"效果是指在三维空间内使被操作的矢量图形具有三维立体的效果。使用工具箱中的█（立体化工具）可以方便地为对象设置立体效果，而且还能够为其添加光源照射效果，从而使立体对象具有明暗变化。

6.5.1 添加立体化效果

使用工具箱中的█（立体化工具）可以为矢量对象添加立体化效果，其具体操作步骤如下：

（1）利用工具箱中的█（星形工具）绘制一个轮廓色为黑色、填充色为红色的五角星，如图6-73所示。

（2）选择五角星，然后单击工具箱中的█（调和工具），在弹出的隐藏工具中选择█（立体化工具）。

（3）将光标置于五角星对象中心，按下鼠标左键，然后向右上角拖动，此时对象上出现如图6-74所示的立体化效果的透视模拟框。接着拖动虚线到适当位置后释放鼠标，即可为对象添加立体化效果，如图6-75所示。

图6-73 绘制五角星

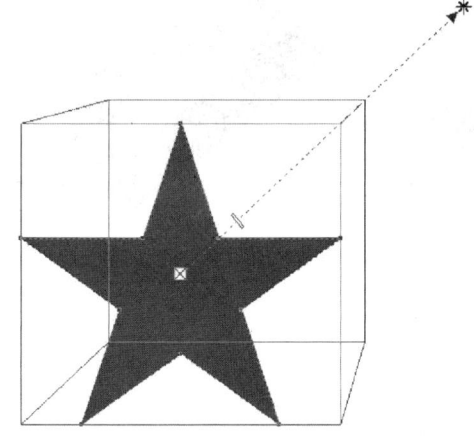

图6-74 立体化效果的透视模拟框

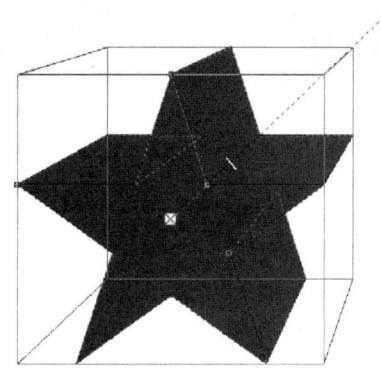

图6-75 立体化效果

6.5.2 调整立体化效果

对于创建的立体化效果还可以进行再次调整。

1．调整立体化类型

调整立体化类型的具体操作步骤如下：

（1）利用工具箱中的█（立体化工具）选择要调整立体化效果的五角星。

（2）在其属性面板中单击"预设"下拉按钮，然后从弹出的下拉列表中选择一种系统预置的立体化效果，此时选择的是"矢量立体化3"选项，如图6-76所示。结果如图6-77所示。

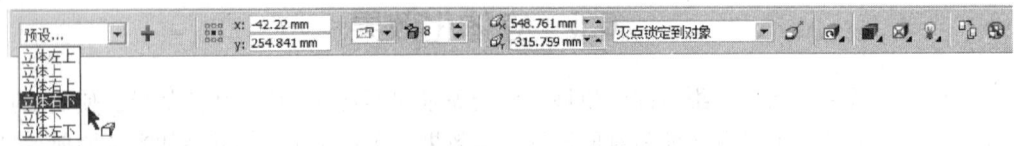

图6-76 选择"立体右下"选项

（3）单击 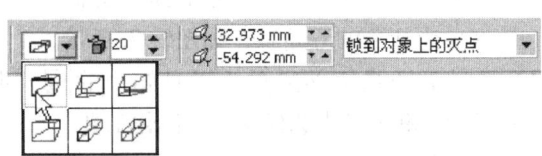 按钮，从弹出的如图6-78所示的下拉列表中选择一种立体化样式。图6-79所示为选择几种不同立体化样式的效果。

图6-77 "立体右下"效果   图6-78 选择一种立体化样式

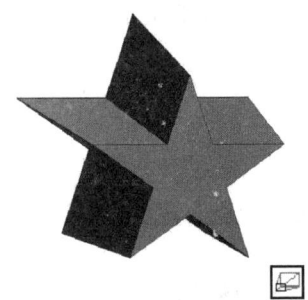  

图6-79 选择不同立体化样式的效果

2．旋转立体化对象

旋转立体化对象的具体操作步骤如下：

（1）利用工具箱中的 （立体化工具）选择要进行旋转的立体化效果的五角星，然后再次单击五角星，此时立体化的五角星周围出现圆形的旋转设置框，如图6-80所示。

（2）将鼠标放在圆形旋转设置框外，此时鼠标变为 形状，然后可以将立体化五角星沿Z轴进行旋转，结果如图6-81所示。

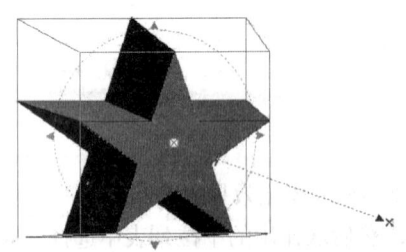 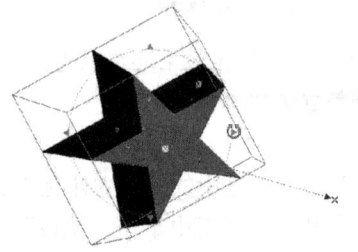

图6-80 五角星周围出现圆形的旋转设置框   图6-81 沿Z轴进行旋转的效果

（3）将鼠标放在圆形旋转设置框内，此时鼠标变为 形状，然后上下拖动鼠标，可以将立体化五角星沿Y轴进行旋转，结果如图6-82所示；左右拖动鼠标，可以使立体化五角星沿X轴进行旋转，结果如图6-83所示。

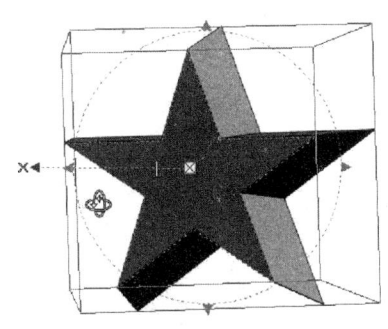 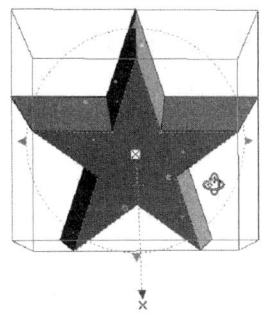

图6-82　沿Y轴进行旋转的效果　　　　图6-83　沿X轴进行旋转的效果

提示

执行菜单中的"窗口|泊坞窗|立体化"命令，在弹出的"立体化"泊坞窗中单击 （立体化旋转）按钮，如图6-84所示，然后在该窗口中也可旋转立体化对象。

3．为立体化对象设置颜色

为立体化对象设置颜色的具体操作步骤如下：

（1）利用工具箱中的 （立体化工具）选择要设置颜色的立体化效果的五角星，如图6-85所示。

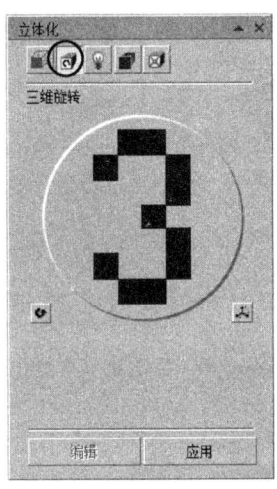 

图6-84　单击 （立体化旋转）按钮　　　图6-85　选择立体化的五角星

（2）使用纯色进行设置。方法是在其属性栏中单击 （颜色）按钮，然后在弹出的面板中单击 （使用纯色）按钮，接着在"使用"右侧的颜色框中设置一种颜色，如图6-86所示。结果如图6-87所示。

（3）使用渐变色进行设置。方法是在其属性栏中单击 （颜色）按钮，然后在弹出的面板中单击 （使用递减的颜色）按钮，接着分别在"从"和"到"后的颜色框中设置颜色，如图6-88所示，结果如图6-89所示。

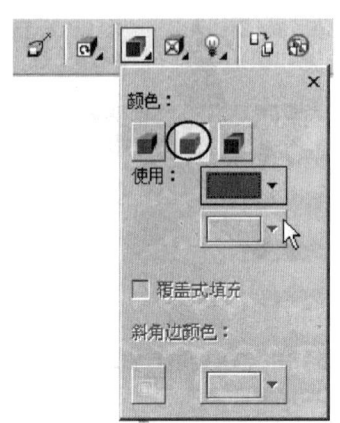

图6-86　设置纯色　　　　　　　　　　　图6-87　使用纯色效果

> **提示**
>
> 执行菜单中的"窗口|泊坞窗|立体化"命令，在弹出的"立体化"泊坞窗中单击 ■（立体化颜色）按钮，如图6-90所示，然后在该窗口中也可为立体化对象设置颜色。

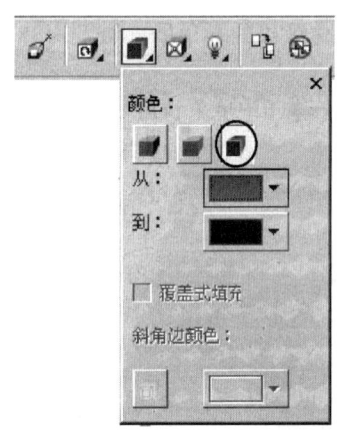

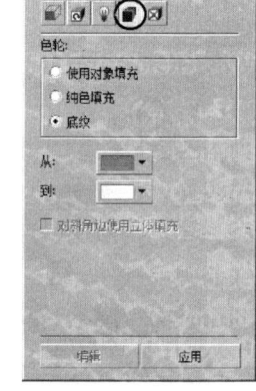

图6-88　设置渐变色　　　图6-89　使用渐变色效果　图6-90　单击 ■（立体化颜色）按钮

4．为立体化对象添加光源

使用 ■（立体化工具）可以给立体化图形添加不同角度和强度的光源。为立体化对象添加光源的具体操作步骤如下：

（1）利用工具箱中的 ■（立体化工具）选择要添加光源的立体化效果的五角星，如图6-91所示。

（2）在其属性栏中单击 ■（照明）按钮，然后在弹出的面板中单击 ■ 按钮，此时在右边的显示框中出现"光源1"，接着拖动"强度"滑块设置光源的强度，此时设置为50，如图6-92所示。结果如图6-93所示。

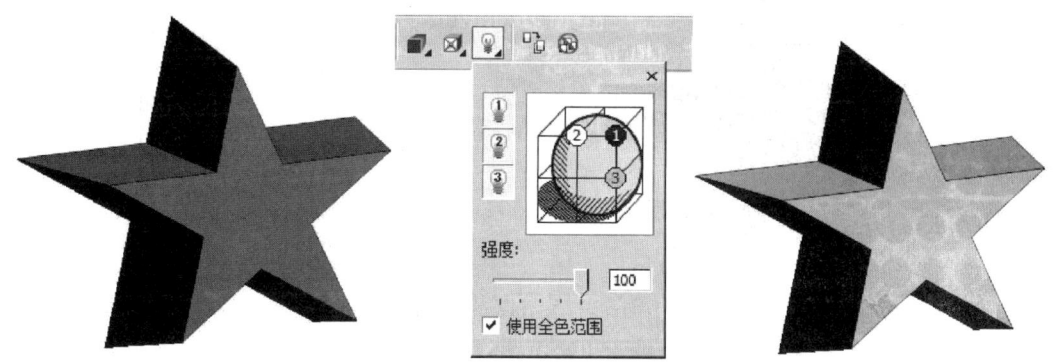

图6-91　选择五角星　　　图6-92　添加"光源1"　　　图6-93　添加"光源1"的效果

（3）同理，添加"光源2"和"光源3"，并移动它们的位置如图6-94所示，并将它们的"强度"设为50，结果如图6-95所示。

提示

　　执行菜单中的"窗口|泊坞窗|立体化"命令，在弹出的"立体化"泊坞窗中单击 🕯️（立体化光源）按钮，如图6-96所示，然后在该窗口中也可为立体化对象添加光源。

图6-94　添加"光源2"和"光源3"　图6-95　"光源2"和"光源3"的效果　图6-96　单击 🕯️ 按钮

5．为立体化对象设置修饰效果

　　使用 🔲（立体化工具）可以在立体化图形正面创建斜角效果，还可以设置斜角的角度和深度。为立体化对象设置修饰效果的具体操作步骤如下：

　　（1）利用工具箱中的 🔲（立体化工具）选择要设置修饰效果的立体化效果的五角星，如图6-97所示。

　　（2）在其属性栏中单击 🔲（斜角修饰边）按钮，然后在弹出的面板中选中"使用斜角修饰边"复选框，接着在 🔲 右侧的数值框中输入要设置的斜角深度，此时输入4.5mm；在 🔲 右侧的数值框中输入要设置的斜角高度，此时输入30，如图6-98所示。结果如图6-99所示。

图6-97 选择五角星　　　　　　　　图6-98 设置修饰效果参数

提示

　　执行菜单中的"窗口|泊坞窗|立体化"命令，在弹出的"立体化"泊坞窗中单击 ◙（立体化斜角）按钮，如图6-100所示，然后在该窗口中也可为立体化对象设置修饰效果。

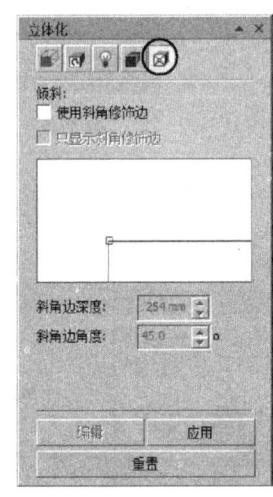

图6-99 修饰效果　　　　　　　图6-100 单击 ◙（立体化斜角）按钮

6.6 其他特殊效果

　　除了上面的效果外，在CorelDRAW X6中还可以为对象添加以下效果。

6.6.1 阴影效果

　　使用工具箱中的 ◙（阴影工具）可以为图形或文字运用阴影立体效果。在CorelDRAW X6中，可以设置阴影羽化方向和边缘，还可以在立体化或透明效果对象上应用阴影效果。

1. 创建阴影

创建阴影的具体操作步骤如下：

（1）选择要创建阴影的对象，如图6-101所示。

（2）单击工具箱中的 ，在弹出的隐藏工具中选择 。然后单击圆形并按住鼠标左键往阴影投射方向拖动，在拖动过程中可以看到对象阴影和虚线框，当松开鼠标后即可产生阴影效果，如图6-102所示。

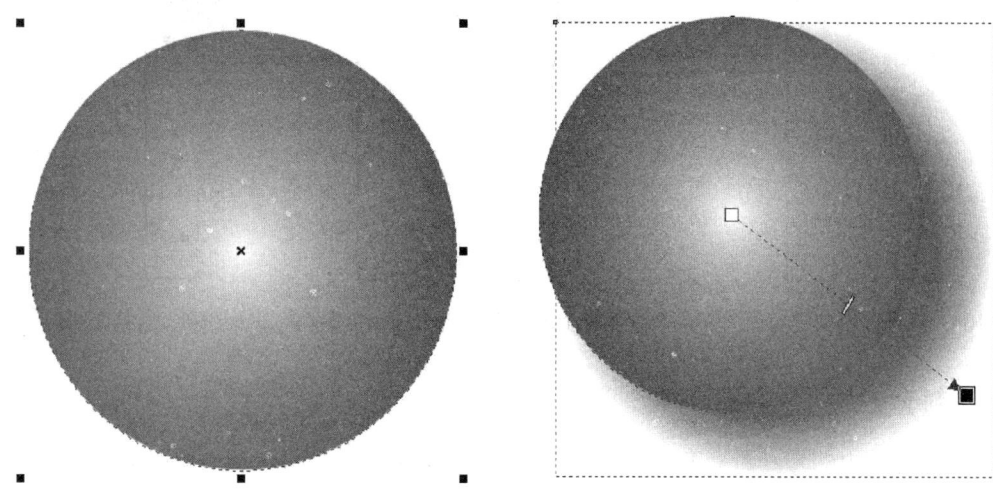

图6-101　选中圆形　　　　　　　　　　　　图6-102　阴影效果

2．编辑阴影

在创建了阴影后，还可以在 属性栏中对其进行再次编辑，如图6-103所示。编辑阴影的具体操作步骤如下：

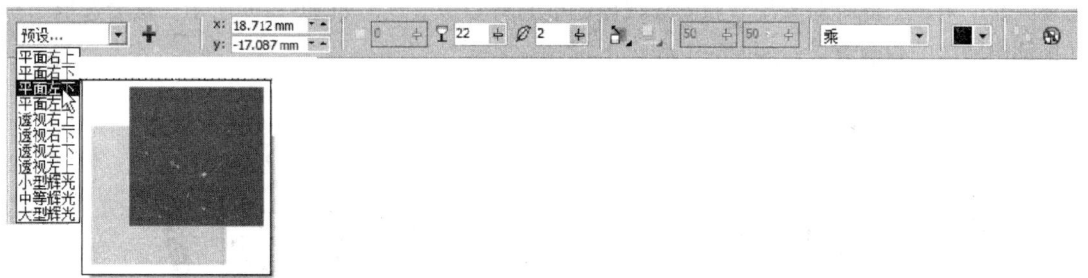

图6-103　![](阴影工具）属性栏

（1）单击"预设"下拉按钮，在弹出的下拉列表中可以选择一种系统预置的阴影效果，此时在该投影效果右侧会显示该阴影效果的缩略图。

（2）在 ![x:18.712mm y:-17.087mm] 数值框中可以直接输入要设置阴影对象的偏移位置；在 ![] 数值框中设置阴影的角度；在 ![22] 数值框中设置阴影的透明度；在 ![⌀2] 数值框中设置阴影的羽化值。

（3）单击 ![] （阴影羽化方向）按钮，在弹出的如图6-104所示的菜单中设置阴影羽化方向；单击 ![] （阴影羽化边缘）按钮，在弹出的如图6-105所示的菜单中设置阴影羽化边缘。

（4）单击 ![乘] 按钮，在弹出的如图6-106所示的下拉菜单中选择一种阴影混合模式；单击 ![■] 按钮，设置阴影的颜色，完成阴影的编辑操作。

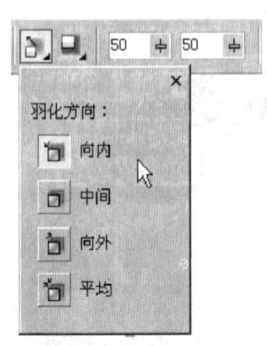
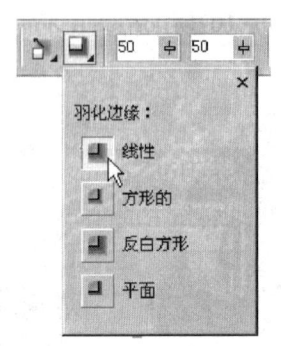

图6-104 设置阴影羽化方向　　　图6-105 设置阴影羽化边缘　　　图6-106 选择阴影混合模式

6.6.2 封套效果

使用工具箱中的▣（封套工具）可以快速建立对象的封套效果，从而使图形、美术字或段落文字产生丰富的变形效果。

1．创建封套效果

创建封套效果的具体操作步骤如下：

（1）绘制出要进行封套的图形。

（2）单击工具箱中的▣（调和工具），在弹出的隐藏工具中选择▣（封套工具）。然后单击要封套的对象，此时对象出现封套虚线控制框的封套和节点，如图6-107所示。接着选取节点并拖动出所需的封套效果，如图6-108所示。

图6-107 封套虚线控制框的封套和节点　　　图6-108 调整节点后的封套效果

2．编辑封套效果

在创建了封套后，还可在▣（封套工具）属性栏中对其进行再次编辑，如图6-109所示。编辑封套效果的具体操作步骤如下：

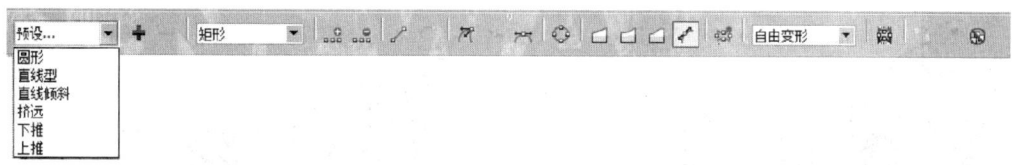

图6-109 ◻（封套工具）属性栏

（1）单击"预设"下拉按钮，在弹出的下拉列表中可以选择一种系统预置的封套效果。图6-110所示为选择不同预设封套的效果比较。

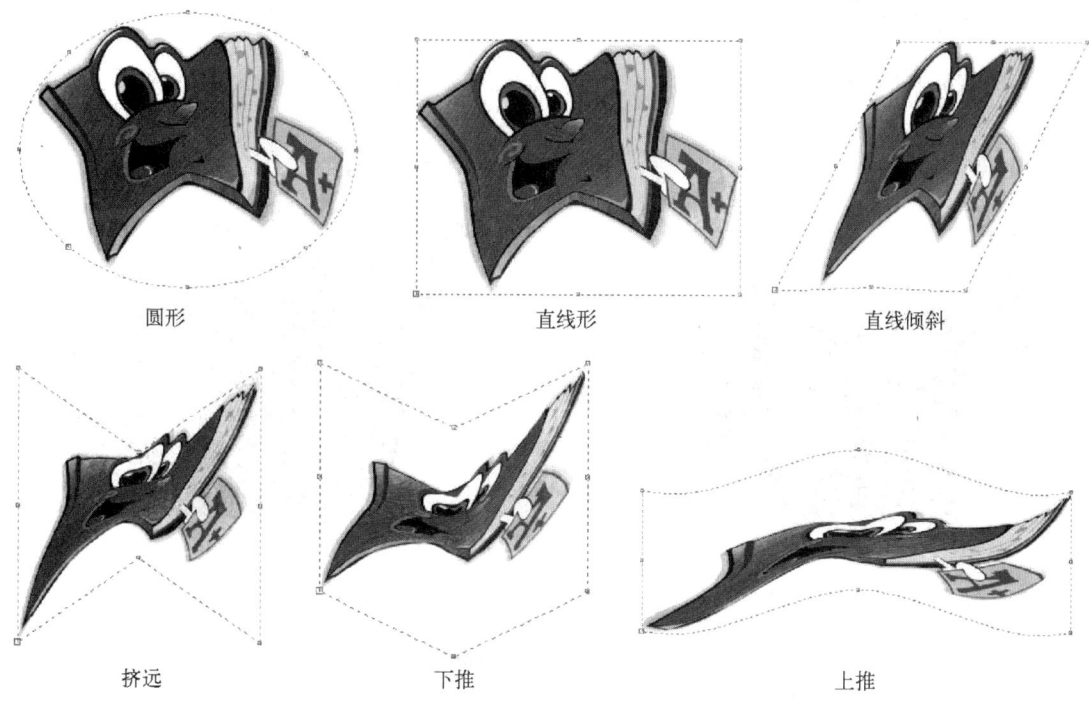

图6-110 选择不同预设封套的效果比较

（2）如果激活◻（封套的直线模式），然后调整节点，可以产生直线的封套，如图6-111所示；如果激活◻（封套的单弧模式），然后调整节点，可以产生单弧线的封套，如图6-112所示；如果激活◻（封套的双弧模式），然后调整节点，可以产生双弧线的封套，如图6-113所示；如果激活◻（封套的非强制模式），然后调整节点，可以产生任意方向的封套，如图6-114所示。

（3）单击 ◻（添加新封套）按钮，可以在现有封套效果的基础上添加一个新的封套。

（4）单击 ◻（保留线条）按钮，将保留封套中的线条类型，可以避免在应用封套时将对象的直线或曲线进行转换。

（5）单击 ◻（复制封套属性）按钮，光标将变为 ➡ 形状，在要复制封套属性的对象上单击，将复制该封套属性。

图6-111 封套的直线模式

图6-112 封套的单弧模式

图6-113 封套的双弧模式

图6-114 封套的非强制模式

（6）单击 (创建封套自)按钮，光标将变为 ➡ 形状，然后在要作为封套对象的图形上单击，将从该图形对象创建封套。

6.6.3 透视效果

在CorelDRAW X6中使用透视效果可以使平面图形对象产生三维空间的透视效果。

1. 创建透视效果

创建透视效果的具体操作步骤如下：

（1）利用工具箱中的 (选择工具)选中要创建透视效果的图形，如图6-115所示。

（2）执行菜单中的"效果|添加透视"命令，此时选取对象将产生网格，如图6-116所示，页面上将出现一个或两个 × 透视点标志。然后拖动网格框四角控制点即可产生透

图6-115 选中图形

视效果，如图6-117所示。

图6-116 透视网格效果　　　　　　　　　　图6-117 调整透视效果

2．编辑透视效果

编辑透视效果的具体操作步骤如下：

（1）利用工具箱中的 (形状工具) 选取透视对象，此时选取对象中将产生网格，同时在绘图页面中会出现×透视点标志。

（2）拖动×透视点标志或者拖动网格四角点，即可改变透视效果。

3．复制或移除透视效果

复制或移除透视效果的具体操作步骤如下：

（1）复制透视效果。方法是选中要产生透视效果的对象，然后执行菜单中的"效果|复制效果|创建透视点自"命令，此时光标变为 形状，接着单击产生已经有透视效果的对象，即可将该透视效果应用到要产生透视效果的对象上。

（2）移除透视效果。方法是选中要移除透视效果的对象，然后执行菜单中的"效果|清除透视点"命令，即可移除该对象的透视效果。

6.6.4 图框精确剪裁效果

在CorelDRAW X6中，使用精确剪裁命令可将一个对象作为内容内置于另外一个容器对象中。内置的对象可以是任意的，但容器对象必须是创建的封闭路径。

1．创建精确剪裁对象

创建精确剪裁对象的具体操作步骤如下：

（1）创建作为容器和内容的对象，如图6-118所示。

（2）利用工具箱中的 (选择工具) 选中作为内容的对象（即图片），然后执行菜单中的"效果|图框精确剪裁|置于图文框内部"命令，此时光标变为 形状，接着单击作为容器的图形（即椭圆形），即可创建精确剪裁对象，结果如图6-119所示。

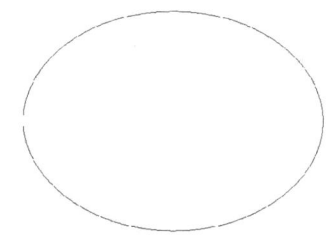

图6-118 创建作为容器和内容的对象　　　　图6-119 创建精确剪裁对象

2．编辑精确剪裁对象

编辑精确剪裁对象的具体操作步骤如下：

（1）利用工具箱中的 （选择工具）选中需要编辑的精确剪裁对象。

（2）执行菜单中的"效果|图框精确剪裁|编辑内容"命令，将作为内容和容器的对象暂时分离。对内容对象进行编辑和修改后，执行菜单中的"效果|图框精确剪裁|结束编辑"命令，即可将作为内容的对象重新放置到容器中。

3．移除精确剪裁对象

将精确剪裁对象移除内容（即将作为容器和内容的对象正式分开）的具体操作步骤如下：

（1）利用工具箱中的（选择工具）选中需要移除的精确剪裁对象。

（2）执行菜单中的"效果|图框精确剪裁|提取内容"命令，即可将作为容器和内容的对象正式分开。

6.7 实例讲解

本节将通过"盘封设计""超市购物卡设计""广告版面设计"和"方便面碗面包装设计"4个实例来讲解图形特殊处理在实际工作中的具体应用。

6.7.1 盘封设计

要点：

本例将设计一个光盘盘面，如图6-120所示。通过本例学习应掌握"颜色"和"变换"泊坞窗、（椭圆工具）、（文本工具）和（阴影工具）以及"放置在容器中"命令的综合应用。

图6-120　盘封设计

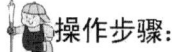操作步骤：

（1）执行菜单中的"文件|新建"（快捷键〈Ctrl+N〉）命令，新建一个CorelDRAW文档，然后在属性栏中设置纸张宽度与高度为150 mm×150 mm。

（2）利用工具箱中的 （椭圆形工具），配合键盘上的〈Ctrl〉键，在工作区中绘制一个正圆形。然后在椭圆工具属性栏中将圆形的直径设置为116.0 mm，如图6-121所示。

（3）执行菜单中的"窗口|泊坞窗|变换|缩放和镜像"命令，调出"变换"泊坞窗，然后设置参数如图6-122所示，单击"应用"按钮，此时会产生一个大小为原来30%的圆形，如图6-123所示。

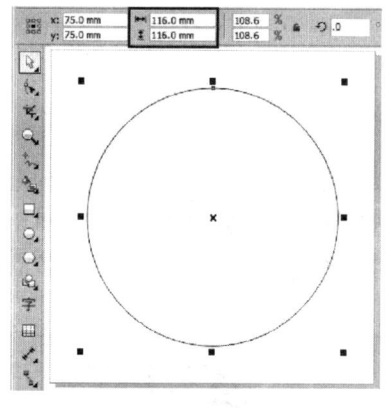
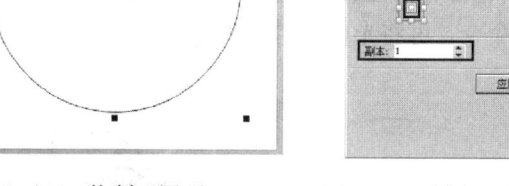
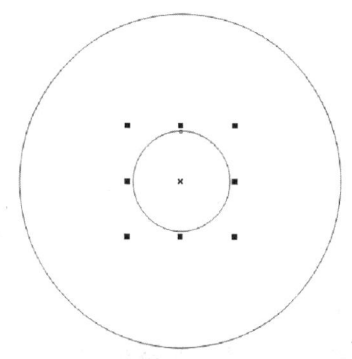

图6-121 绘制正圆形　　　　图6-122 设置变换参数　　图6-123 复制一个为原来30%的圆

（4）再次单击"应用"按钮，结果如图6-124所示。

（5）将"水平"和"垂直"比例数值设为240.0%，如图6-125所示，单击"应用到再制"按钮，结果如图6-126所示。

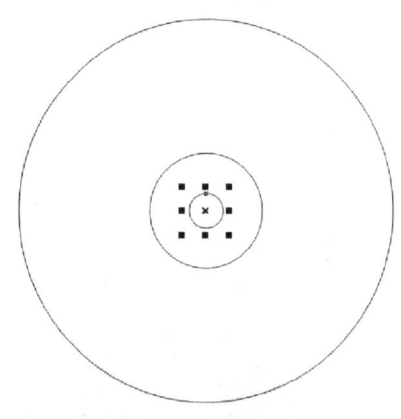

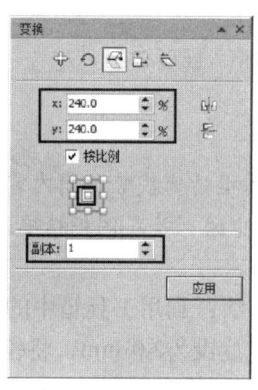
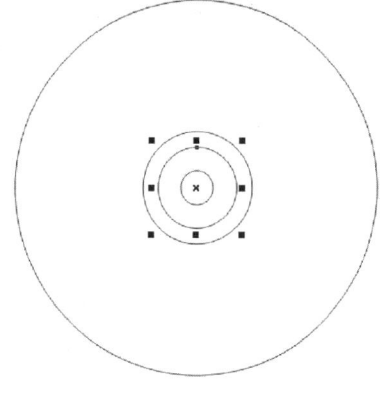

图6-124 复制效果　　　　图6-125 调整变换参数　　图6-126 复制一个为原来240%的圆

（6）执行菜单中的"窗口|泊坞窗|颜色"命令，调出"颜色"泊坞窗。然后选中最小的圆，将填充设为"白"色，轮廓设置为"无"色。然后执行菜单中的"排列|顺序|向前一层"命令（快捷键〈Ctrl+PageUp〉），将其向前调整一层。

（7）选中中间的三个圆，填充分别设置为"银灰""蓝"和"白色"，轮廓设置为"无"

色，如图6-127所示。

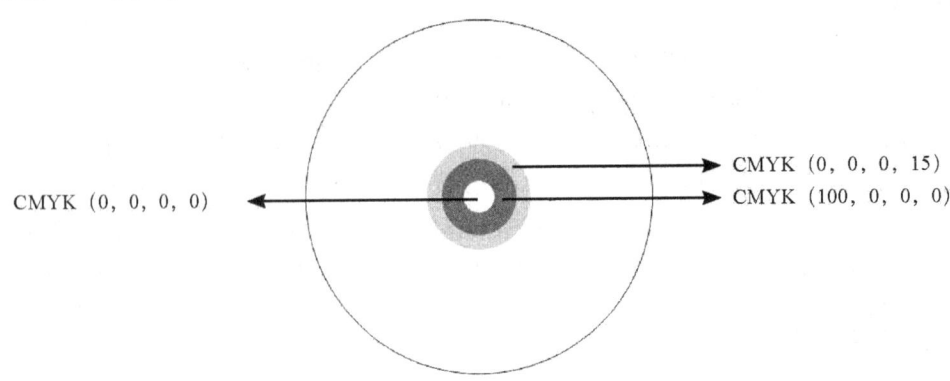

CMYK (0, 0, 0, 0)

CMYK (0, 0, 0, 15)

CMYK (100, 0, 0, 0)

图6-127　使用不同颜色填充圆

（8）执行菜单中的"文件|导入"命令[或者单击工具栏中的 按钮]，导入配套光盘中的"素材及结果\6.7.1　盘封设计\鸟语花香.jpg"图片。然后选中导入的图片，执行菜单中的"效果|图框精确剪裁|置于图文框内部"命令，再将光标指向大圆形，如图6-128所示。接着单击鼠标，结果如图6-129所示。

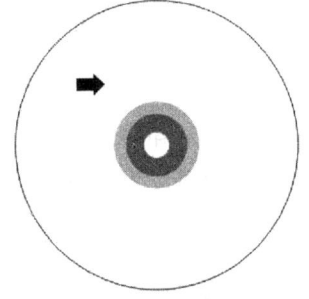

图6-128　将光标指向大圆形

图6-129　图形效果

提示

可以执行菜单中的"效果|图框精确裁剪|编辑内容"命令，可以对放置在容器中的图片进行再次编辑。编辑后执行菜单中的"效果|图框精确裁剪|结束编辑"命令即可结束编辑。

（9）制作光盘的灰边效果。方法：利用工具箱中的 选中大圆形，然后将轮廓宽度设为2.0 mm，将轮廓色设为淡灰色（CMYK (0, 0, 0, 15)），结果如图6-130所示。

（10）制作光盘的阴影效果。方法：利用工具箱中的 选中大圆形，然后选择工具栏中的 ，在属性栏中设置参数如图6-131所示，结果如图6-132所示。

（11）添加光盘盘面上的文字效果。方法：选择工具箱中的 ，然后在属性栏中设置文字属性如图6-133所

图6-130　制作光盘的灰边效果

示，接着在工作区中输入橘黄色文本"自然图库"，放置位置如图6-134所示。

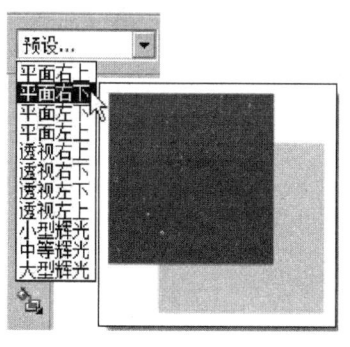

图6-131 设置交互式阴影参数

图6-132 阴影效果

图6-133 设置文本属性

图6-134 最终效果

6.7.2 超市购物卡设计

要点：

本例将制作一张超市购物卡，如图6-135所示。通过本例学习应掌握▣（矩形工具）、字（文本工具）、■（渐变填充）、▣（变形工具）和▣（透明度工具）的综合应用。

操作步骤：

（1）执行菜单中的"文件|新建"（快捷键〈Ctrl+N〉）命令，新建一个CorelDRAW文档。然后在属性栏中设置纸张宽度与高度为205 mm×235 mm。

（2）选择工具箱中的▣（矩形工具），在页面中绘制一个矩形，然后在属性栏中设置矩形宽度和高度为115 mm×78 mm，边角圆滑度为6 mm，结果如图6-136所示。

图6-135 超市购物卡

图6-136 绘制圆角矩形

（3）双击状态栏中 ◇ （填充）后的色块，从弹出的"匀称填充"对话框中设置如图6-137所示，单击"确定"按钮。然后右键单击默认CMYK调色板中的⊠色块，将轮廓设置为无，结果如图6-138所示。

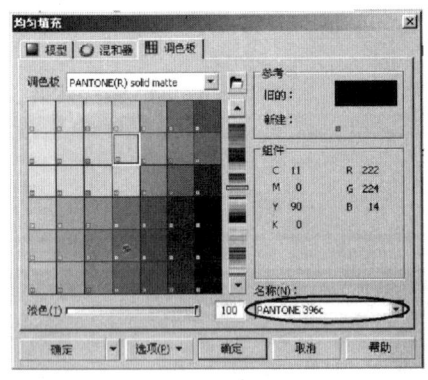

图6-137 设置填充色

图6-138 填充效果

（4）制作扭曲变形的图形。方法：选择工具箱中的 ◻ （椭圆工具），配合键盘上的〈Ctrl〉键，在圆角矩形的左上角绘制一个正圆形，并将其填充色设为黄色，轮廓设置为无色，如图6-139所示。接着选择工具箱中的 ◻ （变形工具），在属性栏中单击 ⊠ （扭曲变形）按钮后对圆形进行顺时针旋转，从而完成扭曲变形，如图6-140所示，当扭曲完成后松开鼠标，结果如图6-141所示。

（5）按小键盘上的〈+〉键，复制一个扭

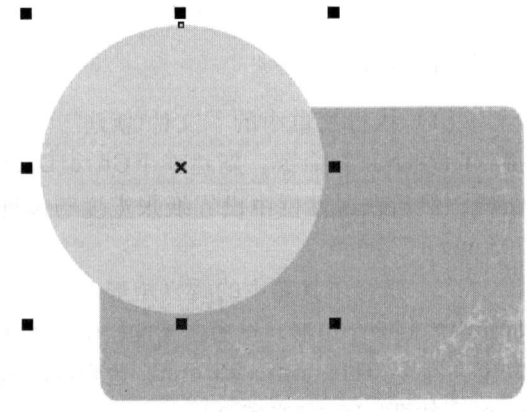

图6-139 绘制正圆形

曲后的图形，然后将其填充色改为洋红色[颜色参考值：CMYK（0，100，0，0）]，接着将其适当缩小并移动到图6-142所示的位置。

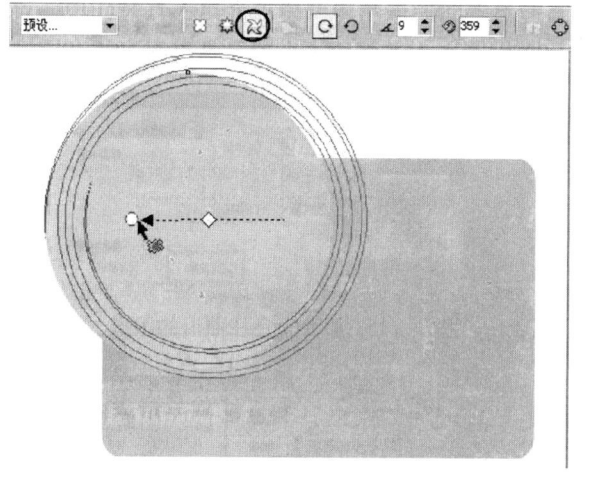

图6-140 对圆形进行扭曲处理

图6-141 扭曲后效果

（6）同理，按小键盘上的〈+〉键，复制黄色扭曲后的图形，并将其填充色改为白色，并适当缩小后移动到图6-143所示的位置。

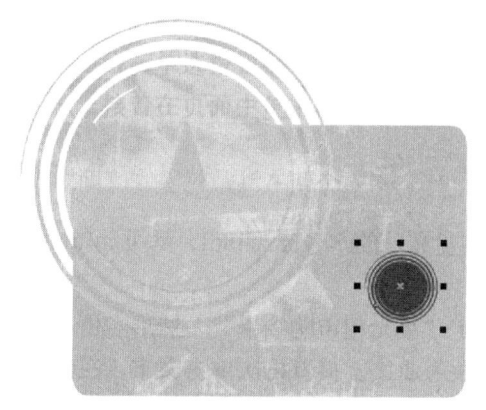

图6-142 添加洋红色扭曲后的图形

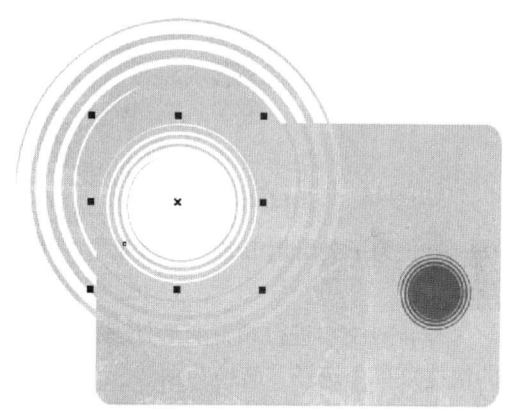

图6-143 添加白色扭曲后的图形

（7）同理，按小键盘上的〈+〉键，复制白色扭曲后的图形，并将其移动到图6-144所示的位置。

（8）同理，按小键盘上的〈+〉键，复制白色扭曲后的图形，然后将其填充色改为黄色，并将其移动到图6-145所示的位置。

（9）同理，按小键盘上的〈+〉键，复制洋红色扭曲后的图形，然后将其填充色改为粉色[颜色参考值：CMYK（0，40，20，0）]，并将其适当缩小后移动到图6-146所示的位置。

（10）输入文字。方法：选择工具箱中 （文本工具），在属性栏中将"字体"设为"汉仪中黑简"，"字号"设为36pt，然后输入文字"星光超市购物卡"，并将字色设为洋红色[颜色参考值：CMYK（0，100，0，0）]，结果如图6-147所示。

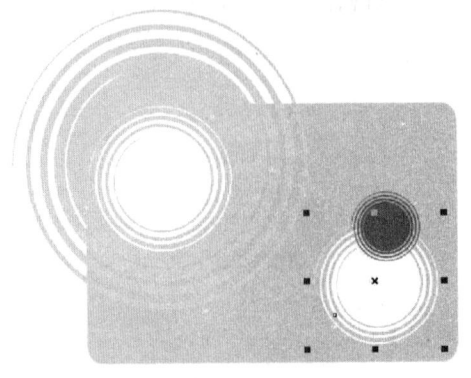

图6-144　添加白色扭曲后的图形

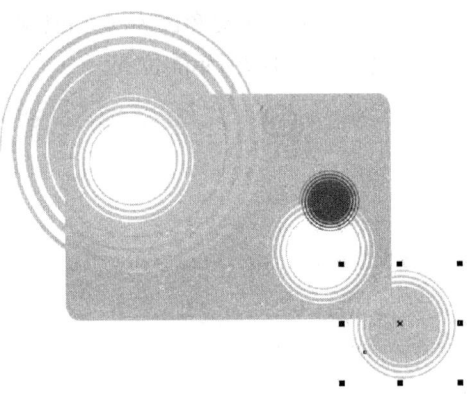

图6-145　添加黄色扭曲后的图形

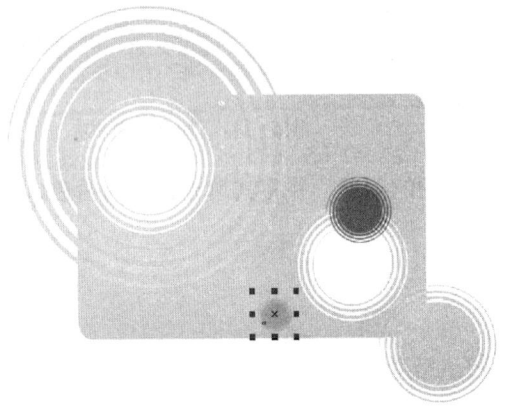

图6-146　添加粉色扭曲后的图形

图6-147　输入文字

（11）为了突出超市名称"星光"，下面将文字"星光"的字号改为48pt，结果如图6-148所示。

（12）对文字进行倾斜变形处理。方法：选择文字"星光超市购物卡"，然后右击，从弹出的快捷菜单中选择"转换为曲线"命令，将文字转换为曲线。接着再次单击文字，在出现旋转图标后，对文字进行垂直方向的倾斜处理，结果如图6-149所示。

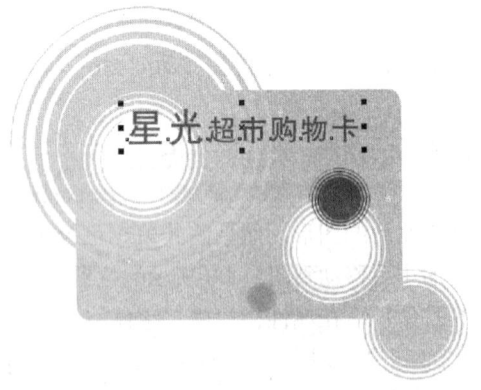

图6-148　将文字"星光"的字号改为48pt

图6-149　对文字进行倾斜处理

（13）同理，输入文字"SUNSHINE"，并将字体设为Arial Black，字号设为24pt，字色设为黑色。然后输入文字"天天购物有惊喜"，并将文字"天天购物有"的字体设为"汉仪中黑简"，字号设为20，字色设为黑色。再将"惊喜"的的字体设为"汉仪中黑简"，字号设为24，字色设为洋红色[颜色参考值：CMYK（0，100，0，0）]，结果如图6-150所示。

图6-150　输入其他文字

（14）制作购物卡效果。方法：选择圆角矩形以外的其余图形，按快捷键〈Ctrl+G〉，将它们进行群组，然后执行菜单中的"效果|图框精确剪裁|置于图文框内部"命令，此时会出现一个 ➡ 图标，如图6-151所示。接着单击圆角矩形，即可将群组后的图形放置到圆角矩形中，结果如图6-152所示。

图6-151　此时会出现一个 ➡ 图标

图6-152　将群组后的图形放置到圆角矩形中

（15）垂直镜像购物卡。方法：用工具箱中的 ▯（挑选工具）选中购物卡图形，然后按小键盘上的〈+〉键，进行复制。接着配合键盘上的〈Ctrl〉键，将其垂直向下移动，如图6-153所示。最后在属性栏中单击 ▯（垂直镜像）按钮，结果如图6-154所示。

（16）制作交互式透明效果。方法：选择工具箱中的 ▯（透明度工具），然后单击垂直镜像后的购物卡图形，接着在属性栏中选择"线性"，并在页面中调整透明方向，如图6-155所示。

（17）此时会发现透明效果只针对圆角矩形，而圆角矩形内的图形并没有与圆角矩形一起产生透明效果，下面就来解决这个问题。方法：选中镜像后的购物卡图形，执行菜单中的"效果|图框精确剪裁|提取内容"命令，将购物卡内的图形提取出来。然后利用工具箱中的 ▯（透明度工具）单击提取出来的图形，再在属性面板中单击 ▯（复制透明度属性）按钮，此时页面中会出现一个 ➡ 图标，如图6-156所示。接着单击前面制作了透明效果的购物卡图形，此时群组图形与圆角矩形一起产生了透明效果，结果如图6-157所示。

（18）选中群组图形，执行菜单中的执行菜单中的"效果|图框精确裁剪|放置在容器中"命令，将群组后的图形重新放置到圆角矩形中，结果如图6-158所示。

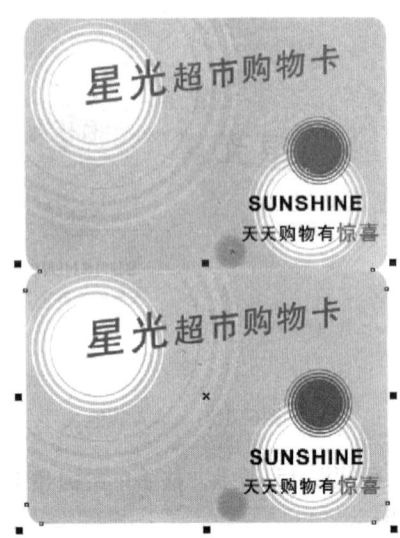
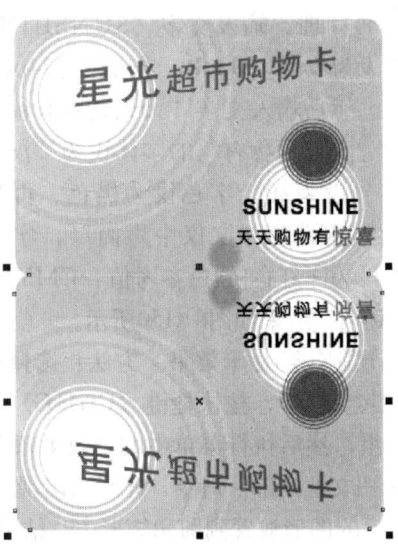

图6-153 将复制后的购物卡垂直向下移动　　　　　图6-154 垂直镜像效果

图6-155 设置交互式透明效果

　　（19）为了更好地表现投影效果，下面添加背景。方法：利用工具箱中的回（矩形工具）绘制一个矩形，并设置填充色为设置渐变色为黑色－30%黑的线性渐变，轮廓色为无色。然后按键盘上的〈+〉键复制一个矩形，并将其向下移动，最终结果如图6-159所示。

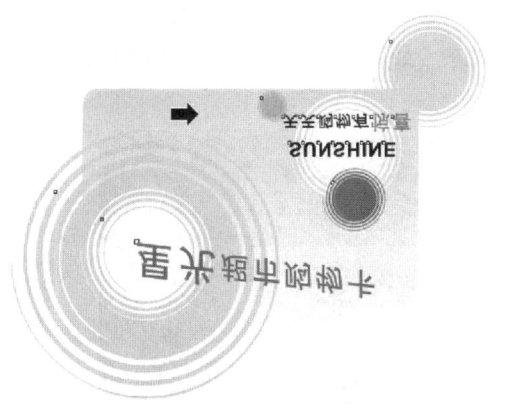

图6-156 此时页面中会出现一个 ➡ 图标

图6-157 群组图形与圆角矩形一起产生了透明效果

图6-158 将群组后的图形重新放置到圆角矩形中

图6-159 最终效果

6.7.3 广告版面设计

要点：

本例将制作一个以数字为主要视觉元素的广告版面，效果如图6-160所示。版面中的数字由重复的线条排列构成，作为一种特殊图形加以突出。通过本例的学习，应掌握导入图像、排列对齐操作、修改文本属性、🔲（调和工具）和🔲（轮廓图工具）的综合应用。

操作步骤：

（1）执行菜单中的"文件|新建"（快捷键〈Ctrl+N〉）命令，新建一个CorelDRAW文档。然后在属性栏中设置纸张宽度与高度为180 mm×285 mm，双击工具箱中的🔲（矩形工具），生成一个与页面同样大小的矩形。然后执行菜单中的"窗口|泊坞窗|彩色"命令，调出"颜色"泊

坞窗，在其中设置填充色为橘黄色[参考颜色数值为CMYK（0，40，100，0）]。接着右击"调色板"中的"无填充色块"，得到如图6-161所示的状态。最后右击矩形色块，在弹出菜单中选择"锁定对象"命令，将矩形锁定。

图6-160　广告版面制作

图6-161　建立新文档并生成底色

 提示

双击工具箱中的▣（矩形工具），即可得到一个和页面同等大小的矩形。

（2）先来制作数字"0"的效果，这里将"0"外形夸张处理为一个矩形框。方法是利用工具箱中的▣（矩形工具）在页面外的空白处再绘制一个矩形，设置属性栏对象大小为60 mm×85 mm。然后单击"调色板"中的"无填充色块"将填充色设置为无，右击黑色色块，将矩形的轮廓设置为黑色。接着需要将矩形线框稍微加粗一些，在属性栏中将"轮廓宽度"设置为1 mm，效果如图6-162所示。

（3）选择工具箱中的▣（挑选工具），选中刚才画好的矩形框，按小键盘上的〈+〉键原位复制出一个矩形，设置属性栏对象大小为2 mm×23 mm，在原矩形中心得到一个缩小的窄长矩形框，如图6-163所示。

（4）选择▣（挑选工具），配合键盘上的〈Shift〉键将两个矩形框都选中，然后选择工具箱中的▣（调和工具），如图6-164所示，在属性栏左侧下拉列表中选中"直接10步长"选项后，两个矩形间自动生成了一系列大小发生渐变的矩形框，形成有趣的迷宫式的线状图。现在，再将线条间的间距调整得稍微密集一些，在属性栏中将▣（调和对象）设置为12，效果如图6-165所示。

（5）下面采用一种与数字"0"不同的更为简单的方法来制作数字"2"的效果。方法是利用工具箱中的▣（贝塞尔工具）绘制如图6-166所示的数字"2"的轮廓图形，并在属性栏中将"轮廓宽度"设置为1mm。然后利用▣（挑选工具）选中该图形，再选择工具箱中的▣（轮廓图工具），在图形上从左至右拖动，如图6-167所示，得到图6-168所示的效果。

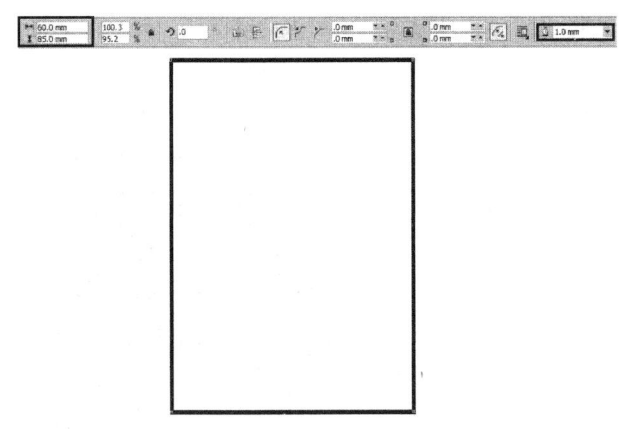

图6-162 绘制矩形黑色边框

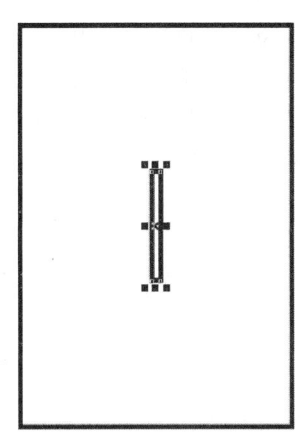

图6-163 复制出一个窄长的小矩形框

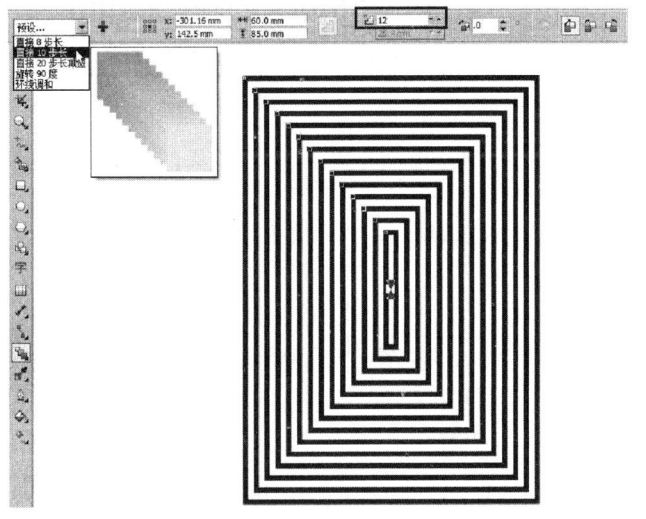

图6-164 设置交互式调和工具的属性栏

图6-165 两个矩形框间的图形渐变

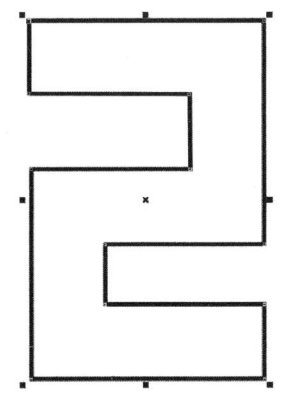

图6-166 绘制数字"2"轮廓图形

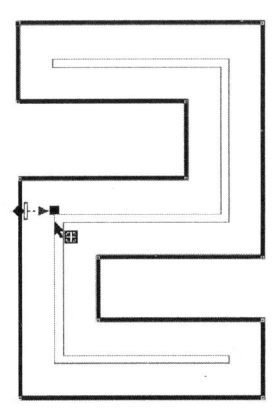

图6-167 拖动光标状态

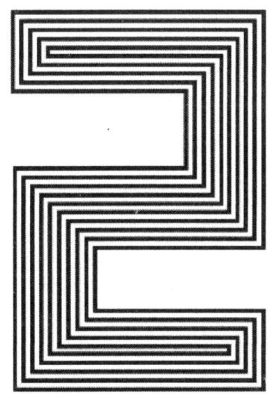

图6-168 拖动光标状态

（6）利用工具箱中的 （挑选工具）将数字"2"与数字"0"移动拼接在一起，为了将它们上下对齐，先将二者都选中，然后单击工具栏中的 （对齐和分布）按钮，在弹出的对话框中进行如图6-169所示的设置，勾选"上"复选框，使两个数字以顶对齐的方式排列，单击"确定"按钮，结果如图6-170所示，该效果与前面交互式调和工具制作出的渐变图形有异曲同工之妙。

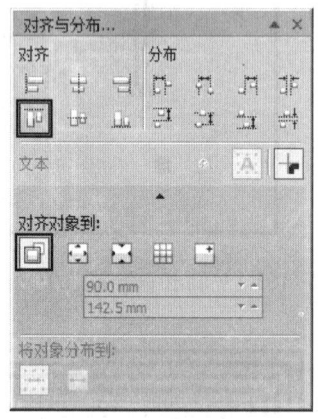

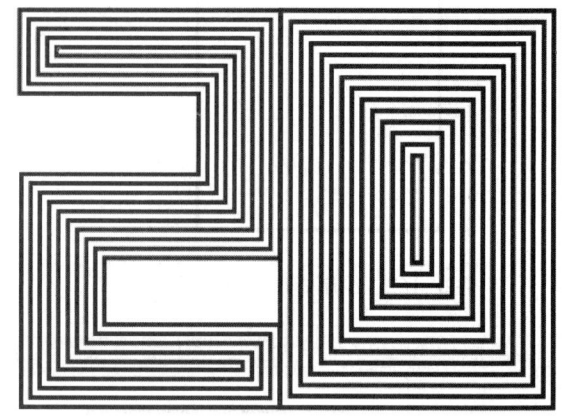

图6-169　"对齐与分布"对话框　　　　图6-170　两个数字以顶对齐的方式排列

提示

为了使两个数字最后能完全上下对齐，要先在属性栏中将数字"2"的高度也定义为85mm。

（7）将两个数字移入页面，置于如图6-171所示的位置，下面要将数字的填充色改为白色。方法是先修改数字"0"，利用工具箱中的 （挑选工具）选中数字"0"，然后单击"调色板"中的白色块，将填充色设置为白色，如图6-172所示。数字"2"由于是用 （轮廓图工具）制作出的，必须先拆分，然后才能进行独立的编辑。按〈Ctrl+K〉组合键拆分轮廓图群组，然后按〈Ctrl+U〉组合键将文字取消群组，现在就可以修改填充色了。先利用工具箱中的 （挑选工具）选中位于最外边的路径，在"调色板"中将其填充色设置为白色，结果如图6-173所示。

图6-171　将数字移入底图中　　　　　图6-172　先将数字"0"填充色设置为白色

（8）广告画面中的数字"20"要以上下对称的形式布局，在版面中形成一种秩序与平衡，先将数字复制一份。方法是利用工具箱中的 ⬚（挑选工具）同时选中数字"2"和"0"，在将它们向下拖动的过程中右击鼠标，复制出一份，然后移动到如图6-174所示的位置（两行数字间距为15mm）。

图6-173　将数字"2"进行拆分后填充为白色　　　图6-174　将数字"20"复制一份

提示

　　使用 ⬚（挑选工具）拖动对象至另一位置时，在未释放左键的情况下，如果右击鼠标，则可复制出一份。

（9）利用工具箱中的 ⬚（挑选工具）选中复制出的数字"20"，然后单击属性栏中的 ⬚（水平镜像）按钮，使它进行左右翻转，形成如图6-175所示的对称效果。

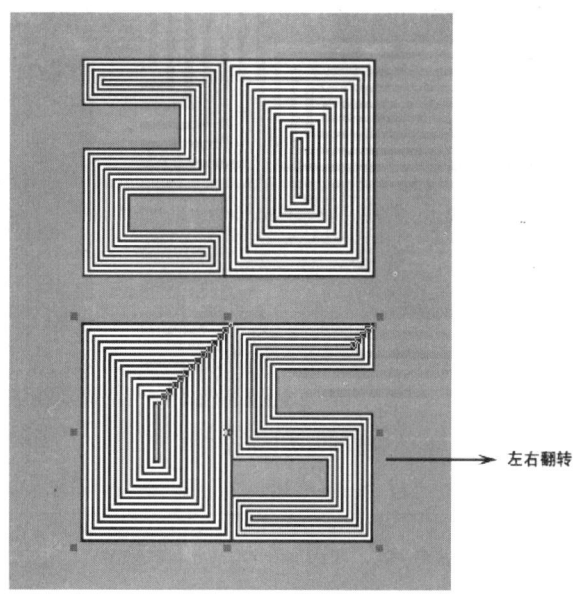

　　　　　　　　　　　　　　　　　　　　　　　　　→ 左右翻转

图6-175　将数字"2"进行左右翻转

（10）在两排数字之间的空隙处，还要放置一排重复排列的小图片，小图片是版面中心位置处静中有动的元素。这些小图片来自于图库，现在，先将从图库中选出的4张小图片置入页面中。方法是执行菜单中的"文件|导入"命令，在弹出的对话框中选择配套光盘中的"素材及结果\6.7.3　广告版面设计\b-1.tif"图片文件，如图6-176所示，单击"置入"按钮，将小图片原稿置入到页面中。同理，将b-2.tif、b-3.tif和b-4.tif依次置入，如图6-177所示。

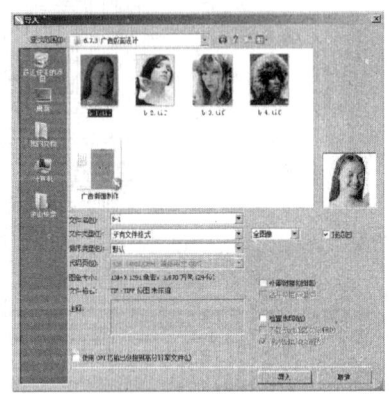

图6-176　导入图片　　　　　　　　　　　图6-177　将4张素材小图置入页面

（11）利用工具箱中的 ▣（挑选工具）分别选中每张小图片，在属性栏中将它们的高度都定义为15mm，注意不要单击属性栏中的"不成比例的缩放/调整比例"按钮，这样才能使每张图片等比例进行缩放。如图6-178所示，将4张小图片水平排列于两行数字中间的空隙处。接着，将4张小图片一齐选中，在将它们向右拖动的过程中右击鼠标，复制出一份。用相同方法将小图片复制出一定数量，将空隙全部排满，如图6-179所示。

图6-178　将所有小图片的高度都设为15mm　　　图6-179　用小图片将空隙排满

 提示

　　如果小图片排列不够整齐，可以将所有图片都选中，然后单击属性栏中的 ▣（对齐与分布）按钮，进行水平对齐的设置。

（12）最后来添加广告版面中的文字，利用工具箱中的 （文本工具）在页面中输入文本"BEST OF THE BEST"，按图6-180所示在属性栏中设置字体属性，并拖动文本框右下角向右的小箭头，使字距增大。

图6-180　在属性栏中设置字体属性，并使字距增大

（13）按〈Ctrl+F8〉组合键将文本转为美术字，文字四周出现控制手柄，纵向拖动位于中间的控制手柄，将文字整体拉长，如图6-181所示。用同样的方法，在页面中再输入一行文本"ALL STARS IN A TRAVEING SHOW"，将其放置在数字图形的下方，如图6-182所示。

图6-181　纵向拖动位于中间的控制手柄，将文字整体拉长

（14）再制作位于版面顶部的文字效果。输入文本后，为了调宽字距，还可以利用工具箱中的 （形状工具）拖动文本右下角处的箭头，改变文字的间距，如图6-183所示。请读者参考图6-184所示效果，自己制作版面顶部的文字和黑色矩形，并使它们都与底图居中对齐。

（15）至此，简洁的广告版面已制作完成，最终的效果如图6-185所示。

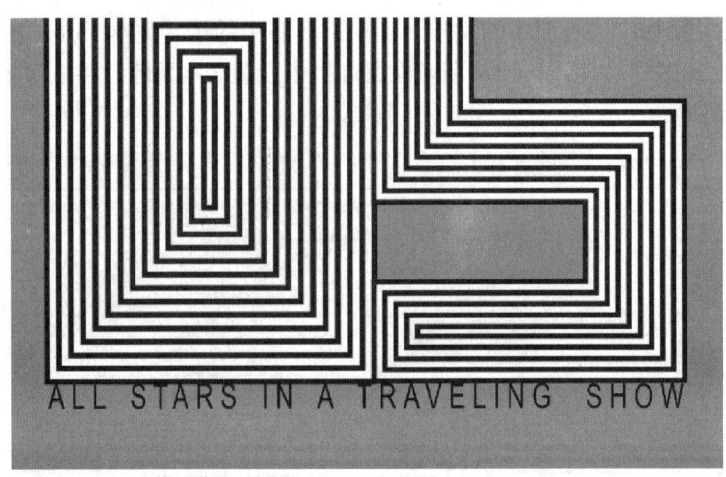

图6-182　制作位于数字图形下方的文字

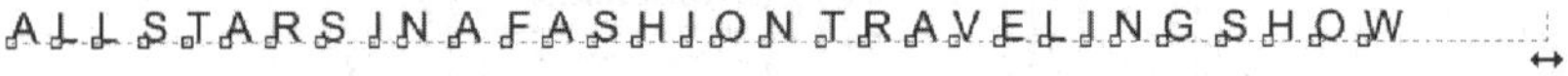

图6-183　拖动文本右下角的箭头，改变文字间距

图6-184　制作位于版面顶部的文字效果

图6-185　最后完成的效果图

6.7.4　方便面碗面包装设计

要点：

　　有人说："包装是无声的推销员。"醒目而华丽的食品包装是提升产品自身价值的关键。本例选取的是消费者非常熟悉的一种食品包装形式，效果如图6-186所示。它在结构上包括碗

与碗面盖贴两部分，我们需要分别制作碗的造型（包括外部设计效果）和碗面盖贴（包括平面效果图和与碗合成的透视效果图）。另外，该包装为了突出食品特色与沿袭一贯的品牌风格，还加入了摄影图像和醒目的文字，整个设计广告诉求的是明朗、清晰的效果。通过本例的学习，读者应掌握图框精确剪裁、旋转复制、利用"合并"形成新的图形，利用"封套工具"调整图形与文字的外形等的综合应用。

操作步骤：

1. 制作碗的造型

（1）执行菜单中的"文件｜新建"命令，新创建一个文件，设置属性栏纸张宽度与高度为185 mm×260 mm。

图6-186 方便面碗面包装设计

> **提示**
>
> 本例教大家制作的是方便面外型的设计效果图，因此页面尺寸不代表成品尺寸。

（2）绘制方便面简单的盒身线条稿。方法：利用工具箱中的 ▢（矩形工具）绘制如图6-187所示的矩形，然后利用工具箱中的 ▹（挑选工具）选中该矩形，单击属性栏内的 ✧（转换为曲线）按钮，从而将矩形图形转换为普通路径。接着利用工具箱中的 ▹（形状工具）点中矩形右上角节点，单击属性栏内的 ⌒（转换为曲线）按钮，再拖动节点的控制线将直线修改为弧线，最后使用同样的方法将矩形下部直线也修改为弧线，效果如图6-188所示。

图6-187 绘制一个矩形

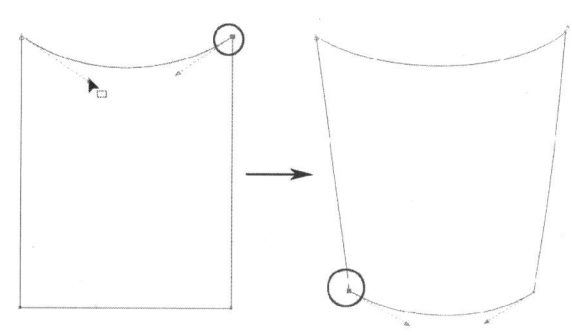

图6-188 将矩形转换为普通路径并修改为弧线

（3）利用工具箱中的 ▢（椭圆工具），绘制出如图6-189所示的包装盒顶部圆形，并将其填充为白色。

（4）方便面简单的线条稿绘制完成后，下面开始制作盒身内部的底纹图案，先在页面外制作图案再贴入线条稿内。方法：选择 ▢（椭圆工具），然后按住〈Ctrl〉键绘制一个正圆形，接着按快捷键〈F11〉，在弹出的"渐变填充"对话框中设置"橙色—浅黄色"的"射线"型渐变，如图6-190所示，单击"确定"按

图6-189 绘制包装盒顶部形状

钮，此时圆形被填充渐变后的效果如图6-191所示。最后右击"调色板"中的⊠（无填充色块）按钮，取消边线的颜色。

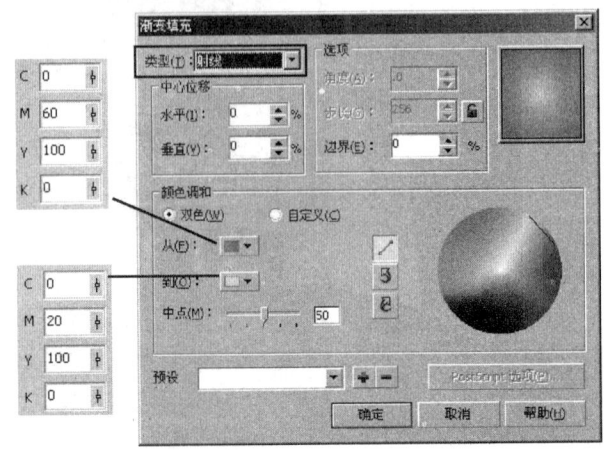

图6-190 在"渐变填充"对话框中设置"射线"型渐变　　图6-191 填充渐变后的效果

（5）利用工具箱中的 ![]（贝塞尔工具）绘制出图6-192所示的闭合路径，并将其填充为天蓝色，参考颜色数值为CMYK（100，0，0，0），再右击"调色板"中的⊠（无填充色块）按钮，取消边线的颜色。然后选择工具箱中的 ![]（透明度工具），在属性栏中设置参数如图6-193所示，从而得到一种半透明的效果。

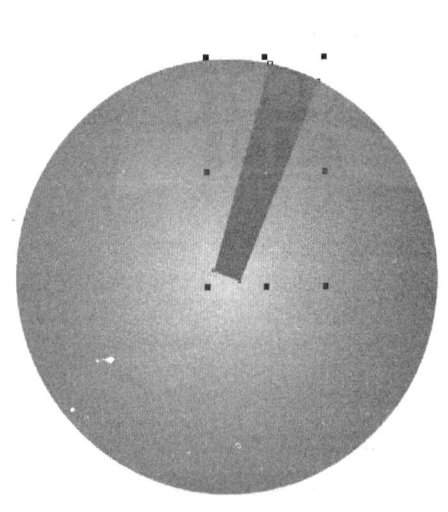

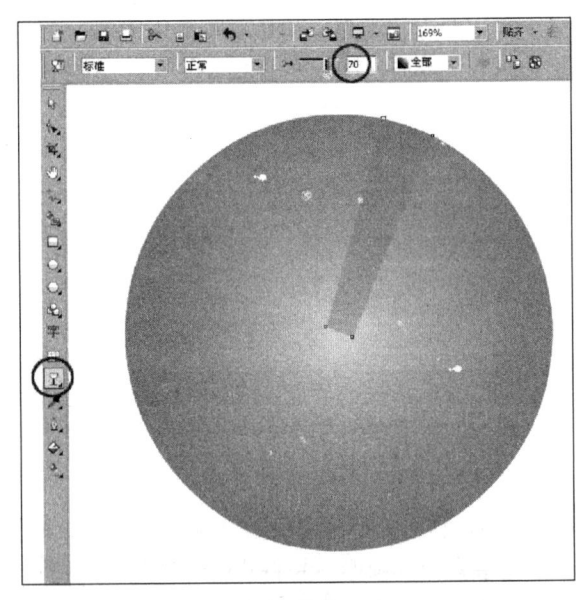

图6-192 绘制闭合路径并填充为天蓝色　　图6-193 利用"透明度工具"生成一种半透明的效果

（6）接下来要围绕圆心（可以从标尺中拖出辅导线以确定圆心位置）制作一系列复制图形，我们通过"变换"泊坞窗中的"旋转再制"功能来实现。方法：利用 ![]（挑选工具）单击小图形直到四周出现旋转光标，如图6-194所示。然后将旋转中心点拖动到圆心处，按快捷键〈Alt+F8〉打开"变换"泊坞窗，在其中设置旋转角度为20°，如图6-195所示，再多次单击

"应用"按钮，从而得到如图6-196所示的一圈绕同一中心旋转排列的小圆形。由于图形具有一定的透明度，因此在圆形中心自然生成了一种美丽的重叠效果。接着利用 （挑选工具）将所有图形都选中，按快捷键〈Ctrl+G〉组成群组。

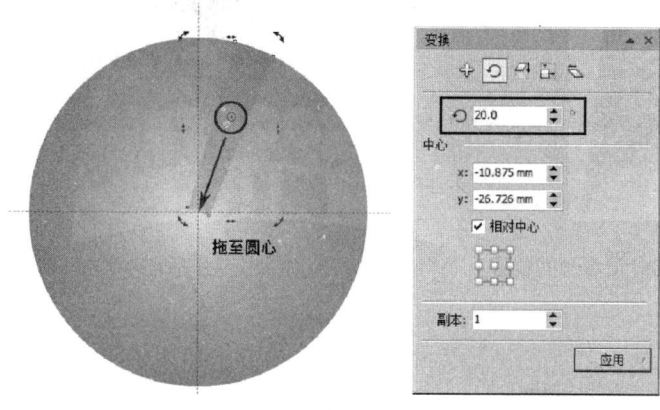

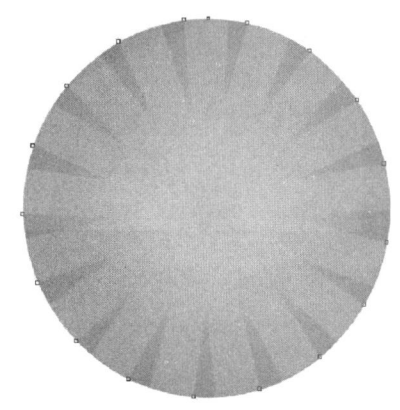

图6-194 将旋转中心点拖动到圆心处　图6-195 "变换"泊坞窗　图6-196 旋转复制后得到的图形效果

（7）将刚才制作好的图形复制一份（留做碗面盖贴上的底图），然后选中复制出的图形，执行菜单中的"效果|精确剪裁|放置在容器中"命令，此时鼠标变成一个向右的粗箭头，接着利用它点中碗面盒身图形，此时图案内容被自动放置到盒身图形内，多余的部分被裁掉，如图6-197所示。

（8）现在图案在盒内的位置不理想，下面继续进行调整。方法：右击盒身图形，在弹出的菜单中选中"编辑内容"命令，进入图6-198所示的编辑状态，然后移动图案的位置，调整合适后在右键弹出菜单中选择"结束编辑"命令。接着利用 （贝塞尔工具）绘制两个弧形图形

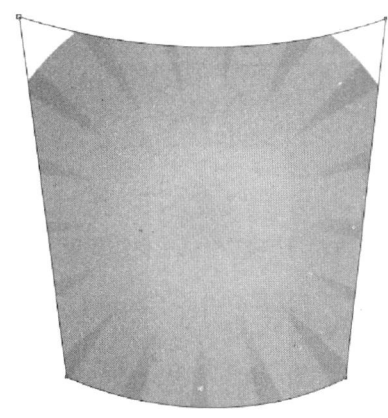

图6-197 圆形被剪裁于包装内部

（沿着包装的外边缘绘制，弧度与盒下部边缘一致），并分别将它们填充为白色与深灰色，参考颜色数值为CMYK（0，0，0，90），取消轮廓线，效果如图6-199所示。

（9）在方便面包装盒的正面，还需添加几何图形和产品图片，下面先来绘制产品图片的衬底图形。方法：利用工具箱中的 （椭圆形工具）绘制出3个交叉的正圆形，如图6-200所示，然后利用 （挑选工具）同时选中3个圆形，单击属性栏内的 （合并）图标按钮，此时3个圆形重叠的部分消失，形成了一个完整的闭合路径。接着在属性栏内设置"轮廓宽度"为1.5mm，颜色为黑色，如图6-201所示。再将它放置于包装盒上面（位于放射状底图的中心位置），效果如图6-202所示。

（10）食品包装中通常都会配有产品的摄影图片，它有两个优点，一是能吸引消费者购买，二是能让消费者根据图片得到产品的直观感受，进而产生了解产品的欲望。下面先置入方便面的摄影图片。方法：按快捷键〈Ctrl+I〉，在弹出的"导入"对话框中选择配套光盘中的"素材及结果\6.7.4 方便面碗面包装设计\方便面.psd"，单击"导入"按钮，此时鼠标光标变为置入图片的特殊状态，然后在页面中单击即可导入素材，效果如图6-203所示。

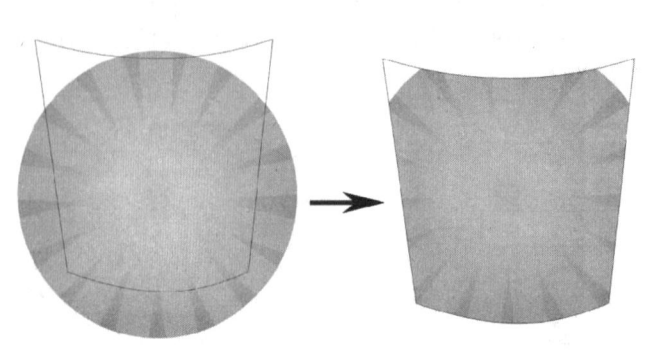 

图6-198　通过"编辑内容"调整图案相对于盒身的位置　　图6-199　绘制2个弧形图形并分别填色

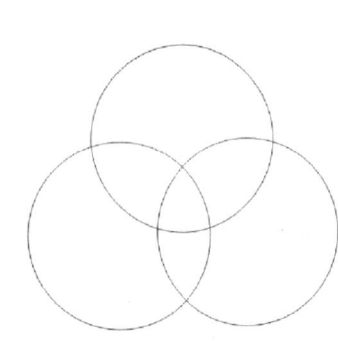  

图6-200　绘制三个圆形交错放置　图6-201　焊接后的效果　图6-202　将焊接图形放置于包装盒的效果

 提示

"方便面.psd"文件在Photoshop中事先做了退底的处理，因此置入后背景直接变为透明。

（11）选中置入的图片，执行菜单中的"效果｜图框精确剪裁｜置于图文框内部"命令，此时鼠标会变成一个向右的粗箭头，然后用它点中刚才使用3个圆形"焊接"而成的图形，此时图案内容会被自动放置到该图形内，并将多余的部分裁掉，如图6-204所示。

图6-203　"方便面.psd"　　图6-204　将产品图片置于3个圆形"焊接"而成的图形内

（12）图形位置确定后，接下来进入文字编辑部分，先设计标题文字。方法：选择工具箱中的 🖊（钢笔工具）绘制出如图6-205所示的字母"MINI NOODLE"的外形。

图6-205　绘制出文字"MINI NOODLE"的外形

> **提示**
>
> 在该食品包装中选用如此直线型风格的文字是为了配合面条的口感。另外，粗体的感觉也符合产品mini英文的可爱效果。

（13）将文字复制一份并移动到右下方位置，然后将其填充为橘红色，参考数值为CMYK（0，80，100，0）。接着执行菜单中的"排列｜顺序｜向后一层"命令，将红色文字下移一层。接着将位于上面的字母"NOODLE"的填充颜色改为黑色，从而得到图6-206所示的效果。最后将"MINI"和"NOODLE"两个单词的字母分别选中，按快捷键〈Ctrl+G〉组成两个群组。

图6-206　制作字母重叠的效果

（14）由于方便面碗面的盒身为柱体形式，为了符合透视效果，下面将文字处理为弧形，从而与外型一致。方法：利用工具箱中的 🖊（封套工具）调整文字的形状，使其与后面的图形协调，图6-207所示为带封套编辑框的调节状态。然后分别对两个单词都进行扭曲操作，从而得到如图6-208所示的效果。

图6-207　带封套编辑框的文字调节状态　　　　图6-208　文字与图形的合成效果

（15）下面在包装盒上添加一些零散的图形和广告语，从而增加包装的丰富性和信息的传达性。注意在制作时都需要顺应圆柱形的盒面进行扭曲变形。方法：利用工具箱中的▢（矩形工具）绘制出一个矩形，并将其填充为橘红色，参考数值为CMYK（0，80，100，0），然后利用▨（形状工具）在矩形的任一个角上拖动，从而得到圆角矩形。接着利用字（文字工具）输入一行文本"原味牛肉"，并在属性栏中设置"字体"为黑体，"字号"为24 pt，再单击属性栏中的▥（将文本更改为垂直方向）按钮，将文字自动变为竖排文本，并将其填充为白色。

（16）按快捷键〈Ctrl+Q〉将文本转为曲线，然后同时选中文字与圆角矩形，按快捷键〈Ctrl+G〉组成群组。下面进行沿弧线的透视变形，利用工具箱中的▨（封套工具）调整文字与图形，拖动编辑框四周的节点和控制线使其发生柔和的弧面变形，如图6-209所示。

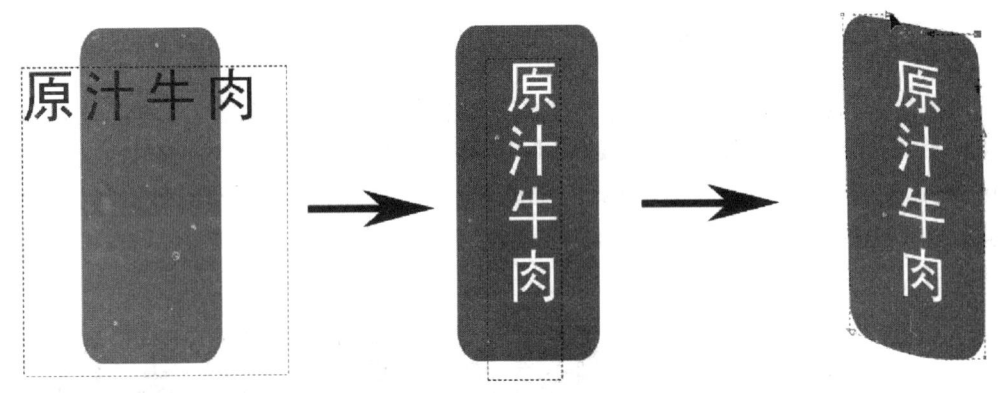

图6-209　文字标识"原汁牛肉"的制作流程图

（17）另一个广告标识的制作方法也大体相同，首先利用工具箱中的▨（贝塞尔工具）绘制如图6-210所示的曲线图形，然后输入文字后利用▨（封套工具）调整文字的透视变形，使其与包装盒的透视整体相符。接着将制作好的图标都贴到包装上面，效果如图6-211所示。

图6-210　制作另一个广告标识

图6-211　将制作好的图标都贴到包装上面

**提示**

可将"MINI"文字的底部图形填充为"深灰色-浅灰色-深灰色"的线性渐变，这样盒子圆弧形凸起感会更强一些。

（18）现在碗面的文字上部为白色圆弧图形，而真实材质为塑料外壳，因此需要给它添加一些颜色变化。方法：利用 （挑选工具）选中白色图形，然后按快捷键〈F11〉，在弹出的"渐变填充"对话框将其设置为灰白相间的多色渐变，如图6-212所示，单击"确定"按钮，此时圆形被填充上如图6-213所示的渐变。

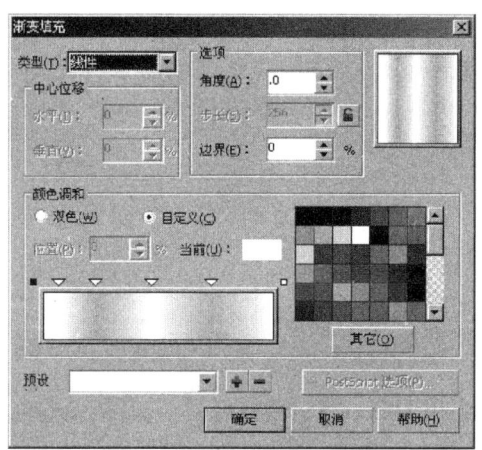

图6-212 设置灰白相间的多色渐变　　图6-213 填充多色渐变后的塑料外壳效果

（19）在碗的上部边缘部分再绘制出一圈细边，作为方便面盒上的立体外围，在其中也填充灰白相间的多色渐变（请参照图6-214设置"渐变填充"对话框参数）。至此，方便面盒身基本制作完毕，效果如图6-215所示。

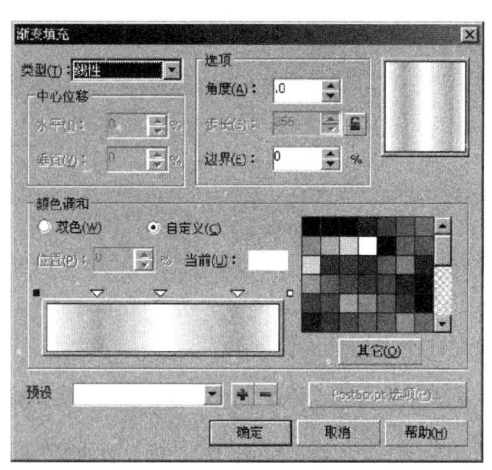

图6-214 在"渐变填充"对话框内设置灰白相间的多色渐变　　图6-215 在碗边图形下添加投影

2．制作碗面盖贴

（1）利用工具箱中的 □（椭圆工具）与 □（贝塞尔工具）绘制出组成碗面盖贴的简单轮廓图形（2个图形），效果如图6-216所示。然后利用 ▷（挑选工具）同时选中两个图形，单击属性栏内的 □（合并）按钮，此时两个图形重叠的部分会消失，从而形成一个完整的闭合路径，如图6-217所示。

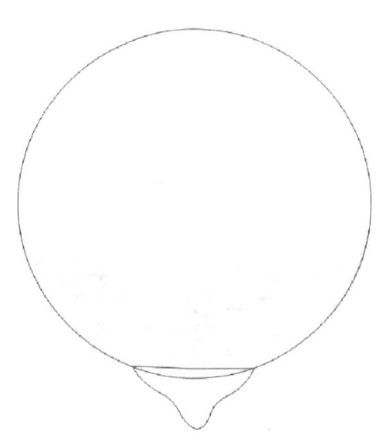

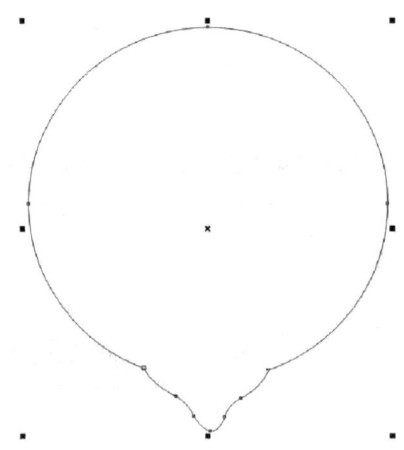

图6-216　绘制出组成碗面盖贴的简单轮廓图形　　　图6-217　图形"焊接"后的效果

（2）选中制作碗的造型步骤（7）中复制的备用图形，将它调整到图6-218所示的位置和大小。然后多次执行菜单中的"排列｜顺序｜向后一层"命令，将它移至盖贴轮廓图形的后面一层。接着选中放射状的备用图形，执行菜单中的"效果｜图框精确剪裁｜置于图文框内部"命令，此时鼠标会变成一个向右的粗箭头，再用它点中盖贴轮廓图形，此时图案内容会被自动放置到该图形内，多余的部分被裁掉，如图6-219所示。

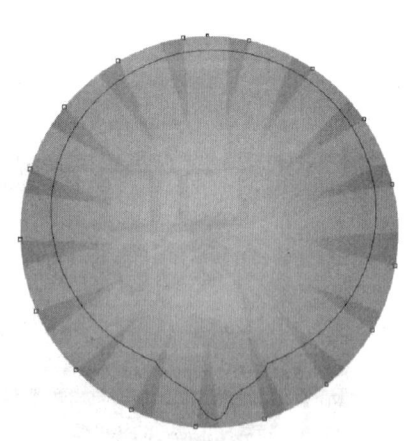

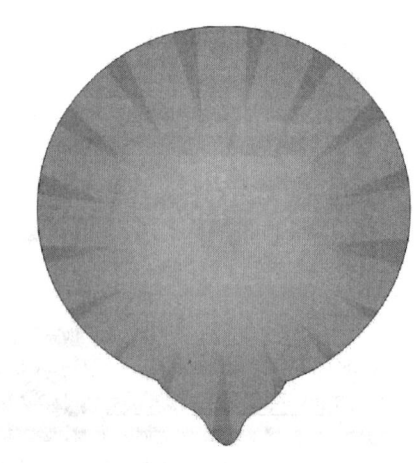

图6-218　调整图形的相对位置　　　图6-219　将放射状图案置于盒贴轮廓图内

（3）下面制作碗面盒贴上的标题文字内容。方法：利用 □（矩形工具）绘制位于文字底部的黑色矩形，然后将盒身上刚才制作好的文字MINI复制一份，放在黑色矩形的正中间，如

图6-220所示。接着利用工具箱中的 🖾（封套工具）分别调整文字与图形的变形弧度，从而得到如图6-221所示的拱形效果。

图6-220　绘制黑色矩形并将盒身上的文字MINI复制一份

图6-221　分别调整文字与图形的变形弧度，得到拱形效果

　　（4）将盖贴上的其他文字与图形元素都从碗面盒身上复制过来，然后参照图6-222进行排列。现在制作的是平面的盖贴效果，下面要将它进行透视变形，再与刚才制作好的盒身合在一起。方法：利用 ☝（挑选工具）选中所有组成盖贴的图形，然后按快捷键〈Ctrl+G〉组成群组。接着执行菜单中的"效果 | 添加透视"命令，拖动透视变形控制柄编辑形状的透视效果，初步调节完成的效果如图6-223所示。

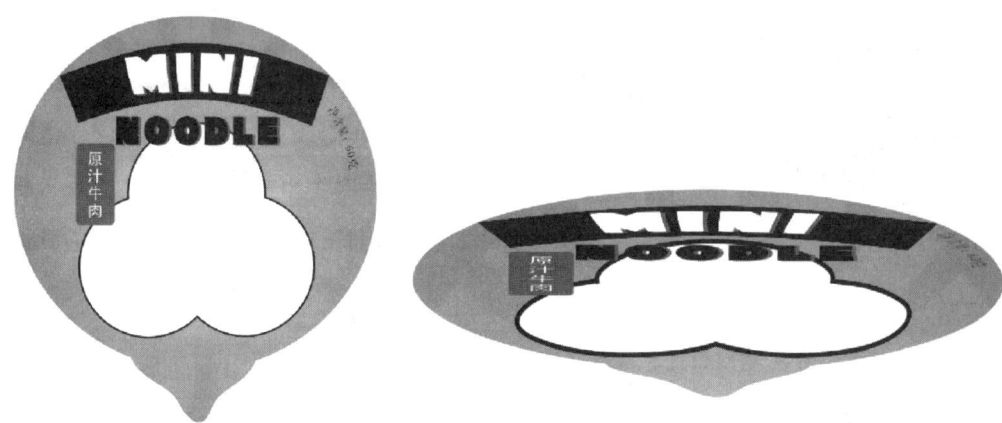

图6-222　添加其他图形与文字元素　　　　图6-223　使盖贴图形组发生透视变形

　🔍 提示 ─────

　　　对于已经发生过封套变形的文字与图标，复制过来后可以执行菜单中的命令"效果 | 清除封套"命令，即可恢复到变形之前的状态。

（5）目前的问题是，盖贴内部的放射状底图在透视变形后并不理想，下面需要对其进行单独调整。方法：按快捷键〈Ctrl+U〉对盖贴图形进行拆组操作，然后利用 （挑选工具）将盖贴内部的图文进行适当的微调，接着选中放射状底图，单击鼠标右键，在弹出的菜单中选择"编辑内容"命令，进入如图6-224所示的编辑状态，再调整放射状图形的大小和位置后再次右击，在弹出的菜单中选择"结束编辑"命令，从而形成如图6-225所示的完整效果。

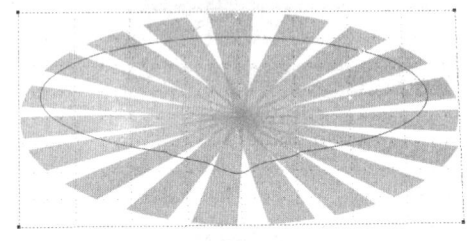
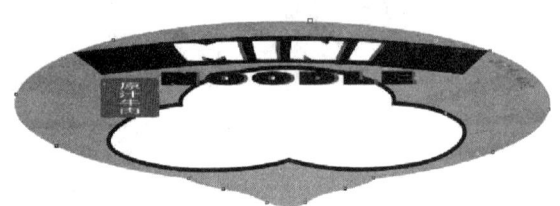

图6-224　在"编辑内容"状态下单独调整放射状底图　　　图6-225　调整完成后的整体效果

（6）按快捷键〈Ctrl+I〉，在弹出的"导入"对话框中选择配套光盘中的"素材及结果\6.7.4方便面碗面包装设计\方便面－透视.psd"，单击"导入"按钮，此时鼠标光标变为置入图片的特殊状态，然后在页面中单击即可导入素材，如图6-226所示。

（7）选中置入的图片，执行菜单中的"效果｜图框精确剪裁｜置于图文框内部"命令，此时鼠标变成一个向右的粗箭头，然后用它点中盖贴上利用3个圆形"焊接"而成的图形，此时图片会被自动放置到该图形内，多余的部分被裁掉，效果如图6-227所示。接着将组成盖贴的所有图形进行编组，完整的效果如图6-228所示。

图6-226　"方便面－透视.psd"　　　图6-227　将素材图片放置到"焊接"而成的图形内

> **提示**
>
> 调整盖贴图形透视变形程度时，可将它移至碗面盒身图形上进行参照。

（8）将编组后的盖贴图形进行缩放并移动到碗面盒身的上面。至此，方便面碗面包装外型的整体设计效果图制作完成，效果如图6-229所示。

（9）为了衬托出碗面的展示效果，下面制作一个简单而醒目的背景。由于食品包装的特点，因此背景选用的是能引起人食欲的橘红色调。方法：利用 （贝塞尔工具）绘制出如图6-230所示的3个图形（它们拼在一起构成一个矩形）作为背景，然后分别将3部分图形填充为不同的渐变色，此处的颜色渐变读者可根据自己的喜好来设置，这种拼接效果可形成一种颜色的运动感，如图6-231所示。接着将产品图形放置于背景图内，效果如图6-232所示。

图6-228 碗面盖贴最终效果图 　　　　　　图6-229 盒盖安置于包装中

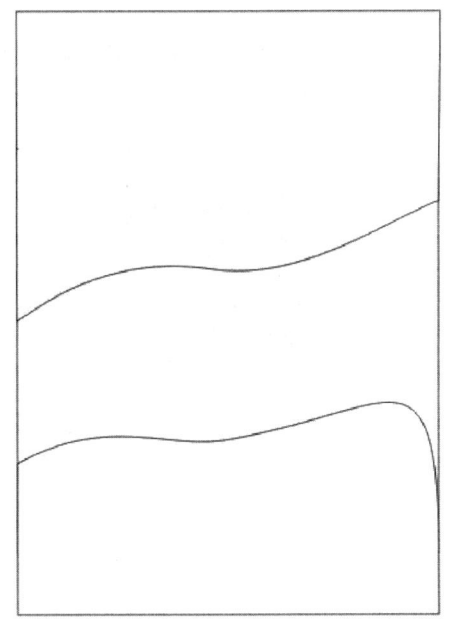

图6-230 制作三个图形作为背景 　　　　图6-231 分别填充为不同的渐变色

（10）此时碗面在背景的衬托下，底部边缘显得过于生硬，下面对其进行调整。方法：利用工具箱中的 🔖（形状工具）调节碗下部边缘的节点，并在属性栏内转换不同的节点类型，从而将碗底边缘调节成弧形，如图6-233所示。

（11）至此，方便面碗面包装设计效果图制作完成，效果如图6-234所示。下面为了得到更好的虚拟展示效果，还可以通过Photoshop软件加入一些光影变化，并且制作一个倒影，如图6-235所示。

图6-232　将产品放置于背景图内

图6-233　调节底边节点以形成弧形

图6-234　在CoreDRAW中完成的结果图

图6-235　方便面碗面包装设计

课 后 习 题

1．填空题

（1）图样透明效果分为_____、_____和_____3种类型。

（2）使用_____命令，可将一个对象作为内容内置于另外一个容器对象中。

2．选择题

（1）利用工具箱中的（　　　），可以对图形或美术字对象进行推拉、拉链或扭曲等变形操作，从而改变对象的外观，创造出奇异的变形效果。

A. 　　　　　B. 　　　　　C. 　　　　　D.

（2）利用工具箱中的（　　），可以产生轮廓图效果。

A. 　　　　　B. 　　　　　C. 　　　　　D.

3．问答题/上机练习

（1）简述创建和编辑调和效果的方法。

（2）简述创建和编辑封套效果的方法。

（3）练习1：制作如图6-236所示的光盘盘面效果。

（4）练习2：制作如图6-237所示的半透明裁剪按钮效果。

图6-236　光盘盘面效果

图6-237　半透明裁剪按钮效果

第7章

位图编辑与处理

本章要点

CorelDRAW X6提供了强大的位图编辑功能，在导入位图后可以编辑和调整位图颜色，还可以位图转换为矢量图形。通过本章学习应掌握以下内容：

- ■掌握导入与简单调整位图的方法。
- ■掌握调整位图的颜色和色调的方法。
- ■掌握调整位图的色彩效果的方法。
- ■掌握校正位图色斑效果的方法。
- ■掌握位图颜色遮罩的方法。
- ■掌握更改位图的颜色模式的方法。
- ■掌握跟踪位图的方法。

7.1　导入与简单调整位图

CorelDRAW X6中的位图图像是作为一个独特的对象类型来处理的，用户可以对其直接使用各种特殊效果，也可以将CorelDRAW X6中创建的图形转换为位图，以便在其他程序中使用。CorelDRAW X6可以导入PSD、JPG、GIF、PNG、TIF、BMP、TGA、WPG、MAC及PCX等多种图形格式。

7.1.1　导入位图

如果要在CorelDRAW X6中使用位图，首先要导入一幅或者多幅位图。在导入位图时，可以对导入图像的大小、分辨率以及不同的过滤器进行设置。导入位图的具体操作步骤如下：

（1）执行菜单中的"文件|导入"命令[或者单击工具栏中的 （导入）按钮]，弹出图7-1所示的"导入"对话框。

（2）在"查找范围"下拉列表框中选择要导入的位图文件所在位置，并选择要导入的位图。

（3）在"文件类型"下拉列表框中选择要导入的位图扩展名，如".BMP"。

图7-1　"导入"对话框

（4）选中"预览"复选框可以预览选择的位图。

（5）单击"导入"按钮，或者双击要导入的位图文件图标，返回到CorelDRAW工作窗口，将光标放在要导入位图的位置单击，即可导入位图。

7.1.2 链接和嵌入位图

使用链接命令链接到CorelDRAW X6中的位图与直接导入的位图虽然都是通过"导入"对话框中的相关命令来进行的，但是却具有不同的属性。

导入到CorelDRAW X6中的位图已经彻底变成了CorelDRAW X6的一个组成部分，无论编辑还是修改，均可直接在CoreDRAW X6中进行；而链接的位图则不同，无论何时对其进行编辑，都必须在该位图的原创程序中进行。

1. 链接位图

链接位图的具体操作步骤如下：

（1）执行菜单中的"文件|导入"命令（或者单击工具栏中的 （导入）按钮），弹出"导入"对话框。

（2）选择要导入的位图图片，然后选中"外部链接位图"复选框，如图7-2所示，单击"导入"按钮，即可将位图以外部链接的方式导入到CorelDRAW X6中。

图7-2 选中"外部链接位图"复选框

2. 嵌入位图

嵌入位图的具体操作步骤如下：

（1）执行菜单中的"编辑|插入新对象"命令，弹出图7-3所示的对话框。

（2）在该对话框中，如果单击"新建"单选按钮，并在右侧选择一种应用程序，即可新建一个嵌入对象；如果单击"由文件创建"单选按钮，并选中"链接"复选框，如图7-4所示，则可以单击"浏览"按钮，在弹出的对话框中选择一个对象直接嵌入。

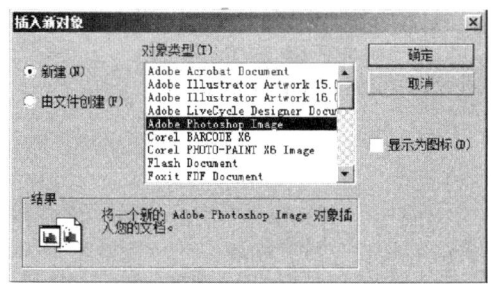

图7-3 单击"新建"单选按钮

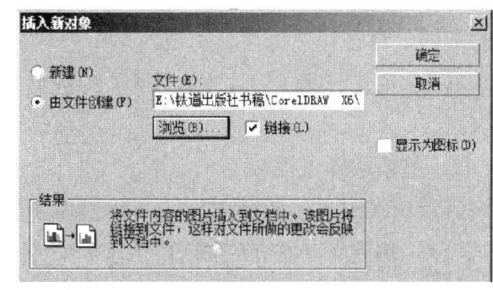

图7-4 单击"由文件创建"单选按钮

（3）单击"确定"按钮，即可嵌入对象。

7.1.3　裁剪和重新取样位图

位图图像的尺寸一般都比较大，而有时只需要素材图片中的某一部分，那么就要在导入位图时对其进行适当的裁剪，将不需要的区域裁剪掉。当然也可以在导入图像后使用工具栏中的 🔲（裁剪工具）将所需部分裁剪下来。

1．裁剪位图

导入位图时进行裁剪的具体操作步骤如下：

（1）执行菜单中的"文件|导入"命令（或者单击工具栏中的 🔲（导入）按钮），弹出"导入"对话框。

（2）选择要导入的位图文件，然后在"文件类型"后面的下拉列表框中选择"裁剪"命令，如图7-5所示。

（3）单击"导入"按钮，弹出图7-6所示的"裁剪图像"对话框。

图7-5　选择"裁剪"命令

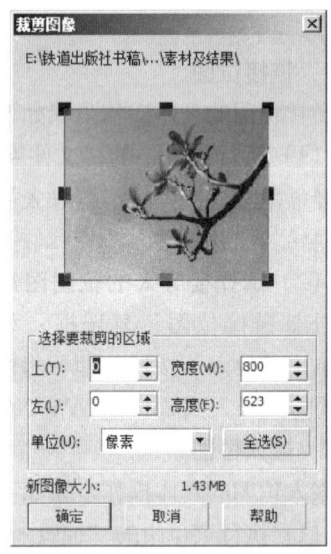

图7-6　"裁剪图像"对话框

（4）在该对话框中拖动裁剪框上的控制手柄，调整裁剪框的大小，然后拖动裁剪框到适当位置即可。如果要进行更精确的裁剪，可在"选择要裁剪的区域"栏中输入相应的数值。

（5）单击"确定"按钮，即可将裁剪后的位图导入到绘图页面。

2．重新取样位图

导入位图时进行重新取样的具体操作步骤如下：

（1）执行菜单中的"文件|导入"命令（或者单击工具栏中的 🔲（导入）按钮），弹出"导入"对话框。

（2）选择要导入的位图文件，然后在"文件类型"后面的下拉列表框中选择"重新取样"命令。

（3）单击"导入"按钮，弹出图7-7所示的"重新取样图

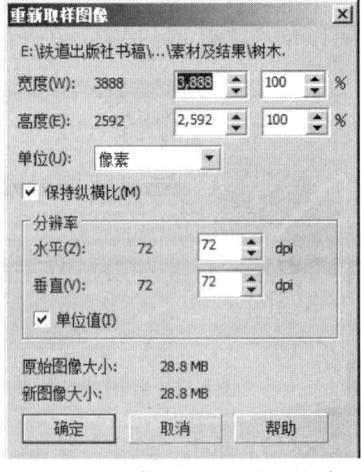

图7-7　"重新取样图像"对话框

像"对话框。

（4）在该对话框中输入所需位图的宽度和高度的数值，单击"确定"按钮，即可重新取样。

7.1.4 变换位图

在CorelDRAW X6中可以对导入的位图进行缩放、旋转和倾斜等变换操作。

变换位图的具体操作步骤如下：

（1）执行菜单中的"文件|导入"命令[或者单击工具栏中的 ![icon] （导入）按钮]，导入"素材及结果\小屋.jpg"图片。

（2）利用工具箱中的 ![icon] （选择工具）选择导入的位图，然后再次单击鼠标，此时位图的周围会出现旋转的控制手柄，如图7-8所示。

（3）将鼠标移动到位图的一个角（此时选择的是右上角）的控制柄上，这时鼠标变成 ↻ 形状，单击并拖动鼠标即可旋转位图，如图7-9所示。

图7-8 位图的周围会出现旋转的控制手柄 　　　　　　图7-9 旋转位图

（4）利用工具箱中的 ![icon] （选择工具）单击导入的位图，然后将鼠标放置到位图的一个角上（这里选择的是右上角），这时鼠标变为 ↗ 形状，单击并拖动鼠标即可缩放位图，如图7-10所示。

（5）利用工具箱中的 ![icon] （选择工具）再次单击缩放后的位图，此时位图的周围会再次出现旋转的控制手柄，将鼠标放置到一边的中间控制柄处，这时鼠标变为 ⇌ 形状，单击并拖动鼠标即可倾斜位图，如图7-11所示。

图7-10 缩放位图 　　　　　　　　　　　图7-11 倾斜位图

7.1.5 编辑位图

如果要对位图进行精确或更多效果的处理，可以在CorelDRAW X6中导入位图后，利用工具箱中的 ▨ （选择工具）选择位图对象，然后执行菜单中的"位图|编辑位图"命令，此时会弹出Corel PHOTO–PAINT X6应用程序窗口，如图7-12所示。

图7-12　Corel PHOTO-PAINT X6应用程序窗口

Corel PHOTO–PAINT X6应用程序是一个专业的图像处理程序，可以用来对图像进行多方面的处理，如设置颜色模式、色相/饱和度等。

7.1.6 将矢量图形转换为位图

CorelDRAW X6允许直接将矢量图形转换为位图图像，从而对转换为位图的矢量图形应用一些特殊效果。转换为位图对象后，一般文件的大小会增加，但是图形的复杂程度会大大降低。

将矢量图形转换为位图的具体操作步骤如下：

（1）利用工具箱中的 ▨ （钢笔工具）绘制一个图形对象或导入的矢量图形对象。

（2）利用工具箱中的 ▨ （选择工具）选择绘制或导入的矢量图形对象。

（3）执行菜单中的"位图|转换为位图"命令，此时会弹出图7-13所示的对话框。

（4）在该对话框的"颜色模式"下拉列表中选择一种颜色模式。

（5）在该对话框的"分辨率"下拉列表中选择适

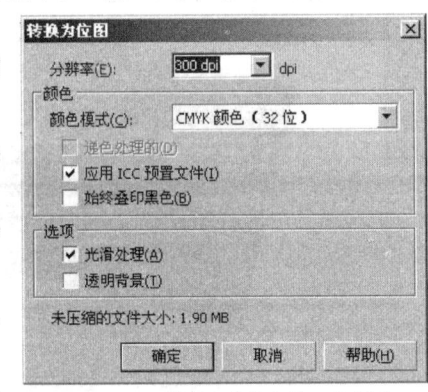

图7-13　"转换为位图"对话框

当的分辨率，分辨率越高图像越清晰。还可以在该对话框中选择"光滑处理""透明背景"和"应用ICC预置文件"等选项，使转换后的位图得到不同的对比效果。

（6）设置完成后，单击"确定"按钮，即可将矢量图形转换为位图对象。

7.2 调整位图的颜色和色调

位图中的颜色要素包括暗调、中间色调和高光之间的关系，以及颜色的亮度、强度和深度，所有这些决定位图质量的要素都可以在CorelDRAW X6中进行调整，以提高位图的颜色质量。

7.2.1 高反差

使用"高反差"命令，可以将图像的最暗区到最亮区的颜色进行重新分布，从而调整颜色的对比度。使用"高反差"命令调整颜色的具体操作步骤如下：

（1）执行菜单中的"文件|导入"命令[或者单击工具栏中的 ![] （导入）按钮]，导入配套光盘中的"素材及结果\企鹅3.jpg"图片，如图7-14所示。

（2）利用工具箱中的 ![] （选择工具）选择导入的位图对象。然后执行菜单中的"效果|调整|高反差"命令，弹出图7-15所示的"高反差"对话框。

图7-14 紫禁城.jpg

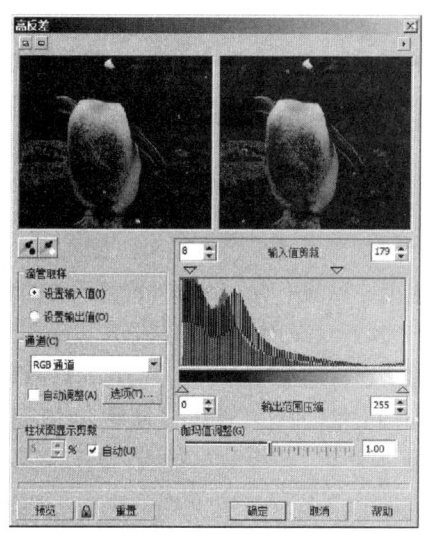

图7-15 "高反差"对话框

> **提示**
>
> 单击"高反差"对话框左上方的 ![] 按钮，可将其切换为 ![] 按钮，此时将只显示"预览"窗口；再次单击 ![] 按钮，切换为 ![] 按钮，此时可以同时显示"源素材"和"预览"两个窗口。

（3）分别单击 ![] （明调吸管）和 ![] （暗调吸管）按钮，吸取企鹅头部黑色作为明对比度颜色，吸取企鹅头部白色作为暗对比度颜色，或在"输入值剪裁"数值框中输入明、暗对比度。

（4）在"伽马值调整"选项组中拖动滑块可以精确调整对比值。

（5）单击"预览"按钮，即可看到调整前后的对比效果，如图7−16所示。如果要撤销当前设置，可以单击"重置"按钮。

（6）设置完毕后，单击"确定"按钮，即可将设置应用到当前位图图像上，如图7−17所示。

图7−16　调整"高反差"参数

图7−17　调整"高反差"参数后的效果

7.2.2　局部平衡

使用"局部平衡"命令，可以提高边缘颜色的对比度，从而显示明亮区域和暗色区域中的细节。使用"局部平衡"命令来调整颜色的具体操作步骤如下：

（1）执行菜单中的"文件|导入"命令（或者单击工具栏中的 （导入）按钮），导入配套光盘中的"素材结果\雪景.jpg"图片，如图7−18所示。

（2）利用工具箱中的 （选择工具）选择导入的位图对象。然后执行菜单中的"效果|调整|局部平衡"命令，弹出图7−19所示的"局部平衡"对话框。

图7−18　雪景.jpg

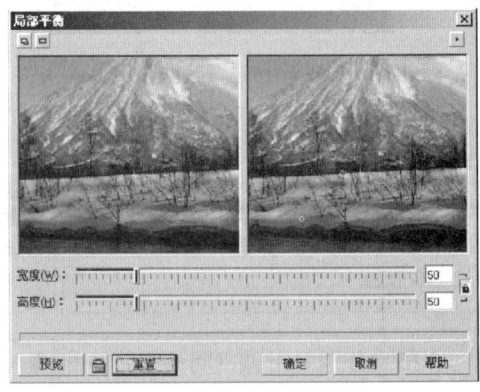

图7−19　"局部平衡"对话框

（3）在该对话框中拖动"宽度"和"高度"中的滑块可以调整对比度区域的范围，如果单击两个滑块之间的 🔒 按钮，可以解除锁定，从而使高度和宽度的变化不受比例的限制。这里将"宽度"和"高度"值均设为200。

（4）单击"预览"按钮，即可看到调整前后的对比效果，如图7-20所示。如果要撤销当前设置，可以单击"重置"按钮。

（5）设置完毕后，单击"确定"按钮，即可将设置应用到当前位图图像上，如图7-21所示。

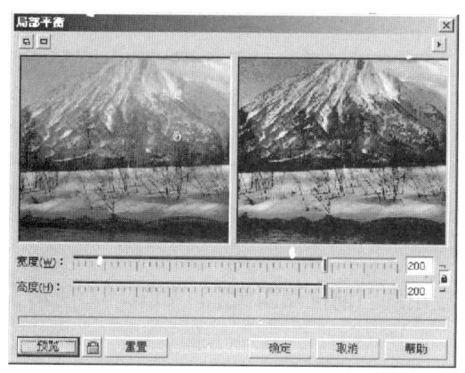

图7-20 调整"局部平衡"参数

图7-21 调整"局部平衡"参数后的效果

7.2.3 取样/目标平衡

使用"取样/目标平衡"命令，可以根据从图像中选取的色样来调整位图中的颜色值。可以从图像中的黑色、中间色调以及浅色部分选取色样，并将目标颜色应用于每个色样。使用"取样/目标平衡"命令来调整颜色的具体操作步骤如下：

（1）执行菜单中的"文件|导入"命令[或者单击工具栏中的 🖼 （导入）按钮]，导入配套光盘中的"素材及结果\远景.jpg"图片，如图7-22所示。

（2）利用工具箱中的 ▨ （选择工具）选择导入的位图对象。然后执行菜单中的"效果|调整|取样/目标平衡"命令，弹出图7-23所示的"样本/目标平衡"对话框。

图7-22 远景.jpg

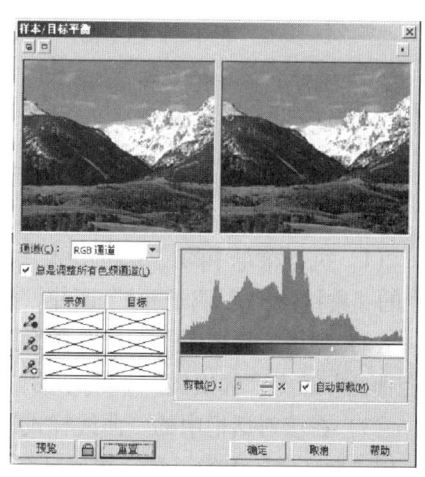

图7-23 "样本/目标平衡"对话框

提示

单击"样本/目标平衡"对话框左上方的□按钮,将只显示"预览"窗口。

(3)单击 ■(暗调吸管)按钮吸取图片下部树林中深绿色的颜色作为暗调颜色;单击 ■(中间调吸管)按钮,吸取图片草地的颜色作为高光颜色;单击 ■(高光吸管)按钮,吸取图片上部蓝天的颜色作为高光颜色。

提示

如果此时在窗口中无法完整地显示图片,可以在"源素材"窗口右击,缩小视图;单击,放大视图。

(4)单击"预览"按钮,即可看到调整前后的对比效果,如图7-24所示。如果要撤销当前设置,可以单击"重置"按钮。

(5)设置完毕后,单击"确定"按钮,即可将设置应用到当前位图图像上,如图7-25所示。

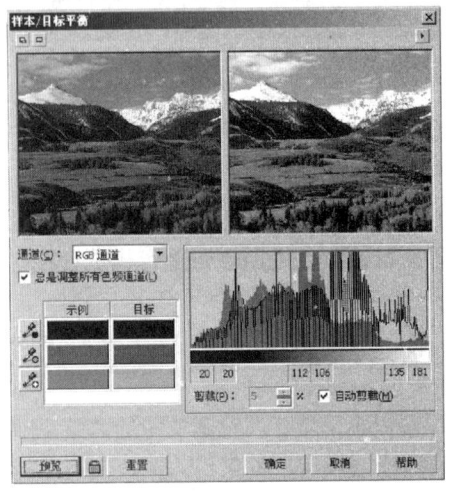

图7-24 调整"样本/目标平衡"参数

图7-25 调整"样本/目标平衡"参数后的效果

7.2.4 调合曲线

使用"调合曲线"命令,可以通过控制单个像素值来精确地调整图像中阴影、中间调和高光的颜色。使用"调合曲线"命令来调整颜色的具体操作步骤如下:

(1)执行菜单中的"文件|导入"命令[或者单击工具栏中的 ■(导入)按钮],导入配套光盘中的"素材及结果\鸭子.jpg"图片,如图7-26所示。

(2)利用工具箱中的 ▶(选择工具)选择导入的位图对象。然后执行菜单中的"效果|调整|调合曲线"命令,弹出图7-27所示的"调合曲线"对话框。

(3)在该对话框中的"曲线样式"选项组中"样式"右侧可以选择"曲线""直线""手绘"和"伽马值"中的一种,然后可在右侧通过拖动曲线得到不同的调合效果。

(4)单击 ■和 ■按钮,即可改变曲线的方向。

图7-26 鸭子.jpg

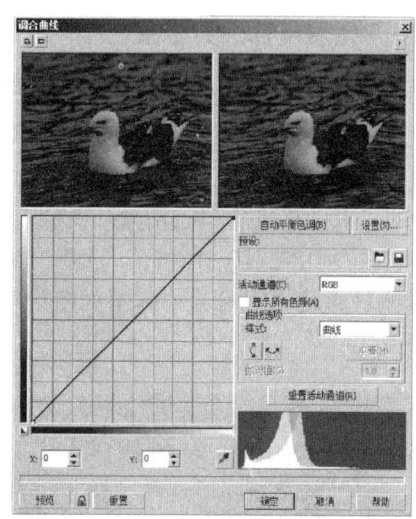

图7-27 "调合曲线"对话框

（5）单击 重置活动通道(R) 按钮，即可恢复所选择的曲线样式的默认设置。

（6）单击 自动平衡色调(B) 按钮，将对设置的曲线进行自动改正，使明暗对比始终保持平衡。

（7）单击 设置(S)... 按钮，即可弹出图7-28所示的"自动调整范围"对话框，在该对话框中可以设置调整的范围。

图7-28 "自动调整范围"对话框

（8）单击 （装入）按钮或 （保存）按钮，即可装入或保存色调曲线文件。

（9）调整曲线形状，单击"预览"按钮，即可看到调整前后的对比效果，如图7-29所示。如果要撤销当前设置，可以单击"重置"按钮。

（10）设置完毕后，单击"确定"按钮，即可将设置应用到当前位图图像上，如图7-30所示。

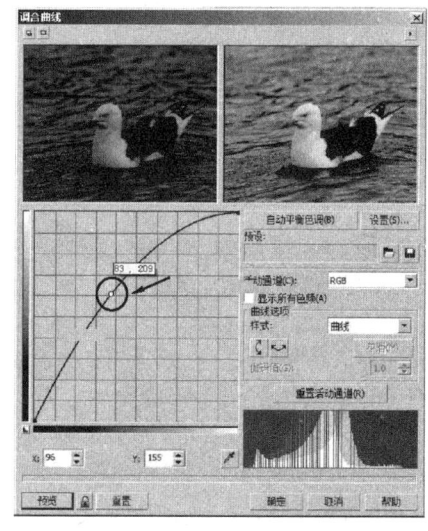

图7-29 调整"调合曲线"的形状

图7-30 调整"调合曲线"参数后的效果

7.2.5 亮度/对比度/强度

使用"亮度/对比度/强度"命令，可以调整所有颜色的亮度以及明亮区域与暗色区域之间的差异。使用"亮度/对比度/强度"命令来调整颜色的具体操作步骤如下：

（1）执行菜单中的"文件|导入"命令[或者单击工具栏中的 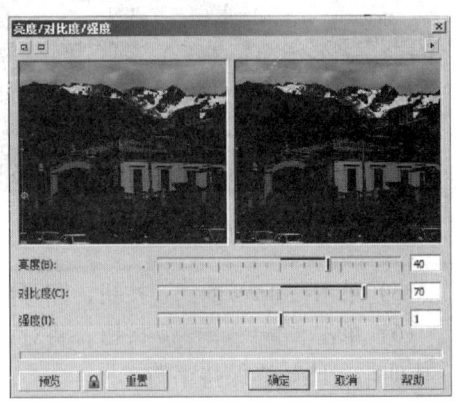（导入）按钮]，导入配套光盘中的"素材及结果\风景2.jpg"图片，如图7-31所示。

（2）利用工具箱中的 （选择工具）选择导入的位图对象。然后执行菜单中的"效果|调整|亮度/对比度/强度"命令，弹出如图7-32所示的"亮度/对比度/强度"对话框。

图7-31 风景2.jpg

图7-32 "亮度/对比度/强度"对话框

（3）在该对话框中，"亮度"滑块可以调整图像的明度程度，取值范围为－100~100；"对比度"滑块可以调整图像的对比度，取值范围为－100~100；"强度"滑块可以调整图像的色彩强度，取值范围为－100~100。

（4）调整参数后，单击"预览"按钮，即可看到调整前后的对比效果，如图7-33所示。如果要撤销当前设置，可以单击"重置"按钮。

（5）设置完毕后，单击"确定"按钮，即可将设置应用到当前位图图像，如图7-34所示。

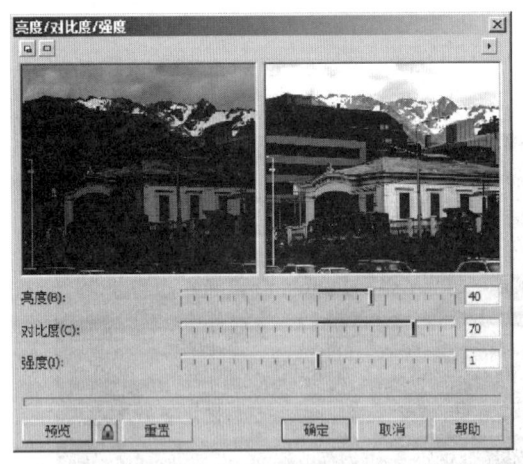

图7-33 调整"亮度/对比度/强度"参数

图7-34 调整"亮度/对比度/强度"参数后的效果

7.2.6　颜色平衡

使用"颜色平衡"命令，可以对主色（RGB）和辅助色（CMY）的互补色的阴影、中间色调等颜色段进行调整，从而获得图像的颜色平衡效果。使用"颜色平衡"命令来调整颜色的具体操作步骤如下：

（1）执行菜单中的"文件|导入"命令[或者单击工具栏中的 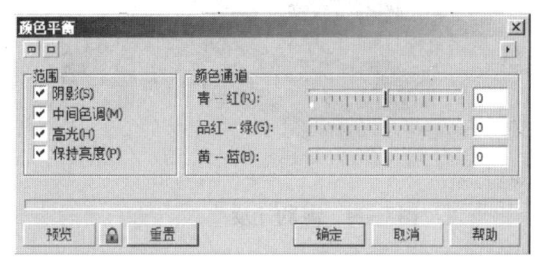 （导入）按钮]，导入配套光盘中的"素材及结果\水果.jpg"图片，如图7-35所示。

（2）利用工具箱中的  （选择工具）选择导入的位图对象。然后执行菜单中的"效果|调整|颜色平衡"命令，弹出图7-36所示的"颜色平衡"对话框。

图7-35　水果.jpg　　　　　　　　　　图7-36　"颜色平衡"对话框

（3）单击"颜色平衡"对话框左上角的 按钮，显示出"源素材"和"预览"两个窗口。然后在"源素材"窗口右击以缩小视图，使之在两个窗口中完全显示。接着调整参数，然后单击"预览"按钮，即可看到调整前后的对比效果，如图7-37所示。如果要撤销当前设置，可以单击"重置"按钮。

（4）设置完毕后，单击"确定"按钮，即可将设置应用到当前位图图像上，如图7-38所示。

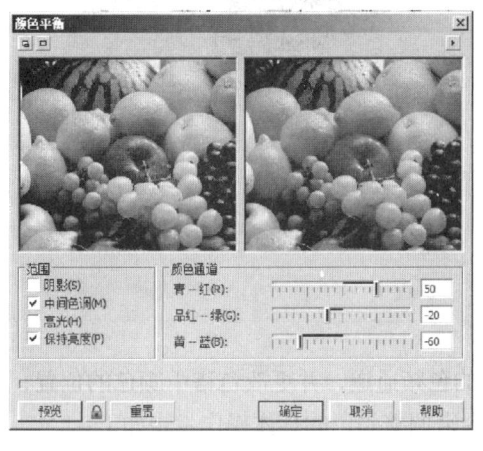

图7-37　调整"颜色平衡"参数

图7-38　调整"颜色平衡"参数后的效果

7.2.7　伽马值

使用"伽马值"命令可以在较低对比度区域强化细节而不会影响阴影或高光。使用"伽马值"来调整颜色的具体操作步骤如下：

（1）执行菜单中的"文件|导入"命令[或者单击工具栏中的 （导入）按钮]，导入配套光盘中的"素材及结果\海豹.jpg"图片，如图7-39所示。

（2）利用工具箱中的 （选择工具）选择导入的位图对象。然后执行菜单中的"效果|调整|伽马值"命令，弹出如图7-40所示的"伽马值"对话框。

图7-39　海豹.jpg

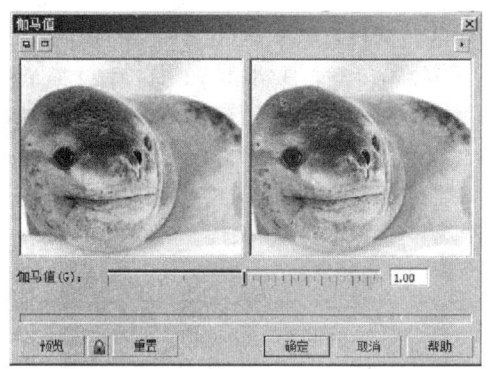

图7-40　"伽马值"对话框

（3）拖动"伽马值"滑块可调整伽马值，数值越大，中间色调就越浅；数值越小，则中间色调就越深。调整参数后，单击"预览"按钮，即可看到调整前后的对比效果，如图7-41所示。

（4）单击"确定"按钮，即可将设置应用到当前位图图像上，如图7-42所示。

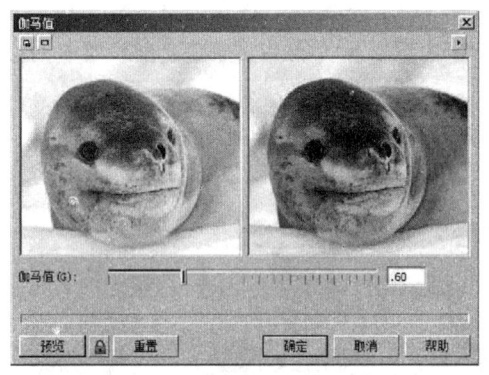

图7-41　调整"伽马值"参数

图7-42　调整"伽马值"参数后的效果

7.2.8　色度/饱和度/亮度

使用"色度/饱和度/亮度"命令可以调整位图中的色频通道，并更改色谱中颜色的位置，从而更改其颜色及浓度。使用"色度/饱和度/亮度"命令来调整颜色的具体操作步骤如下：

（1）执行菜单中的"文件|导入"命令[或者单击工具栏中的 （导入）按钮]，导入配套光盘中的"素材及结果\非洲菊.jpg"图片，如图7-43所示。

（2）利用工具箱中的 （选择工具）选择导入的位图对象。然后执行菜单中的"效果|调整|色度/饱和度/亮度"命令，弹出如图7-44所示的"色度/饱和度/亮度"对话框。

（3）在该对话框的"色频通道"选项区中选择"主对象""红""黄""绿""青""兰""品

红"和"灰度"单选按钮可分别对相关通道进行单独调整。通过拖动"色度""饱和度"和"亮度"滑块，可以得到不同的图像效果。调整参数后，单击"预览"按钮，即可看到调整前后的对比效果，如图7-45所示。

图7-43 非洲菊.jpg

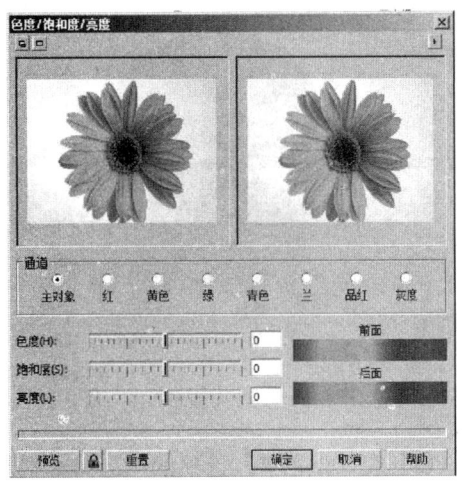

图7-44 "色度/饱和度/亮度"对话框

（4）单击"确定"按钮，即可将设置应用到当前位图图像上，如图7-46所示。

图7-45 调整"色度/饱和度/亮度"参数

图7-46 调整"色度/饱和度/亮度"参数后的效果

7.2.9 所选颜色

使用"所选颜色"命令，可以通过在色谱范围中改变（CMYK）颜色百分比来获得位图的颜色效果。使用"所选颜色"命令来调整颜色的具体操作步骤如下：

（1）执行菜单中的"文件|导入"命令[或者单击工具栏中的 ![按钮]（导入）按钮]，导入配套光盘中的"素材及结果\苹果.jpg"图片，如图7-47所示。

（2）利用工具箱中的 ![图标]（选择工具）选择导入的位图对象。然后执行菜单中的"效果|调整|所选颜色"命令，弹出图7-48所示的"所选颜色"对话框。

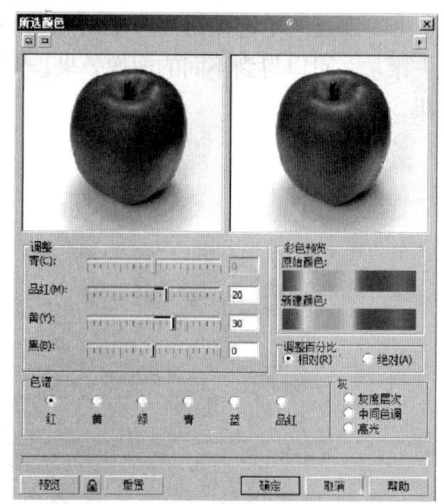

图7-47　苹果.jpg　　　　　　　　　　　　图7-48　"所选颜色"对话框

（3）在"颜色谱"选项区中选择要调整的颜色。如果是灰色图像，即可在"灰"选项区中选择一种样式。

（4）在"调整"选项区中通过拖动"青""品红""黄"和"黑"中的滑块，来调整这些颜色的数值。

（5）在"调整百分比"选项区中选择"相对"单选按钮，则会按照选择颜色中"青""品红""黄""黑"的总量百分比来增减颜色；选择"绝对"单选按钮，则会将设置百分比作为绝对值在选择颜色中增减"青""品红""黄""黑"的量。

（6）调整参数后，单击"预览"按钮，即可看到调整前后的对比效果，如图7-49所示。如果要撤销当前设置，可以单击"重置"按钮。

（7）设置完成后，单击"确定"按钮，即可将设置应用到当前位图图像上，如图7-50所示。

图7-49　调整"所选颜色"参数　　　　　　图7-50　调整"所选颜色"参数后的效果

7.2.10 替换颜色

使用"替换颜色"命令，可以在图像中选择一种颜色并创建一个颜色遮罩，然后用新的颜色替换图像中的颜色。使用"替换颜色"命令来调整颜色的具体操作步骤如下：

（1）执行菜单中的"文件|导入"命令[或者单击工具栏中的 ➡️（导入）按钮]，导入"素材及结果\鸢尾花.jpg"图片，如图7-51所示。

（2）利用工具箱中的 ▨（选择工具）选择导入的位图对象。然后执行菜单中的"效果|调整|替换颜色"命令，弹出如图7-52所示的"替换颜色"对话框。

图7-51 鸢尾花.jpg

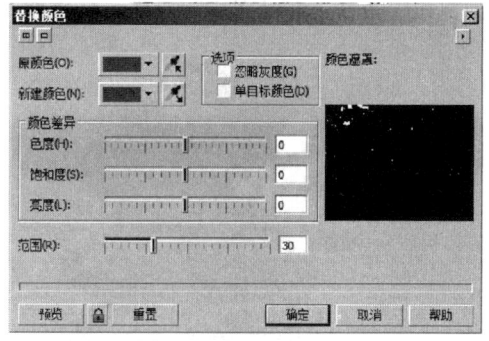

图7-52 "替换颜色"对话框

（3）在"原颜色"下拉列表框中选择一种颜色或使用 ✎（吸管工具）在图像中吸取一种颜色，此时在"颜色遮罩"栏中可以看到该颜色所创建的遮罩。

（4）在"新建颜色"下拉列表框中选择一种颜色或使用 ✎（吸管工具）在图像中吸取一种新颜色。

（5）在"颜色差异"选项组中拖动滑块，调整遮罩区域中的"色度""饱和度"和"光度"的值。

（6）在"选项"选项组中选中"忽略灰阶"复选框，可以创建一个忽略灰度关系的色彩遮罩；选中"单目标颜色"复选框，可以创建一个单一颜色的色彩遮罩。

（7）调整参数后，单击"预览"按钮，即可看到调整前后的对比效果，如图7-53所示。如果要撤销当前设置，可以单击"重置"按钮。

（8）设置完成后，单击"确定"按钮，即可将设置应用到当前位图图像上，如图7-54所示。

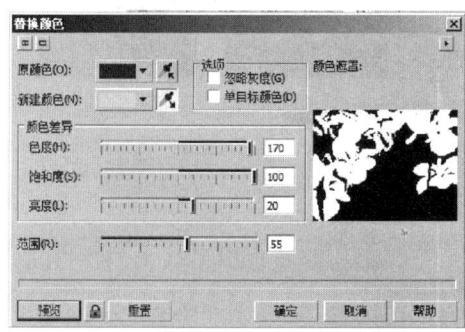

图7-53 调整"替换颜色"参数

图7-54 调整"替换颜色"参数后的效果

7.2.11 取消饱和

使用"取消饱和"命令，可以将位图中每种颜色的饱和度降为零，移除色度组件，并将每种颜色转换为与其相对应的灰度。这样会创建灰度黑白效果，而不会更改颜色模型。使用"取消饱和"命令来调整颜色的具体操作步骤如下：

（1）执行菜单中的"文件|导入"命令[或者单击工具栏中的 （导入）按钮]，导入"素材及结果\玫瑰.jpg"图片，如图7-55所示。

（2）利用工具箱中的 （选择工具）选择导入的位图对象。然后执行菜单中的"效果|调整|取消饱和"命令，即可完成此操作，结果如图7-56所示。

图7-55　玫瑰.jpg　　　　　　　　图7-56　调整"取消饱和"参数后的效果

7.2.12 通道混合器

使用"通道混合器"命令，可以通过混合色频通道来平衡位图的颜色。使用"通道混合器"命令来调整颜色的具体操作步骤如下：

（1）执行菜单中的"文件|导入"命令[或者单击工具栏中的 （导入）按钮]，导入配套光盘中的"素材及结果\郁金香2.jpg"图片，如图7-57所示。

（2）利用工具箱中的 （选择工具）选择导入的位图对象。然后执行菜单中的"效果|调整|通道混合器"命令，弹出如图7-58所示的"通道混合器"对话框。

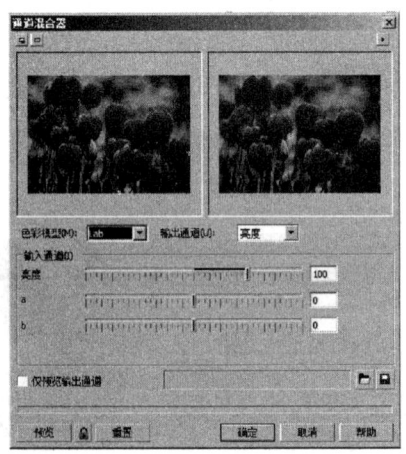

图7-57　郁金香2.jpg　　　　　　　图7-58　"通道混合器"对话框

（3）在该对话框的"色彩模型"下拉列表中选择一种颜色模式，在"输出通道"下拉列表中选择要调整的颜色通道，在"输入通道"选项区中拖动滑块调整"亮度""a"和"b"的比例。

（4）调整参数后，单击"预览"按钮，即可看到调整前后的对比效果，如图7-59所示。如果要撤销当前设置，可以单击"重置"按钮。

（5）设置完成后，单击"确定"按钮，即可将设置应用到当前位图图像，如图7-60所示。

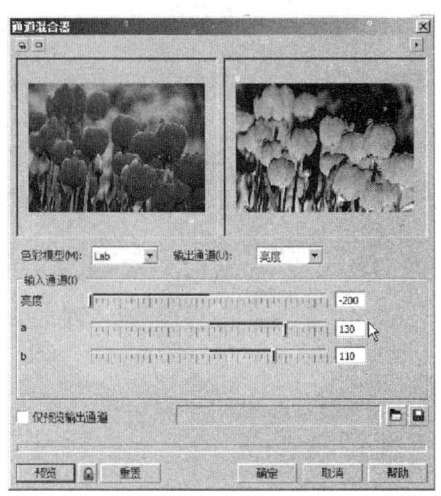

图7-59 调整"通道混合器"参数

图7-60 调整"通道混合器"参数后的效果

7.3 调整位图的色彩效果

利用CorelDRAW X6菜单中的"效果|变换|去交错""反显"和"极色化"命令，可以对所选图像的色彩做一些特殊处理，从而使图像更加完美。

7.3.1 去交错

使用"去交错"命令，可以对图像中的扫描交叉线进行处理，消除混杂信号的干扰，使图像平滑、清晰，从而显现出更加特殊的对比效果。当这种图像被输出到电视等视频中逐行或者隔行扫描显示时，具有一定的抗闪烁性。使用"去交错"命令来调整位图色彩效果的具体操作步骤如下：

（1）执行菜单中的"文件|导入"命令（或者单击工具栏中的 （导入）按钮），导入配套光盘中的"素材及结果\日落.jpg"图片，如图7-61所示。

（2）利用工具箱中的 （选择工具）选择导入的位图对象。然后执行菜单中的"效果|变换|去交错"命令。

（3）在弹出的"去交错"对话框的"扫描行"选项区中设置扫描图像中的"偶数行"或"奇数行"的扫描线，在"替换方法"选项区中选择"复制"或"插补"替换方式。

图7-61 日落.jpg

（4）调整参数后，单击"预览"按钮，即可看到调整前后的对比效果，如图7-62所示。如果要撤销当前设置，可以单击"重置"按钮。

（5）设置完成后，单击"确定"按钮，即可将设置应用到当前位图图像上，如图7-63所示。

图7-62 "去交错"对话框

图7-63 调整"去交错"参数后的效果

7.3.2 反显

使用"反显"命令，可以将选择的图像中的颜色变成其互补颜色，比如黑色会变成白色，连续使用该命令两次可以恢复原始图像。使用"反显"命令来调整位图色彩效果的具体操作步骤如下：

（1）执行菜单中的"文件|导入"命令（或者单击工具栏中的 （导入）按钮），导入配套光盘中的"素材及结果\百合花.jpg"图片，如图7-64所示。

（2）利用工具箱中的 （选择工具）选择导入的位图对象。然后执行菜单中的"效果|变换|反显"命令，即可完成此操作，结果如图7-65所示。

图7-64 百合花.jpg

图7-65 调整"反显"参数后的效果

7.3.3 极色化

使用"极色化"命令，可以指定图像色彩通道中色调的级数，将不同的色调映射为最接近的色调，从而得到特殊的效果。使用"极色化"命令来调整位图色彩效果的具体操作步骤如下：

（1）执行菜单中的"文件|导入"命令（或者单击工具栏中的 （导入）按钮），导入配套光盘中的"素材及结果\闪电.jpg"图片，如图7-66所示。

（2）利用工具箱中的 🔾（选择工具）选择导入的位图对象。然后执行菜单中的"效果|变换|极色化"命令，弹出图7-67所示的"极色化"对话框。

图7-66　闪电.jpg

图7-67　"极色化"对话框

（3）单击"极色化"对话框左上角的 🔳 按钮，显示出"源素材"和"预览"两个窗口。然后拖动"层次"滑块设置图像色彩通道中色调的级数值，数值越大，显示的颜色就越丰富，极色效果就越不明显；数值越小，显示的颜色越少，极色效果就越明显。

（4）调整参数后，单击"预览"按钮，即可看到调整前后的对比效果，如图7-68所示。如果要撤销当前设置，可以单击"重置"按钮。

（5）设置完成后，单击"确定"按钮，即可将设置应用到当前位图图像上，如图7-69所示。

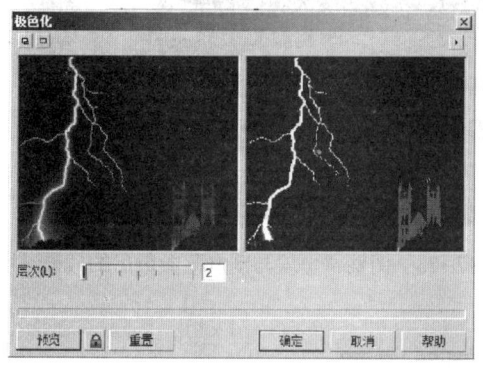

图7-68　调整"极色化"参数

图7-69　调整"极色化"参数后的效果

7.4　校正位图色斑效果

利用CorelDRAW X6菜单中的"效果|校正|尘埃与刮痕"命令，可以修正和减少图像中的色斑，减轻锐化图像中的亮点。使用"尘埃与刮痕"命令来校正位图色斑效果的具体操作步骤如下：

（1）执行菜单中的"文件|导入"命令[或者单击工具栏中的 🔗（导入）按钮]，导入配套光盘中的"素材及结果\夜景3.jpg"图片，如图7-70所示。

（2）利用工具箱中的 🔾（选择工具）选择导入的位图对象。然后执行菜单中的"效果|校正|尘埃与刮痕"命令，弹出图7-71所示的"尘埃与刮痕"对话框。

图7-70　夜景3.jpg

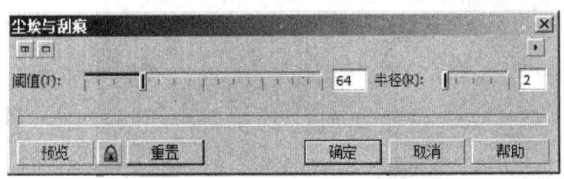

图7-71　"尘埃与刮痕"对话框

（3）单击"尘埃与刮痕"对话框左上角的█按钮，显示出"源素材"和"预览"两个窗口。然后拖动"阈值"滑块，直到消除色斑。接着拖动"半径"滑块，确定扫描范围的大小。

（4）调整参数后，单击"预览"按钮，即可看到调整前后的对比效果，如图7-72所示。如果要撤销当前设置，可以单击"重置"按钮。

（5）设置完成后，单击"确定"按钮，即可将设置应用到当前位图图像上，如图7-73所示。

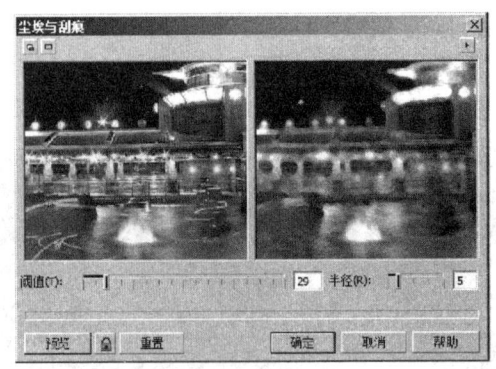

图7-72　调整"尘埃与刮痕"参数

图7-73　调整"尘埃与刮痕"参数后的效果

7.5　位图的颜色遮罩

利用CorelDRAW X6菜单中的"位图|位图颜色遮罩"命令，可以显示与隐藏位图中的某种颜色或者与这种颜色相近的颜色。使用"位图颜色遮罩"命令的具体操作步骤如下：

（1）执行菜单中的"文件|导入"命令[或者单击工具栏中的█（导入）按钮]，导入"素材及结果\汽车.jpg"图片，如图7-74所示。

（2）利用工具箱中的█（选择工具）选择导入的位图对象。然后执行菜单中的"位图|位图颜色遮罩"命令，在弹出的"位图颜色遮罩"对话框中单击█按钮，吸取位图中要隐藏的颜色。接着拖动"容限"滑块调整容限值，当容限值为0时，只能精确取色；容限值越大则选择的颜色范围就越大。

（3）本例吸取的是汽车中的红色区域，"容限"值设为100%，如图7-75所示。然后单击"应用"按钮，即可将设置应用到当前位图图像上，结果如图7-76所示。

 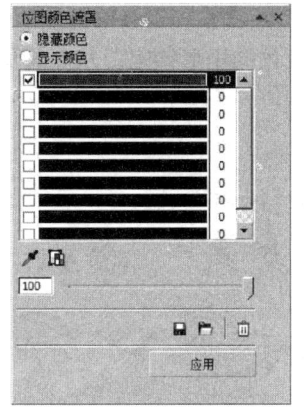 

图7-74　汽车.jpg　　图7-75　设置"位图颜色遮罩"参数　图7-76　"位图颜色遮罩"效果

7.6　更改位图的颜色模式

在CorelDRAW X6中可以根据需要，利用菜单中的"位图|模式"命令，将位图中的图像转换为黑白、双色、RGB、Lab和CMYK等不同的颜色模式。

7.7　跟　踪　位　图

利用跟踪位图的功能，可以将扫描的草图、艺术品、数码相片和徽标等位图转换为矢量图形，从而根据需要对其进行重新编辑和修改。这是获得矢量图形的快捷而有效的方法。将位图转换为矢量图的具体操作步骤如下：

（1）执行菜单中的"文件|导入"命令[或者单击工具栏中的 📷（导入）按钮]，导入"素材及结果\马的奔跑.tif"图片，如图7-77所示。

图7-77　马的奔跑.tif

（2）为了便于观看跟踪图像的效果，下面制作黄色背景。方法是利用工具箱中的 ▢（矩形工具）绘制一个填充为黄色[参考颜色数值为CMYK（0，0，100，0）]的矩形。然后执行菜单中

的"排列|顺序|到页面后面"命令，将其放置到"马的奔跑.tif"文件的后面。接着执行菜单中的"排列|锁定对象"命令，将填充为黄色的矩形锁定，从而避免错误操作，结果如图7-78所示。

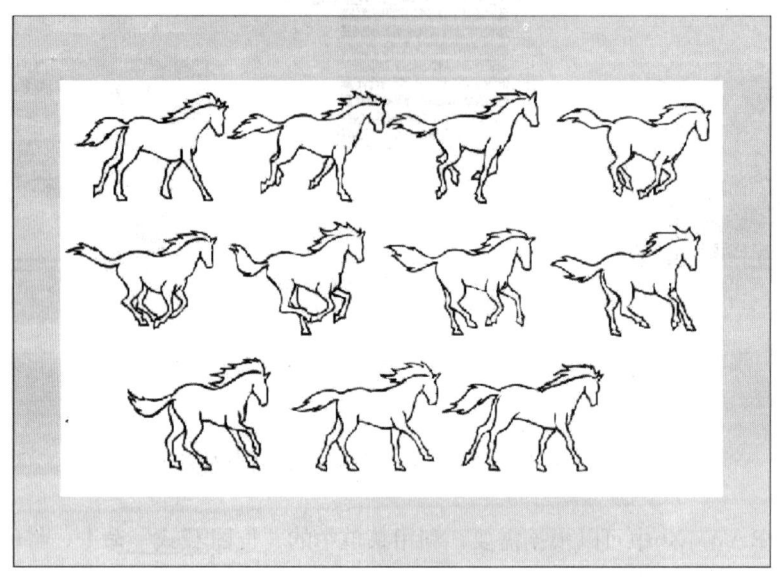

图7-78　将黄色矩形置后并进行锁定

（3）利用工具箱中的 ▣（选择工具）选择导入的"马的奔跑.tif"位图对象。然后执行菜单中的"位图|中心线描摹|线条画"命令（或单击工具栏中的 ▣ 描摹位图(T) ▣ 按钮，从弹出的下拉菜单中选择"线条画"选项，如图7-79所示），接着在弹出的对话框中进行图7-80所示的设置，再单击"确定"按钮。

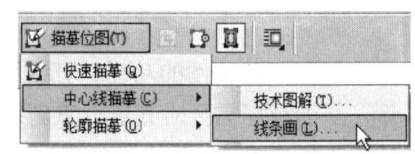

图7-79　选择"线条画"选项

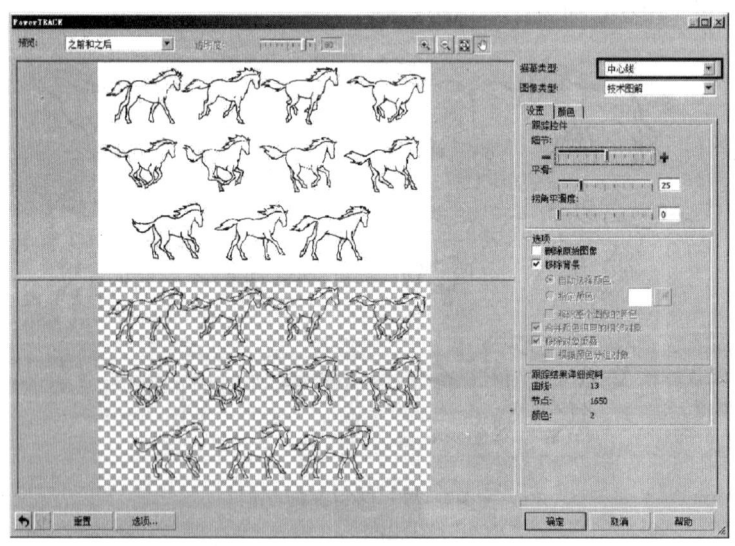

图7-80　设置参数

（4）选择导入的"马的奔跑.tif"位图图像，按〈Delete〉键将其删除，从而只保留线条图，结果如图7-81所示。

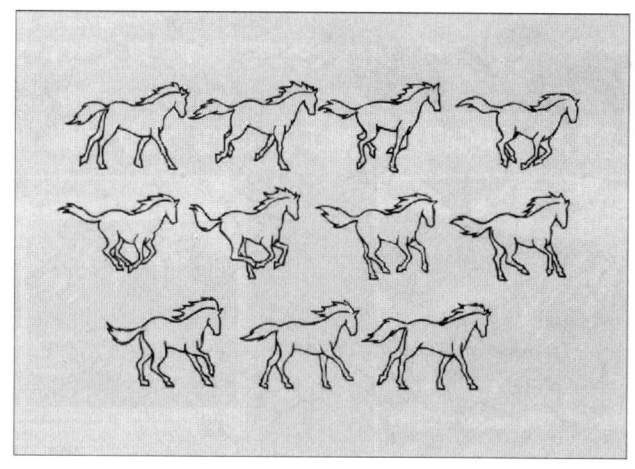

图7-81　线条图

（5）在状态栏中改变线条色如图7-82所示，结果如图7-83所示。

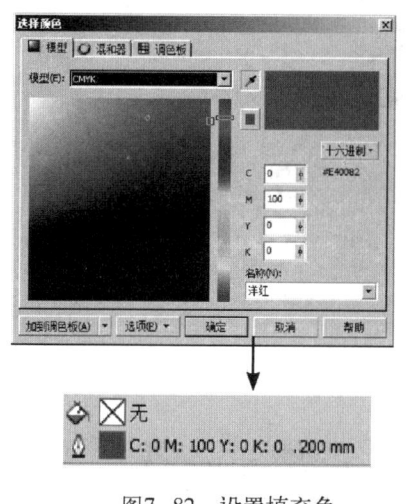

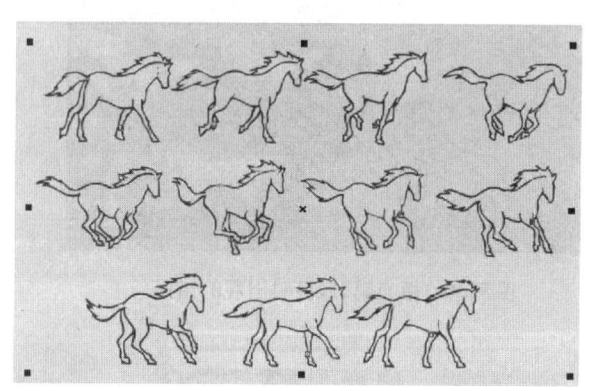

图7-82　设置填充色　　　　　　　　　　图7-83　改变线条颜色的效果

（6）填充马的线条图。方法是选择工具箱中的 （智能填充工具），然后在工具栏中设置填充色和轮廓色的颜色参数均为CMYK（0，100，60，0），并将轮廓线条宽度设为1.0mm，如图7-84所示。接着对前两匹马的线条图进行填充，结果如图7-85所示。

图7-84　设置智能填充工具的参数

（7）在对第3匹马进行填充时，会出现如图7-86所示的错误，这是因为第3匹马不是封闭图形，下面就来解决这个问题。方法是利用工具栏中的 （缩放工具），放大第3匹马的区域，可以看到马的尾巴没有封闭，如图7-87所示。选择工具栏中的 （手绘工具）将未封闭的区域进行封闭处理，如图7-88所示。然后利用工具箱中的 🖫（智能填充工具）对第3匹马进行填充即可，结果如图7-89所示。

图7-85　对前两匹马的线条图进行填充

图7-86　填充第3匹马时出现的错误

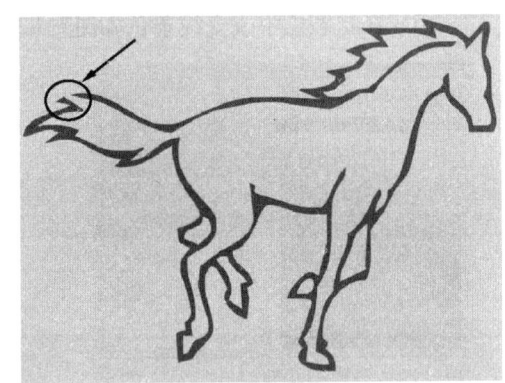

图7-87　放大第3匹马的区域

图7-88　封闭尾部线条

图7-89　封闭尾部线条后的填充效果

（8）同理，填充其余马的线条图，结果如图7-90所示。

图7-90　最终填充效果

（9）此时，填充后的图形已经转换为矢量图。下面利用工具栏中的▨（形状工具），选择马的形状，如图7-91所示，就可以对马的形状进行编辑修改。

图7-91　将位图转换为矢量图

7.8　实例讲解

本节将通过"餐厅优惠卷设计"和"宣传折页设计"两个实例来讲解位图编辑与处理在实际工作中的具体应用。

7.8.1　点餐卡设计

　要点：

本例将制作一张卡片式的餐厅宣传单，效果如图7-92所示。通过本例的学习，应掌握将导入的点阵图像处理成彩色铅笔画的效果，利用"调合曲线"和"所选颜色"等功能对图像进行

微妙的明暗及色彩调节，并将图文合一，进行简单的
排版。

操作步骤：

（1）执行菜单中的"文件|新建"命令，新创建
一个文件。然后在属性栏中设置纸张宽度×高度为
206 mm×61 mm。

（2）按〈Ctrl+I〉组合键，在弹出的图7-93所示
的"导入"对话框中选择"素材及结果\7.8.1餐厅优惠

图7-92　最后完成的请柬效果图

卷设计\餐厅图片-1.tif"文件，单击"导入"按钮。此时鼠标光标变为置入图片的特殊状态，在
页面中单击导入素材，并将导入的图片先移至页面左侧，如图7-94所示。

图7-93　导入素材图

图7-94　将导入的图片置于页面左侧

（3）选择工具箱中的 （矩形工具），在页面右侧部分绘制一个矩形，设置宽度与高度为
103 mm×61 mm。然后执行菜单中的"窗口|泊坞窗|颜色"命令，调出"彩色"泊坞窗，在其中
设置填充色为蓝紫色[参考颜色数值为CMYK（80，70，0，K0）]，轮廓色设置为无。接着将刚
才置入的图片移动到矩形的左侧。

（4）此时图片的尺寸过大，需要进行裁剪操作。先选择工具箱中的 （裁剪工具），在
图片上拖动鼠标，得到如图7-95所示的裁剪框，在选项栏中将裁剪框的宽度与高度也设置为
103 mm×61 mm。再在裁剪框内双击鼠标，得到图7-96所示的图像效果。

图7-95　将图片进行裁剪

图7-96 裁剪完后图像与矩形的拼接效果

（5）将图片处理成为彩色铅笔素描效果。方法：利用工具箱中的 ▷ （选择工具）选中图像，然后执行菜单中的"位图|艺术笔触|素描"命令，在弹出的对话框中进行图7-97所示的设置，单击"预览"按钮可以在关闭对话框前直观地预览不同参数的效果，满意后单击"确定"按钮，写实的图片被转化为浪漫的彩色铅笔画，效果如图7-98所示。

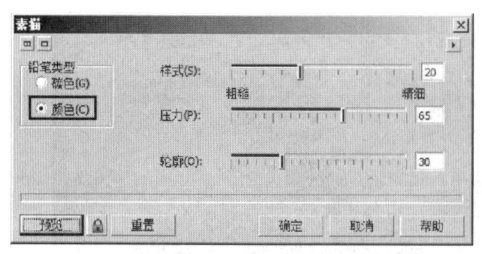

图7-97 "素描"对话框

图7-98 转换为彩色铅笔画的效果

（6）转为素描效果后，图像色彩饱和度大幅度下降，图像显得偏灰，下面提高图像的明暗度。方法：利用工具箱中的 ▷ （选择工具）选中图像，然后执行菜单中的"效果|调整|调合曲线"命令，在弹出的对话框中设置参数，如图7-99所示，单击"确定"按钮，效果如图7-100所示。

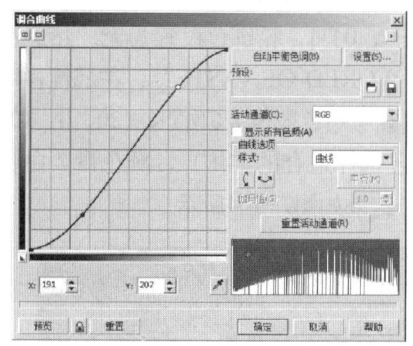

图7-99 "调合曲线"对话框

图7-100 图像对比度增加后的效果

提示

应用"调合曲线"命令，通过控制单个像素值来精确地校正颜色、改变图像的明暗分布，比"亮度/对比度/强度"命令的调节更加细致柔和一些。

（7）下面再将图像的局部色彩饱和度稍微提升一些。方法：执行菜单中的"效果|调整|所选颜色"命令，在弹出的对话框的"颜色谱"选项组中单击"红"单选按钮，然后增大品红和黄的数值，如图7-101所示；再单击"绿"单选按钮，增大青和黄的数值，如图7-102所示。最后单击"确定"按钮，此时图像中红色和绿色的局部颜色饱和度就提高了，效果如图7-103所示。

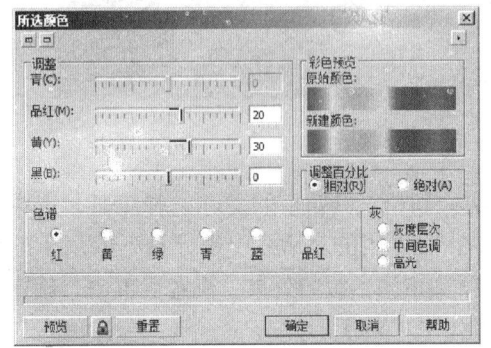

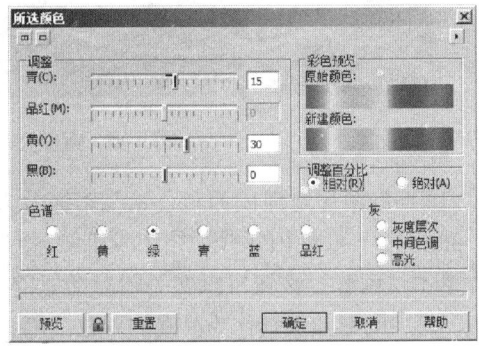

图7-101　调节"红"的数值　　　　　　　　　　图7-102　调节"绿"的数值

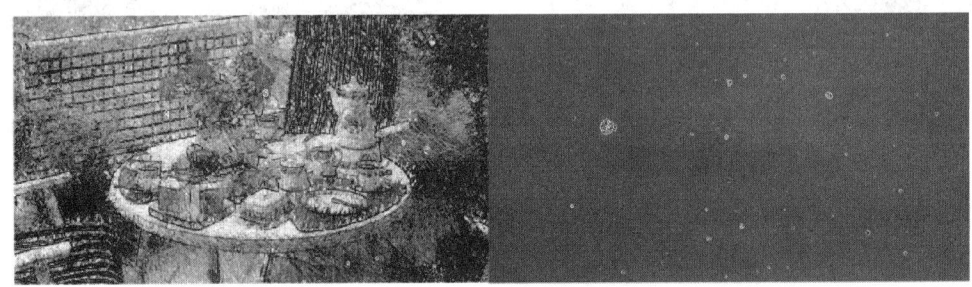

图7-103　色彩和阶调校正完后的效果

（8）下面来添加宣传单上的文字，先添加左侧图像上的色块与文字。方法：利用工具箱中的▢（矩形工具）在页面左侧下部绘制一个窄长的矩形，并设置宽度与高度为103 mm×8 mm。将填充色设置为蓝紫色[参考颜色数值为CMYK（80，70，0，0）]，轮廓色设置为无。然后利用工具箱中的字（文本工具）在页面中输入文本"[2006]THE WORLD OF TASTE"，在属性栏中将"[2006]"的"字体"设置为Arial Black，颜色设为草绿色[参考颜色数值为CMYK（20，0，100，0）]。再将其余文字的"字体"设置为Arial（读者可以自己选择适合的字体），颜色设为白色。最后按〈Ctrl+F8〉组合键将文本转为美术字，再调整大小，结果如图7-104所示。

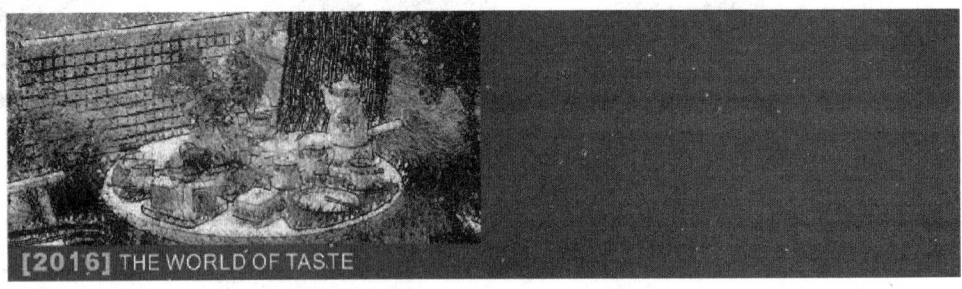

图7-104　在页面左侧下部添加色块与文字

（9）同理，在页面右侧输入标题文本，请注意要从标尺中拖出4条辅助线，定义3 mm出血线的位置，文字不能超出出血线外。请读者参考图7-105设置文本的位置、颜色与大小。

图7-105　从标尺中拖出3mm出血线并设置标题文本

（10）再输入剩下的一些小字号文本，如图7-106所示，然后利用 ▷（选择工具），配合〈Shift〉键逐个选中几个文本块，再执行菜单中的"排列|对齐与分布|左对齐"命令，使几个文本块左对齐。

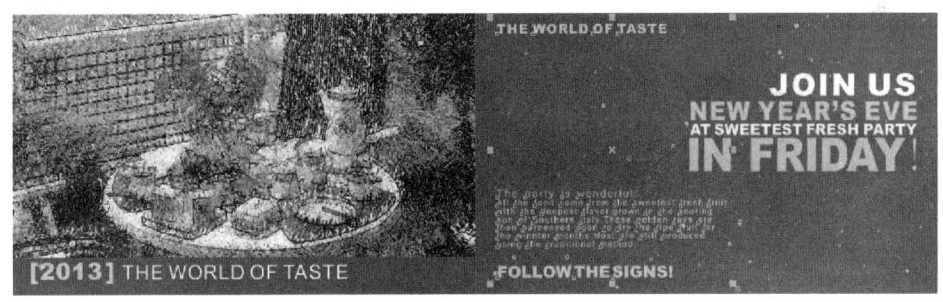

图7-106　将几个文本块左对齐

（11）在页面中间位置绘制一条白色的直线段，在属性栏上将"轮廓宽度"设置为1mm。然后利用工具箱中的 □（矩形工具）绘制一个和页面大小相同的矩形，将"填充色"设置为无，边线设置为白色，"轮廓宽度"设为1mm，白色矩形边框为单页边缘添加了一圈白色描边，效果如图7-107所示。最后利用 ▷（选择工具）将所有图形都选中，按〈Ctrl+G〉组合键组成群组。

图7-107　在页面中间和四周添加白色边线

（12）至此，宣传单的平面效果已制作完成，下面为其添加投影，并制作简单的叠放展示效果。利用工具箱中的 ▷（选择工具）在宣传单平面图上双击鼠标，图形四周出现旋转控制柄，拖动控制柄使图形逆时针方向旋转一定角度，然后利用工具箱中的 ▢（阴影工具）在图形上拖动鼠标，生成右下方向的投影，如图7-108所示。

图7-108　旋转一定的角度并添加投影效果

（13）利用工具箱中的 ▷（选择工具）拖动宣传单向右上方向移动一段距离，右击鼠标，得到一份复制单元。然后执行菜单中的"排列|顺序|向后一层"命令（或多次按〈Ctrl+PgDn〉组合键），使复制单元移到原来宣传单的下面。接着，将复制单元再逆时针旋转一定角度，得到图7-109所示的效果。

（14）同理，再复制出两份宣传单，将它们以不同的旋转角度和层次进行叠放，如图7-110所示，从而使设计效果更加直观而富有真实感。至此整个宣传单制作完成。

图7-109　将宣传单复制一份并进行叠放

图7-110　最后完成的效果图

7.8.2　宣传折页设计

要点：

本例将制作一个舞蹈演出的宣传折页（封面、封底的平面效果和折页的立体展示效果），如图7-121所示。该例制作上主要分为图像颜色处理和图文排版两部分。其中图像颜色处理的功能包括"茶色玻璃""取消饱和""亮度/对比度/强度""取消饱和""颜色平衡""色度/饱和度/亮度"等；而图文排版部分包括对文字进行图框精确剪裁、"段落格式化"面板的应用等。通过本例的学习应掌握宣传折页设计的方法。

操作步骤：

1. 制作折页的平面展示效果图

（1）执行菜单中的"文件 | 新建"命令，新创建一个文件，并在属性栏中设置纸张宽度

与高度为294 mm×150 mm。然后按快捷键〈Ctrl+J〉打开"选项"对话框，在左侧列表中选择"水平"项，在右侧数值栏内依次输入3，51，99，147这几个数值，每次输入完后单击一次"添加"按钮，如图7−122所示，这表示在页面内部设置4条水平方向的辅助线。接着在左侧列表中选择"垂直"项，在右侧数值栏内依次输入3，51，99，147，291这5个数值，每次输入完后单击一次"添加"按钮，以同样的方法再设置5条垂直方向的辅助线，如图7−123所示。最后，单击"确定"按钮，此时页面辅助线分布如图7−124所示。

图7−121 宣传折页设计的立体展示效果

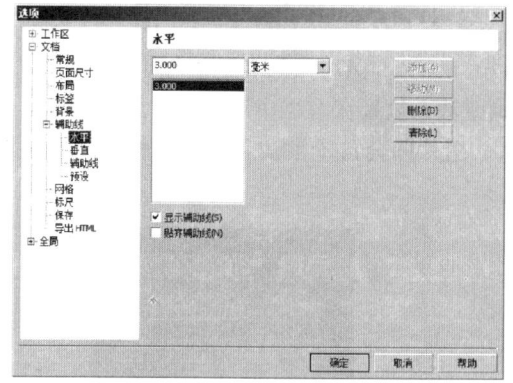

图7−122 设置水平辅助线

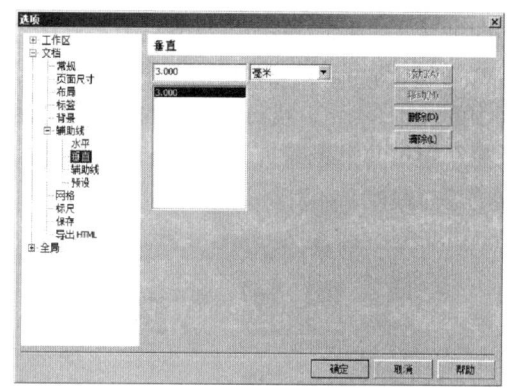

图7−123 设置垂直辅助线

 提示

上下左右最边缘的辅助线是出血线，各线距边为3mm；位于页面中间的一条垂直的辅助线定义的是对折页的中缝；其他辅助线用来定位封面中3行3列的图像内容。

（2）此时左侧页面被辅助线分为了3行3列，在这些正方形网格中要置入不同的图像或文字，下面先来绘制需要底色的正方形网格。方法：利用工具箱中的 ▣（矩形工具）绘制3个矩形（注意边缘的矩形要包括出血面积）。然后执行菜单中的"窗口|泊坞窗|颜色"命令，调出"颜色"泊坞窗，再将第1行第1列矩形填充为浅蓝色，参考颜色数值为CMYK（30，10，0，

0），接着右键单击"调色板"中的⊠（无填充色块）取消边线；最后将第1行第3列的矩形填充为浅粉色，参考颜色数值为CMYK（0，20，20，0），取消边线；再将第2行第2列矩形填充为深灰色，参考颜色数值为：CMYK（0，0，0，80）。取消边线，结果如图7-125所示的状态。

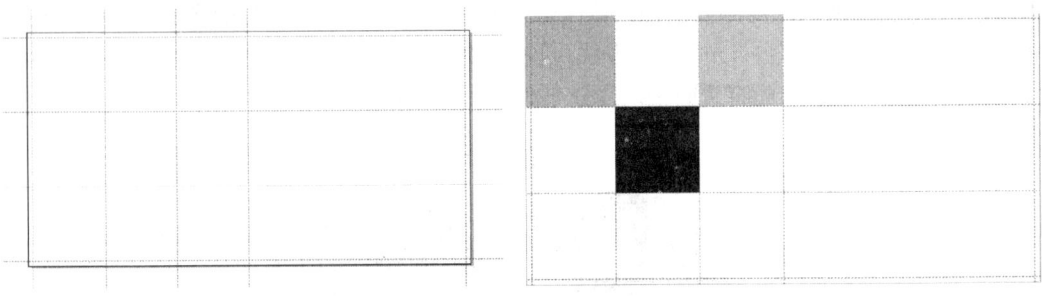

图7-124　设置辅助线后的效果　　　　　图7-125　绘制3个矩形并填充不同的颜色

（3）在刚才绘制的3个矩形中间的网格中（包括出血面积）绘制一个矩形框（无填充色），将它作为置入图像的容器，如图7-126所示。然后将图片置入。方法：按快捷键〈Ctrl+I〉，打开如图7-127所示的"导入"对话框，在其中选择"素材及结果\7.8.2宣传折页设计\素材\ballet-1.tif"，单击"导入"按钮，此时鼠标光标变为置入图片的特殊状态，在页面中单击即可导入素材，如图7-128所示。

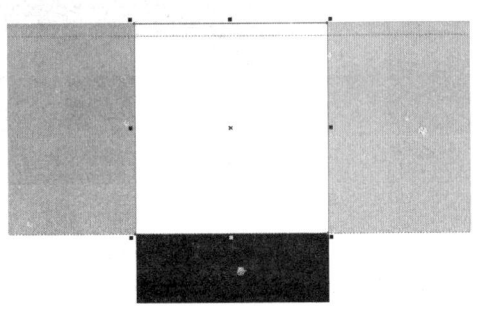

图7-126　绘制黑色闭合图形

（4）利用工具箱中的 （挑选工具）选择工作区中的ballet-1.tif，执行菜单中的"效果 | 图框精确剪裁 | 放置在容器中"命令，此时光标会变为一个很粗的黑色箭头。然后用它点中这个矩形框，图片即会自动被放置在矩形框内，并将多余的部分裁掉，如图7-129所示。

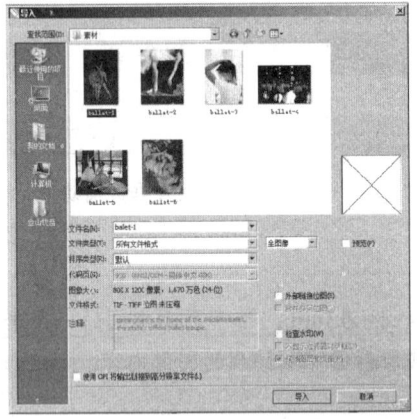

图7-127　在"导入"对话框中导入素材图片　　　　　图7-128　素材图"ballet-1.tif"

（5）同理，将"素材及结果\7.8.2　宣传折页设计\素材\ballet-2.tif" "ballet-3.tif" "ballet-4.tif" "ballet-5.tif"和"ballet-6.tif"这5张图片置入到相应的矩形框内，如图7-130所

示。然后将图片和矩形框全部选中，右击"调色板"中的⊠（无填充色块）将边线设为无。

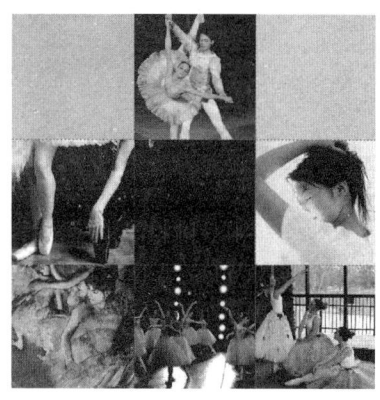

图7-129　图片自动被放置在矩形框内　　　图7-130　将其余5张图都置入到相应的矩形框内

（6）置入的图片由于原稿情况各异，置入后在色彩与对比度等方面会显得不和谐，因此要对其中一些图片的色彩和阶调进行调整。方法：利用▦（挑选工具）点中位于第1行的图片，执行菜单中的"位图｜转换为位图"命令，将图像与容器一起转为位图。然后执行菜单中的"位图｜创造性｜茶色玻璃"命令，这是针对位图图像进行色彩调整的一项滤镜功能，接着在弹出的"茶色玻璃"对话框中"颜色"右侧选择一种蓝色，设置如图7-131所示，设置完成后单击"确定"按钮，此时图像得到一种仿佛被蒙上了半透明蓝色滤色片的效果，如图7-132所示。

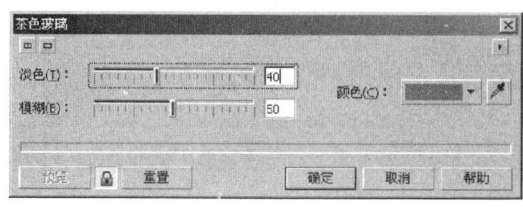

图7-131　选择一种蓝色　　　图7-132　位于第1行的图像仿佛被蒙上了半透明蓝色滤色片

（7）位于第2行3列的图像是一幅彩色图像，这里需要将它处理为低调的灰度效果。方法：利用▦（挑选工具）点中位于第2行3列的图片，然后执行菜单中的"位图｜转换为位图"命令，将图像与容器一起转为位图。接着执行菜单中的"效果｜调整｜取消饱和"命令，这项命令可直接将彩色图像转变为灰度效果，如图7-133所示。

（8）转为灰度效果后图像整体偏亮，下面执行菜单中的"效果｜调整｜亮度/对比度/强度"命令，在打开的"亮度/对比度/强度"对话框中的设置如图7-134所示，单击"确定"按钮，从而降低亮度，提高对比度，效果如图7-135所示。

图7-133　图像处理为灰度效果

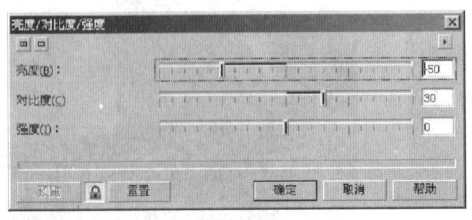

图7-134 "亮度/对比度/强度"对话框　　图7-135 降低亮度，提高对比度后的效果

（9）接下来，选中位于第3行2列的图像，如图7-136所示。这是一张带有旧照片感觉的黑白图片，我们准备赋予它一些偏褐的色调，将它处理成为含蓄的双色调图。方法：利用 🔲（挑选工具）点中位于第3行2列的图片，执行菜单中的"位图｜转换为位图"命令，然后执行菜单中的"效果｜调整｜颜色平衡"命令，在打开的"颜色平衡"对话框中的设置如图7-137所示，改变"色频通道"下各基本色的颜色相对含量，使黑白图像变为柔和的褐色调图片，单击"确定"按钮，效果如图7-138所示。

图7-136 选中位于第3行2列的图像　　图7-137 改变"色频通道"下各颜色含量

（10）对于如图7-139所示的最后一张图像（位于第3行3列的图片），只需要降低它的饱和度与亮度即可。方法：利用 🔲（挑选工具）点中位于第3行3列的图片，先执行菜单中的"位图｜转换为位图"命令，将图像与容器一起转为位图。然后执行菜单中的"效果｜调整｜色度/饱和度/亮度"命令，在打开的对话框中的设置如图7-140所示，图像整体变灰，单击"确定"按钮。现在缩小左侧全图看一看第3行3列图像和色块拼接的整体效果，如图7-141所示。

（11）图像位置和颜色调节完成后，下面在图像和色块上添加文字，先来制作最左上角的浅蓝色矩形内部的文字。方法：利用工具箱中的 🔲（文本

图7-138 黑白图像变为柔和的褐色调图片

工具）在页面外输入数字"2013"，设置属性栏的"字体"为Arial Black，"字号"为100pt，如图7-142所示利用工具箱中的 （挑选工具）拖动文本框右下角横向的小箭头向左移动，使字距减小。然后，按快捷键〈Ctrl+F8〉将文本转为美术字，并复制一份如图7-143所示的上下错开的排列。最后，将文字颜色填充为橙灰色，参考颜色数值为CMYK（10，40，40，0）。

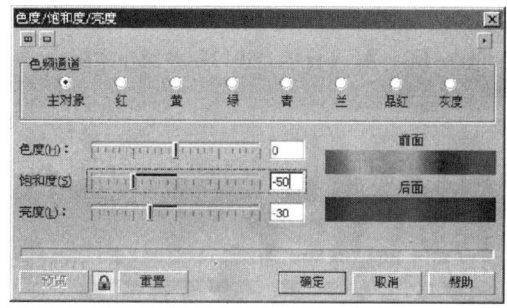

图7-139　选中位于第3行3列的图像　　　图7-140　在"色度/饱和度/亮度"对话框中设置参数

（12）利用工具箱中的 （文本工具）输入文本"ROYAL BALLE THEATRE"，如图7-144所示，然后在属性栏中设置"字体"为Arial Black，填充为深灰色，参考颜色数值为CMYK（0，0，0，60），然后拖动文本框右下角纵向的小箭头向上移动，使行距减小，如图7-145所示。接下来，要使3行文字居中对齐。方法：执行菜单中的"文本|文本属性"命令，打开"文本属性"泊坞窗，然后激活"段落"选项组中的 （居中）按钮，如图7-146所示，使文本自动居中对齐。

（13）再制作一个缩小的白色文本块"2013"，然后将所有文本进行拼接，得到如图7-147所示的效果。接着利用 （挑选工具）将所有文字都选中，按快捷键〈Ctrl+G〉组成群组。

图7-141　第3行3列图像和色块拼接的整体效果

（14）在第1行第1列的淡蓝色矩形上面再绘制一个矩形框（无填充色），如图7-148所示，将它作为置入图像的容器。矩形框位置定好之后，利用工具箱中的 （挑选工具）选中刚才成组的文字，执行菜单中的"效果|图框精确剪裁|置于图文框内部"命令，光标变为一个很粗的黑色箭头，用它点中这个矩形框，成组的文字自动被放置在矩形框内，多余的部分被裁掉，如图7-149所示。右击"调色板"中的 （无填充色块）取消边线。

💡 提示

　　如果对贴入框内的相对位置不满意，可执行菜单中的"效果|图框精确剪裁|编辑内容"命令，进行重新编辑。修改后再执行菜单中的"效果|图框精确剪裁|结束编辑"命令即可。

图7-142　输入数字"2013"并减小字距

缩小字距

图7-143　将数字复制一份并上下错开排列

图7-144　输入3行文本

图7-145　拖动文本框右下角纵向的小箭头向上移动，减小行距

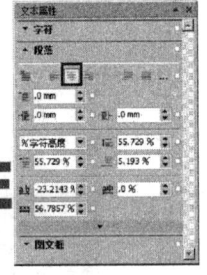

图7-146　在"段落格式化"面板中使3行文字居中对齐

图7-147　将所有文本进行拼接

图7-148　再绘制一个矩形框作为容器

图7-149　成组的文字自动被放置在矩形框内

（15）左侧页面上其余文字请读者参考图7-150所示自己添加，形成疏密有致的版面效果。然后在右侧页面上绘制一个与页面等大的矩形，填充为明亮的橘黄色，参考颜色数值为CMYK

（0，50，90，0）。作为右侧页面的背景图形，如图7-151所示。

图7-150 左侧页面形成疏密有致的版面效果　　　图7-151 右侧页面上绘制一个橘黄色的矩形

（16）右侧页面主要以文字内容为主，首先利用▣（文本工具）输入文本后再进行具体调整。请遵循以下的原则：将每一段文本分一个文本块进行输入，字体特殊的单行文本作为一个单独的文本块，如图7-152所示。CorelDRAW中添加的文本分为两种类型：美术字和段落文字。在添加文字前先用▣（文本工具）画出段落文本框再输入的文本，默认为是段落文本。美术字通常为一个词或简单的句子，常常是单个的图形对象，而段落文本主要用于对格式要求高的较大篇幅文本中，通常为一整段的内容。这两者可通过快捷键〈Ctrl+F8〉来进行切换。读者请根据版面具体设计决定文本作为哪一种形式来编辑。

（17）参照图7-153所示版式编排文字，对文字进行大小、疏密、颜色的设置。

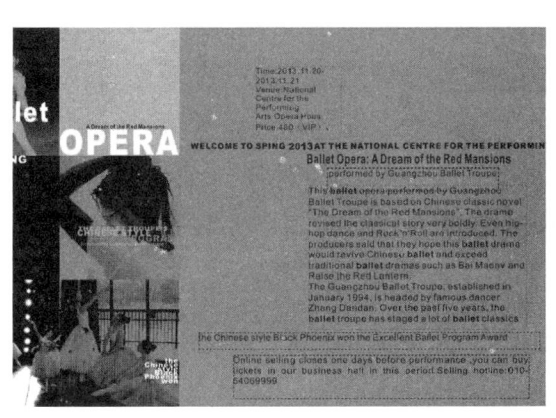
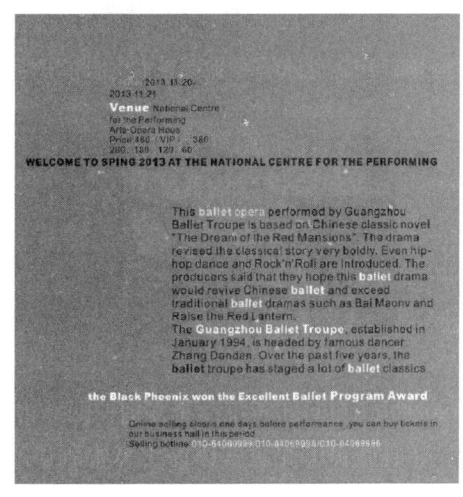

图7-152 先将版面段落文字分文本块进行输入　　　图7-153 对文字进行大小、疏密、颜色的设置

（18）基本正文编排完成后，作为装饰图形，下面在版面下部添加两个英文单词（作为单个图形对象进行编辑的少量文本可设置为美术字），并在属性栏中设置"字体"为Arial Rounded MT Bold，填充为一种暖灰色，参考颜色数值为CMYK（0，30，30，15），然后利用▣（挑选工具）选中文字，多次执行菜单中的"排列｜顺序｜向后一层"命令（或多次按快捷键

〈Ctrl+PgDn〉）使它翻到正文的下面，如图7-154所示。

（19）利用工具箱中的 ![icon]（裁剪工具）画出一个矩形框（包括左、右页面），然后在框内双击，这样框外多余的部分就都被裁掉，主要是右侧下端的文字图形被裁掉，如图7-155所示。

（20）至此，折页制作完成，最后的折页平面效果如图7-156所示。

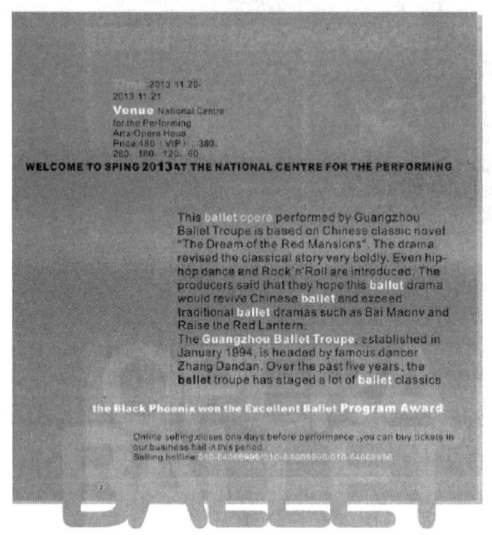

图7-154　在版面下部添加两个单词作为装饰图形　　　　　图7-155　进行版面裁切

图7-156　完成的折页平面效果

2．制作折页的立体展示效果图

各类设计作品的立体展示效果可以给客户非常直观的感受，建立起对成品的初步印象，因此这是非常重要的一项技巧。

（1）首先，将封面和封底的图形文字各组成一个群组（按快捷键〈Ctrl+G〉）。然后将它们全部选中，作为一个整体缩小到页面内部，如图7-157所示。

图7-157 将封面和封底整体缩小

（2）利用工具箱中的 ▦（挑选工具）点中位于左侧的群组，然后打开"变换"泊坞窗，在其中点中"倾斜"图标（第1行第4个图标），设置如图7-158所示的参数，单击"应用"按钮，从而得到如图7-159所示的效果，此时左侧页面图形在垂直方向上倾斜15度。

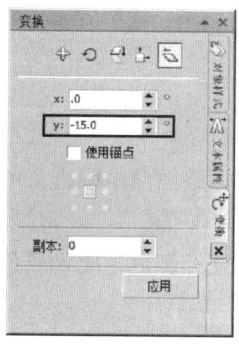

图7-158 在"变换"泊坞窗中设置左侧倾斜　　　图7-159 左侧页面图形在垂直方向上倾斜15度

（3）同理，再点中位于右侧的群组，然后在"变换"泊坞窗中点中"倾斜"图标（第1行第4个图标），设置如图7-160所示的参数，单击"应用"按钮，从而得到图7-161所示的效果，此时右侧页面图形也在垂直方向上倾斜15度。

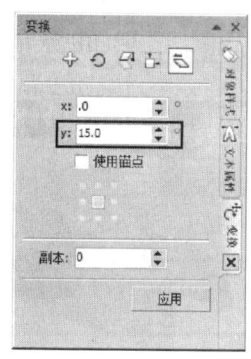

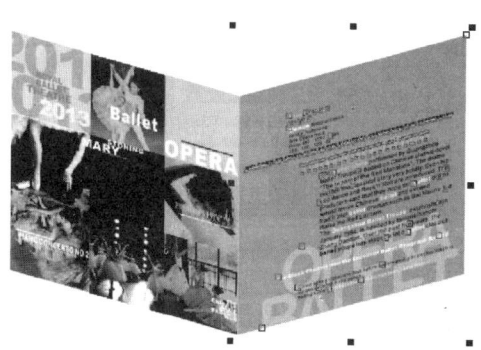

图7-160 在"变换"泊坞窗中设置右侧倾斜　　图7-161 右侧页面图形在垂直方向上倾斜15度

（4）绘制一个灰色的矩形，放置在已发生倾斜变形的折页下面。然后在折页的左下方制作一个投影。方法：选择工具箱中的 （阴影工具），参照图7-162所示的位置由右下至左上拖拉一条直线，在属性栏内将"阴影角度"设为142，"阴影羽化"设为40，"阴影颜色"设为黑色。此时折页左下方形成了半透明的黑色投影。最后，请读者自己将左侧图形整体调暗一些，此时简单的折页立体展示效果制作完成，如图7-163所示。图7-163在桌面上的倒影是在Photoshop中进行了更进一步处理后的效果，以供读者参考。

图7-162 将标志图形变为半透明状态   图7-163 将标志图形变为半透明状态

课 后 习 题

1．填空题

（1）使用_____命令，可以通过控制单个像素值来精确地调整图像中阴影、中间调和高光的颜色。

（2）使用_____命令，可以将选择的图像中的颜色变成其互补颜色，比如黑色会变成白色，连续使用该命令两次可以恢复原始图像。

2．选择题

（1）使用（   ）命令，可以指定图像色彩通道中色调的级数，将不同的色调映射为最接近的色调，从而得到特殊的效果。

A．极色化   B．替换颜色   C．可选颜色   D．去交错

（2）使用（   ）命令，可以修正和减少图像中的色斑，减轻锐化图像中的亮点。

A．伽马值   B．局部平衡   C．调合曲线   D．尘埃与刮痕

3．问答题/上机练习

（1）简述跟踪位图的方法。

（2）练习：制作出图7-164所示的请柬效果。

图7-164 请柬效果

第8章

滤　镜

📖 **本章要点**

CorelDRAW X6提供了强大的滤镜功能，可以对位图图像应用特殊的效果，还可以通过设置使用外观滤镜。通过本章学习应掌握以下内容：

- 掌握添加与删除滤镜效果的方法。
- 掌握常用滤镜的使用方法。

8.1　添加与删除滤镜效果

本节将具体讲解添加和删除滤镜效果的方法。

8.1.1　添加滤镜效果

添加滤镜效果的具体操作步骤如下：

（1）执行菜单中的"文件|导入"命令[或者单击工具栏中的 🖳（导入）按钮]，导入一幅位图图像。

（2）利用工具箱中的 ⬚（选择工具）选择导入的位图对象。然后执行"位图"菜单中相应的滤镜命令，接着在弹出的对话框中设置相关参数。

（3）设置完成后单击"确定"按钮，即可将滤镜效果添加到位图中。

8.1.2　删除滤镜效果

如果要删除添加的滤镜，可以通过以下3种方法：

- 执行菜单中的"编辑|撤销"命令，即可撤销上步所做的滤镜效果。
- 按〈Ctrl+Z〉组合键，执行撤销操作。
- 单击工具栏中的 ↩ 按钮，执行撤销操作。

🔍 **提示**

　　如果撤销错了，可以执行菜单中的"编辑|重做"命令（快捷键〈Ctrl+Shift+Z〉），或单击工具栏中的 ↪ 按钮，即可恢复上一步所做的滤镜效果。

8.2 滤镜效果

在CorelDRAW X6的"位图"菜单中有10类位图处理滤镜，而每一类滤镜又包含多个滤镜效果。下面就来进行具体讲解。

8.2.1 三维效果

"三维效果"类滤镜包括7种，如图8-1所示。该类滤镜用于创建逼真的三维纵深感效果。下面具体进行讲解。

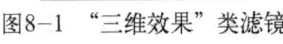

图8-1 "三维效果"类滤镜

1. 三维旋转

使用"三维旋转"滤镜可以改变所选位图的视角，在水平和垂直方向上旋转位图。设置"三维旋转"滤镜效果的具体操作步骤如下：

（1）执行菜单中的"文件|导入"命令[或者单击工具栏中的 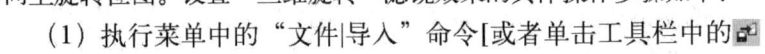（导入）按钮]，导入配套光盘中的"素材及结果\枫叶.jpg"图片，如图8-2所示。

（2）利用工具箱中的 （选择工具）选择导入的位图对象。然后执行菜单中的"位图|三维效果|三维旋转"命令，在弹出的"三维旋转"对话框中单击左上角的 按钮，显示出"源素材"和"预览"两个窗口，如图8-3所示。

图8-2 枫叶.jpg

图8-3 "三维旋转"对话框

（3）此时窗口中无法完整地显示图片，可以通过在"源素材"窗口中右击，缩小视图。

提示

如果在窗口中无法完整地显示图片，可以通过在"源素材"窗口中单击鼠标右键，缩小视图；单击，放大视图。

（4）调整参数后单击"预览"按钮，即可看到应用图像前后的对比效果，如图8-4所示。如果要撤销当前设置，可以单击"重置"按钮。

（5）设置完毕后，单击"确定"按钮，即可将设置应用到当前的位图图像上，如图8-5所示。

图8-4 设置"三维旋转"参数后的对比效果　　　图8-5 "三维旋转"效果

2. 柱面

使用"柱面"滤镜可以使对象产生一种类似于在圆柱体表面贴图的视觉效果。设置"柱面"滤镜效果的具体操作步骤如下：

（1）执行菜单中的"文件|导入"命令[或者单击工具栏中的 ⬚（导入）按钮]，导入"素材及结果\企鹅1.jpg"图片，如图8-6所示。

（2）利用工具箱中的 ⬚（选择工具）选择导入的位图对象。然后执行菜单中的"位图|三维效果|柱面"命令，在弹出的"柱面"对话框中单击左上角的 ⬚ 按钮，显示出"源素材"和"预览"两个窗口，调整参数后单击"预览"按钮，即可看到应用图像前后的对比效果，如图8-7所示。如果要撤销当前设置，可以单击"重置"按钮。

（3）设置完毕后，单击"确定"按钮，即可将设置应用到当前的位图图像上，如图8-8所示。

图8-6 企鹅1.jpg　　图8-7 设置"柱面"参数后的对比效果　　图8-8 "柱面"效果

3. 浮雕

使用"浮雕"滤镜可以使位图产生一种被雕刻的效果。设置"浮雕"滤镜效果的具体操作步骤如下：

（1）执行菜单中的"文件|导入"命令（或者单击工具栏中的 ⬚（导入）按钮），导入"素材及结果\广西.jpg"图片，如图8-9所示。

（2）利用工具箱中的 ⬚（选择工具）选择导入的位图对

图8-9 广西.jpg

象。然后执行菜单中的"位图|三维效果|浮雕"命令，在弹出的"浮雕"对话框中单击左上角的⊞按钮，显示出"源素材"和"预览"两个窗口，调整参数后单击"预览"按钮，即可看到应用图像前后的对比效果，如图8-10所示。如果要撤销当前设置，可以单击"重置"按钮。

（3）设置完毕后，单击"确定"按钮，结果如图8-11所示。

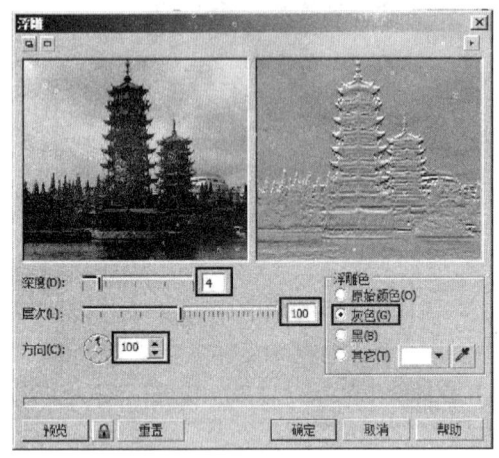

图8-10　设置"浮雕"参数后的对比效果

图8-11　"浮雕"效果

4．卷页

使用"卷页"滤镜可以使位图产生一种翻页效果。设置"卷页"滤镜效果的具体操作步骤如下：

（1）执行菜单中的"文件|导入"命令（或者单击工具栏中的　（导入）按钮），导入配套光盘中的"素材及结果\海滨.jpg"图片，如图8-12所示。

（2）利用工具箱中的　（选择工具）选择导入的位图对象。然后执行菜单中的"位图|三维效果|卷页"命令，在弹出的"卷页"对话框的左边有4个用来选择页面

图8-12　海滨.jpg

卷角的按钮，单击某一按钮，即可确定一种卷角方式；在"定向"选项区中可以选择页面卷曲的方向；在"纸张"选项区中可以选择纸张卷角是"不透明"还是"透明的"；在"颜色"选项区中可以设置"卷曲"的颜色和"背景"颜色；拖动"宽度"和"高度"滑块，可以设置卷页的卷曲位置。调整参数后单击"预览"按钮，即可看到应用图像前后的对比效果，如图8-13所示。如果要撤销当前设置，可以单击"重置"按钮。

（3）设置完毕后，单击"确定"按钮，结果如图8-14所示。

5．透视

使用"透视"滤镜可以使位图产生一种透视效果。设置"透视"滤镜效果的具体操作步骤如下：

（1）执行菜单中的"文件|导入"命令[或者单击工具栏中的　（导入）按钮]，导入配套光盘中的"素材及结果\郁金香.jpg"图片，如图8-15所示。

（2）利用工具箱中的　（选择工具）选择导入的位图对象。然后执行菜单中的"位图|三维

效果|透视"命令，在弹出的"透视"对话框中单击"透视"后再在左侧调整透视形状。接着单击"预览"按钮，即可看到应用图像前后的对比效果，如图8-16所示。如果要撤销当前设置，可以单击"重置"按钮。

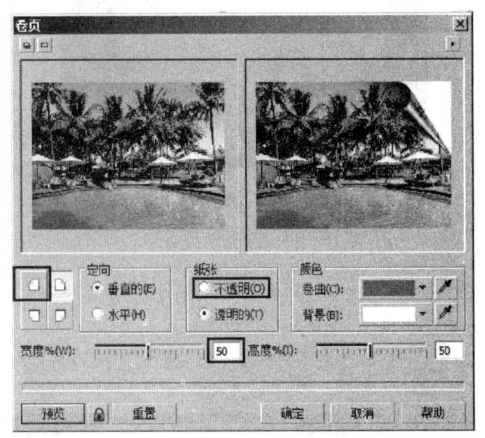

图8-13 设置"卷页"参数后的对比效果

图8-14 "卷页"效果

图8-15 郁金香.jpg

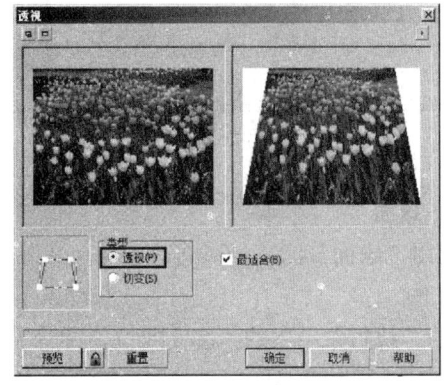

图8-16 设置"透视"参数后的对比效果

（3）设置完毕后，单击"确定"按钮，结果如图8-17所示。

6．挤远/挤近

使用"挤远/挤近"滤镜可以从中心弯曲位图。设置"挤远/挤近"滤镜效果的具体操作步骤如下：

（1）执行菜单中的"文件|导入"命令[或者单击工具栏中的 按钮]，导入"素材及结果\菊花.bmp"图片，如图8-18所示。

（2）利用工具箱中的 选择导入的位图对象。然后执行菜单中的"位图|三维效果|挤远/挤近"命令，在弹出的"挤远/挤近"对话框中将数值设为100，单击"预览"按钮，即可看到应用图像前后的对比效果，如图8-19所示。

（3）单击"确定"按钮，结果如图8-20所示。

（4）如果在"挤远/挤近"对话框中将数值设为-100，则单击"确定"按钮后，效果如图8-21所示。

图8-17 透视效果

图8-18 菊花.bmp

图8-19 设置"挤远/挤近"参数后的对比效果

图8-20 "挤近"效果

图8-21 "挤远"效果

7．球面

使用"球面"滤镜可以将对象扭曲成球面的视觉效果。设置"球面"滤镜效果的具体操作步骤如下：

（1）执行菜单中的"文件|导入"命令（或者单击工具栏中的 ⊞（导入）按钮），导入"素材及结果\树木.jpg"图片，如图8-22所示。

（2）利用工具箱中的 ▓（选择工具）选择导入的位图对象。然后执行菜单中的"位图|三维效果|球面"命令，在弹出的"球面"对话框中设置参数后单击"预览"按钮，即可看到应用图像前后的对比效果，如图8-23所示。

图8-22 树木.jpg

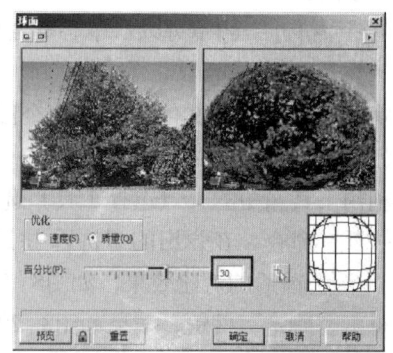

图8-23 设置"球面"参数后的对比效果

（3）单击"确定"按钮，结果如图8-24所示。

图8-24 "球面"效果

8.2.2 艺术笔触效果

"艺术笔触"类滤镜包括14种滤镜，如图8-25所示。该类滤镜用于模拟现实世界中的不同表现手法所产生的奇特效果。下面介绍几种较常用的艺术笔触类滤镜。

1. 炭笔画

使用"炭笔画"滤镜可以模拟炭笔绘画的艺术效果。设置"炭笔画"滤镜效果的具体操作步骤如下：

（1）执行菜单中的"文件|导入"命令[或者单击工具栏中的 （导入）按钮]，导入"素材及结果\樱桃.jpg"图片，如图8-26所示。

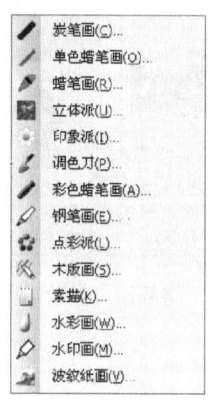

图8-25 "艺术笔触"类滤镜　　　图8-26 樱桃.jpg

（2）利用工具箱中的 （选择工具）选择导入的位图对象。然后执行菜单中的"位图|艺术笔触|炭笔画"命令，在弹出的"炭笔画"对话框中拖动"大小"滑块设置炭笔的大小，数值越大，炭笔越粗；拖动"边缘"滑块设置位图对比度，数值越大，对比度越大。设置参数后单击"预览"按钮，即可看到应用图像前后的对比效果，如图8-27所示。

（3）单击"确定"按钮，结果如图8-28所示。

图8-27 设置"炭笔画"参数后的对比效果　　　　图8-28 "炭笔画"效果

2．蜡笔画

使用"蜡笔画"滤镜可以模拟蜡笔绘画的艺术效果。设置"蜡笔画"滤镜效果的具体操作步骤如下：

（1）执行菜单中的"文件|导入"命令（或者单击工具栏中的 ▣（导入）按钮），导入配套光盘中的"素材及结果\飞禽.jpg"图片，如图8-29所示。

（2）利用工具箱中的 ▨（选择工具）选择导入的位图对象。然后执行菜单中的"位图|艺术笔触|蜡笔画"命令，在弹出的"蜡笔画"对话框中拖动"大小"滑块设置蜡笔的大小；拖动"轮廓"滑块设置蜡笔边缘轮廓的大小。设置参数后单击"预览"按钮，即可看到应用图像前后的对比效果，如图8-30所示。

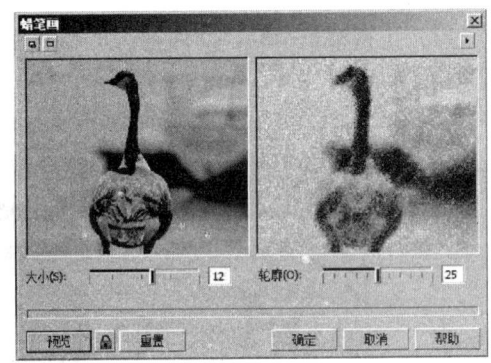

图8-29 飞禽.jpg　　　　　图8-30 设置"蜡笔画"参数后的对比效果

（3）单击"确定"按钮，结果如图8-31所示。

3．立体派

使用"立体派"滤镜可以将对象中相似的像素组成色块，从而产生类似于油画中立体派风格的效果。设置"立体派"滤镜效果的具体操作步骤如下：

（1）执行菜单中的"文件|导入"命令[或者单击工具栏中的 ▣（导入）按钮]，导入配套光盘中的"素材及结果\夜景.jpg"图片，如图8-32所示。

（2）利用工具箱中的 ▨（选择工具）选择导入的位图对象。然后执行菜单中的"位图|艺术笔触|立体派"命令，在弹出的"立体派"对话框中拖动"大小"滑块设置笔触的大小；拖动

"亮度"滑块设置色彩的亮度；单击"纸张色"下拉列表设置纸张颜色。设置参数后单击"预览"按钮，即可看到应用图像前后的对比效果，如图8-33所示。

图8-31 "蜡笔画"效果

图8-32 夜景.jpg

（3）单击"确定"按钮，结果如图8-34所示。

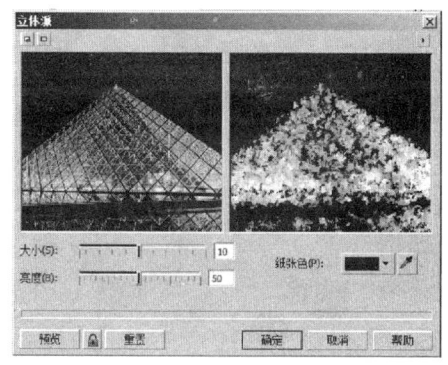

图8-33 设置"立体派"参数后的对比效果

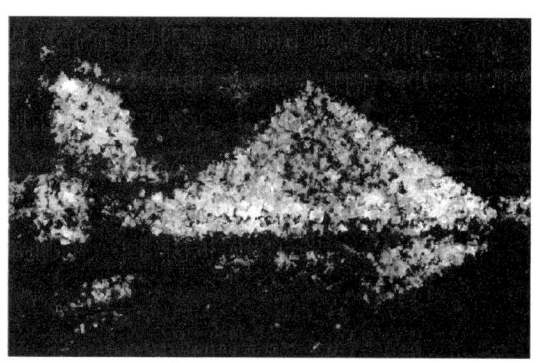

图8-34 "立体派"效果

4．印象派

使用"印象派"滤镜可以使图像产生类似于油画中印象派风格的效果。设置"印象派"滤镜效果的具体操作步骤如下：

（1）执行菜单中的"文件|导入"命令[或者单击工具栏中的 （导入）按钮]，导入"素材及结果\田野.jpg"图片，如图8-35所示。

（2）利用工具箱中的 （选择工具）选择导入的位图对象。然后执行菜单中的"位图|艺术笔触|印象派"命令，在弹出的"印象派"对话框的"样式"选项组中设置印象派效果的风格；拖动"笔触"滑块设置笔触的大小；拖动"着色"滑块设置变染色效果；拖动"亮度"滑块设置图像的亮度。设置参数后单击"预览"按钮，即可看到应用图像前后的对比效果，如图8-36所示。

（3）单击"确定"按钮，结果如图8-37所示。

5．调色刀

使用"调色刀"滤镜可以产生在画布上的涂抹效果。设置"调色刀"滤镜效果的具体操作步骤如下：

（1）执行菜单中的"文件|导入"命令[或者单击工具栏中的 （导入）按钮]，导入"素材及结果\饮料.jpg"图片，如图8-38所示。

图8-35 田野.jpg

图8-36 设置"印象派"参数后的对比效果

图8-37 "印象派"效果

图8-38 饮料.jpg

（2）利用工具箱中的 ⬚ （选择工具）选择导入的位图对象。然后执行菜单中的"位图|艺术笔触|调色刀"命令，在弹出的"调色刀"对话框中拖动"刀片尺寸"滑块设置笔画的宽度；拖动"柔软边缘"滑块设置边缘的柔和程度；在"角度"数值框中输入数值设置笔画的角度。设置参数后单击"预览"按钮，即可看到应用图像前后的对比效果，如图8-39所示。

（3）单击"确定"按钮，结果如图8-40所示。

图8-39 设置"调色刀"参数后的对比效果

图8-40 "调色刀"效果

6．素描

使用"素描"滤镜可以使图像产生铅笔素描草稿的效果。设置"素描"滤镜效果的具体操作步骤如下：

（1）执行菜单中的"文件|导入"命令[或者单击工具栏中的 （导入）按钮]，导入"素材及结果\建筑.jpg"图片，如图8-41所示。

（2）利用工具箱中的 ▧（选择工具）选择导入的位图对象。然后执行菜单中的"位图|艺术笔触|素描"命令，在弹出的"素描"对话框中拖动"样式"滑块设置铅笔的样式，数值越大，画面越细腻；拖动"笔芯"滑块设置铅笔的硬度，数值越大，铅笔硬度越低，画线越浓；拖动"轮廓"滑块设置轮廓的强弱，数值越大，画面越清晰。设置参数后单击"预览"按钮，即可看到应用图像前后的对比效果，如图8-42所示。

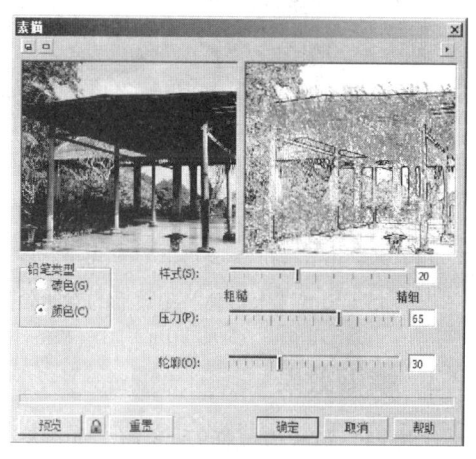

图8-41　建筑.jpg

图8-42　设置"素描"参数后的对比效果

（3）单击"确定"按钮，结果如图8-43所示。

7．水彩画

使用"水彩画"滤镜可以模拟传统水彩画的艺术效果。设置"水彩画"滤镜效果的具体操作步骤如下：

（1）执行菜单中的"文件|导入"命令（或者单击工具栏中的 （导入）按钮），导入"素材及结果\向日葵.jpg"图片，如图8-44所示。

图8-43　"素描"效果

图8-44　向日葵.jpg

（2）利用工具箱中的 ▢（选择工具）选择导入的位图对象。然后执行菜单中的"位图|艺术笔触|水彩画"命令，在弹出的"水彩画"对话框中拖动"画刷大小"滑块设置画刷的大小，数值越大，细节越粗糙；拖动"粒状"滑块设置画笔的粒度，数值越小，画面越细腻；拖动"水量"滑块设置用水量，数值越大，水分越多，画面越柔和；拖动"出血"滑块设置画笔的速度，数值越大，画面层次越不明显；拖动"亮度"滑块设置亮度，数值越大，位图的光照强度越强。设置参数后单击"预览"按钮，即可看到应用图像前后的对比效果，如图8-45所示。

（3）单击"确定"按钮，结果如图8-46所示。

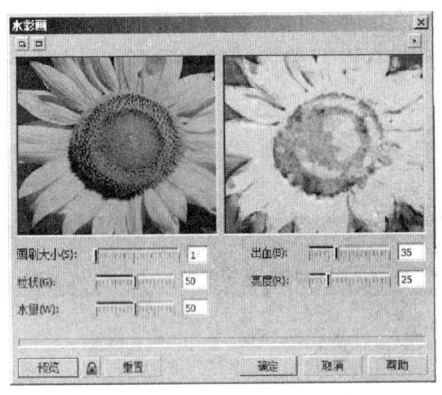

图8-45 设置"水彩画"参数后的对比效果

图8-46 "水彩画"效果

8.2.3 模糊效果

"模糊"类滤镜包括9种滤镜，如图8-47所示。该类滤镜可以使图像模糊，从而模拟渐变、拖动或杂色效果。下面介绍几种较常用的模糊类滤镜。

1. 高斯式模糊

使用"高斯式模糊"滤镜可以使位图图像中的像素向四周扩散，通过像素的混合产生一种高斯模糊的效果。设置"高斯式模糊"滤镜效果的具体操作步骤如下：

（1）执行菜单中的"文件|导入"命令[或者单击工具栏中的 ▣（导入）按钮]，导入配套光盘中的"素材及结果\吊坠.jpg"图片，如图8-48所示。

图8-47 "模糊"类滤镜

图8-48 吊坠.jpg

（2）利用工具箱中的 ▢（选择工具）选择导入的位图对象。然后执行菜单中的"位图|模糊|高斯式模糊"命令，在弹出的"高斯式模糊"对话框中拖动"半径"滑块设置图像像素的扩散

半径。设置参数后单击"预览"按钮，即可看到应用图像前后的对比效果，如图8-49所示。

（3）单击"确定"按钮，结果如图8-50所示。

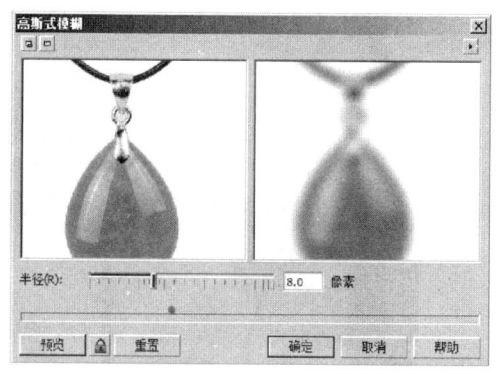

图8-49 设置"高斯式模糊"参数　　　　　　图8-50 "高斯式模糊"效果

2．动态模糊

使用"动态模糊"滤镜可以模拟运动的方向和速度，还可以模拟风吹效果。设置"动态模糊"滤镜效果的具体操作步骤如下：

（1）执行菜单中的"文件|导入"命令[或者单击工具栏中的 ![](导入）按钮]，导入"素材及结果\企鹅2.jpg"图片，如图8-51所示。

（2）利用工具箱中的 ![]（选择工具）选择导入的位图对象。然后执行菜单中的"位图|模糊|动态模糊"命令，在弹出的"动态模糊"对话框中拖动"间隔"滑块设置间隔像素值；在"方向"数值框设置模糊方向；在"图像外围取样"选项区中选择一种方式。设置参数后单击"预览"按钮，即可看到应用图像前后的对比效果，如图8-52所示。

图8-51 企鹅2.jpg　　　　　　图8-52 设置"动态模糊"参数后的对比效果

（3）单击"确定"按钮，结果如图8-53所示。

3．放射式模糊

使用"放射式模糊"滤镜可以从图像中心处产生同心旋转的模糊效果，只留下局部不完全模糊的区域，从而产生一种特殊模糊效果。设置"放射式模糊"滤镜效果的具体操作步骤如下：

（1）执行菜单中的"文件|导入"命令[或者单击工具栏中的 （导入）按钮]，导入"素材及结果\阿根廷.jpg"图片，如图8-54所示。

图8-53 "动态模糊"效果

图8-54 阿根廷.jpg

（2）利用工具箱中的 （选择工具）选择导入的位图对象。执行菜单中的"位图|模糊|放射式模糊"命令，在弹出的"放射状模糊"对话框中拖动"数量"滑块设置模糊效果的程度；单击 （中心定位）按钮，然后在预览窗口中某处单击，从而确定图像上放射式模糊的中心。设置参数后单击"预览"按钮，即可看到应用图像前后的对比效果，如图8-55所示。

（3）单击"确定"按钮，结果如图8-56所示。

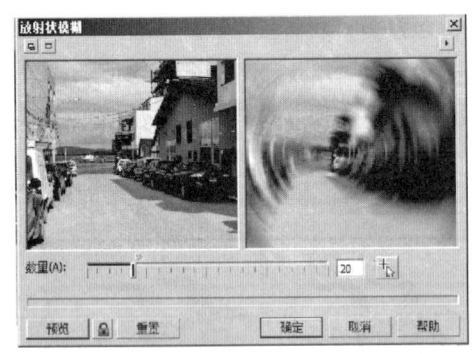

图8-55 设置"放射式模糊"参数后的对比效果

图8-56 "放射式模糊"效果

8.2.4 相机效果

"相机效果"类滤镜可以模拟由扩散透镜或扩散过滤器产生的效果。该类滤镜只有"扩散"一种滤镜，利用该滤镜可以扩散图像中的像素从而产生一种类似于相机扩散镜头焦距的柔化效果。设置"扩散"滤镜效果的具体操作步骤如下：

（1）执行菜单中的"文件|导入"命令[或者单击工具栏中的 （导入）按钮]，导入"素材及结果\海鸟.jpg"图片，如图8-57所示。

图8-57 海鸟.jpg

（2）利用工具箱中的 ▲（选择工具）选择导入的位图对象。然后执行菜单中的"位图|相机|扩散"命令，在弹出的"扩散"对话框中拖动"层次"滑块设置扩散焦距的程度。设置参数后单击"预览"按钮，即可看到应用图像前后的对比效果，如图8-58所示。

（3）单击"确定"按钮，结果如图8-59所示。

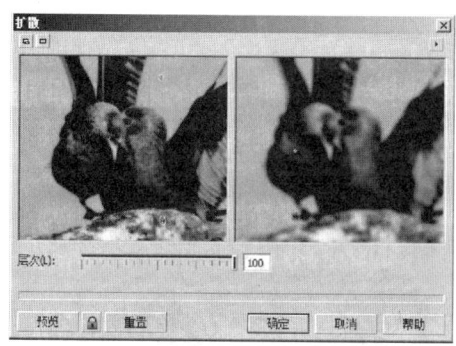

图8-58　设置"扩散"参数后的对比效果

图8-59　"扩散"效果

8.2.5　颜色转换效果

"颜色转换"类滤镜包括4种滤镜，如图8-60所示。该类滤镜可以通过减少或替换颜色来创建摄影幻觉的效果。下面就来进行具体讲解。

1. 位平面

"位平面"滤镜可以通过红、绿、蓝三原色组合产生单色的色块到位图中，从而给人强烈的视觉感。设置"位平面"滤镜效果的具体操作步骤如下：

（1）执行菜单中的"文件|导入"命令[或者单击工具栏中的 ▣（导入）按钮]，导入"素材及结果\插花.jpg"图片，如图8-61所示。

图8-60　"颜色转换"类滤镜　　　　　图8-61　插花.jpg

（2）利用工具箱中的 ▲（选择工具）选择导入的位图对象。然后执行菜单中的"位图|颜色转换|位平面"命令，在弹出的"位平面"对话框中拖动"红""绿"和"蓝"滑块设置数值，数值越小，产生的色调变化和色差就越小。设置参数后单击"预览"按钮，即可看到应用图像前后的对比效果，如图8-62所示。

（3）单击"确定"按钮，结果如图8-63所示。

2．半色调

"半色调"滤镜可以将位图中的连续色调转换为大小不同的点，从而产生半色调网点效果。设置"半色调"滤镜效果的具体操作步骤如下：

（1）执行菜单中的"文件|导入"命令[或者单击工具栏中的 📠（导入）按钮]，导入"素材及结果\扶桑.jpg"图片，如图8-64所示。

图8-62　设置"位平面"参数后的对比效果　　　　图8-63　"位平面"效果

（2）利用工具箱中的 ▷（选择工具）选择导入的位图对象。然后执行菜单中的"位图|颜色转换|半色调"命令，在弹出的"半色调"对话框中拖动"青""品红""黄"和"黑"滑块设置数值，数值不同将改变对应颜色通道中的网点角度；拖动"最大点半径"滑块设置半色调网点的最大半径。设置参数后单击"预览"按钮，即可看到应用图像前后的对比效果，如图8-65所示。

（3）单击"确定"按钮，结果如图8-66所示。

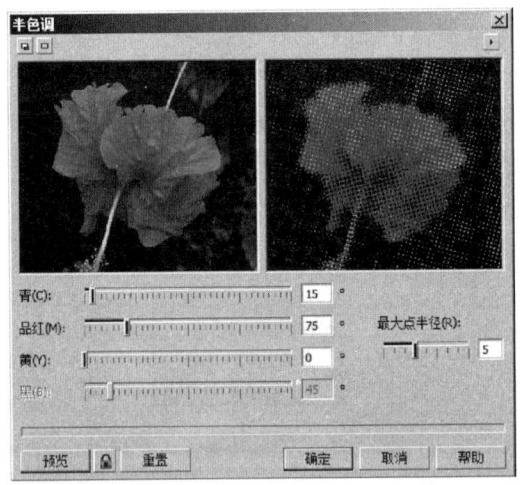

图8-64　扶桑.jpg　　　　　　　　图8-65　设置"半色调"参数后的对比效果

3．梦幻色调

"梦幻色调"滤镜可以将位图中的颜色转换为超现实迷幻色彩，如粉红、橙黄等。设置"梦幻色调"滤镜效果的具体操作步骤如下：

（1）执行菜单中的"文件|导入"命令[或者单击工具栏中的 （导入）按钮]，导入"素材及结果\葡萄.jpg"图片，如图8-67所示。

（2）利用工具箱中的 （选择工具）选择导入的位图对象。然后执行菜单中的"位图|颜色转换|梦幻色调"命令，在弹出的"梦幻色调"对话框中拖动"层次"滑块设置梦幻效果，数值越大，效果越明显。设置参数后单击"预览"按钮，即可看到应用图像前后的对比效果，如图8-68所示。

图8-66 "半色调"效果

图8-67 葡萄.jpg

（3）单击"确定"按钮，结果如图8-69所示。

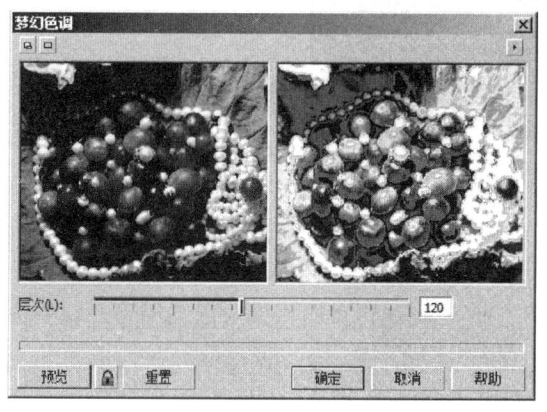

图8-68 设置"梦幻色调"参数后的对比效果

图8-69 "梦幻色调"效果

4．曝光

"曝光"滤镜可以让位图产生照片曝光不足或曝光过度的效果。设置"曝光"滤镜效果的具体操作步骤如下：

（1）执行菜单中的"文件|导入"命令[或者单击工具栏中的 （导入）按钮]，导入"素材及结果\风景1.jpg"图片，如图8-70所示。

（2）利用工具箱中的 （选择工具）选择导入的位图对象。然后执行菜单中的"位图|颜色转换|曝光"命令，在弹出的"曝光"对话框中拖动"层次"滑块设置曝光程度，数值越大，曝光效果越明显。设置参数后单击"预览"按钮，即可看到应用图像前后的对比效果，如图8-71所示。

图8-70　风景1.jpg

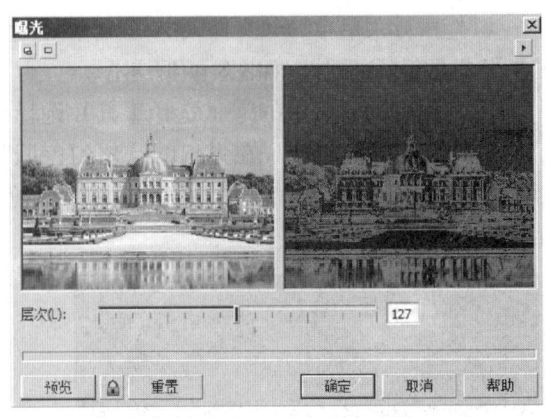

图8-71　设置"曝光"参数后的对比效果

（3）单击"确定"按钮，结果如图8-72所示。

图8-72　"曝光"效果

8.2.6　轮廓图效果

"轮廓图"类滤镜包括3种滤镜，如图8-73所示。该类滤镜可以用来突出和增强凸现的边缘。下面就来进行具体讲解。

1．边缘检测

"边缘检测"滤镜可以检测位图的边缘。设置"边缘检测"滤镜效果的具体操作步骤如下：

（1）执行菜单中的"文件|导入"命令[或者单击工具栏中的 （导入）按钮]，导入"素材及结果\梨.jpg"图片，如图8-74所示。

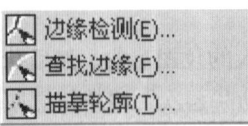

图8-73　"轮廓图"类滤镜

图8-74　梨.jpg

（2）利用工具箱中的 ▷ （选择工具）选择导入的 ~~~对象。然后执行菜单中的"位图|轮
廓图|边缘检测"命令，在弹出的"边缘检测"对话框的~~~项区中可以设置背景颜色为
"白色"、"黑"或"其他"；拖动"灵敏度"滑块可~~~敏度。设置参数后单击
"预览"按钮，即可看到应用图像前后的对比效果，如~~~

（3）单击"确定"按钮，结果如图8-76所示。

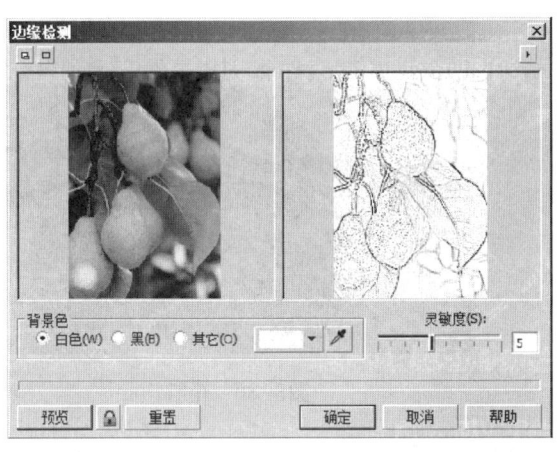

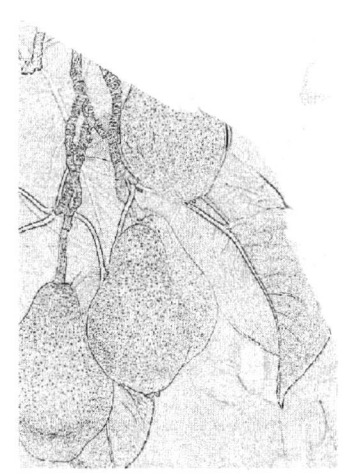

图8-75　设置"边缘检测"参数后的对比效果　　　　图8-76　"边缘检测"效果

2．查找边缘

"查找边缘"滤镜可以找到位图图像的边缘，并将边缘转换为线条。设置"查找边缘"滤
镜效果的具体操作步骤如下：

（1）执行菜单中的"文件|导入"命令[或者单击工具栏中的 ⊡ （导入）按钮]，导入"素材
及结果\啤酒.jpg"图片，如图8-77所示。

（2）利用工具箱中的 ▷ （选择工具）选择导入的位图对象。然后执行菜单中的"位图|轮廓
图|查找边缘"命令，在弹出的"查找边缘"对话框的"边缘类型"选项区中可以选择描边的类
型为"软"或"纯色"；拖动"层次"滑块可以设置描边的范围值。设置参数后单击"预览"
按钮，即可看到应用图像前后的对比效果，如图8-78所示。

图8-77　啤酒.jpg　　　　　　　　　图8-78　设置"查找边缘"参数后的对比效果

（3）单击"确定"按钮，结果如图8-79所示。

3．描摹轮廓

"描摹轮廓"滤镜可以将图像的轮廓勾勒出来，从而达到一种描边的效果。设置"描摹轮廓"滤镜效果的具体操作步骤如下：

（1）执行菜单中的"文件|导入"命令[或者单击工具栏中的  （导入）按钮]，导入"素材及结果\轮船.jpg"图片，如图8-80所示。

图8-79 "查找边缘"效果   图8-80 轮船.jpg

（2）利用工具箱中的 （选择工具）选择导入的位图对象。然后执行菜单中的"位图|轮廓图|描摹轮廓"命令，在弹出的"描摹轮廓"对话框中拖动"层次"滑块可以设置轮廓的精确度；在"边缘类型"选项区中可以选择轮廓的类型为"下降"或"上面"。设置参数后单击"预览"按钮，即可看到应用图像前后的对比效果，如图8-81所示。

（3）单击"确定"按钮，结果如图8-82所示。

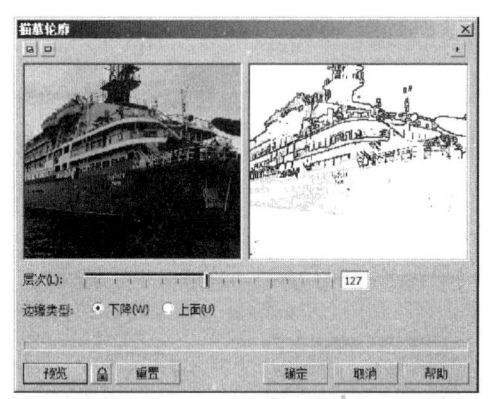

图8-81 设置"描摹轮廓"参数后的对比效果   图8-82 "描摹轮廓"效果

8.2.7 创造性效果

"创造性"类滤镜包括14种滤镜，如图8-83所示。该类滤镜可以仿真晶体、玻璃、织物等材质表面，也可以使位图产生马赛克、颗粒、扩散等效果，还可以模拟雨、雪、雾等天气。下面介绍几种较常用的创造性类滤镜。

1．工艺

"工艺"滤镜可以使位图产生拼图板、齿轮、弹珠、糖果、瓷砖、筹码等拼板的效果。设置"工艺"滤镜效果的具体操作步骤如下：

（1）执行菜单中的"文件|导入"命令[或者单击工具栏中的 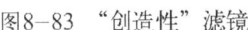（导入）按钮]，导入"素材及结果\彩虹.jpg"图片，如图8-84所示。

图8-83 "创造性"滤镜

图8-84 彩虹.jpg

（2）利用工具箱中的 （选择工具）选择导入的位图对象。然后执行菜单中的"位图|创造性|工艺"命令，在弹出的"工艺"对话框的"样式"下拉列表中可以选择拼板样式，提供的选项有：拼图板、齿轮、弹珠、糖果、瓷砖和筹码；拖动"大小"滑块设置单元大小；拖动"亮度"滑块设置位图亮度，数值越大，光线越亮；在"旋转"数值框中输入数值设置拼图转角。设置参数后单击"预览"按钮，即可看到应用图像前后的对比效果，如图8-85所示。

（3）单击"确定"按钮，结果如图8-86所示。

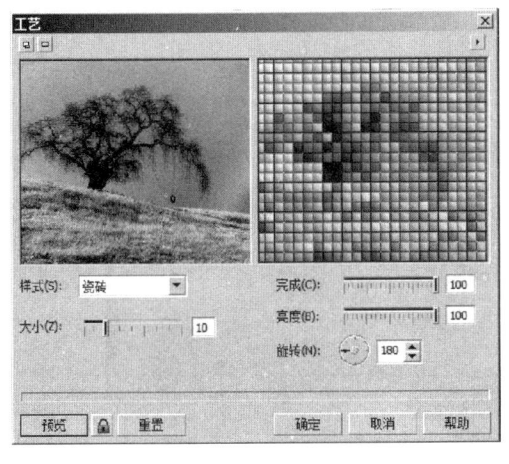

图8-85 设置"工艺"参数后的对比效果

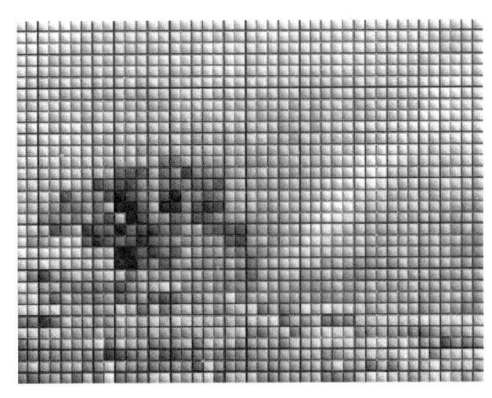

图8-86 "工艺"效果

2．织物

"织物"滤镜可以使位图产生类似纺织品外观的效果。设置"织物"滤镜效果的具体操作步骤如下：

（1）执行菜单中的"文件|导入"命令[或者单击工具栏中的 （导入）按钮]，导入"素材

及结果\老虎.jpg"图片，如图8-87所示。

（2）利用工具箱中的 ▶（选择工具）选择导入的位图对象。然后执行菜单中的"位图|创造性|织物"命令，在弹出的"织物"对话框的"样式"下拉列表中可以选择一种样式，提供的选项有：刺绣、地毯勾织、拼布、珠帘、丝带和拼纸；拖动"大小"滑块设置单元大小；拖动"亮度"滑块设置位图亮度，数值越大，光线越亮；在"旋转"数值框中输入数值设置拼图转角。设置参数后单击"预览"按钮，即可看到应用图像前后的对比效果，如图8-88所示。

图8-87　老虎.jpg

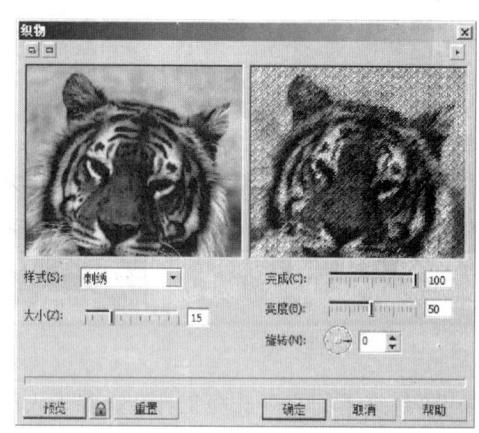

图8-88　设置"织物"参数后的对比效果

（3）单击"确定"按钮，结果如图8-89所示。

3．玻璃砖

"玻璃砖"滤镜可以产生透过玻璃观察位图的纹理效果。设置"玻璃砖"滤镜效果的具体操作步骤如下：

（1）执行菜单中的"文件|导入"命令[或者单击工具栏中的 ▣（导入）按钮]，导入"素材及结果\清晨.jog"图片，如图8-90所示。

图8-89　"织物"效果

图8-90　清晨jpg

（2）利用工具箱中的 ▶（选择工具）选择导入的位图对象。然后执行菜单中的"位图|创造性|玻璃砖"命令，在弹出的"玻璃砖"对话框中拖动"块宽度"滑块设置玻璃块宽度；拖动

"块高度"滑块设置玻璃块高度。设置参数后单击"预览"按钮，即可看到应用图像前后的对比效果，如图8-91所示。

（3）单击"确定"按钮，结果如图8-92所示。

图8-91　设置"玻璃砖"参数后的对比效果　　　　　　图8-92　"玻璃砖"效果

4．虚光

"虚光"滤镜可以产生边缘虚化的晕光。设置"虚光"滤镜效果的具体操作步骤如下：

（1）执行菜单中的"文件|导入"命令[或者单击工具栏中的　（导入）按钮]，导入"素材及结果\冬景.jpg"图片，如图8-93所示。

（2）利用工具箱中的　（选择工具）选择导入的位图对象。执行菜单中的"位图|创造性|虚光"命令，在弹出的"虚光"对话框的"颜色"选项区中可以选择虚光的颜色为"黑""白色"或"其他"，也可以单击　按钮后拾取位图或左上方的源素材窗口中虚光的颜色；在"形状"选项区中可以选取虚光的颜色为"椭圆形""圆形""矩形"或"正方形"；在"调整"选项区中拖动"偏移"滑块设置虚光的大小；拖动"褪色"滑块设置渐隐强度。设置参数后单击"预览"按钮，即可看到应用图像前后的对比效果，如图8-94所示。

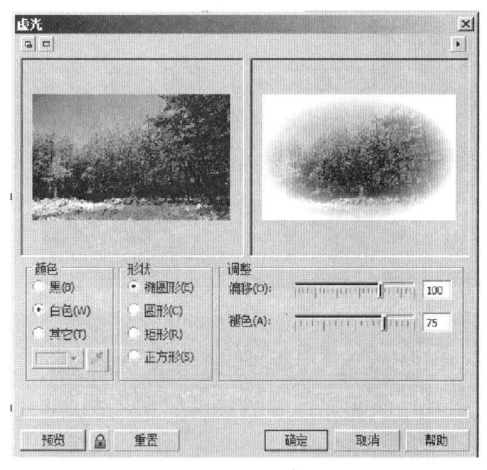

图8-93　冬景.jpg　　　　　　　　　　　图8-94　设置"虚光"参数后的对比效果

（3）单击"确定"按钮，结果如图8-95所示。

5．旋涡

"旋涡"滤镜可以产生风吹、水流的旋涡。设置"旋涡"滤镜效果的具体操作步骤如下：

（1）执行菜单中的"文件|导入"命令[或者单击工具栏中的 🖿（导入）按钮]，导入"素材及结果\黄昏.jpg"图片，如图8-96所示。

（2）利用工具箱中的 ▷（选择工具）选择导入的位图对象。然后执行菜单中的"位图|创造性|旋

图8-95 "虚光"效果

涡"命令，在弹出的"旋涡"对话框的"样式"下拉列表中包括笔刷效果、层次效果、粗体和细体4个选项；单击 ▷ 按钮，然后在选择的位图中单击可以确定旋涡的中心；拖动"粗细"滑块设置旋涡的大小；拖动"内部方向"或"外部方向"滑钮设置旋涡内部或周围的方向。设置参数后单击"预览"按钮，即可看到应用图像前后的对比效果，如图8-97所示。

图8-96 黄昏.jpg

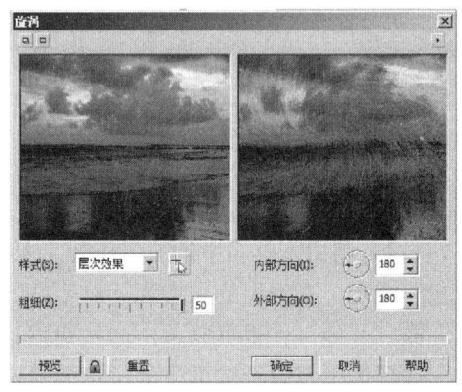

图8-97 设置"旋涡"参数后的对比效果

（3）单击"确定"按钮，结果如图8-98所示。

6．天气

"天气"滤镜可以产生雨、雪、雾的效果。设置"天气"滤镜效果的具体操作步骤如下：

（1）执行菜单中的"文件|导入"命令[或者单击工具栏中的 🖿（导入）按钮]，导入"素材及结果\雪景1.jpg"图片，如图8-99所示。

图8-98 "旋涡"效果

图8-99 雪景1.jpg

（2）利用工具箱中的⬚（选择工具）选择导入的位图对象。然后执行菜单中的"位图|创造性|天气"命令，在弹出的"天气"对话框的"预报"选项区中可以选择天气为"雪""雨"或"雾"；拖动"浓度"滑块设置天气效果的强度；拖动"大小"滑块设置雪、雨或雾的颗粒大小；单击"随机化"按钮，可以直接产生新随机化度，也可以直接输入随机化数值。设置参数后单击"预览"按钮，即可看到应用图像前后的对比效果，如图8-100所示。

（3）单击"确定"按钮，结果如图8-101所示。

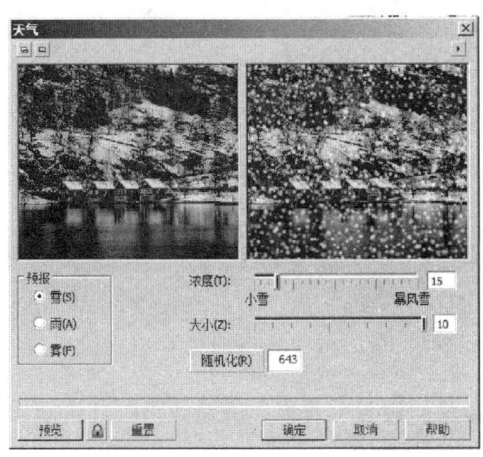

图8-100　设置"天气"参数后的对比效果

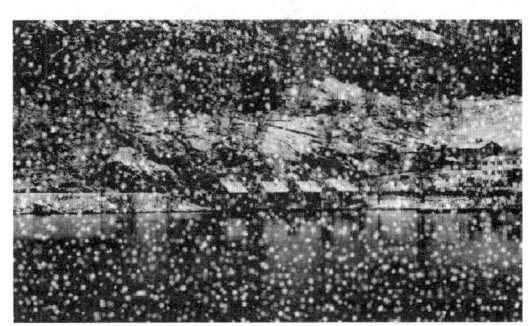

图8-101　"天气"效果

8.2.8　扭曲效果

"扭曲"类滤镜包括10种滤镜，如图8-102所示。该类滤镜可以使位图产生扭曲变形的效果。下面介绍几种较常用的扭曲类滤镜。

1．块状

"块状"滤镜可以产生块状分割效果。设置"块状"滤镜效果的具体操作步骤如下：

（1）执行菜单中的"文件|导入"命令[或者单击工具栏中的⬚（导入）按钮]，导入"素材及结果\古迹.jpg"图片，如图8-103所示。

图8-102　"扭曲"类滤镜

图8-103　古迹.jpg

（2）利用工具箱中的⬚（选择工具）选择导入的位图对象。然后执行菜单中的"位图|扭曲|块状"命令，在弹出的"块状"对话框中拖动"块宽度"和"块高度"滑块设置块的大小；

拖动"**最大偏移**"滑块设置最大偏移。设置参数后单击"预览"按钮，即可看到应用图像前后的对比效果，如图8-104所示。

(3) 单击"确定"按钮，结果如图8-105所示。

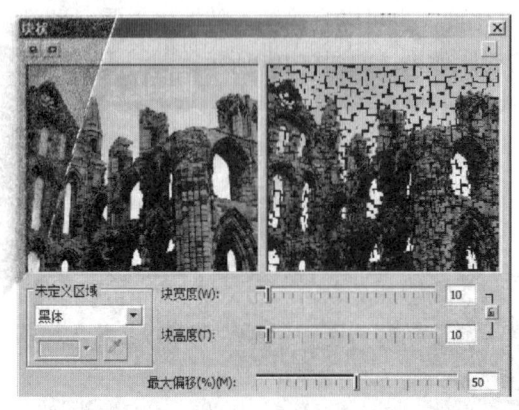

图8-104　设置"块状"参数后的对比效果

图8-105　"块状"效果

2. 置换

"置换"滤镜可以选用图案替换位图区域中的像素。设置"置换"滤镜效果的具体操作步骤如下：

(1) 执行菜单中的"文件|导入"命令[或者单击工具栏中的 （导入）按钮]，导入配套光盘中的"素材及结果\杏.jpg"图片，如图8-106所示。

(2) 利用工具箱中的 （选择工具）选择导入的位图对象。然后执行菜单中的"位图|扭曲|置换"命令，在弹出的"置换"对话框的"缩放模式"选项区中选择缩放模式为"平铺"或"伸展适合"；在"缩放"选项区中拖动"水平"和"垂直"滑块设置水平和垂直方向的变形位置；单击右侧图案，在下拉列表中选择一种置换图案。设置参数后单击"预览"按钮，即可看到应用图像前后的对比效果，如图8-107所示。

图8-106　杏.jpg

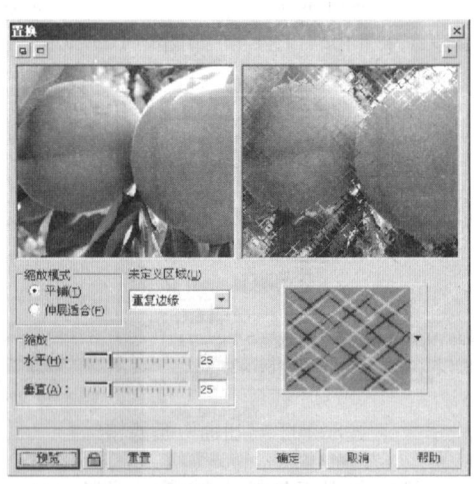

图8-107　设置"置换"参数后的对比效果

（3）单击"确定"按钮，结果如图8−108所示。

3．龟纹

"龟纹"滤镜可以产生波纹变形的扭曲效果。设置"龟纹"滤镜效果的具体操作步骤如下：

（1）执行菜单中的"文件|导入"命令[或者单击工具栏中的 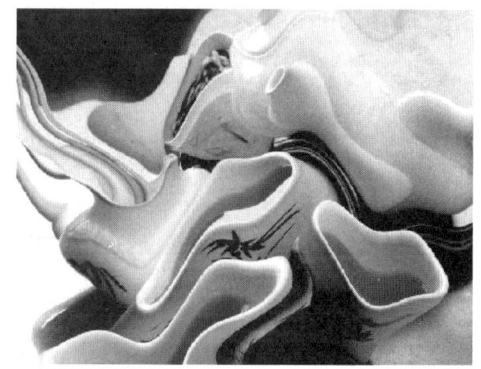（导入）按钮]，导入"素材及结果\茶.jpg"图片，如图8−109所示。

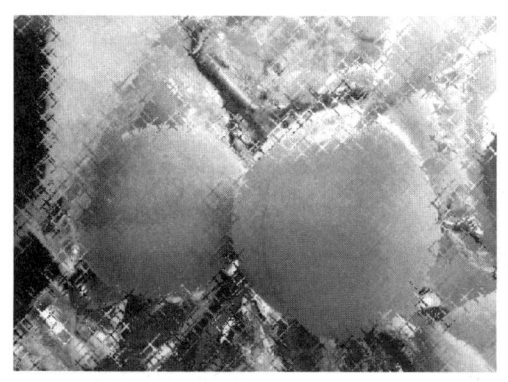

图8−108　"置换"效果

图8−109　茶.jpg

（2）利用工具箱中的 ▷（选择工具）选择导入的位图对象。然后执行菜单中的"位图|扭曲|龟纹"命令，在弹出的"龟纹"对话框的"主波纹"选项区中拖动"周期"滑块设置主波的周期；拖动"振幅"滑块设置主波的振幅；如果选中"垂直波纹"复选框，则可以拖动"振幅"滑块设置垂直波的振幅；如果选中"扭曲龟纹"复选框，则可以拖动"角度"滑钮设置扭曲的角度。设置参数后单击"预览"按钮，即可看到应用图像前后的对比效果，如图8−110所示。

（3）单击"确定"按钮，结果如图8−111所示。

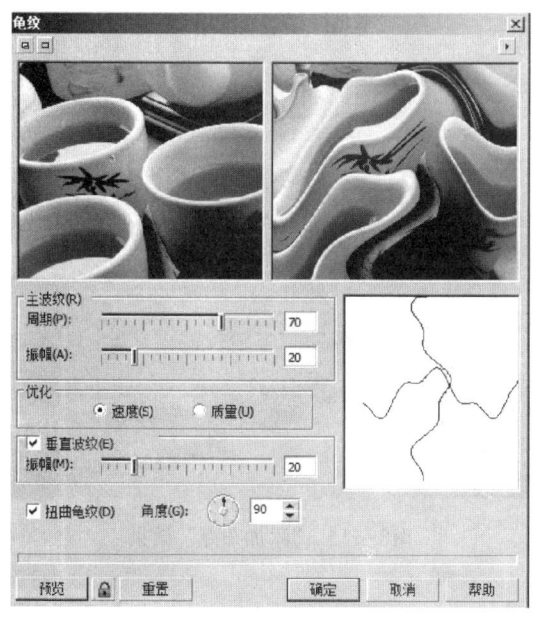

图8−110　设置"龟纹"参数后的对比效果

图8−111　"龟纹"效果

8.2.9 杂点效果

"杂点"类滤镜包括6种滤镜,如图8-112所示。下面介绍几种较常用的杂点类滤镜。

1. 添加杂点

"添加杂点"滤镜可以在位图图像中产生颗粒状的效果。设置"添加杂点"滤镜效果的具体操作步骤如下:

(1)执行菜单中的"文件|导入"命令[或者单击工具栏中的 (导入)按钮],导入配套光盘中的"素材及结果\海滩.jpg"图片,如图8-113所示。

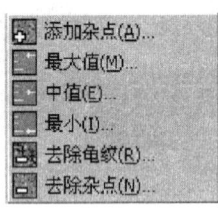

图8-112 "杂点"类滤镜   图8-113 海滩.jpg

(2)利用工具箱中的 (选择工具)选择导入的位图对象。然后执行菜单中的"位图|杂点|添加杂点"命令,在弹出的"添加杂点"对话框的"杂点类型"选项区中选择要添加的杂点类型,提供的选项有:高斯式、尖突和均匀;拖动"层次"滑块设置杂点产生效果;拖动"密度"滑块设置杂点产生的密度;在"颜色模式"选项区中设置杂点的颜色模式。设置参数后单击"预览"按钮,即可看到应用图像前后的对比效果,如图8-114所示。

(3)单击"确定"按钮,结果如图8-115所示。

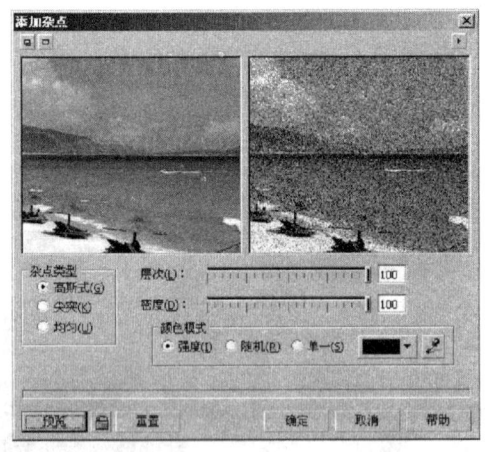

图8-114 设置"添加杂点"参数后的对比效果   图8-115 "添加杂点"效果

2. 中值

"中值"滤镜可以通过计算位图图像中的整体像素来删除杂点,从而产生平滑的图像效果。设置"中值"滤镜效果的具体操作步骤如下：

（1）执行菜单中的"文件|导入"命令[或者单击工具栏中的 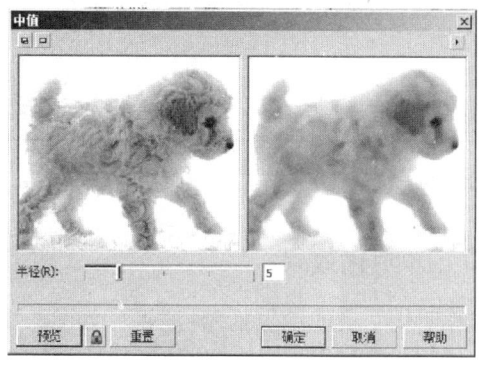（导入）按钮]，导入配套光盘中的"素材及结果\小狗.jpg"图片，如图8-116所示。

（2）利用工具箱中的 （选择工具）选择导入的位图对象。然后执行菜单中的"位图|杂点|中值"命令，在弹出的"中值"对话框中拖动"半径"滑块设置应用中值效果时发生变化的像素数量。设置参数后单击"预览"按钮，即可看到应用图像前后的对比效果，如图8-117所示。

图8-116 小狗.jpg

图8-117 设置"中值"参数后的对比效果

（3）单击"确定"按钮，结果如图8-118所示。

3．去除杂点

"去除杂点"滤镜可以在位图中移除杂点。设置"去除杂点"滤镜效果的具体操作步骤如下：

（1）执行菜单中的"文件|导入"命令[或者单击工具栏中的 （导入）按钮]，导入"素材及结果\夜景2.jpg"图片，如图8-119所示。

图8-118 "中值"效果

图8-119 夜景2.jpg

（2）利用工具箱中的 （选择工具）选择导入的位图对象。然后执行菜单中的"位图|杂点|去除杂点"命令，在弹出的"去除杂点"对话框中设置参数后单击"预览"按钮，即可看到应用图像前后的对比效果，如图8-120所示。

（3）单击"确定"按钮，结果如图8-121所示。

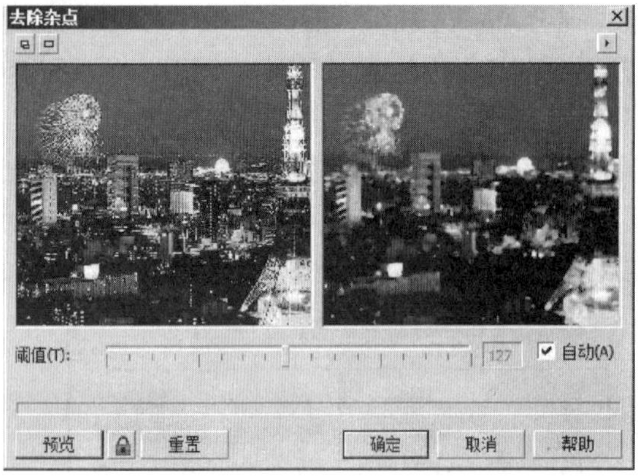

图8-120　设置“去除杂点”参数后的对比效果

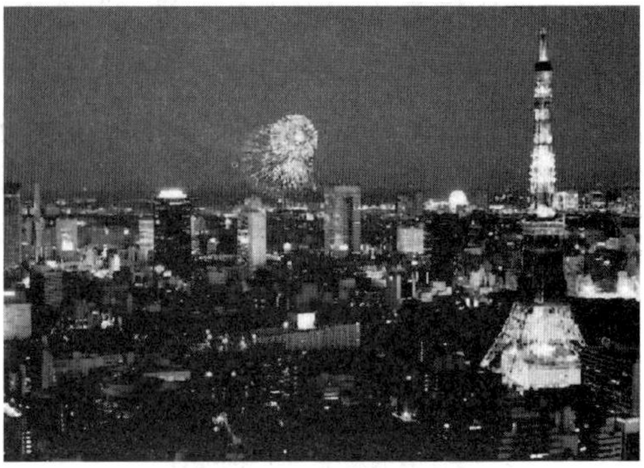

图8-121　“去除杂点”效果

8.2.10　鲜明化效果

“鲜明化”类滤镜包括5种滤镜，如图8-122所示。该类滤镜可以增强相邻像素间的对比度，从而达到令位图图像鲜明的效果。下面介绍几种较常用的鲜明化类滤镜。

1．定向柔化

“定向柔化”滤镜可以按照位图边缘方向进行锐化，从而获得好的锐化位图质量。设置“定向柔化”滤镜效果的具体操作步骤如下：

（1）执行菜单中的“文件|导入”命令[或者单击工具栏中的（导入）按钮]，导入“素材及结果\春天.jpg”图片，如图8-123所示。

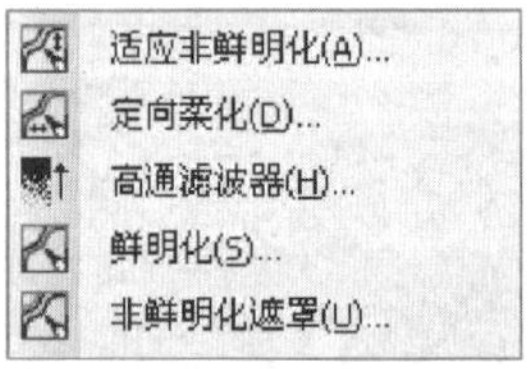

图8-122　“鲜明化”类滤镜

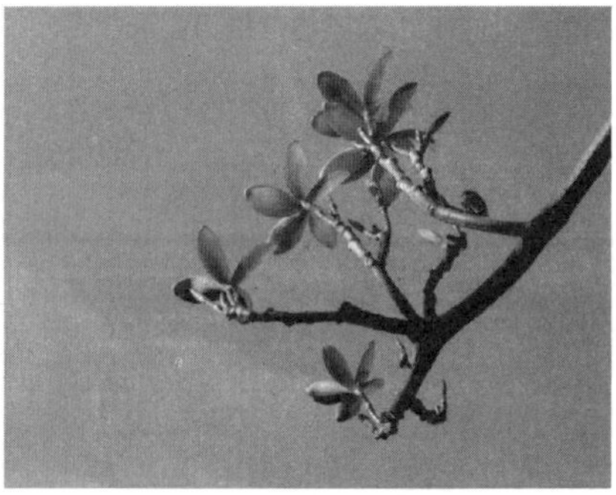

图8-123　春天.jpg

（2）利用工具箱中的（选择工具）选择导入的位图对象。执行菜单中的“位图|鲜明化|定向柔化”命令，在弹出的“定向柔化”对话框中拖动“百分比”滑块设置锐化程度。设置参数后单击“预览”按钮，即可看到应用图像前后的对比效果，如图8-124所示。

（3）单击“确定”按钮，结果如图8-125所示。

2．鲜明化

“鲜明化”滤镜可以增强相邻像素间的对比度，得到位图的鲜明效果。设置“鲜明化”滤镜效果的具体操作步骤如下：

（1）执行菜单中的“文件|导入”命令[或者单击工具栏中的（导入）按钮]，导入“素材

及结果\香蕉.jpg"图片，如图8-126所示。

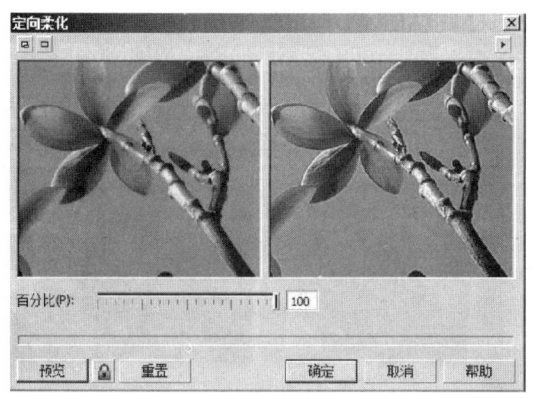

图8-124 设置"定向柔化"参数后的对比效果 　　　图8-125 "定向柔化"效果

（2）利用工具箱中的 ▨ （选择工具）选择导入的位图对象。然后执行菜单中的"位图|鲜明化|鲜明化"命令，在弹出的"鲜明化"对话框中拖动"边缘层次"滑块设置边缘锐化程度；拖动"阈值"滑块设置边缘锐化的阈值，数值越大，保留的原像素信息就越多。设置参数后单击"预览"按钮，即可看到应用图像前后的对比效果，如图8-127所示。

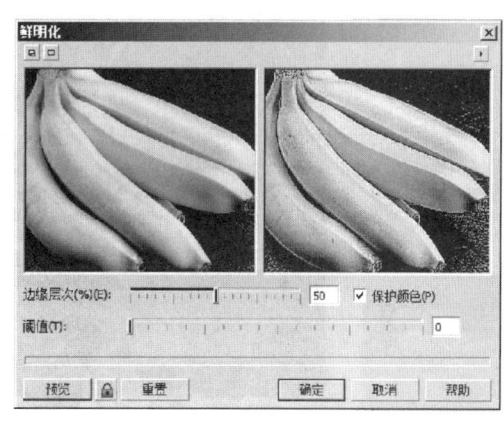

图8-126 香蕉.jpg 　　　　　　　　图8-127 设置"鲜明化"参数后的对比效果

（3）单击"确定"按钮，结果如图8-128所示。

3．非鲜明化遮罩

"非鲜明化遮罩"滤镜可以使位图轮廓更清晰。设置"非鲜明化遮罩"滤镜效果的具体操作步骤如下：

（1）执行菜单中的"文件|导入"命令[或者单击工具栏中的 ▨ （导入）按钮]，导入配套光盘中的"素材及结果\荒山.jpg"图片，如图8-129所示。

（2）利用工具箱中的 ▨ （选择工具）选择导入的位图对象。然后执行菜单中的"位图|鲜明化|非鲜明化遮罩"命令，在弹出的"非鲜明化遮罩"对话框中拖动"百分比"

图8-128 "鲜明化"效果

滑块设置边缘锐化程度；拖动"半径"滑块设置锐化范围；拖动"阈值"滑块设置边缘锐化的阈值，数值越大，保留的原像素信息就越少，锐化程度就越高。设置参数后单击"预览"按钮，即可看到应用图像前后的对比效果，如图8-130所示。

图8-129　荒山.jpg

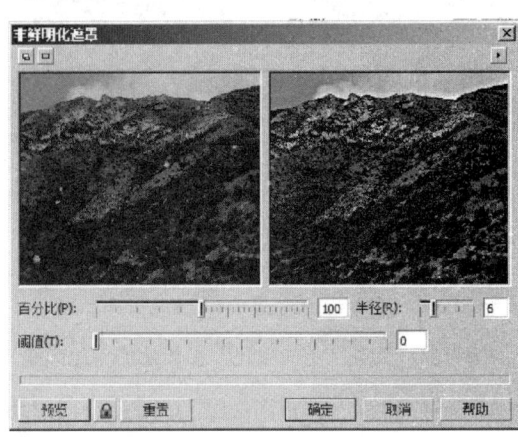

图8-130　设置"非鲜明化遮罩"参数后的对比效果

（3）单击"确定"按钮，结果如图8-131所示。

图8-131　"非鲜明化遮罩"效果

8.3　实 例 讲 解

本节将通过"玻璃文字""浮雕文字"和"透视变形的标志"3个实例来讲解滤镜在实际工作中的具体应用。

8.3.1　玻璃文字

要点：

本例将制作由玻璃碎片组成的文字效果，如图8-132所示。通过本例的学习，应掌握将矢量文字转换为位图和"彩色玻璃"滤镜的综合应用。

彩色玻璃

图8-132 彩色玻璃文字

操作步骤：

（1）执行菜单中的"文件|新建"命令（快捷键〈Ctrl+N〉），新建一个CorelDRAW文档，并在属性栏中设置纸张宽度与高度为80 mm×40 mm。

（2）选择工具箱中的 **字**（文本工具），然后在属性栏中设置字体为"方正粗倩简体"，字号为48pt，接着在绘图区中输入文字"彩色玻璃"，并在调色板中将文字填充色设置为绿色，结果如图8-133所示。

（3）将矢量文字转换为位图。方法：利用 **⬚**（选择工具）选中文字，执行菜单中的"位图|转换为位图"命令，然后在弹出的"转换为位图"对话框中设置各项参数，如图8-134所示，单击"确定"按钮，即可将矢量文字转换为位图图像。

图8-133 输入文字

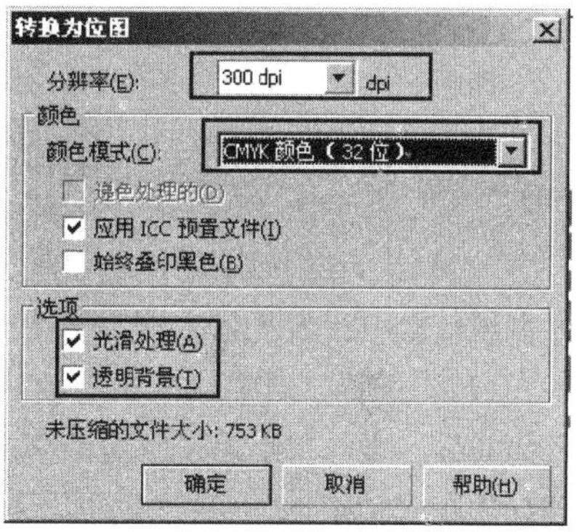

图8-134 设置"转换为位图"参数

（4）制作彩色玻璃效果。方法：执行菜单中的"位图|创造性|彩色玻璃"命令，在弹出的"彩色玻璃"对话框中设置各项参数，如图8-135所示，单击"确定"按钮，结果如图8-136所示。

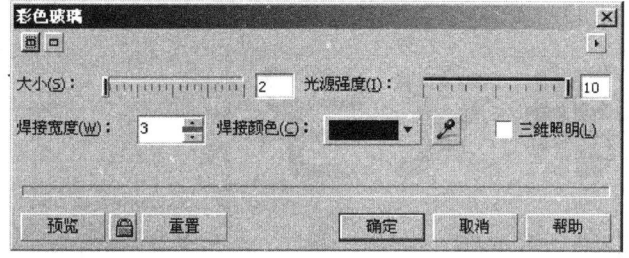

图8-135 设置"彩色玻璃"参数

图8-136　彩色玻璃效果

8.3.2　浮雕文字

要点：

　　本例将制作浮雕文字效果，如图8-137所示。通过本例的学习，应掌握将矢量文字转换为位图、"高斯式模糊"滤镜和"浮雕"滤镜的综合应用。

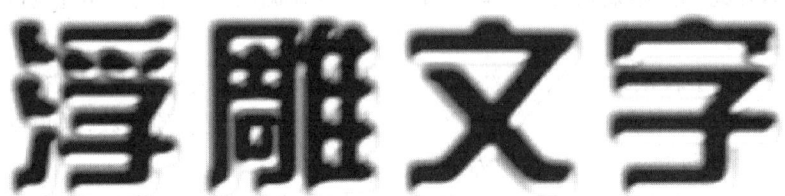

图8-137　浮雕文字

操作步骤：

　　（1）执行菜单中的"文件|新建"命令（快捷键〈Ctrl+N〉），新建一个CorelDRAW文档，并在属性栏中设置纸张宽度与高度为80 mm×40 mm。

　　（2）选择工具箱中的　（文本工具），然后在属性栏中设置字体为"汉仪综艺体简"，字号为48pt，接着在绘图区中输入文字"浮雕文字"，并在调色板中将文字填充色设置为黑色，结果如图8-138所示。

　　（3）将矢量文字转换为位图。方法：利用　（选择工具）选中文字，然后执行菜单中的"位图|转换为位图"命令，然后在弹出的"转换为位图"对话框中设置各项参数，如图8-139所示，单击"确定"按钮，即可将矢量文字转换为位图图像。

图8-138　输入文字

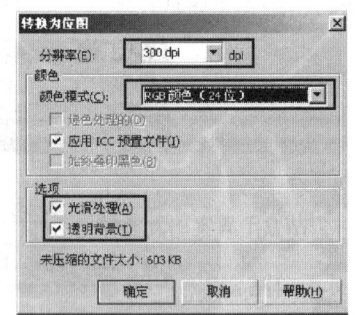

图8-139　设置"转换为位图"参数

（4）制作模糊效果。方法：执行菜单中的"位图|模糊|高斯式模糊"命令，在弹出的"高斯式模糊"对话框中设置参数，如图8-140所示，单击"确定"按钮，结果如图8-141所示。

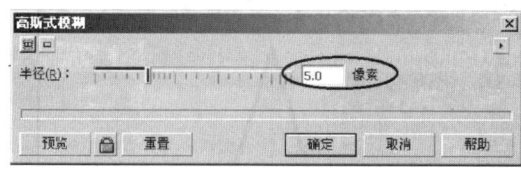

图8-140 设置"高斯式模糊"参数

图8-141 高斯式模糊效果

（5）制作浮雕效果。方法：执行菜单中的"位图|三维效果|浮雕"命令，然后在弹出的"浮雕"对话框中设置各项参数，如图8-142所示，单击"确定"按钮，结果如图8-143所示。

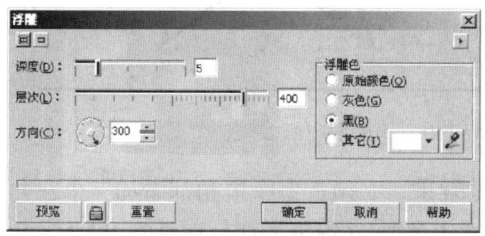

图8-142 设置"浮雕"参数

图8-143 浮雕效果

8.3.3 透视变形的标志

 要点：

在平面设计中，常常需要在二维纸面上实现图形的一点或两点透视的三维效果，在CorelDRAW软件中实现这种效果并不困难，利用"添加透视"命令可以在对象上添加一个网格，通过调节该网格的控制点来实现透视变化。本例将制作一个具有透视变形的标志，如图8-144所示。通过本例的学习，应掌握"添加透视"命令和"轮廓图"命令的综合应用。

图8-144 透视变形的标志

操作步骤：

（1）执行菜单中的"文件|新建"命令（快捷键〈Ctrl+N〉），新建一个CorelDRAW文档，然后在属性栏中设置纸张宽度与高度为200 mm×200 mm。

（2）选择工具箱中的 （星形工具）设置属性栏中的"边数"为5，"轮廓宽度"为1 mm，然后在页面中按住〈Ctrl〉键绘制一个正五角星，在调色板中设置填充为白色，边线为黑色，结果如图8-145所示。

（3）选择工具箱中的 （选择工具），按住鼠标左键从标尺中拖出水平和垂直参考线各一条，使它们交汇于星形的中心。然后利用工具箱中的 （钢笔工具）绘制如图8-146所示的三角形状，它的上端点与星形中心重合。接着，执行菜单中的"窗口|泊坞窗|颜色"命令，调出"颜

色"泊坞窗，在其中设置填充色为橘黄色[参考颜色数值为CMYK（0，40，100，0）]。然后，右击调色板中的⊠（无填充色块）取消边线的颜色。

图8-145　绘制正五角星形

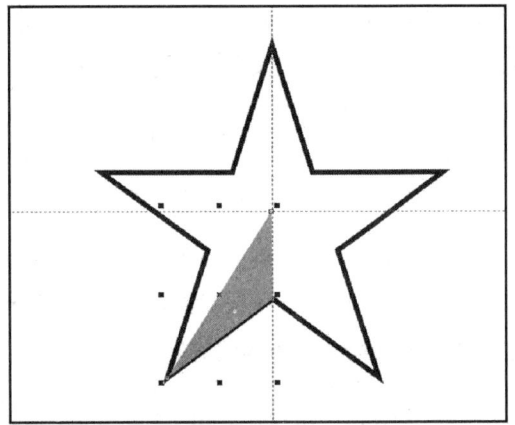

图8-146　从星形中心绘制一个三角形状

（4）要使五角星每个边角都形成立体起伏的视觉效果，必须在每个边角都添加一个三角形，它们的形状要完全相同或对称。方法：利用工具箱中的🖊（钢笔工具）再绘制出4个三角形，然后按〈Z〉键快速切换至放大工具，放大局部，利用工具箱中的🖎（形状工具）选中锚点，细致地调节每个锚点的位置，如图8-147所示。调整完成后的效果如图8-148所示。最后利用🖎（选择工具）将所有图形都选中，按〈Ctrl+G〉组合键组成群组。

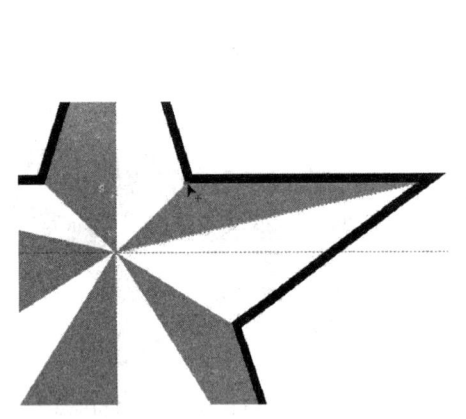

图8-147　利用🖎（形状工具）调节锚点

图8-148　具有立体起伏效果的五角星

（5）下面要对这个五角星添加透视效果，使它在视觉上产生近大远小的自然变化。方法：利用🖎（选择工具）选中成组的五角星形，先按小键盘的〈＋〉键，将该对象原位复制出一个，移动到页面外留待以后使用。然后，选中页面中原来的五角星，执行菜单中的"效果|添加透视"命令，此时在星形的四周出现红色的矩形网格，可以利用工具箱中的🖎（形状工具）拖动4个角的控制柄来编辑对象的透视效果。调整控制框到如图8-149所示状态，使五角星形产生近大远小的透视变形。

 提示

　　如果在拖动鼠标的同时按住〈Ctrl+Shift〉组合键,则相对的控制点将沿相反方向等距离移动。在编辑过程中如果不满意,希望重新开始编辑透视网格,可以执行菜单中的"效果|清除透视点"命令,即可将透视效果清除。

　　(6)利用 ▸ (选择工具)双击成组的五角星形,此时星形四周出现旋转控制柄。然后拖动右上角的控制柄使星形以逆时针方向旋转一定的角度,结果如图8-150所示。

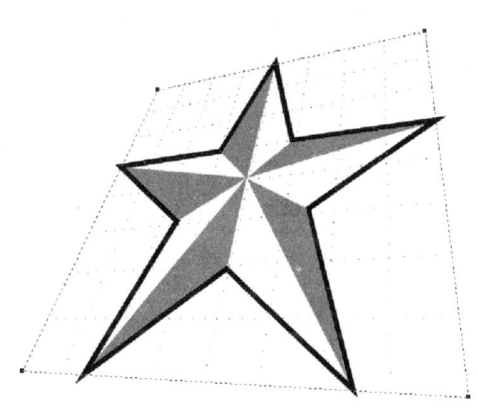
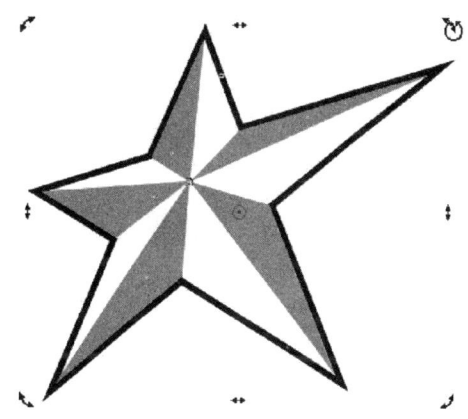

图8-149　对五角星添加透视效果　　　　　图8-150　使星形以逆时针方向旋转一定角度

　　(7)简单的五角星图形处理完成后,下一步来添加艺术化处理的文字,先输入文本并进行图形化的初步处理。方法:利用工具箱中的 字 (文本工具)在页面中输入文本"NEWARK",在属性栏中设置字体为"Arial Black",并向左拖动文本框右下角小箭头,使字距减小,如图8-151所示。然后按〈Ctrl+Q〉组合键将文本转为曲线,文字四周出现可调节的控制手柄,如图8-152所示。

图8-151　输入文本

图8-152　将文本转为曲线

（8）拖动文字图形四周的控制手柄，将文字调节至如图8－153所示的相对大小（因为后面还要做透视变形的操作，因此目前调节的大小只是相对大小）。然后在“颜色”泊坞窗中设置填充色为一种墨绿色[参考颜色数值为CMYK（80，60，100，0）]。

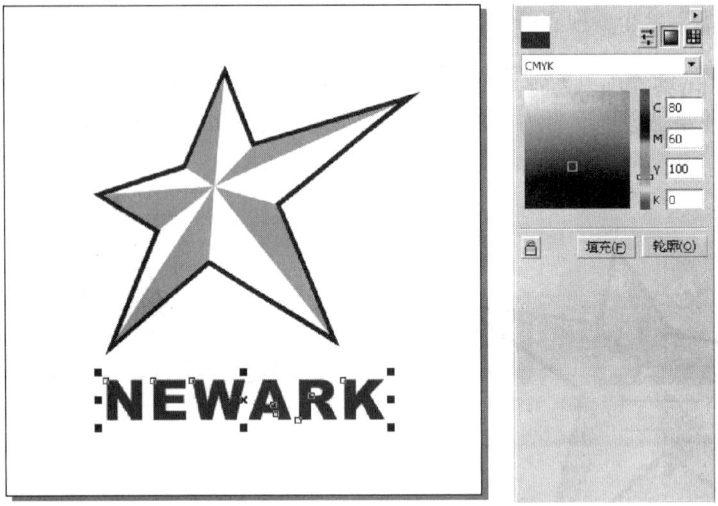

图8－153　调节文字相对大小并填充为墨绿色

（9）该例选取标志的艺术字包括多重勾边和立体衬影两种效果，先进行多重勾边的操作。方法：先按〈Ctrl+F9〉组合键打开“轮廓图”泊坞窗，然后利用（选择工具）选中文字图形，并在“轮廓图”泊坞窗中设置各项参数，如图8－154所示。单击“应用”按钮，文字四周被勾上了一圈黑色的边线。最后，按〈Ctrl+K〉组合键拆分轮廓图群组。

（10）利用（选择工具）先在页面中的空白部分单击鼠标左键以取消选择，然后选中文字周围黑色的边线部分，选中描边图形。按〈F12〉键打开“轮廓笔”对话框，在其中设置各项参数，如图8－155所示，注意要点选中“圆角”和“圆形线端”两个按钮，“颜色”设置为橘黄色[参考颜色数值为CMYK（0，40，100，0）]。单击“确定”按钮，文字周围又被描上了一圈橘黄色的细线。最后，在“颜色”泊坞窗中设置填充色为白色，效果如图8－156所示。

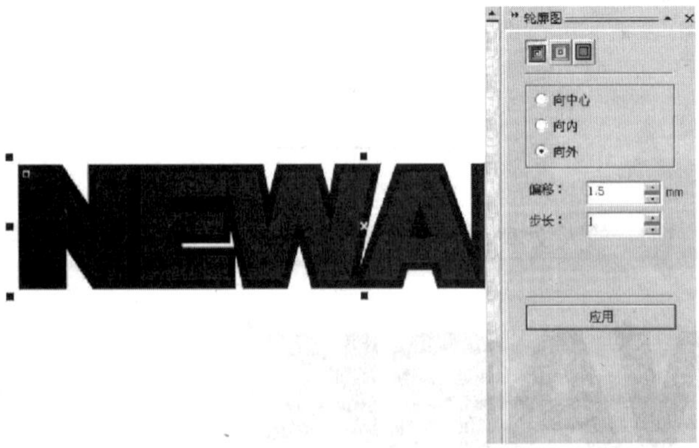

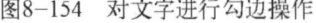

图8－154　对文字进行勾边操作

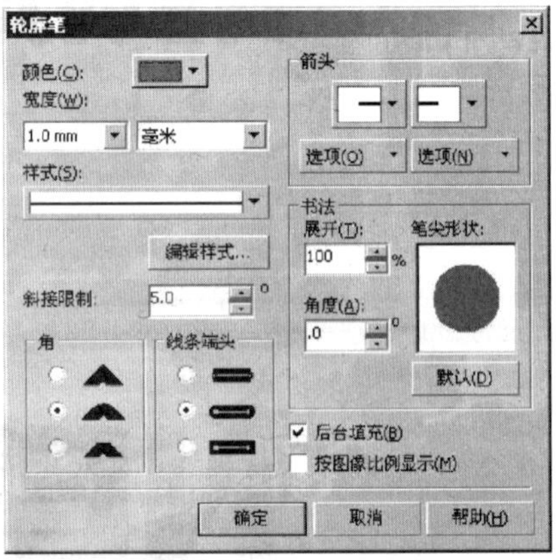

图8－155　“轮廓笔”对话框

图8-156　文字的描边效果

（11）做完描边之后，还需要为中间的文字添加两层衬影的效果，这里采用简单易用的复制法来进行。方法：利用 （选择工具）选中填充为墨绿色的文字图形，然后按小键盘上的〈+〉键原位复制出一份。接着将它向左下方移动一段很小的距离，并将其填充为黑色。最后执行菜单中的"排列|顺序|向后一层"命令，将黑色图形置于墨绿色文字的下面，如图8-157所示。

图8-157　为文字增添第一层衬影效果

（12）同理，将文字图形再复制出一份，填充为橘黄色[参考颜色数值为CMYK（0，20，100，0）]，调节层次关系，并将它置于如图8-158所示的位置。然后利用 （选择工具）将所有文字图形都选中，按〈Ctrl+G〉组合键组成群组。

图8-158　为文字增添两层衬影的效果

（13）现在可以将文字与图形进行组合与调整了，为了实现文字与五角星形的风格统一，文字也要进行相应的透视变形。方法：利用 （选择工具）将成组的文字图形选中，移至五角星图形之上，相对位置如图8-159所示。接下来，执行菜单中的"效果|添加透视"命令，此时在文字的四周出现红色的矩形网格，使用工具箱中的 （形状工具）拖动四个角的控制柄可以编辑对象的透视效果。调整控制框到如图8-160所示的状态，使文字图形也产生近大远小的透视变形。

图8-159　文字与图形的相对位置

图8-160　对文字添加透视效果

（14）利用工具箱中的 （椭圆形工具）在文字的右端绘制出一个小椭圆形，填充为与文字相同的墨绿色，将它复制出两份，分别填充为黑色和白色，然后参考图8-160所示的层次和位置进行排列。

（15）利用工具箱中的 （钢笔工具）在如图8-161所示的位置绘制出一个三角形（也填充为与文字相同的墨绿色）。按〈Z〉键快速切换至放大工具，放大局部，然后使用工具箱中的 （形状工具）选中锚点，细致地调节每个锚点的位置，使三角形的一条边与文字底端平行。在墨绿色三角形下再添加一个橘黄色的三角形，请读者参考图8-162自己制作。

图8-161　绘制并调节三角形　　　　　　　图8-162　绘制并调节另一个三角形

（16）选中步骤（5）中放置在页面外面的五角星图形，由于下面的步骤我们要对它进行大幅度的缩放操作，为了使边线与填充同时进行缩放，最好先将五角星的边线转换为对象。方法：按〈Ctrl+U〉组合键先将五角星取消群组，然后利用 （选择工具）单独选中最底下的星形，执行菜单中的"排列|将轮廓转换为对象"命令，这样可将形状的轮廓线转化为填充形状。重新将星形及上面的黄色三角形全部选中，按〈Ctrl+G〉组合键组成群组。

图8-163　将缩小的五角星进行旋转

（17）现在可以对成组的图形进行任意缩放操作了。将缩小的五角星旋转到如图8-163所示的角度，然后再将它复制出3个，逐个缩小，并按图8-164所示的状态进行排列。

（18）至此，本例制作完成，最终效果如图8-165所示。

图8-164　复制出一排小五角星形　　　　　　图8-165　最后完成的效果图

课 后 习 题

1．填空题

（1）使用＿＿＿＿＿滤镜，可以使位图产生一种翻页效果；使用＿＿＿＿＿滤镜，可以使位图产生一种透视效果。

（2）使用＿＿＿＿＿滤镜，可以在位图中移除杂点；使用＿＿＿＿＿滤镜，可以产生雨、雪、雾的效果。

2．选择题

（1）使用（　　）滤镜可以制作出图8-166所示的效果。

A．放射式模糊　　　　B．动态模糊　　　　C．高斯式模糊　　　　D．形状模糊

（2）使用（　　）滤镜可以制作出如图8-167所示的效果。

A．织物　　　　　　　B．置换　　　　　　C．梦幻色调　　　　　D．工艺

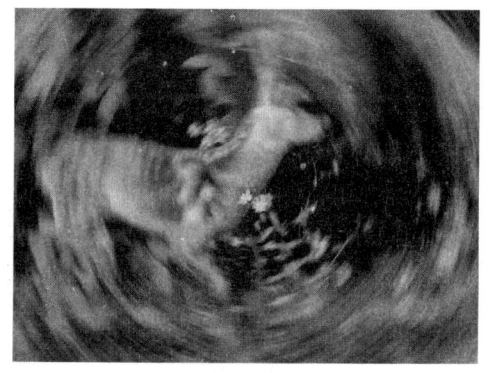

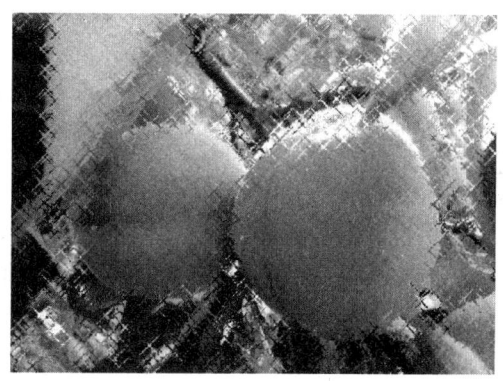

图8-166　滤镜效果1　　　　　　　　　　　　图8-167　滤镜效果2

3．问答题/上机练习

（1）简述添加与删除滤镜效果的方法。

（2）练习：制作如图8-168所示的风雪文字效果。

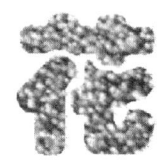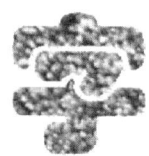

图8-168　雪花文字效果

第9章

综合实例

 本章要点

通过前面8章的学习，大家已经掌握了CorelDRAW X6的一些基本操作。本章将通过手提纸袋设计、化妆瓶设计、饼干包装盒设计和运动风格的标志设计4个综合实例来具体讲解Corel-DRAW X6在实际设计工作中的具体应用，旨在帮助读者拓宽思路，提高综合运用CorelDRAW X6的能力。

9.1 手提纸袋设计

 要点：

本例设计的是一款国外手提纸袋的展示效果图，如图9-1所示。该例画面采用水果图形与文字的混合编排，整体风格简洁而又清新自然，属于在第一眼便可打动人的优秀设计。通过本例的学习，读者应掌握纸袋立体造型的绘制、文字外形的修改以及图像的色彩调整（"图像调整实验室"和"色度/饱和度/亮度"调节功能）等的综合应用。

 操作步骤：

（1）执行菜单中的"文件｜新建"命令，新创建一个文件，并在属性栏中设置纸张的宽度与高度为125 mm×180 mm。

图9-1　手提纸袋立体展示效果图

> **提示**
>
> 本例只制作手提纸袋的展示效果图，因此页面尺寸不代表成品尺寸。

（2）制作简单的背景环境。方法：利用工具箱中的▢（矩形工具）绘制一个与页面等宽的矩形。然后按快捷键〈F11〉，在弹出的"渐变填充"对话框中设置由"黑色—白色"的线性渐变（从上至下），如图9-2所示。单击"确定"按钮，从而构成了画面中上部分的背景，效果如图9-3所示。接着再右击"调色板"中的☒（无填充色块）取消边线的颜色。

（3）利用工具箱中的▢（矩形工具）绘制一个与页面等宽的矩形，填充设置为"深灰色—黑色"的线性渐变（从上至下），右击"调色板"中的☒（无填充色块）取消边线的颜色。然后将两个矩形上下拼合在一起，放置在如图9-4所示的位置，从而形成简单的展示背景。

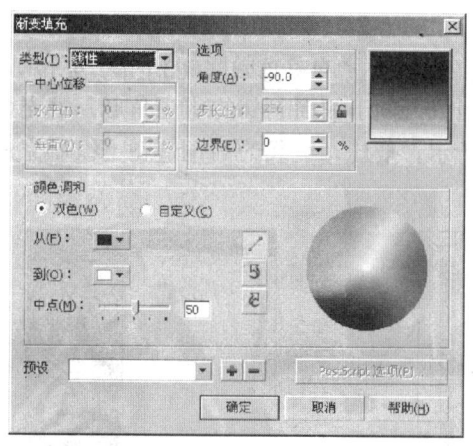
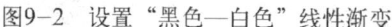

图9-2 设置"黑色—白色"线性渐变　　　　图9-3 绘制矩形并填充渐变色

（4）下面来制作带有立体感的手提袋造型。手提袋的结构很简单，我们利用3个几何形的块面来确定它的空间形态。方法：利用工具箱中的▨（贝赛尔工具）先绘制如图9-5和图9-6所示的纸袋正面和侧面图形，然后将正面（向光面）图形填充为白色，侧面（背光面）图形填充为浅灰色，参考颜色数值为CMYK（0, 0, 0, 40）。

图9-4 绘制一个矩形　图9-5 绘制纸袋正面图形并填充白色　图9-6 绘制纸袋侧面图形并填充灰色

 提示

注意图形间拼接不能留有缝隙。

如果对一次调整的效果不满意，可以单击工具属性栏中的▧（清除网状）按钮，可将图形内的网格线和填充一同清除，仅剩下对象的边框。

（5）为了使手提袋侧面结构生动立体，接下来利用▦（网状填充工具）进行光影效果的处理。方法：利用▨（挑选工具）选中包装袋侧面图形，然后利用工具箱中的▦（网状填充工具）单击侧面图形，此时图形内部自动添加上了纵横交错的网格线。接着利用▦（网状填充工具）拖动网格点来调节曲线形状和点的分布。最后如图9-7所示，选中一个要上色的网格点（按住〈Shift〉键可以选多个网格点），再在"调色板"中选择相应的一种灰色。通过这种上色的方式可以形成非常自然的色彩过渡。

（6）网格调整完成后，侧面图形形成了微妙变化的灰色效果，如图9-8所示，同时也暗示了纸袋侧面的折叠感觉。接下来，再绘制一个位于侧面下部的小三角形，填充设置为"深灰色-浅灰色"的线性渐变，效果如图9-9所示。至此，纸袋的简单造型已绘制完成，整体效果如图9-10所示。

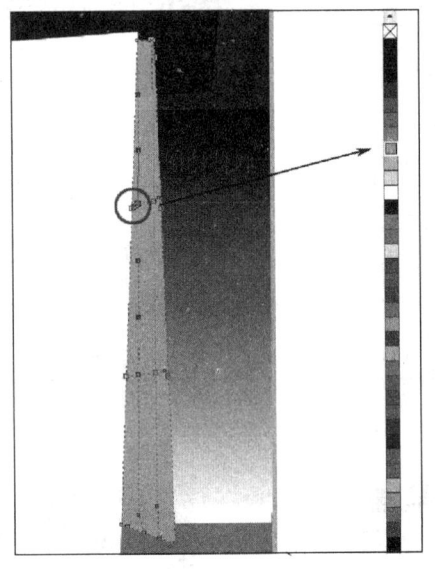

图9-7　选中网格点进行上色

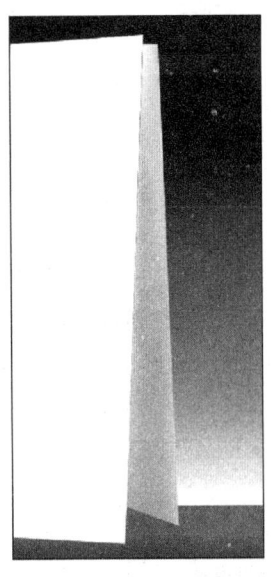

图9-8　侧面网格调整完成后的效果

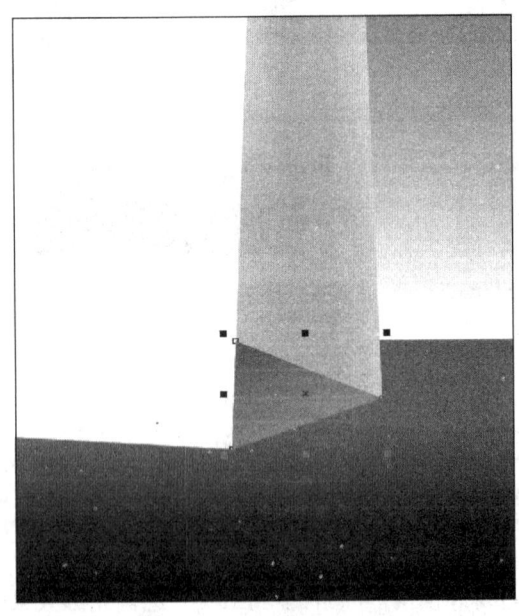

图9-9　再绘制一个位于侧面下部的小三角形

图9-10　纸袋造型完成后的效果

（7）手提袋正面的设计中有一个非常醒目的字母"t"，这是一个图形化了的文字形态。

我们先从字库中寻找一个好看的字体，然后通过对其进行修整来完成。方法：利用工具箱中的🖼（文本工具）在页面中输入字母"t"，并设置属性栏的字体为BookmanOld Style（读者可以自己选择适合的字体），然后按快捷键〈Ctrl+Q〉将文本转为曲线，此时字符图形化后周围出现控制节点，如图9-11所示。接着利用工具箱中的🖼（形状工具）拖动节点修改文字外形，如图9-12所示。

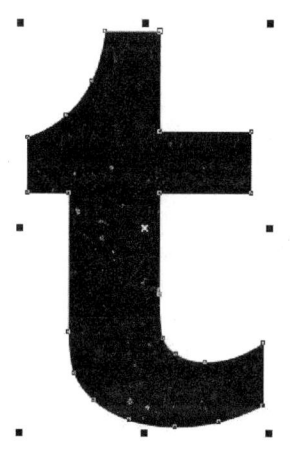 

图9-11　将文字转为曲线　　　　　　图9-12　拖动节点修改文字外形

（8）将外形修整完成后的文字图形填充为明亮的绿色，参考颜色数值为CMYK（40，0，95，0），如图9-13所示。然后再逐个输入其他字母（字体为Arno Pro Smbd），按快捷键〈Ctrl+Q〉将文本转为曲线，经过缩放与旋转之后，如图9-14所示，零散地排列于核心字母"t"的周围，形成一种散而不乱、疏密有致的效果，如图9-15所示。

图9-13　将文字图形填充为明亮的绿色　图9-14　逐个输入其他字母并排列于核心字母"t"的周围

（9）再制作一些白色的字母图形，将它们如图9-16所示排列于绿色的字母"t"上面，另外，在字母"t"的右侧添加一行文本"Made from lemons"，字体为Arial Narrow，填充为同样的绿色。

（10）将上一步骤制作的绿色文本"Made from lemons"复制一份，将字体更改为Arial，填充设置为稍微深一些的绿色，参考颜色数值为CMYK（40，0，95，30），然后将它移动到图9-17所示的手提袋侧面位置，再顺时针旋转一定角度，作为侧面印刷的文字。为了使文字的透视角度更加适合于手提袋侧面折叠的效果，下面利用 ⬚（挑选工具）选中文字，多次执行"排列｜顺序｜向后一层"命令，使它移至手提袋正面图形的后面一层，效果如图9-18所示。

图9-15　字母形成疏密有致的效果

图9-16　再制作一些白色的字母图形

图9-17　复制文字并旋转一定角度

图9-18　使文字移至包装袋正面图形的后面一层

（11）这个纸袋属于没有附加提手的一类，因此在纸袋上端要设计出一个内部开口的位置。方法：利用 ⬚（矩形工具）绘制出一个窄长的矩形，然后利用 ⬚（形状工具）在矩形的任意一个角上进行拖动，从而得到如图9-19所示的圆角矩形。

图9-19　绘制一个圆角矩形

（12）在圆角矩形内填充一种灰色调的多色渐变。方法：按快捷键〈F11〉，在弹出的"渐变填充"对话框中选择"自定义"单选按钮，如图9-20所示。然后在渐变色条上面双击鼠标以增加颜色控制点（每次双击鼠标后渐变色条上增加一个向下的三角符号），再在右侧颜色板中选择颜色，设置完成后单击"确定"按钮，此时矩形被填充上了的渐变色。接着右击"调色板"中的⊠（无填充色块）取消边线的颜色，再将圆角矩形移至手提袋上端并旋转一定角度，如图9-21所示。最后缩小全图，整体效果如图9-22所示。

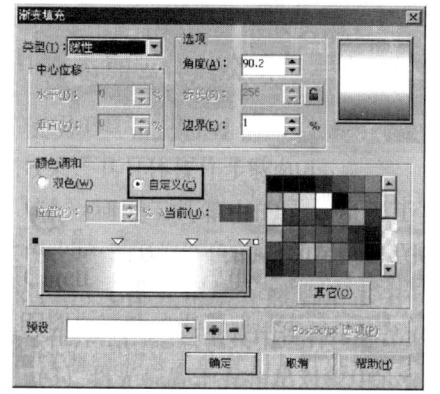

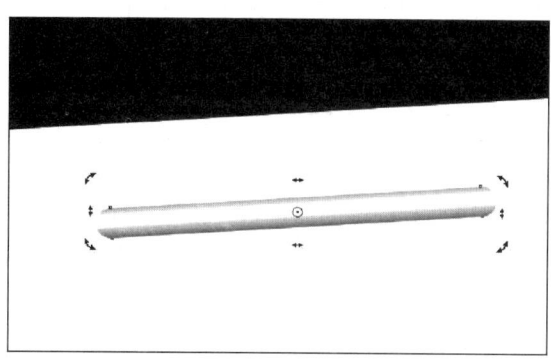

图9-20　在"渐变填充"对话框中设置多色渐变　　图9-21　将圆角矩形移至手提袋上端并旋转一定角度

（13）下面在手提袋正面加上柠檬的图像，柠檬图像为图库中的点阵图，首先要将它置入页面。方法：按快捷键〈Ctrl+I〉，在打开的"导入"对话框中选择"素材及结果\9.1 手提纸袋设计\柠檬.eps"文件，如图9-23所示，单击"导入"按钮。然后在弹出的"导入EPS"对话框中选中"曲线"单选按钮，如图9-24所示，单击"确定"按钮。此时鼠标光标变为置入图片的特殊状态。接着在页面中单击导入素材，柠檬图片轮廓被自动添加上了许多控制节点，如图9-25所示。

图9-22　纸袋整体效果　　　　　　图9-23　"导入"素材图"柠檬.eps"

💡 提示

　　"柠檬.eps"图片是通过在Photoshop中将柠檬外形转换为路径，并在"路径"面板中将路径存储为"剪切路径"来制作完成的，这样图片在置入CorelDRAW后会自动去除背景。

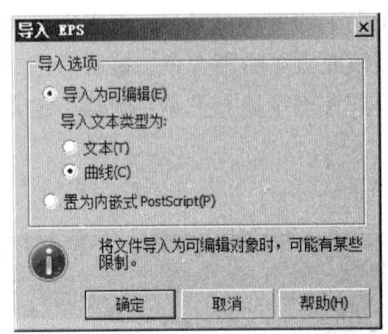

图9-24 "导入EPS"对话框 图9-25 柠檬图片轮廓被自动添加上了许多控制节点

（14）对柠檬图形进行一次垂直翻转的操作，改变它光线的照射方向。方法：打开"变换"泊坞窗，在其中的设置如图9-26所示，单击"应用"按钮，此时柠檬图形进行了垂直方向上的翻转，现在光线变成从向往上投射的效果了。然后将柠檬图形缩小后放置于字母"t"右上方的位置，如图9-27所示。

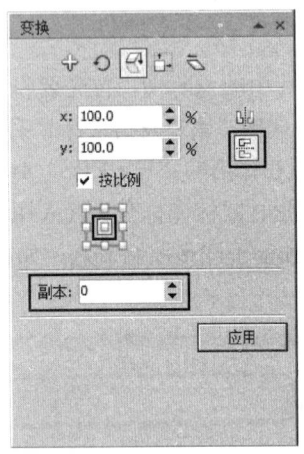

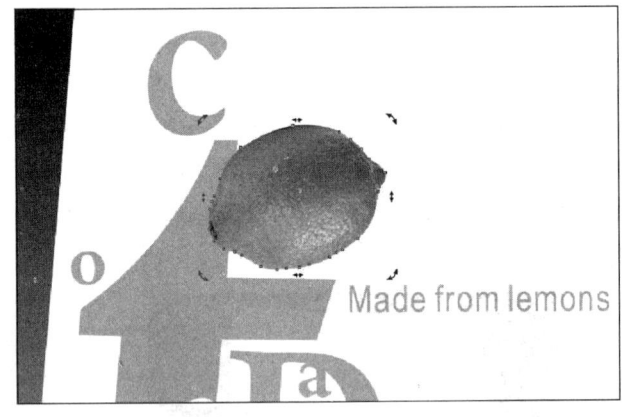

图9-26 在"变换"泊坞窗中设置垂直翻转 图9-27 柠檬图形进行了垂直方向上的翻转

（15）目前柠檬图像颜色稍重，下面对其进行明暗度的调节。方法：利用 （挑选工具）选中柠檬图像，然后执行菜单中的"位图｜图像调整实验室"命令，在弹出的"图像调整实验室"对话框中分别将"亮度""高光"、"中间色调"的数值设置为30，30，10，如图9-28所示。此时在左侧预览窗口中可以直观地看到参数改变的效果。设置完成后，单击"确定"按钮，此时柠檬图像整体被调亮，产生了颜色偏淡的柠檬黄，如图9-29所示。

（16）接下来，将柠檬图形复制两份，如图9-30所示摆放在纸袋上部位置。为了让3个相同的柠檬图形间稍有差别，我们让位于后面的一个柠檬在色相上稍微偏点橙色。方法：执行菜单中的"效果｜调整｜色度/饱和度/亮度"命令，在弹出的对话框中的设置如图9-31所示，单击"确定"按钮。然后缩小显示。此时完成的手提袋效果如图9-32所示。

（17）下面，还需为纸袋制作一个倒影的效果，首先制作正面图形的倒影。方法：利用 （挑选工具），将所有构成纸袋正面的图形全部选中，然后按快捷键〈Ctrl+G〉组成群组。接着打开"变换"泊坞窗，在其中的设置参数如图9-33所示，单击"应用"按钮，此时纸袋正面图形在垂直方向上生成了一个镜像图形，如图9-34所示。

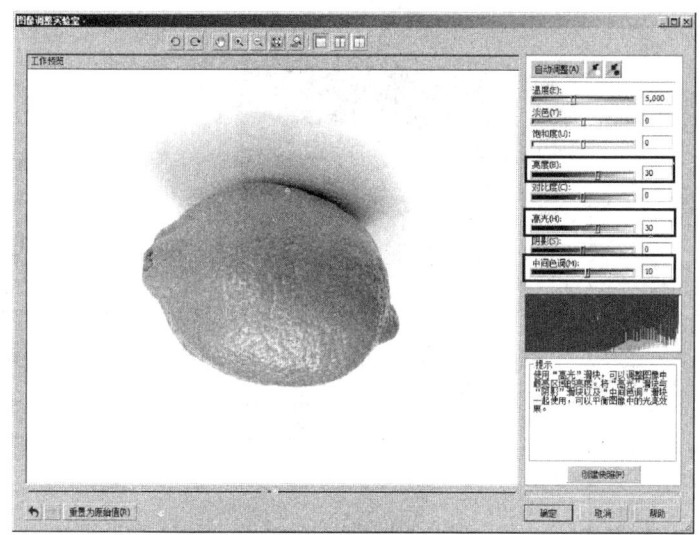

图9-28 在"图像调整实验室"对话框中修改参数

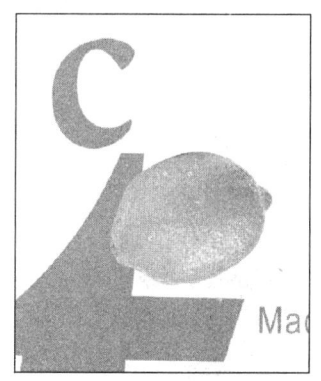

图9-29 柠檬图像整体调亮

图9-30 将柠檬图形复制两份

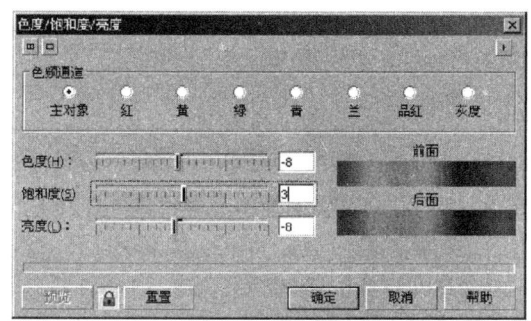

图9-31 在"色度/饱和度/亮度"对话框中调整颜色

图9-32 手提袋制作完成的效果

（18）使倒影与纸袋底边对齐。方法：在"变换"泊坞窗中点中"倾斜"图标（第1行第4个图标），在其中的设置如图9-35所示，单击"应用"按钮。此时倒影图形在垂直方向上倾斜7°，并与底边平行。然后将倒影图形向上移动到与底边对齐的位置，如图9-36所示。

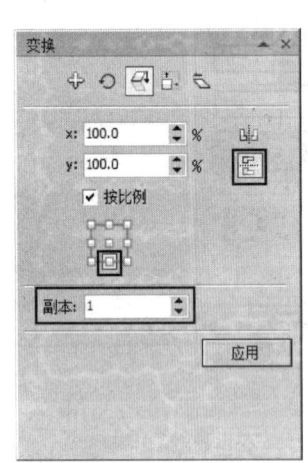

图9-33　设置垂直翻转

图9-34　垂直镜像效果

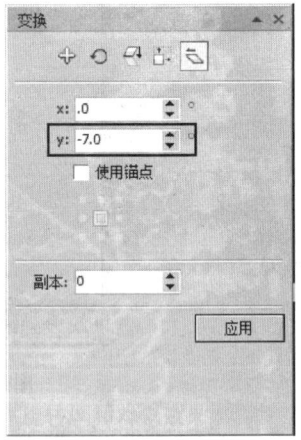

图9-35　设置倾斜参数

图9-36　将倒影图形向上移动到与底边对齐的位置

（19）由于投影需要整体进行淡出的操作，而且不需要保持高清晰度，因此可将它转换为位图图像。方法：选中倒影图形，执行菜单中的"位图｜转换为位图"命令，在弹出的对话框中的设置如图9-37所示。单击"确定"按钮，此时纸袋正面的镜像图形被转为位图。

（20）选择工具箱中的 （透明度工具），在属性栏内最左侧下拉菜单中选择"线性"，然后如图9-38所示从上至下拖拉一条直线。请注意，直线的两端会有两个正方形控制柄，它们分别控制透明度的起点与终点。下面先点中位于下面的控制柄，在属性栏内将"透明中心点"设为100，再点中位于上面的控制柄，在属性栏内将"透明中心点"设为30，从而得到从上及下逐渐淡出到背景中去的效果。

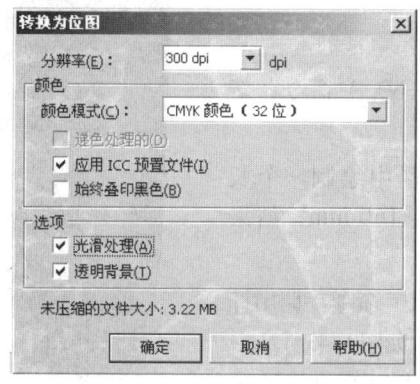

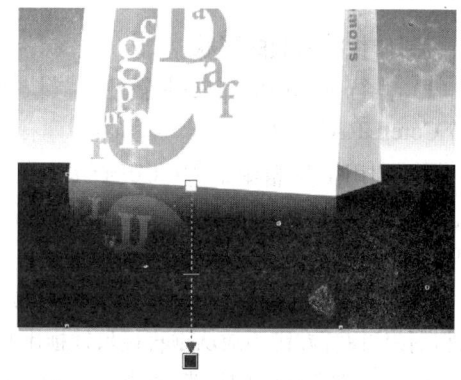

图9-37　"转换为位图"对话框　　　　图9-38　制作逐渐淡出到背景中去的倒影效果

（21）利用工具箱中的（贝赛尔工具）绘制出如图9-39所示的图形，作为纸袋侧面的投影图形，将它填充为深灰色，参考颜色数值为CMYK（0，0，0，80），然后同样利用（透明度工具）设置透明度。

（22）最后，利用工具箱中的（裁剪工具）画出一个矩形框，然后在框内双击鼠标。这样，框外多余的部分都将被裁掉。

（23）至此，柠檬手提纸袋的立体展示效果图制作完成，最后的效果如图9-40所示。

图9-39　制作纸袋侧面的投影图形　　　　图9-40　最终效果图

9.2　化妆瓶设计

要点：

本例将设计化妆品瓶，如图9-41所示。通过本例的学习应掌握（网状填充工具）、（矩形工具）、（调和工具）、（转换为曲线工具）等工具以及"渐变填充"等命令的综合应用。

操作步骤:

1. 制作化妆品瓶的形状

（1）执行菜单中的"文件|新建"（快捷键〈Ctrl+N〉）命令，新建一个CorelDRAW文档，

（2）利用工具箱中的 □（矩形工具），在工作区中绘制一个长方形。然后在属性栏中设置纸张宽度与高度为88 mm×160 mm，结果如图9-42所示。

（3）为了便于定位，下面执行菜单中的"视图|标尺"命令，调出标尺。然后按住鼠标左键不放从垂直标尺处拖出4条辅助线，如图9-43所示。

（4）为了能够分别调节节点，下面利用工具箱中的 ⇲（挑选工具）选中长方形，然后在属性栏中单击 ◎（转换为曲线）按钮，将矩形转换为曲线。

图9-41 化妆品瓶设计

（5）利用工具箱中的 ⅙（形状工具）分别选择长方形下方的两个节点向内拖动至辅助线位置，将其调整为梯形，如图9-44所示。

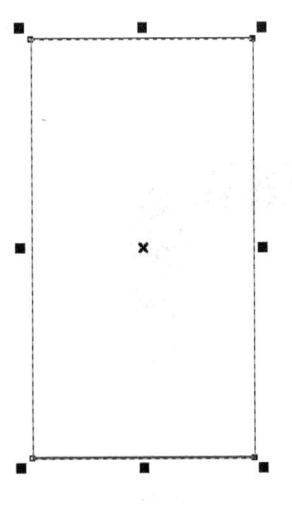

图9-42 绘制矩形

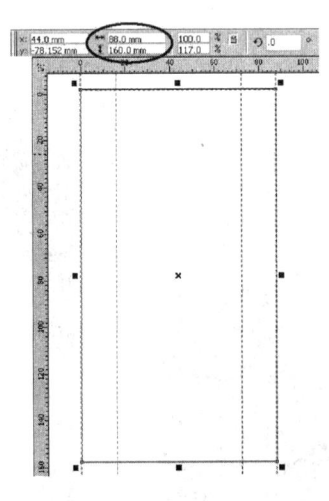

图9-43 拉出辅助线

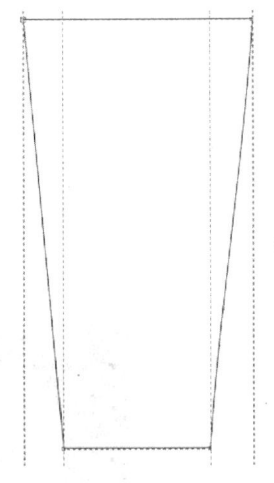

图9-44 调整曲线形状为梯形

（6）选择工具箱中的 ⅙（形状工具），然后右键单击梯形右下角的节点，从弹出的快捷菜单中选择"到曲线"命令，如图9-45所示，接着调整该段曲线的形状如图9-46所示。

（7）同理，将左面的两个节点转换成曲线，然后调整左下角曲线的形状如图9-47所示。

（8）利用工具箱中的 □（矩形工具）在梯形下方绘制一个长方形，作为瓶口与瓶盖的接口处，如图9-48所示。

（9）制作瓶盖。方法：利用工具箱中的 □（矩形工具），在梯形下方的瓶盖接口处绘制一个长方形，作为瓶盖基础图形，如图9-49所示。然后利用工具箱中的 ⇲（挑选工具），选中瓶盖图形，在属性栏中设置镜像为（50，50），从而形成矩形下方的圆角效果，如图9-50所示。

（10）利用工具箱中的 □（矩形工具）在瓶盖顶端绘制一个宽度与瓶盖同等，高度为2 mm的长方形，的如图9-51所示。

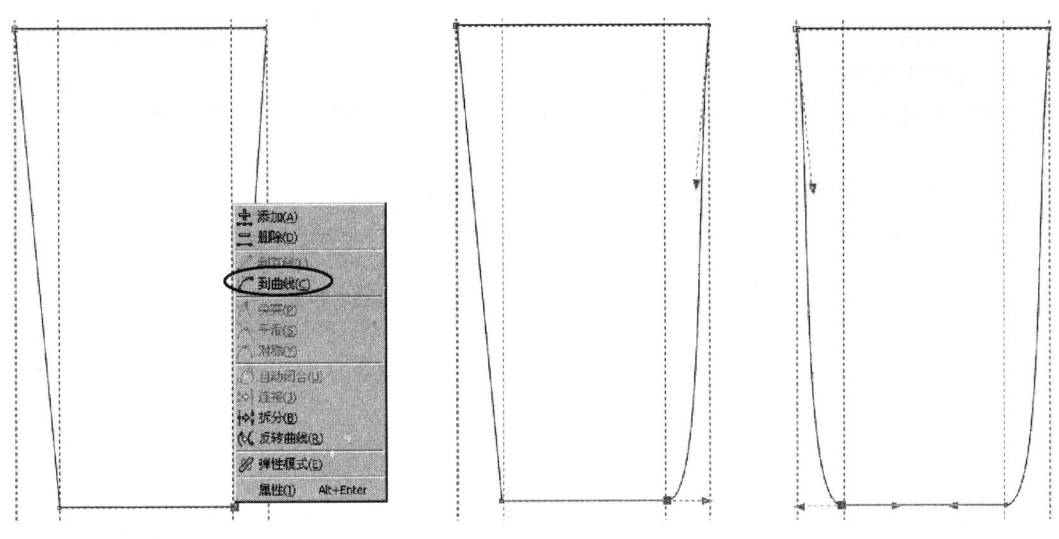

图9-45　选择"到曲线"命令　　图9-46　调整右下角曲线形状　　图9-47　调整左下角曲线形状

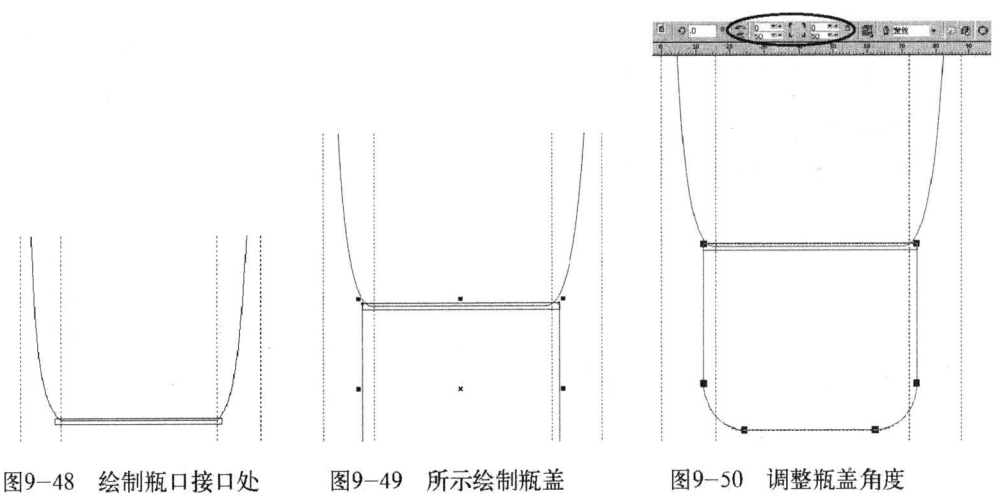

图9-48　绘制瓶口接口处　　图9-49　所示绘制瓶盖　　图9-50　调整瓶盖角度

（11）利用工具箱中的 ▷（挑选工具），配合键盘上的〈Shift〉键，同时选择瓶盖与长方形，然后在属性栏中单击 ❏（相交）按钮，接着删除多余部分，结果如图9-52所示。

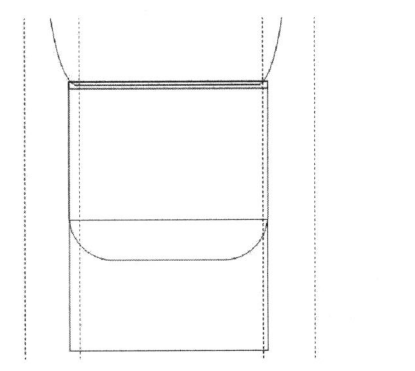

图9-51　绘制瓶盖顶部接口处一

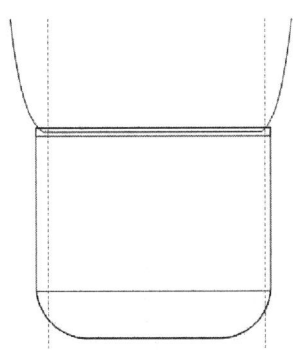

图9-52　绘制瓶盖顶部接口处二

（12）利用□（矩形工具）在瓶盖开口处绘制一个宽度与瓶盖同等，高度为0.5mm的缝隙条图形，如图9-53所示。

（13）利用工具箱中的□（钢笔工具）绘制揭开瓶盖的凹陷面图形，如图9-54所示。

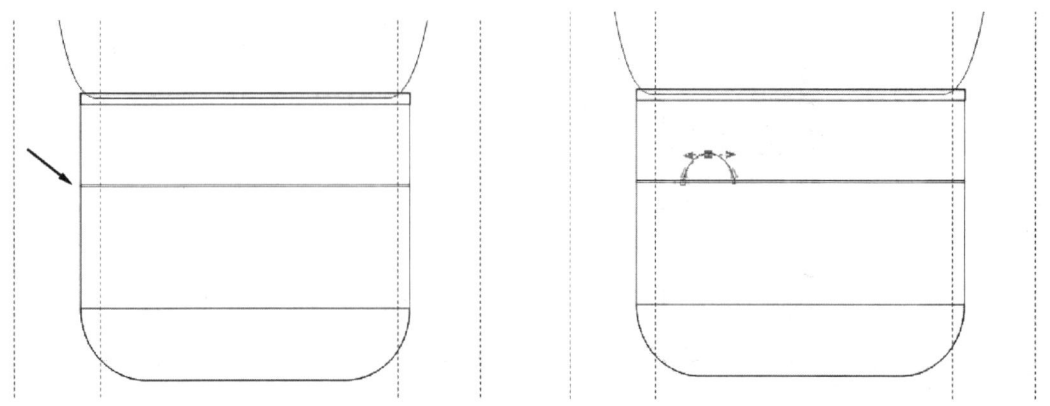

图9-53　绘制瓶盖开口处的缝隙条图形　　　　　图9-54　绘制揭开瓶盖的凹陷面图形

（14）绘制瓶底。方法：利用□（矩形工具）在瓶底顶绘制一个88mm×5mm的长方形，并在属性窗口中调节镜像值为（50，50），如图9-55所示。

2．给瓶身上色

（1）利用工具箱中的□（挑选工具）选中瓶身图形，然后将瓶身填充为"粉蓝"色，如图9-56所示。

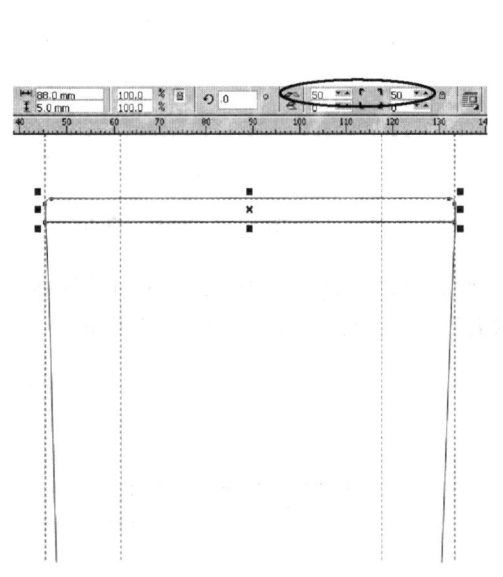

图9-55　绘制瓶底图形

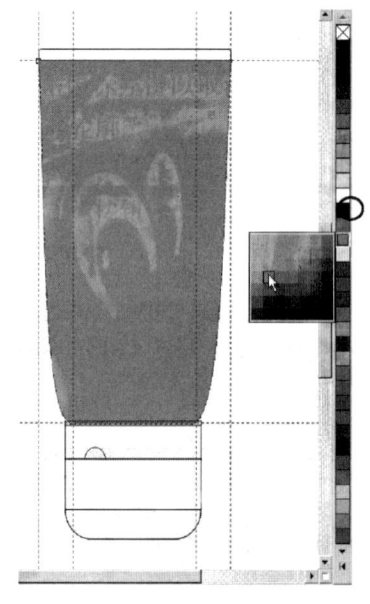

图9-56　瓶身上色

（2）制作瓶身的白色高光效果。方法：选择瓶身图形，然后选择工具栏中的□（网格填充工具），并在属性栏中设置水平网格为3，垂直网格为4。接着按住鼠标左键框选网格第2列中间的3个节点，如图9-57所示。接着将这些节点填充为白色，结果如图9-58所示。

（3）制作瓶身的暗面颜色效果。方法：按住鼠标左键框选网格第3列中间的3个节点，然后将其填充为蓝色，如图9-59所示。

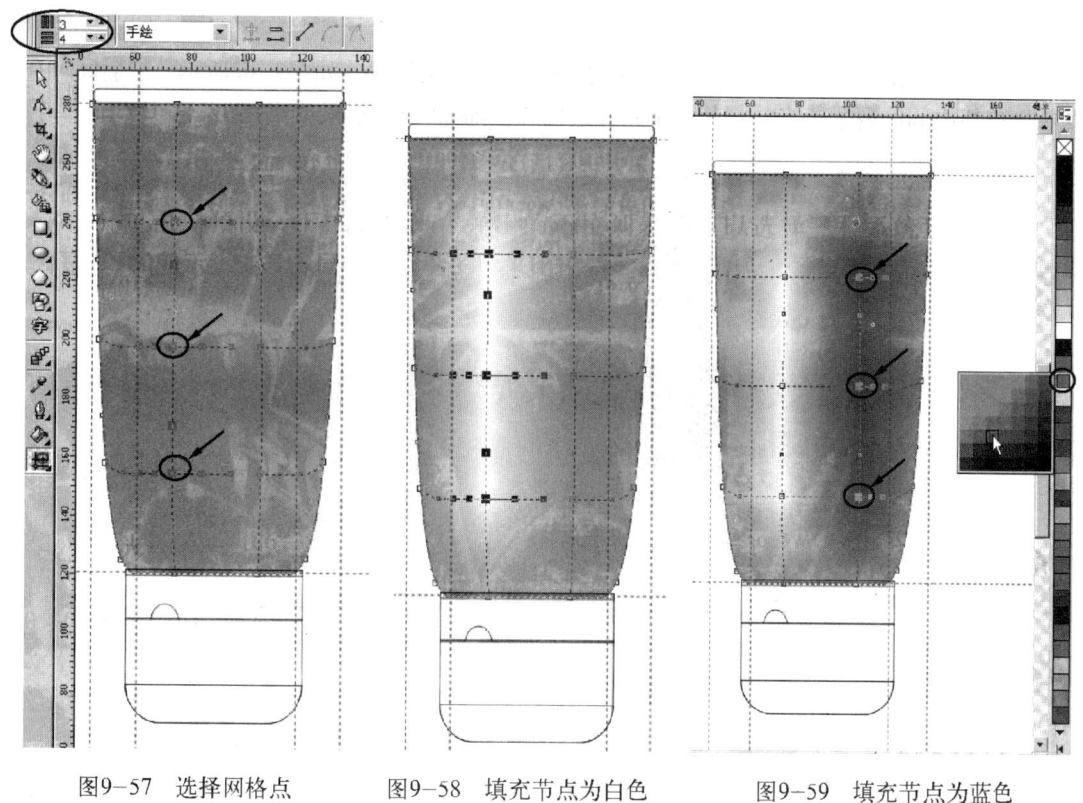

图9-57 选择网格点　　　　图9-58 填充节点为白色　　　　图9-59 填充节点为蓝色

（4）删除多余节点。方法：按鼠标左键选中图9-60所示的要删除的节点，右击并从弹出的快捷菜单中选择"删除"命令，删除多余的节点，只保留主要的节点，结果如图9-61所示。

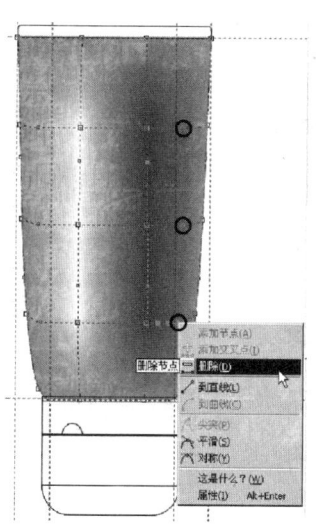

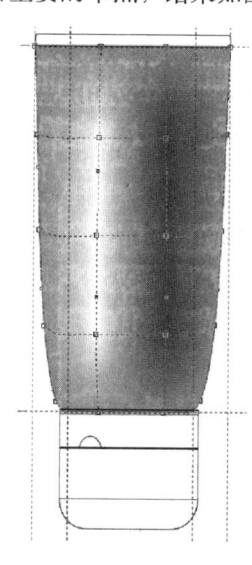

图9-60 选择"删除"命令　　　　图9-61 保留主要节点

> **提示** ————————————————————————————
> 直接选择要删除的节点，按键盘上的〈Delete〉键，也可以删除节点。

（5）利用鼠标双击瓶身边底部边缘增加一条网格线交叉线，如图9-62所示，然后同时选择新增网格线中间的两个节点并将其调节到合适位置，如图9-63所示。

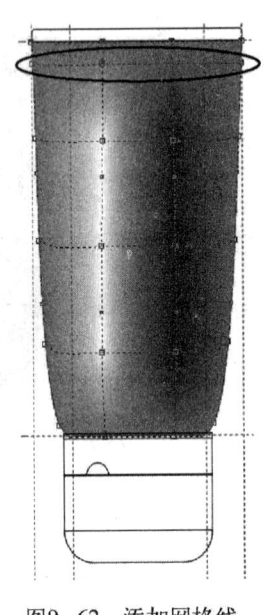

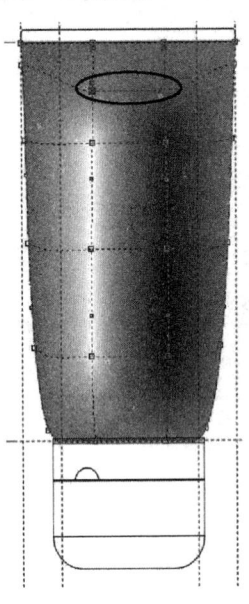

图9-62　添加网格线　　　　　　　　　图9-63　调整节点位置

（6）制作瓶面的立体感。方法：利用鼠标在瓶身底部边缘双击增加两条网格线，如图9-64所示。然后选择新增的图9-65所示的一个节点将其填充为白色。接着选择其他的3个节点填充为蓝色，如图9-66所示。

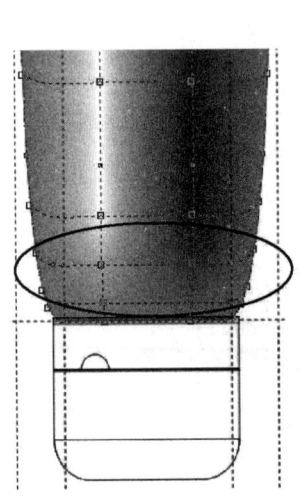

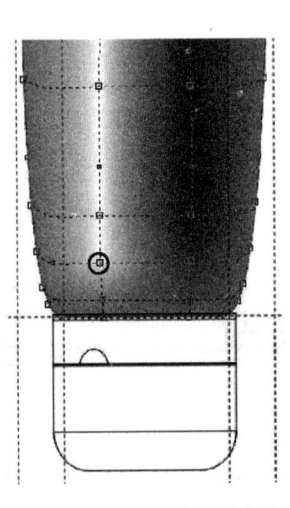

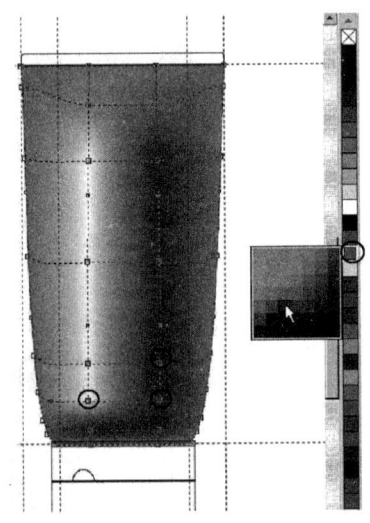

图9-64　添加两条网格线　　图9-65　将节点填充为白色　　图9-66　将节点填充为蓝色

3．给瓶盖上色

（1）给瓶盖主体部分上色。方法：利用工具箱中的 （挑选工具）选中瓶盖图形，然后然后按快捷键〈F11〉，接着在弹出的"渐变填充"对话框中设置图9-67所示的5色线性渐变，渐变基准色为蓝色系列[5色参考数值由左至右分别为CMYK（70，0，0，0）、CMYK（85，20，0，0）、CMYK（100，55，0，0）、CMYK（85，20，0，0）、CMYK（70，0，0，0）]，设置完成后，单击"确定"按钮，结果如图9-68所示。

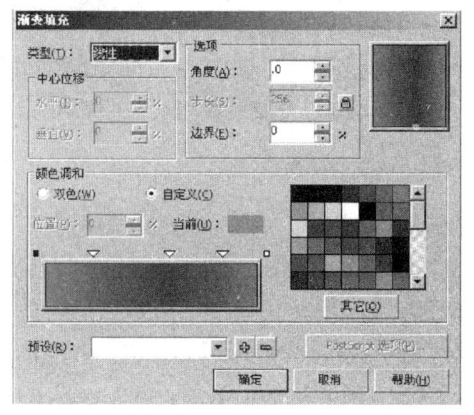 

图9-67　设置渐变色　　　　　　　　图9-68　渐变填充效果

（2）将瓶盖图形置后。方法：利用工具箱中的 （挑选工具）选中瓶盖图形，在属性栏中单击 （到图层后面）按钮，将瓶盖放于底层。

（3）给瓶盖顶部上色。方法：利用 （挑选工具）选取瓶盖顶部接口处图形，如图9-69所示，然后按快捷键〈F11〉，在弹出的"渐变填充"对话框中设置如图9-70所示的双色线性渐变[双色参考数值由左至右分别为CMYK（100，20，0，0）、CMYK（40，0，0，0）]，设置完成后，单击"确定"按钮，结果如图9-71所示。

 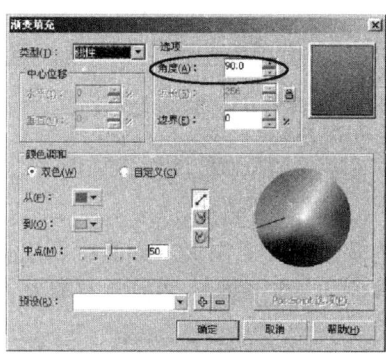 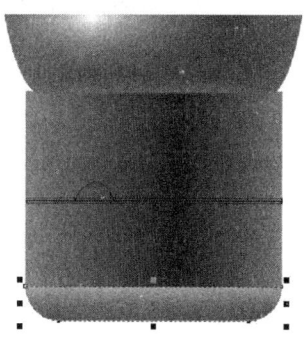

图9-69　选择瓶盖顶部接口处　　　图9-70　设置渐变填充　　　图9-71　渐变填充效果

（4）给瓶盖凹陷处图形上色。方法：利用工具箱中的 （挑选工具）选中瓶盖的凹陷处图形，如图9-72所示，然后单击属性栏中的 （自动闭合曲线）按钮，从而封闭图形。接着按快捷键〈F11〉，在弹出的"渐变填充"对话框中设置如图9-73所示的双色线性渐变[双色参考数值由左至右分别为CMYK（100，20，0，0）、CMYK（40，0，0，0）]，设置完成后单击"确定"按钮，结果如图9-74所示。

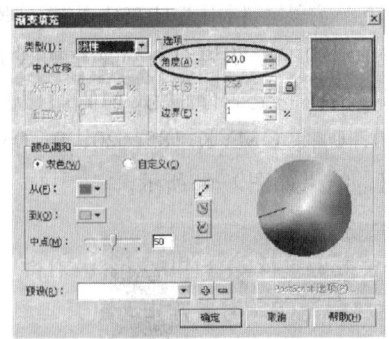

图9-72　选中瓶盖的凹陷处图形　　　图9-73　设置填充渐变色　　　图9-74　渐变填充效果

（5）给瓶身与瓶盖接口处图形上色。方法：利用 （挑选工具）选中瓶身与瓶盖的接口处图形，如图9-75所示，然后执行菜单中的"排列|顺序|到图层前面"命令，将其放置到图层最上方。接着按快捷键〈F11〉，在弹出的"渐变填充"对话框中设置图9-76所示的自定义5色线性渐变，渐变基准色为黑色系列，5色参考数值由左至右分别为CMYK（0，0，0，100）、CMYK（0，0，0，20）、CMYK（0，0，0，100）、CMYK（0，0，0，20）、CMYK（0，0，0，100），设置完成后单击"确定"按钮，结果如图9-77所示。

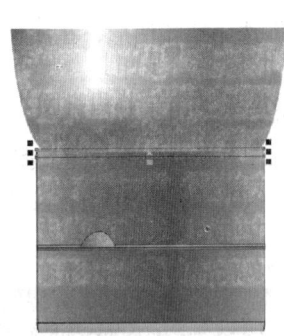
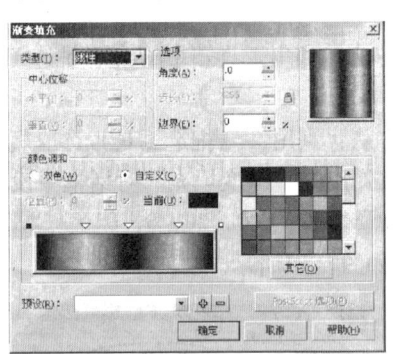

图9-75　选中瓶身与瓶盖接口处图形　　　图9-76　设置填充渐变色　　　图9-77　渐变填充效果

（6）利用 （挑选工具）选取瓶盖开口处的缝隙条图形，直接填充浅蓝色，参考颜色数值为CMYK（70，0，0，0），结果如图9-78所示。

（7）制作瓶盖开口处的缝隙条的阴影图形。方法：利用 （挑选工具）选取瓶盖缝隙处图形，按小快捷键上的〈+〉键原地复制图形，然后将其填充为蓝色，参考颜色数值为CMYK（100，20，0，0），接着向下移动到合适位置，如图9-79所示。

4．制作瓶底纹理

（1）利用 （挑选工具）选中瓶底图形，如图9-80所示，然后按快捷键〈F11〉，在弹出的"渐变填充"对话框中设置图9-81所示的双色射线渐变，双色参考数值由左至右分别为CMYK（100，20，0，0）、CMYK（0，0，0，0），设置完成后单击"确定"按钮，结果如图9-82所示。

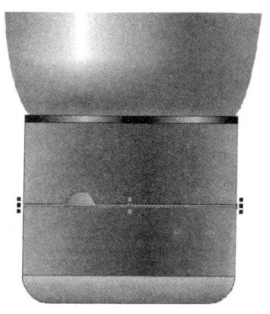
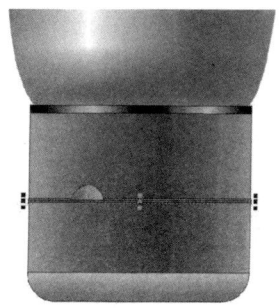

图9-78 填充浅蓝色　　　　　　图9-79 将复制后的图形向下移动

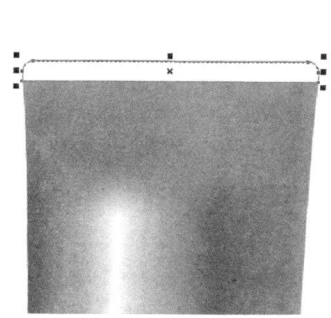
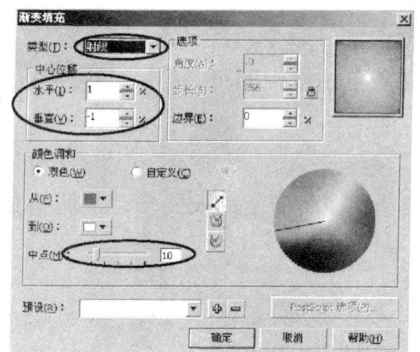

图9-80 选中瓶底图形　　　图9-81 设置渐变填充色　　　图9-82 渐变填充效果

（2）按快捷键〈Ctrl+A〉全选整个化妆瓶图形，然后在"对象属性"泊坞窗中将轮廓宽度设为"无"命令，如图9-83所示，结果如图9-84所示。

（3）利用工具箱中的▢（矩形工具）在瓶底上方绘制一个长方形，并将填充设为浅蓝色，参考颜色数值为CMYK（50，0，0，0），如图9-85所示。然后按小快捷键上的〈+〉键原地复制一个长方形并拖动到合适位置，如图9-86所示。

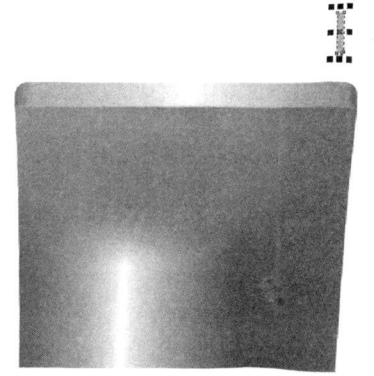

图9-83 设置轮廓宽度为"无"　　图9-84 无轮廓效果　　　图9-85 绘制矩形

（4）制作调和效果。方法：选择工具箱中的  （调和工具），然后拖动小矩形到复制的长方形位置进行交互式调和，如图9-87所示。

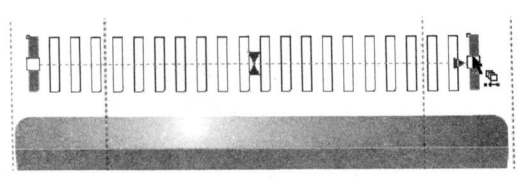

图9-86　复制长方形　　　　　　　　　图9-87　交互式调和

（5）将线条纹理指定到瓶底图形中去。方法：利用 ▶ （挑选工具）选中调和对象，然后执行菜单中的"效果|图框精确裁剪|置于图文框内部"命令，再将光标指向瓶底，如图9-88所示。接着单击鼠标即可，结果如图9-89所示。

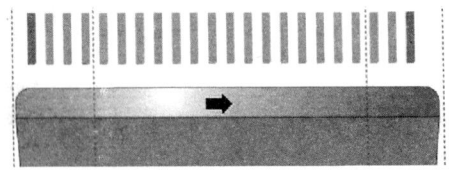

图9-88　将光标指向瓶底

5．添加文字

利用工具箱中的 字 （文本工具）在瓶身上输入文字，并调整文字位置，最终结果如图9-90所示。

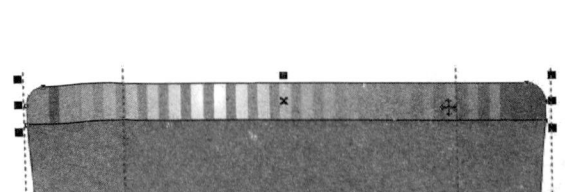

图9-89　放置容器中的效果　　　　　　　图9-90　化妆品瓶设计

9.3　冰淇淋包装盒设计

要点：

CorelDRAW软件具有强大的包装设计功能，本例将制作一个曲奇饼干包装盒造型设计，效果如图9-91所示。通过本例学习应掌握多种包装盒立体外形的结构，了解复杂的包装的结构特点，利用多种绘图工具绘制图形以及简单的版式设计和一些文字处理技巧（如沿曲线排列文字、透视文字等）。

图9-91 饼干包装盒设计

操作步骤：

1．制作手提饼干包装盒

（1）执行菜单中的"文件│新建"命令，新创建一个文件，并设置属性栏纸张高度与宽度为297 mm×210 mm。

（2）本例制作的是包装盒的立体展示效果图，因此要先制作一个背景图作为包装摆放的大致空间。方法：利用工具箱中的 (矩形工具)绘制出一个矩形，作为背景单元图形，如图9-92所示。然后按快捷键〈F11〉，在弹出的如图9-93所示的"渐变填充"对话框中设置由"黑色—白色"的线性渐变（从上至下），单击"确定"按钮后，效果如图9-94所示。

 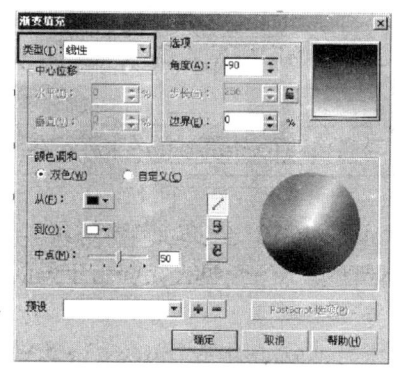 

图9-92 绘制一个矩形　　　图9-93 设置黑白线性渐变　　　图9-94 填充了"黑色—白色"
渐变的矩形

（3）制作简单的展示背景。方法：再绘制一个矩形并填充"灰色—黑色"的线性渐变，如图9-95所示。然后将两个矩形上下拼合在一起，注意要使它们的宽度一致，如图9-96所示，从而形成了简单的展示背景。

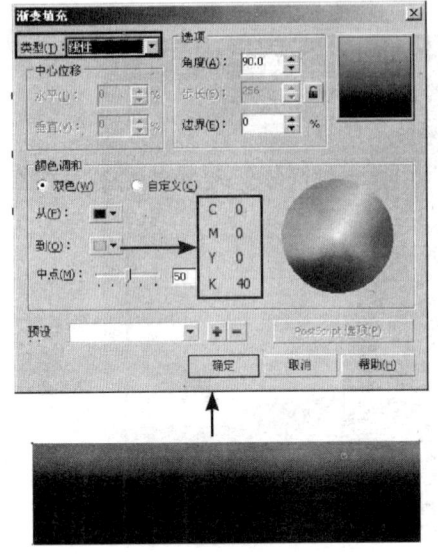

图9-95 再绘制一个矩形并填充"灰色—黑色"的线性渐变

图9-96 背景效果图

（4）下面制作带有立体感的包装盒造型，首先需要绘制出它的大体结构，也就是确定几个面的空间构成关系。方法：利用工具箱中的 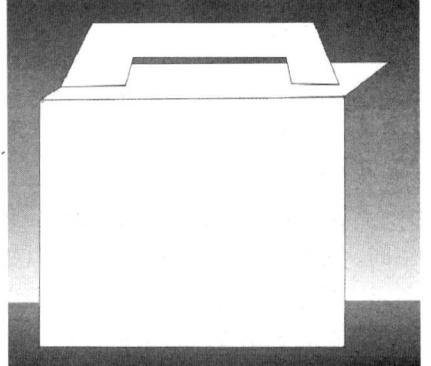（贝赛尔工具）绘制如图9-97和图9-98所示的盒子正面和侧面图形，并将它们的填充都设置为白色，轮廓线设置为黑色（轮廓线后面要去除，这里只是暂时设置以区分块面）。在绘制的过程中要注意盒子的透视关系应符合视觉规律。然后再绘制两个图形作为穿插结构，置于侧边图形的上方，如图9-99所示。此时经过面与面的穿插结合，包装盒结构已初具形态。

图9-97 绘制包装盒正面外形

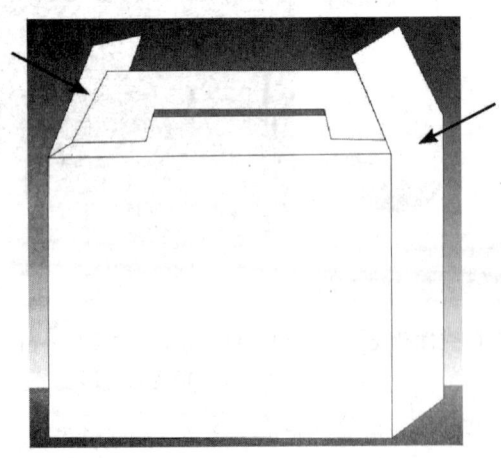

图9-98 绘制包装盒侧面形状

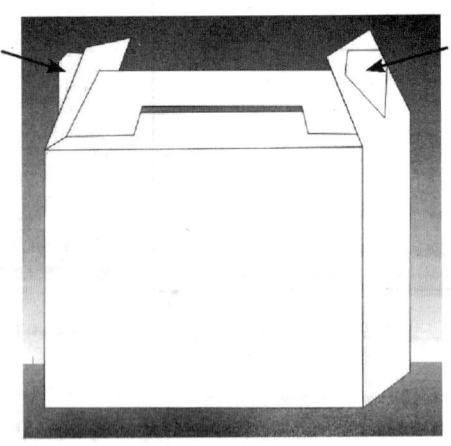

图9-99 绘制穿插图形

（5）包装盒基本结构建立了之后，接下来给包装盒进行上色。在填充颜色的过程中，我们利用颜色使包装盒具有一定的立体效果。为了生成包装盒有立体的感觉，首先对包装盒的顶部进行"渐变"处理。方法：利用 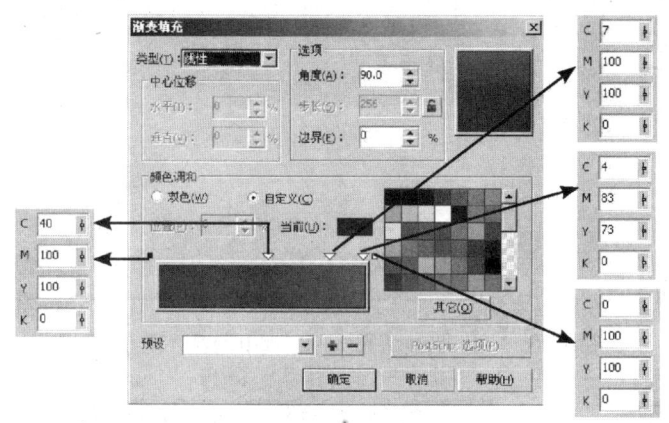（挑选工具）选中盒顶部的菱形，然后按快捷键〈F11〉，在弹出的对话框中设置数值如图9-100所示，单击"确定"按钮，效果如图9-101所示。

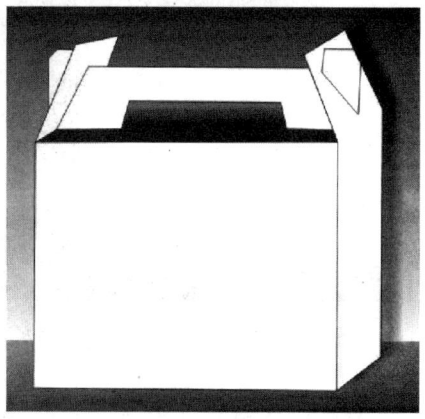

图9-100　设置线性渐变　　　　　　　图9-101　填充包装盒顶部的效果

（6）接着给侧面的图形上色。方法：首先将其填充色设置为深红色[参考颜色数值为CMYK（60，100，100，20）]，上色后的效果如图9-102所示。为了使整个包装盒呈现出立体的效果，在完成侧面颜色后利用 （挑选工具）选中右侧面，再利用工具箱中的 （阴影工具），沿如图9-103水平倾斜的方向拖动鼠标，从而得到包装盒右后方的投影效果（带箭头的线条长度代表投影的延伸程度，在属性栏内可以修改投影的不透明度）。

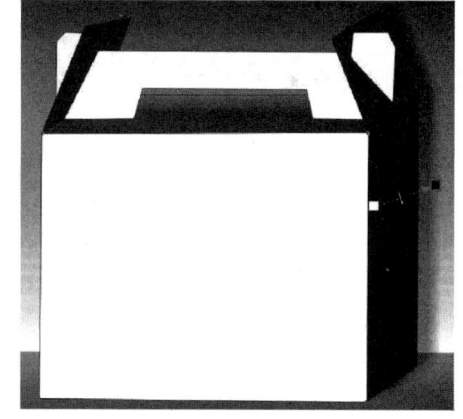

图9-102　给侧面图形上色效果　　　　图9-103　利用 （阴影工具）为包装盒设置投影效果

（7）选择包装盒顶部的手柄图形，设置填充色为红色[参考颜色数值为CMYK（0，100，100，0）]，上色后的效果如图9-104所示。

（8）给盒子正面图形上色。方法：利用 （挑选工具）选中盒子中部的矩形，然后按快捷键〈F11〉，在弹出的对话框中设置数值参考图9-105所示，单击"确定"按钮，效果如图9-106所示。接着利用 （挑选工具）选中所有图形，按快捷键〈Ctrl+G〉组成群组。最后将轮廓线消除，最终效果如图9-107所示。

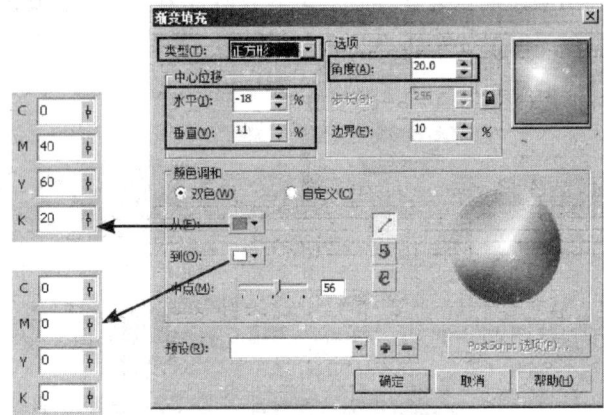

图9-104　给包装盒顶部的手柄处上色效果　　　图9-105　在"渐变填充"对话框中设置"正方形"渐变

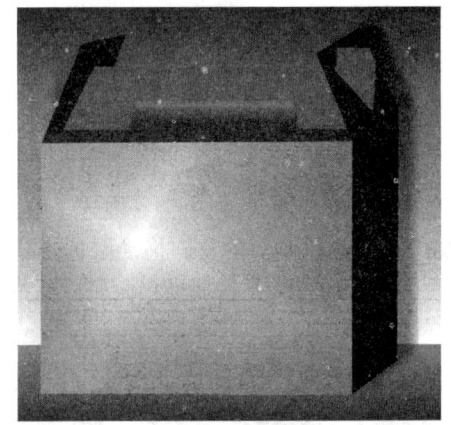

图9-106　给盒子正面图形上色的效果　　　　　图9-107　消除轮廓线的效果

（9）下面要完成的是产品Logo文字的制作，本例的文字是作为图形的方式来绘制的，而不采用字库里现成的字体。方法：选择工具箱中的（钢笔工具），绘制出图9-108所示的字母"Krem kex"的特殊外形（也可根据手绘的设计草稿来绘制）。然后绘制一个字母的外轮廓，将颜色填充为蓝色[参考颜色数值为CMYK（95，70，0，0）]，接着将字母的轮廓线删除，将字母的"填色"设置为白色，效果如图9-109所示。最后选中绘制出的字母，按快捷键〈Ctrl+G〉组成群组。

（10）选中成组后的文字，按快捷键〈Ctrl+C〉复制，然后按快捷键〈Ctrl+V〉粘贴一个Logo，并将其的颜色填充为黑色[参考颜色数值为CMYK（0，0，0，100）]，再将其放置到蓝色的后方作为Logo的阴影，效果如图9-110所示。接着利用（挑选工具）将所有图形选中，按快捷键〈Ctrl+G〉组成群组，再利用工具箱中的（阴影工具）沿如图9-111水平的方向拖动鼠标，从而得到Logo后方的投影效果（带箭头的线条长度代表投影的延伸程度，在属性栏内可以修改投影的不透明度）。

图9-108 绘制出字母"Krem kex"的特殊外形　图9-109 删除字母轮廓线并填充为白色的效果

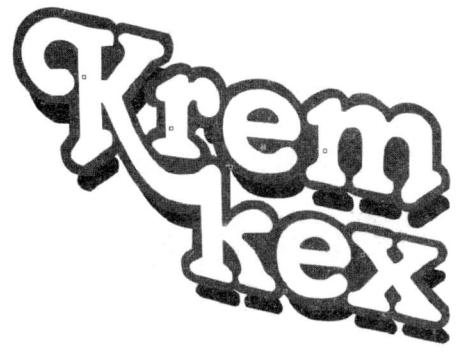 

图9-110 复制文字并填充为黑色后放置于蓝色Logo的后方　　图9-111 设置Logo的投影效果

（11）使用工具箱中的 ![](贝赛尔工具），在盒子的正面绘制如图9-112所示的波浪图形。然后将它们的填充都设置为红色[参考颜色数值为CMYK（0，100，100，0）]，并将轮廓线消除。接着将上步完成的Logo放置于包装盒正面的左侧，效果如图9-113所示。

图9-112 在盒子的正面绘制波浪图形　　图9-113 将Logo放置于包装盒正面的左侧

（12）接下来我们为包装盒添加一个表示该产品为新产品的小标识。方法：利用工具箱中的 ![]（贝赛尔工具），绘制一个三角图形，并将其填充为红色，[参考颜色数值为CMYK（0，100，100，

0）], 消除轮廓。然后利用工具箱中的 🔠（文本工具），在页面中输入文本"new"，并在属性栏中设置"字体"为"Bodoni MT Black"，接着将其放置在红色三角形中，效果如图9-114所示。再将红色的三角形复制一份，改变大小，并将颜色填充为白色，放置于红色三角形的后面，从而形成如图9-115的小标识。最后将标识放在包装盒的右上角，效果如图9-116所示。

图9-114　将字母"new"放置于红色底上

图9-115　为制作好的标识添加一个白边

（13）盒子的侧面也是不容忽视的部分，下面将群组后的Logo复制一份，然后利用工具箱中的 🔘（挑选工具）选中复制的Logo，执行菜单中的"效果｜添加透视"命令，此时Logo上会出现透视编辑框，接着利用 ⬦（形状工具）拖动透视框上的控制柄修改形状的透视效果，使它的透视与盒子侧边的透视一致。

（14）饼干的外包装中必不可少的是产品的实物图像，下面在盒子的侧面放上曲奇饼干的相关图像。方法：单击工具栏中的 ⬚（导入）按钮，

图9-116　将标识放在包装盒的右上角的最终效果

在弹出"导入"对话框中选择配套光盘中的"素材及结果\9.3饼干包装盒设计\饼干2.psd"文件，如图9-117所示，单击"导入"按钮。然后利用 🔘（挑选工具）选中产品图形，并调整大小放置于LOGO上方的适当位置，最终效果如图9-118所示。

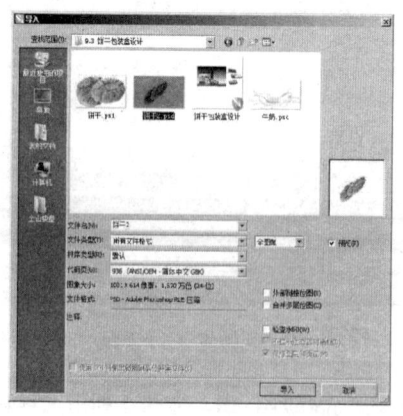

图9-117　选择配套光盘中"饼干2.psd"文件

图9-118　侧边设计的完成图

（15）同理，在包装盒添加产品的图片。方法：单击工具栏中的 🔳（导入）按钮，在弹出"导入"对话框中选择配套光盘中的"素材及结果\9.3饼干包装盒设计\牛奶.psd"文件，如图9-119所示，单击"导入"按钮。然后利用 🔳（挑选工具）选中牛奶图形，并调整大小放置于如图9-120所示的右下方的位置。

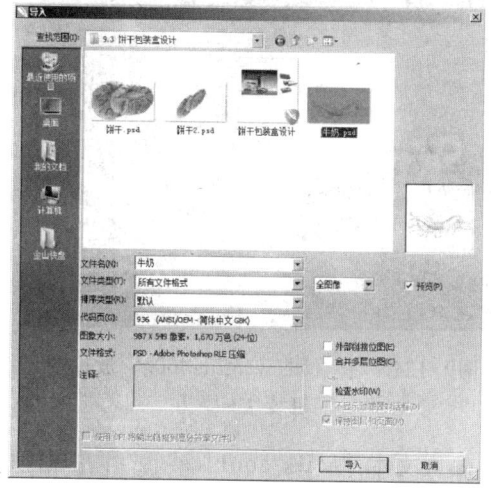

图9-119　选择配套光盘中"牛奶.psd"文件　　　　图9-120　将"牛奶.psd"调整大小后放置于右下方

（16）同理，导入"素材及结果\9.3饼干包装盒设计\饼干.psd"文件，如图9-121所示，然后调整大小后放置于牛奶图片的上方。接着利用 🔳（挑选工具）调整其位置，使饼干与牛奶形成统一和谐的画面，效果如图9-122所示。

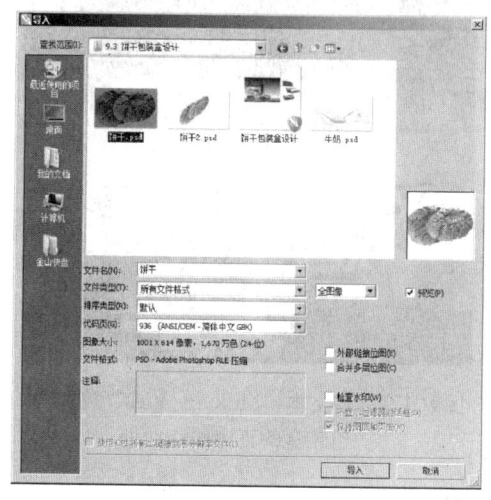

图9-121　选择配套光盘中"饼干.psd"文件　　　　图9-122　饼干与牛奶形成统一和谐的画面

（17）包装盒的提示性文字具有比较重要的作用，现在我们制作包装盒表面的提示性文字。方法：利用工具箱中的 🔳（文本工具）在页面中输入文本"Original"，并在属性栏中设置"字体"为"Constantia"，然后将其放置于饼干产品图的上方，如图9-123所示。同理，利用工具箱中的 🔳（文本工具）在页面中输入文本"Net.weight:460g"，并在属性栏中设置"字体"

为"Arial Narrow",再将其放置于包装盒左下方,效果如图9-124所示。

图9-123　将文本"Original"放置于饼干
产品图的上方

图9-124　将"Net weight:460g"放置于
包装盒左下方

(18)利用工具箱中的 字 (文本工具)在页面中输入文本"Milk cookies",并在属性栏中设置"字体"为"French Scripy MT",将轮廓线宽度设置为"发丝",内部填充为白色,如图9-125所示。然后利用工具箱中的 (阴影工具)沿水平的方向拖动鼠标,从而得到如图9-126所示的后方投影效果。接着放置于包装盒的正中间空白处,效果如图9-127所示。

图9-125　将轮廓线宽度设置为"发
丝",内部填充为白色

图9-126　文字后方投影效果

图9-127　将文本"Milk cookies"放置于
包装盒的正中间空白处

(19)为了使包装盒具有更佳的展示效果,下面制作盒子的倒影。方法:先将组成包装盒的所有图形文字都选中,按快捷键〈Ctrl+G〉组成群组,然后利用快捷键〈Ctrl+C〉复制,按快捷键〈Ctrl+V〉粘贴,从而复制出一个同样的盒子。再利用鼠标双击复制后的图形,在出现能够旋转的指示图标后,对其进行旋转,效果如图9-128所示。接着将其放置于正面包装盒的正下方,再选中下方的图形,单击工具栏中的 (垂直镜像)按钮。最后调整镜像后的图形位置,如图9-129所示,从而形成简单的倒影效果。

图9-128 利用鼠标双击图形，出现旋转的指示图标　　图9-129 将图形旋转后放到在正面包装盒的正下方

（20）制作渐隐的倒影效果。方法：选择倒影图形，执行菜单中的"位图 | 转换为位图"命令，在弹出的对话框中勾选"透明背景"复选框，如图9-130所示，单击"确定"按钮。然后选择工具箱中的 （透明度工具），设置透明度类型为"线性"，然后由上而下的方向拖动鼠标，从而得到包装盒左后方的倒影效果（带箭头的线条长度代表透明程度），如图9-131所示。

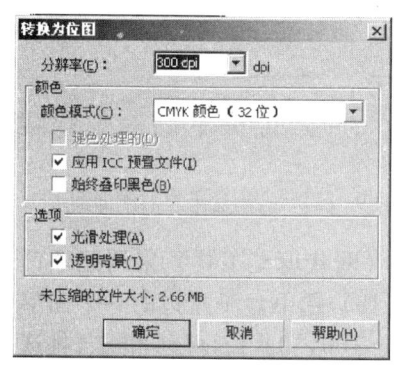

图9-130 勾选"透明背景"复选框　　　图9-131 利用 （透明度工具）处理倒影的效果

（21）至此，手提的饼干包装盒制作完毕，最终效果如图9-132所示。

图9-132　手提饼干包装盒最终效果

2．制作小包装盒

（1）下面进行小包装盒的制作，其制作原理与大盒子相似。大盒子的外形相对复杂，小盒子只需要重新设计包装盒外形后，在Logo和图案上复制大盒子的设计便可达到最终效果。先来设计一个小盒包装的基本外形。方法：利用工具箱中的　　（贝赛尔工具）绘制图9-133所示的盒子正面和侧面图形，并将它们的填充都设置为白色，轮廓线设置为黑色（轮廓线后面要去除，因此只是暂时设置以区分块面）。在绘制的过程中要注意盒子的透视关系应符合视觉规律。然后再绘制出小盒包装左右两侧的结构，如图9-134所示位置。

图9-133　绘制盒子正面和侧面图形　　　　　图9-134　绘制盒子左右侧面图形

（2）包装盒基本结构建立了之后，下面利用　　（网状填充工具）来调配颜色来对小包装盒进行立体效果的处理，方法：利用　　（挑选工具）选中盒子左边的一个图形，然后将图形填充为红色[参考颜色数值为CMYK（0，100，100，0）]，再利用　　（挑选工具）选中盒侧面填充后的图形，选择工具箱中的　　（网状填充工具），此时图形内部自动添加上了纵横交错的网格线。接着选中一个要上色的网格点（按住〈Shift〉键可以选多个网格点），再在"调色板"中选择橘红色。通过这种上色的方式可以形成非常自然的色彩过渡，效果如图9-135所示。

提示

如果对一次调整的效果不满意，可以单击工具属性栏中的"清除网格"按钮，可将图形内的网格线和填充一同清除，仅剩下对象的边框。

（3）同理将左边的图形都填充为红色的网格渐变，效果如图9-136所示。

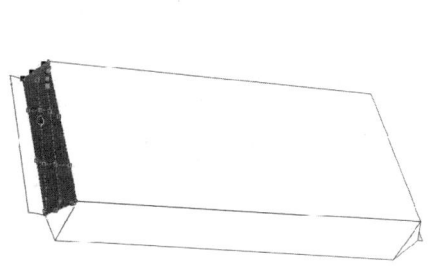

图9-135 制盒子左右侧面图形

图9-136 填充为红色的网格渐变

（4）利用 （挑选工具）选中盒子左边的一个图形，然后将底部图形填充为深红色[参考颜色数值为CMYK（20，100，100，0）]，如图9-137所示。接着将底部左边的三角区和右边的边缘三角形填充为暗红色[参考颜色数值为CMYK（45，100，100，5）]，如图9-138所示。将右边的三角区填充为红色[参考颜色数值为CMYK（0，100，100，0）]，如图9-139所示。

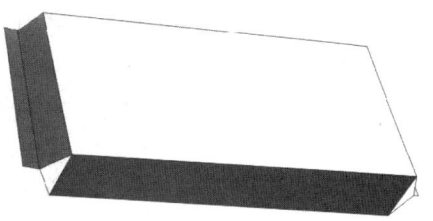

图9-137 将底部图形填充为深红色

图9-138 底部三角区填充为暗红色

图9-139 将右边的三角区填充为红色

（5）使用与制作大包装盒相同的步骤，给小包装盒添加封面渐变背景图和投影，效果如图9-140和图9-141所示。

图9-140 封面背景图

图9-141 盒子的投影

（6）将大包装盒的设计图复制到小盒的封面上，效果如图9-142所示。

（7）同理给小盒子添加倒影，效果如图9-143所示。

图9-142　盒子最终效果图　　　　　　　　图9-143　生成倒影的最终效果

（8）将所有图形组合在一起。至此，包装盒立体效果图制作完成，最终结果如图9-144所示。

图9-144　最终效果

9.4　运动风格的标志设计

要点：

　　本例要制作的是一个轻松活泼的"运动风格"标志，如图9-145所示。通过本例的学习应掌握文字处理技巧（如沿曲线排列文字、立体投影文字、描边文字等），网状填充工具（图）和多重复制工具的综合应用。

图9-145　运动风格的标志

操作步骤：

（1）执行菜单中的"文件|新建"命令（快捷键〈Ctrl+N〉），新建一个CorelDRAW文档。然后在属性栏中设置纸张宽度与高度为200 mm×150 mm。

（2）先来制作带有立体感的足球图形。方法：利用工具箱中的▣（椭圆形工具），按住〈Ctrl〉键在页面中绘制出一个正圆形，设置属性栏中"宽度"与"高度"为40 mm×40 mm。然后右击"调色板"中的"霓虹紫"，参考颜色数值为CMYK（20，80，0，0），从而将轮廓色设为该色，接着在属性栏中将"轮廓宽度"设为0.7mm，效果如图9-146所示。

（3）要在足球中形成简单的立体凸起效果，必须在内部生成光影的明度变化，这里利用▦（网状填充工具）来完成。方法：选择工具箱中的▦（网状填充工具），在属性栏中设置网格大小为4行5列，自动生成图9-147所示的网状效果。

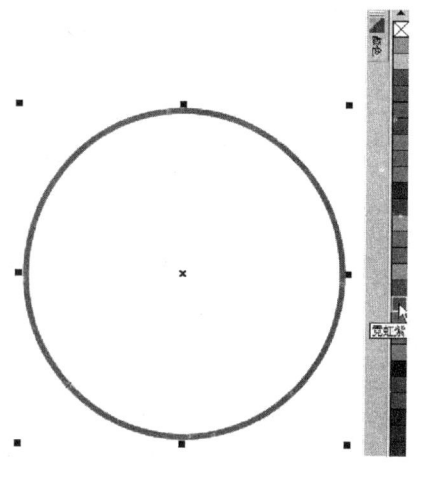

图9-146 绘制一个正圆形

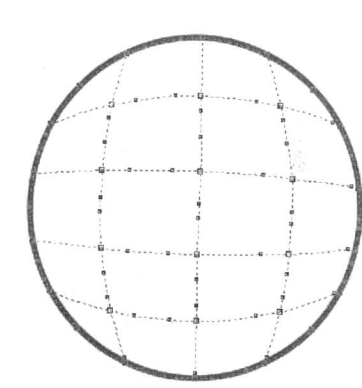

图9-147 设置网格

（4）形成初步的交互式网格后，利用▦（网状填充工具）将网格交叉点以外的所有节点选择并删除（如图9-148中用红线圈出的节点），这样操作会减少很多麻烦，从而使控制线简单明了，易于调整。然后利用▦（网状填充工具）拖动网格点调节曲线形状，并在"调色板"中选择相应的灰色，如图9-149所示。

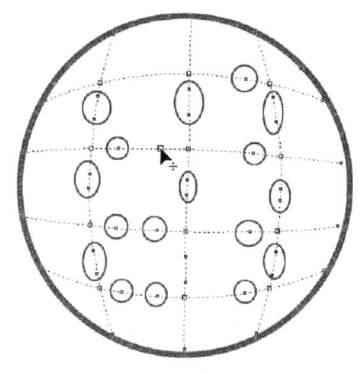

图9-148 选择并删除网格交叉点以外的所有节点

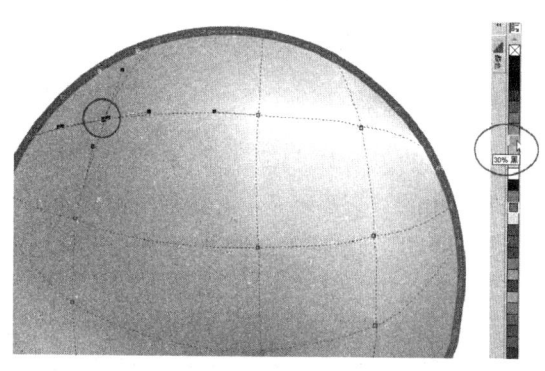

图9-149 选择网格点并设置不同明度的灰色

💿 **提示**

利用 🖼 （交互式网状填充工具）不但可以改变对象的填充效果，还可以改变对象的外观，因此不要移动圆形边缘上的网格点，否则会破坏足球的外形。如果对一次调整的效果不满意，可以单击工具属性栏中的"清除网格"按钮，可将圆形内的网格线和填充一同清除，仅剩下对象的边框。

（5）网格调整完成后，圆形内形成了变化的灰色效果，如图9-150所示，此时球体初步的立体感和光感已形成。

（6）下面继续绘制足球的表面图案。方法：利用工具箱中的 ⬡ （多边形工具），设置属性栏中的"边数"为5，在页面中按住〈Ctrl〉键绘制一个正五边形。然后，右击"调色板"中的"霓虹紫"[参考颜色数值为：CMYK（20, 80, 0, 0）]，设置边线的颜色，并将属性栏中的"轮廓宽度"设为0.7mm，如图9-151所示。接着，单击属性栏中的 ⬡ （转换为曲线）按钮，将五边形转换为普通的可编辑路径。

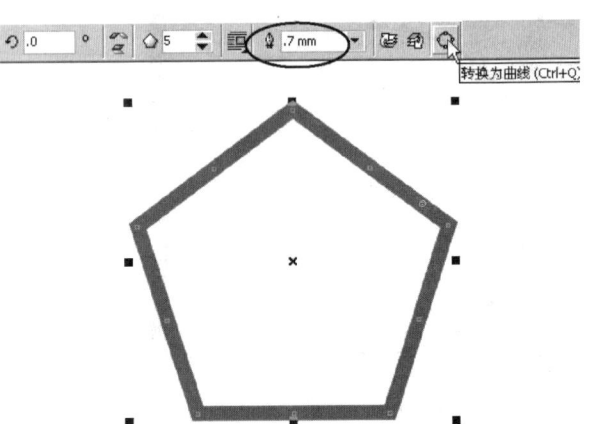

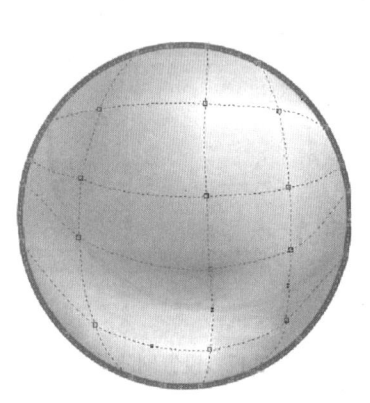

图9-150　网格调整完成后的颜色效果　　　　图9-151　绘制五边形并转换为曲线

（7）将五边形移至足球图形上面的相对位置并调整大小。然后利用工具箱中的 ⬚ （形状工具）点中位于顶端的节点，将它向右上方拖动一点距离，使其在视觉上符合球面的走向（也可以对其他节点进行微调），效果如图9-152所示。

（8）利用工具箱中的 ▸ （挑选工具）选中五边形，在工具箱中的"填充工具"组中单击"渐变填充"按钮，然后在弹出的"渐变填充"对话框中设置如图9-153所示的参数。单击"确定"按钮，从而将五边形填充为从"霓虹紫"色到白色的圆形渐变，效果如图9-154所示。

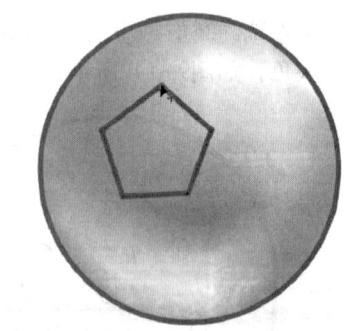

图9-152　调节五边形形状使其在视觉
　　　　　上符合球面的走向

（9）足球表面还有5个近似的五边形图案，但它们由于透视的作用，以不规则的形状分别排布于球形的四周。下面我们先来勾画它们的外形。方法：利用工具箱中的 ▸ （贝塞尔工具）绘制如图9-155所示的5个闭合路径（注意有曲线的微妙转折），右侧两个面积稍大一些的图形填充为紫色-白色的渐变，边线设为"霓虹紫"，"轮廓宽度"0.7mm；而左侧和顶部的3个图形直接填充为"霓虹紫"即可，效果如图9-156所示。

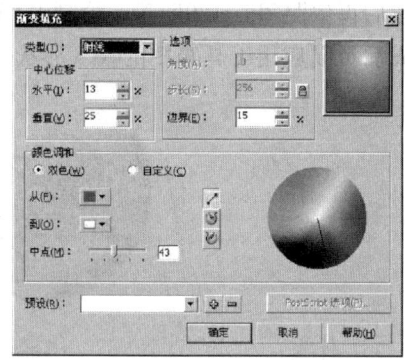

图9-153 设置"渐变填充"对话框参数

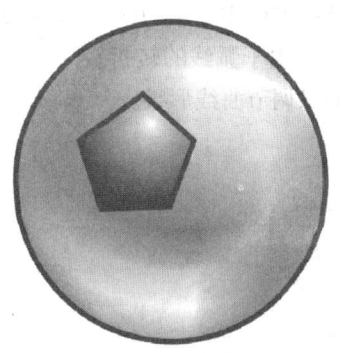

图9-154 在五边形中填充圆形渐变

图9-155 再绘制5个闭合路径

图9-156 填充完成后的效果

（10）接下来，还要用线条将这些分散的图案连接起来，形成大家熟悉的典型足球形象。方法：利用工具箱中的 绘制出一些较短的、平滑的曲线段。然后放大局部，利用工具箱中的 拖动线端的控制柄以调节曲线形状。接着将线段的颜色也同样设为统一的"霓虹紫"，并属性栏上设置"轮廓宽度"0.7mm。如图9-157所示。

（11）再绘制出两条白色的线段，然后将它们放于足球的中心位置，从而增强视觉中心图形的对比度，也构成图形抽象化的一个趣味点。接着利用 将所有图形都选中，按快捷键〈Ctrl+G〉组成群组。完整的足球图形如图9-158所示。

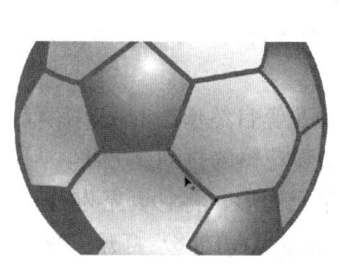

图9-157 用短线将分散的图案连接起来

图9-158 制作完成的足球图形

（12）足球四周还有很多辅助的曲线图形，选用工具箱中的▨（贝塞尔工具）来绘制这些流畅、平滑、优美的曲线形。方法：先绘制出如图9-159所示形状，将其填充为蓝色，参考颜色数值为CMYK（50，10，0，0），边线为无色。然后再依照图9-160所示，绘制出4个弧线较夸张的封闭图形，由于弧线的转折较大，在绘制完成后可以应用工具箱中的▨（形状工具）拖动线端的控制柄以调节曲线形状。

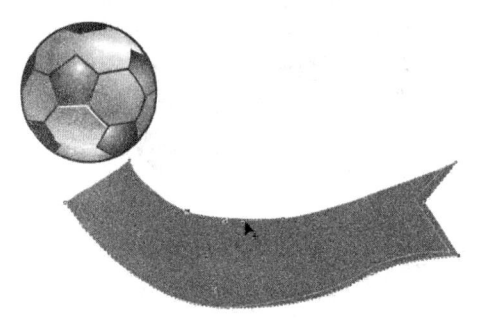

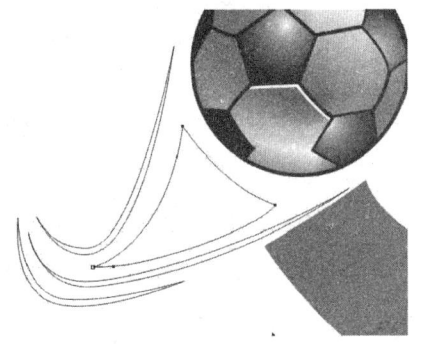

图9-159　绘制曲线图形并填充为蓝色　　　　　图9-160　绘制出4个弧线较夸张的封闭图形

提示

使用▨（形状工具）选中节点，在属性栏中单击▨（尖凸节点）按钮，可以分别调节节点两侧的控制柄，修改弧线的弧度时非常有用。

（13）选中位于中间的较宽的曲线图形，将它填充为蓝色—白色的线性渐变。然后再将剩下的3个条状弧形分别填充为"霓虹紫"和蓝色，参考颜色数值为CMYK（50，0，0，0），如图9-161所示。

（14）选中任意一个填充为单色的条状弧形，将它的两端淡出到白色背景之中。方法：选择工具箱中的▨（透明度工具），在属性栏内的"透明度类型"下拉列表中选中"辐射"项，如图9-162所示，图形上出现了一个代表透明度范围的虚线圆圈，单击位于圆心的白色小正方形，将属性栏"透

图9-161　将曲线图形填充颜色

明度"设置为0，再单击位于圆圈边缘的黑色小正方形，将"透明度"设置为100。接着，拖动鼠标以调节圆形的大小，使弧线图形的两端逐渐透明而淡出到背景之中。请读者用同样的方法，自己制作足球周围其他弧线形的淡出效果（在足球顶部再添加3道两端透明的弧线形），最后的排列效果如图9-163所示。

（15）前面说过，该标志的主体图形是足球、菊花等自然形态的图案。现在来制作图案化的菊花。采用一种"多重复制"的方法可以快捷地实现花瓣的排列。方法：利用工具箱中的▨（椭圆形工具）绘制出一个小椭圆形，作为花瓣的单元图形，将它填充为由"浅蓝—白色"的线性渐变（从上至下），边线设置为蓝色。然后按快捷键〈Alt+F8〉打开"变换"泊坞窗，在其

中设置如图9-164所示的参数，单击"应用"按钮，得到一个向逆时针方向旋转20°的复制单元。

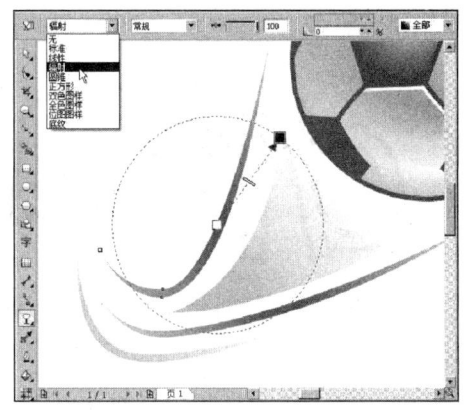

图9-162 使弧线图形的两端逐渐透明而淡出到背景之中

图9-163 将曲线图形填充颜色

（16）接下来开始进行多重复制。方法：反复按快捷键〈Ctrl+D〉键，以相同间隔（每20°圆弧排放一个单元）进行自动多重复制，产生出多个均匀地环绕同一圆心旋转的复制图形，最后形成了如图9-165所示的花朵形态。

（17）添加花心"填充"参考颜色数值为CMYK（0，70，0，20），"边线"参考颜色数值为CMYK（60，60，0，0）之后，利用（挑选工具）将所有花瓣和花心的图形都选中，按快捷键〈Ctrl+G〉组成群组。最后，将菊花图形再复制出2份，参照图9-166的位置与大小排放在蓝色的曲线图形上。

（18）至此，标志中包含的基本图形已绘制完成，下一步来添加各种艺术化处理的文字。首先是勾边文字，先

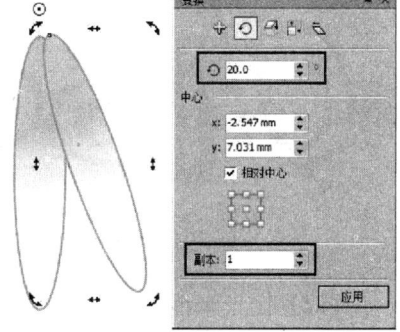

图9-164 通过"变换"泊坞窗
得到第一个复制单元

输入文本并进行图形化的初步处理。方法：利用工具箱中的■（文本工具）在页面中输入文本"disa"，在属性栏中设置"字体"为Arial。然后按快捷键〈Ctrl+F8〉将文本转为美术字，美术字既具有单独文本的属性，又可以使用各种图形化的方法对它们进行编辑。接着设置美术字的"填充"为白色，"边线"为"霓虹紫"，参考颜色数值为CMYK（100，80，0，40），"轮廓宽度"为1mm，如图9-167所示。最后按快捷键〈Ctrl+K〉拆分美术字群组，现在可以单独选中每一个字母。

图9-165 通过多重复制得到的花朵图形　　图9-166 将花朵进行放缩并置于蓝色的曲线图形上

（19）利用 ▷ （挑选工具）选中每一个文字，再次单击鼠标，字母四周出现旋转的光标，将字母旋转至如图9-168所示状态，形成紧凑的编排。

图9-167　输入文字并转换为美术字　　　　　图9-168　将文字拆分为单个字母进行调整

（20）将4个字母都选中，然后利用工具箱中的 ▣ （阴影工具）在文字上拖动鼠标，从而生成左下方向的投影，接着将投影颜色设为一种浅蓝紫色，参考颜色数值为CMYK（40，40，0，0），如图9-169所示。接着将字母组合移动至标志图形中，形成如图9-170所示的效果。

图9-169　输入文字并转换为美术字　　　　　图9-170　将字母组合移动至标志图形中

（21）接下来再来制作另一种叠影字，先从单个字母"c"做起。方法：利用工具箱中的 ⧉ （文本工具）在页面中输入字母"c"，并在属性栏中设置"字体"为Arial，然后按快捷键〈Ctrl+F8〉将文本转为美术字。接着设置美术字的"填充"设为"霓虹紫"，参考颜色数值为CMYK（100，80，0，40）。"轮廓"设为无。

（22）参考图9-171所示的制作过程分解图，先将字母"c"复制出两份，分别填充为白色和蓝紫色[参考颜色数值为CMYK（40，60，0，0）]，并将它们叠于原来的字母"c"下面。这种复制重叠的方法可以形成一种多重立体效果。然后，选中位于最下面的蓝紫色字母图形，利用工具箱中的 ▣ （阴影工具）在文字上拖动鼠标，生成左下方向的投影，投影颜色为浅蓝紫色[参考颜色数值为CMYK（60，0，20，20）]。

图9-171　字母"c"叠影效果的制作过程分解图

（23）同理，再制作出字母"s""e""r"的相同效果（请读者自己制作），依照图9-172所示的位置进行排列，与标志图形一起形成错落有致、轻松活泼的画面。

（24）标志中的小号文字被处理成沿曲线排列的效果，我们利用CorelDRAW中的"沿线排版"功能来实现。方法：利用 ⬚（贝塞尔工具）绘制出如图9-173所示的一条曲线路径，然后利用 ⬚（文本工具）在曲线的左端单击鼠标，此时一个闪烁的文本输入光标会出现在曲线路径的左端，接着直接输入文本"2013 Athletic Meetings"，此时文会字自动沿路径排列。最后利用 ⬚（文本工具）选中路径上的文字，在属性栏中设置"字体"为Arial，字号为14pt，效果如图9-174所示。

图9-172 字母与标志图形一起形成错落有致、轻松活泼的画面

图9-173 在曲线路径上插入文本光标

图9-174 文字自动沿路径排列

（25）现在，我们要将沿线排版的文本与路径分开，再将路径删除。方法：利用 ⬚（挑选工具）选中沿线排版的文字，然后执行菜单中的"排列|拆分在一路径上的文本"命令，即可将文本与路径分离。接着选中路径，按〈Delete〉键将其删除。设置文本的填充颜色为蓝色，参考颜色数值为CMYK（50，10，0，0），最终效果如图9-175所示。

（26）同理，再制作出位于标志下部位置的另一行沿线排版的小文字，整个标志制作完成，最后的效果如图9-176所示。

图9-175 将文本与路径分离并填充为蓝色

图9-176 运动风格的标志

课 后 习 题

（1）制作图9-177所示的海报效果。

（2）制作图9-178所示的牛奶包装效果。

图9-177　海报效果

图9-178　牛奶包装效果